CALCUCUS FOR LIBERAL ARTS

제2판

교양을 위한 대학수학

김성기 · 고지흡 · 김홍종 · 계승혁 · 하길찬 지음

제1권

MATHEMATICS

KYOWOO

제 2 판 머리말

이 책이 나온 지도 10년이 되었다. 원래 이 책이 나오게 된 동기는 고등학교 인문계 교과과정에서 미적분이 사라진 것이었다. 당연한 말이지만 고등학교에서 인문계 수학을 마치고 대학에 들어오는 신입생들에게는 고등학교 수학과 대학 수학의 간격을 메꾸어 줄 교재가 필요하게 되었고, 이것이 이 책이 나오게 된 직접적인 동기였다. 다행인지 모르겠지만, 이 책이 나온 후에 고등학교 교과과정이 또다시 바뀌어서 인문계 과정에서도 미적분을 배우게 되었다.

이 책의 내용 면에서 보자면 약간의 첨삭을 가한 것 외에는 크게 바뀐 건 없다. 약간 보강된 부분은 정적분의 응용에서 정적분의 정의를 직접 사용하도록 한 정도이며, 연습문제를 조금 첨삭한 정도이다. 그동안 이 책으로 강의하면서 잘못된 부분을 지적해 준 동료 교수들께 감사드린다. 이 책을 내면서 조판을 새로이 하였는데, 이 과정에서 크게 수고한 권현우 군께 감사드린다.

이 개정판을 준비하는 동안 고등학교 교과과정이 또다시 바뀐다는 이야기가 들린다. 고등학교 인문계와 자연계를 통합하여 교과과정을 짠다는 것인데, 충실한 교과과정이 마련되어 대학에서 이 정도 수준의 대학 교재가 필요 없어지길 바라는 마음 간절하다.

2014년 12월

머리말

대학 신입생들이 교양과목 혹은 도구과목으로 수강하는 수학 과목에서 어떤 내용을 어떻게 다루어야 할 것인가 하는 문제는 항상 논란의 대상이다. 대학 신입생들에게 수학 관련 과목을 교양과목이나 도구과목으로 부과하는 이유는 수학이 자연현상이나 사회현상을 설명하는 적절한 언어이기 때문이다. 그렇다면 이러한 목적에 자연스럽게 부합되는 미적분이 그 중심 내용이라는 데에는 큰 이견이 없다. 이 책의 목적은 미적분을 중심으로 대학 신입생을 위한 교양과목 혹은 도구과목으로서 수학을 강의할 때 교재로 쓰기 위한 것이다. 사회현상이나 자연현상을 설명하는 수학이 미적분에 한정되는 것은 아니기 때문에, 이 책에서는 미적분 이외에도 몇 가지 주제를 다루고 있다.

미적분은 17세기 유럽에서 발견되어 현재까지 계속 연구되고 있다. 두 권으로 계획되어 있는 교재의 첫 번째인 이 책에서 다루는 내용은 한 마디로 요약하여 일변수함수의 미적분인데, 미적분 초창기 시대의 연구 성과들이기 때문에 그 상당 부분은 이미 17세기 이전에 연구된 것들이다. 이와 같이 오래 전에 연구된 내용임에도 불구하고 미적분은 오늘날에도 새로이 응용되는 살아 있는 연구분야이기도 하다. 이 책에서는 미적분의 뼈대뿐 아니라 미적분이 사회현상을 설명하는 데에 적용되는 예를 많이 제시함으로써 학생들에게 미적분을 공부하는 동기가 부여되도록 노력하였다. 또한, 현재 공부하는 내용이 언제 연구된 것인지 알아봄으로써 작은 읽을거리가 되도록 하였다. 무엇을 공부하더라도 그 내용을 처음 연구한 사람이 누구인지 알아보는 것은 아무도 밟아보지 못한 길을 처음 밟은 사람에 대한 예의이기도 하다.

유럽의 16세기와 17세기는 마녀사냥이 극성을 부리던 시대였다. 그러나 한편으로는 새로운 과학이 확립되는 과학 혁명의 시대이기도 하다. 코페르니쿠스에서 갈릴레오, 케플러 등으로 이어지는 선구적인 과학자들의 노력으로 사람들은 새로운 세계에 눈을 뜨기 시작하였으며, 17세기 후반에 이루어진 미적분의 발견은 이러한 과학혁명이 새로운 단계로 도약하였음을 의미하기도 한다. 미적분의 발견으로 말미암아 과학과 기술은 비약적으로 발전하였으며, 인류는 그 이전에 경험하지 못하였던 큰 변화를 겪게 되었다. 따라서 당장 자신의 전공에 미적분이 쓰이지 않는다 하더라도, 미적분의 기본을 아는 것은 우리가 사는 세계를 이해하는 데에 큰 도움이 된다.

미분은 변화하는 양을 살펴보는 도구이다. 따라서 물체의 운동을 연구하는 물리학과 천문학의 도구가 되는 것은 물론이고, 기후의 변화, 인구의 증감, 전염병의 전파, 각종 상품 가격의 변화, 주식가격의 등락 등 여러 가지 변화하는 양에 대하여 살펴 보고 앞날을 예측하는 데에 아직까지 미분법보다 더 좋은 도구는 없다. 한편, 적분법은 넓이와 부피 등을 알아내는 도구이다. 역사적으로 볼 때, 이미 고대 희랍 시대에 상당한 수준의 적분이 연구되고 있었으나, 미분의 경우 근대에 이르러서 연구되기 시작하였다. 그런데 이러한 미분과 적분이 서로 역관계에 있다는 것을 발견한 사람이 바로 뉴턴과 라이프니츠였다. 이러한 발견은 그 이후 자연과 우리 자신의 모습을 이해하는 도구가 되어, 여러 분야의 과학기술뿐 아니라 사회과학 발전의 원동력이 되었다.

이제 2005년 3월 이후 대학에 입학하는 신입생들은 고등학교에서 제 7차 교육과정으로 공부한 학생들이다. 그 동안 여러 차례 크고 작은 고등학교 교육 과정 개편이 있었지만 수학의 경우 지난 삼십여년 이래 이번의 7차 교육과정처럼 대폭적인 개편은 없었다. 제 7차 교육과정의 핵심은 인문계 학생들이 고등학교에서 미적분을 공부하지 않아도 된다는 것이다. 그러나 대학에서 사회과학이나 경영학을 제대로 공부하려면 미적분을 피할 수 없는데, 이는 결국 예전에 고등학교에서 공부하던 내용을 대학에서 공부해야 한다는 이야기이다.

현재, 고등학교 2학년 이후의 수학 과목은 『수학 I』, 『수학 II』, 『미분과 적분』 등 학습 단계별로 세분되어 있으며, 학생들은 이를 선택적으로 수강할 수 있다.[1] 이 책의 목적은 이렇게 학습 단계별로 다양한 배경을 가진 대학 신입생들을 대상으로 수학을 강의할 때 필요한 교재로 사용하기 위함이다. 이러한 목적으로 두 권을 계획하였는데, 이 책은 이 계획의 첫 번째 책이다. 이 계획의 골자는 크게 보아서 다음

I: 다항함수의 미적분
II: 초월함수의 미적분
III: 테일러 전개와 멱급수
IV: 다변수 일차식과 이차식
V: 다변수함수의 미적분
VI: 사회과학과 수학

과 같이 여섯 부분으로 나누어 볼 수 있는데, 이 책에서는 처음 세 부분을 다루고 있다.

첫 부분인 다항함수의 미적분은 이 책의 제 1장, 제 2장, 제 3장에 해당하는데, 크게 보아서 고등학교 『수학 II』의 미적분 부분과 겹친다. 물론, 연속함수의 중간값정리와 미분가능한 함수들의 평균값정리, 음함수 미분법, 함수의 볼록과 이계도함수 등 『미분과 적분』에 나오는

1) 이 외에도 『확률과 통계』, 『이산수학』 등이 있으나 많은 내용이 『수학 I』과 겹치는 등 학습 단계별 구분이 아니므로, 여기에서는 논외로 한다.

내용이 약간 포함되어 있지만, 고등학교에서 『수학 II』를 충실히 공부한 학생이라면 쉽게 지나갈 수 있다. 그러나 응용 부분에서는 고등학교에서 다루는 그래프 그리기, 최대최소 구하기 외에도 미분과 적분이 경제학과 경영학에서 어떻게 응용되는지 알아 보고 있다. 고등학교에서 『수학 I』까지 공부한 학생들은 처음부터 이 책으로 찬찬히 공부하면, 큰 무리없이 미적분을 배울 수 있을 것이다.

고등학교에서 적분을 배울 때에 대개 부정적분을 먼저 공부하고 정적분을 배우게 마련이다. 이 때문에 많은 학생들은 적분이 처음부터 미분의 역이라고 오해하기도 한다. 이 책에서는 정적분을 먼저 공부하고, 그 정적분의 값을 구하기 위한 도구로서 미적분의 기본정리를 공부하는데, 이 부분은 이 책에서 가장 중요한 부분이다. 이는 물론 『수학 II』에도 나오는 내용이다.

두 번째 부분인 초월함수의 미적분은 고등학교 『미분과 적분』의 내용과 상당 부분 겹친다. 제 4장에서는 삼각함수의 미적분을 공부하는데, 4.1절과 4.2절의 내용은 『미분과 적분』에 있는 내용과 거의 겹친다. 그렇지만 4.3 절에서 공부하는 역삼각함수와 그 미분법은 고등학교에서 다루지 않는 내용이다. 제 6차 교육과정에서 다루던 복소수의 극형식과 드 무와브르 정리 등이 제 7차 교육과정에서 제외되었다. 제 6차 교육과정의 『수학 II』를 착실히 공부한 학생에게는 4.4절에서 새로운 내용은 별로 없겠지만, 제 7차 교육과정으로 공부한 학생이라면 『미분과 적분』까지 공부한 학생에게도 처음 접하는 내용이다.

두 번째 부분의 핵심은 5장에서 공부하는 로그함수와 지수함수이다. 로그함수와 지수함수의 미분과 적분은 이미 『미분과 적분』에 나오지만 이 책에서는 그 접근방법이 조금 다르다. 여기에서는 먼저 로그함수를 정의하는데 처음부터 분수함수 $y = \dfrac{1}{x}$ 의 원시함수로 정의한다. 이로부터 로그함수의 성질이 나오고, 그 역함수를 지수함수라 정의하면 역시 지수함수의 미분과 성질을 유도할 수 있다. 이러한 접근방법은 여러 가지 장점이 있을 뿐 아니라 역사적인 발전 순서와도 일치한다. 이미 『미분과 적분』을 공부한 학생은 5.1절과 5.2절을 편하게 볼 수 있을 것이다.

이 책의 특징 가운데 하나는 미분방정식을 다룬 점인데, 많은 미분방정식의 해가 지수함수로 표현되므로 자연스럽게 제 5장에 넣었다. 여기에서는 변수분리 미분방정식과 간단한 선형미분방정식을 다루었는데, 주로 사회과학 분야에서 그 응용을 살펴 보았다.

이제 두 번째 부분의 마지막인 제 6장에서는 초월함수들의 적분법을 다루었다. 그 핵심적인 도구가 치환적분과 부분적분인데, 이는 『미분과 적분』에서 공부한 내용과 크게 다르지 않다. 따라서 이미 『미분과 적분』을 공부한 학생이라면 6.1 절은 생략해도 무리가 없다. 다만, 6.2 절에서 분수함수의 부정적분을 체계적으로 설명한 부분은 한번 숙독하는 것이 좋을 것이다. 끝으로 6.3절의 내용도 『미분과 적분』에서 다루는 것과 겹치는 부분이 많지만 극형식으로 표현되는 함수의 적분은 고등학교에서 다루지 않는 부분이다.

세 번째 부분인 테일러 전개와 멱급수는 고등학교에서 다루지 않는 새로운 부분이다. 이미 두 번째 부분에서 공부한 삼각함수나 로그 및 지수함수들의 정확한 값은 가감승제만으로 나타낼 수 없으므로 그 근사값을 구해야 하는데, 이러한 근사값을 계산하는 것은 수학의 역사에서도 매우 중요한 일이었다. 이러한 함수값들을 가감승제에 의한 값들의 극한으로 표시하는 것이 바로 테일러전개의 큰 목적 가운데 하나이다. 이를 이용하면 원주율이나 자연로그의 밑, 그리고 제곱근과 같은 무리수의 값을 보다 효율적인 방법으로 정확하게 계산할 수 있다. 실제, 원주율의 계산에 관한 역사를 보면 미적분의 발견으로 인하여 얼마나 효율적인 계산이 가능하게 되었는지 실감하게 된다. 이와 같이 극한을 이용하는 방법은 지금까지 알려져 있지 않던 새로운 함수를 정의하는 데에도 유용하게 쓰이는데 제 8장에서 공부하는 멱급수는 그 대표적인 방법이다.

이 책은 그 내용을 책과 같은 순서대로 공부하는 것이 좋다. 물론, 이미 고등학교에서 배운 부분은 건너 뛸 수 있다. 그러나 앞에서 언급한 바와 같이 두 권에 걸쳐서 실려 있는 여섯 부분을 모두 다 순서대로 할 필요는 없다. 예를 들어서 일차식과 이차식을 다루는 부분은 결국 벡터와 행렬을 공부하는 부분이다. 따라서 미적분과는 아무런 관련이 없다. 중학교에서 일차함수와 이차함수를 배운 후에 이를 바탕으로 미분을 공부하는 것과 마찬가지로, 다변수함수를 공부하는 데에도 일차식과 이차식을 먼저 공부할 필요가 있다. 다섯 번째 부분인 다변수함수의 미적분을 공부하려면 당연히 일변수의 미적분과 다변수 일차함수 및 이차함수에 대하여 알고 있어야 한다. 따라서 이 부분을 공부하는 데에 기본적으로 첫째 부분과 넷째 부분을 먼저 공부하는 것이 필요하다. 마지막으로 여섯 번째 부분에서는 미적분과 관련은 없지만 사회현상을 분석하는 데에 수학이 어떻게 쓰이는지 몇 가지 주제별로 알아보는데, 이 부분은 다른 부분과 독립적인 내용이다.

미적분을 공부할 때 그 이론적인 내용을 완전히 이해하는 것도 중요하지만 그에 못지 않게 그 계산에 숙달할 필요가 있다. 미적분이 여러 분야에 폭넓게 쓰이는 것도, 서로 다른 현상을 설명하는 데에 같은 방식의 기계적인 계산을 사용한다는 점이 큰 이유 가운데 하나이다. 따라서 이러한 기계적인 계산 능력을 키우는 것이 미적분 공부의 중요한 부분이다. 실제로, 대학 입학에서 서술형 수학 필기 시험이 금지된 이래[2] 학생들의 계산 능력은 눈에 띄게 떨어졌다. 이 책에서는 상당량의 계산 문제를 부과함으로써 학생들의 계산능력이 향상될 수 있도록 하였다. 미적분의 계산 그 자체는 기계적이므로 말 그대로 컴퓨터가 수행할 수 있다. 하지만 최소한의 계산 능력을 스스로 갖추고 기계를 사용하는 것과 스스로의 계산 능력이 전혀 없는 상태에서 기계를 사용하는 것은 다르다.

이 책에서는 본문에 나오는 주요 공식이나 정리를 네모 칸으로 둘러쌈으로써 눈에 잘 띄도록 하였다. 또한, 예제와 연습문제를 본문 사이사이에 넣었는데 이러한 문제들은 기본적인

2) 수학에서 서술형 필기 시험을 치르지 않고도 그 나라의 유수 대학에 입학할 수 있는 나라는 아마도 전세계에서 우리나라가 유일할 것이다. 학생 선발을 위한 대학별 필기시험이 없는 미국에서도 유수 대학 입학에 필요한 AP 수학 시험에서는 일정 부분 서술형으로 시험을 치른다.

것들이므로 모두 풀면서 책을 읽어야 한다. 각 장이 끝나면 별도의 연습문제를 모아 두었다.

이 책을 쓰는 동안 많은 분들의 도움을 받았다. 우선 원고의 상당 부분을 TeX 파일로 옮겨 준 박채언 씨와 연습문제 풀이의 초고를 마련해 준 최현석 군께 감사드린다. 이 책을 쓰는 동안 저자들의 여러 가지 자문에 흔쾌히 응해 준 주위 동료들께 감사드린다. 특히, 중앙대학교 경제학과 안국신 교수는 이 책에서 경제학에 관련된 부분을 읽고 의견을 주심으로써 보다 알찬 내용이 되도록 도와 주셨다. 한편, 서울대학교 수학과 이우영 교수는 역사에 관한 부분을 읽어 주심으로써 그 내용이 더욱 충실해질 수 있었는데, 이 두 분께 감사드린다. 그럼에도 불구하고 이 책의 내용상 오류가 있다면 이는 전적으로 저자들의 책임이다. 끝으로, 이 책은 서울대학교 자연과학대학에서 수학연구소를 통하여 지원한 연구비를 받아 집필되었음을 밝힌다.

2004년 12월

차 례

제 1 장

미분법

미분은 한 마디로 이야기하여 어떤 양의 변화를 살펴보는 도구이다. 시각이 흐름에 따라서 주어진 양이 변화할 때, 변화율은 시간이 얼마나 지났는지에 따라서 달라진다. 순간변화율이란 어느 특정한 순간, 주어진 시간이 한없이 작아질 때 이러한 변화율이 어떤 값으로 가까이 가는지 살펴보는 것이다. 이와 같이 어떤 양이 한없이 작아질 때 그에 대응하는 값이 어떻게 될 것인지 생각하는 일은 바로 근대에 시작된 새로운 수학의 출발점이다.

따라서 미분을 정의하기에 앞서 우선 함수값의 극한에 대하여 공부하는데, 이는 고등학교에서 공부한 무한수열의 극한과 상당히 유사한 개념이다. 여기에서는 여러 가지 상황에서 함수의 극한에 대하여 알아보고, 무한수열의 극한에 대해서도 간단하게 복습한다.

이를 바탕으로 주어진 점에서 함수의 미분계수와 미분가능성을 정의한다. 미분가능한 각 점에서 그 함수의 미분계수를 대응시키는 새로운 함수를 원래 함수의 도함수라 하는데, 우리가 어떤 함수를 미분한다고 하면 이는 바로 그 함수의 도함수를 구한다는 뜻이다.

이 장의 기본 목적은 이러한 도함수를 구하는 여러 가지 방법을 알아보는 것이다. 여기에서는 이미 고등학교에서 접해본 바 있는 다항함수, 분수함수, 무리함수들에 대하여 그 도함수를 계산해 본다. 이러한 계산을 위하여 합의 미분법, 곱의 미분법, 몫의 미분법, 합성함수 미분법, 음함수 미분법 등 도함수를 계산하는 데에 필요한 여러 가지 도구들을 공부한다.

함수와 수열의 극한

- 함수의 극한
- 함수의 연속성
- 수열의 극한

미분계수

- 평균변화율
- 미분계수
- 연속함수와 미분가능한 함수

도함수

- 도함수의 정의
- 다항함수와 분수함수의 미분
- 합성함수의 미분법
- 음함수의 미분법

1.1 함수와 수열의 극한

정의역에 있는 점들이 특정한 값으로 가까이 갈 때 그에 대응하는 함수값들이 어디로 가까이 가는지 알아보는 것이 함수의 극한이다.

함수의 극한

연속함수 $y = f(x)$의 그래프를 생각해 보자. 연속함수의 그래프는 연결되어 있으므로, 만일 x가 x_0에 한없이 가까이 간다면 $f(x)$는 $f(x_0)$에 한없이 가까이 갈 것이다. 연속함수가 아니라면, 다시 말하여 그 함수의 그래프가 연결되어 있지 않다면 이런 이야기를 할 수 없으므로, 이러한 성질은 연속함수의 핵심적인 성질이다. 그런데 x가 x_0에 한없이 가까이 간다는 말을 할 때 함수값 $f(x_0)$가 반드시 정의되어 있어야 할 필요가 없다. 따라서 함수값이 $x = x_0$에서 정의되어 있지 않더라도 그 극한을 논할 수 있다.

극한이 무엇을 말하는지 일반적인 경우를 설명하기 앞서서, 한 가지 예를 들어 보자. 이를 위하여 다음과 같이 정의된 함수

$$f(x) = \frac{x^3 - 1}{x - 1}$$

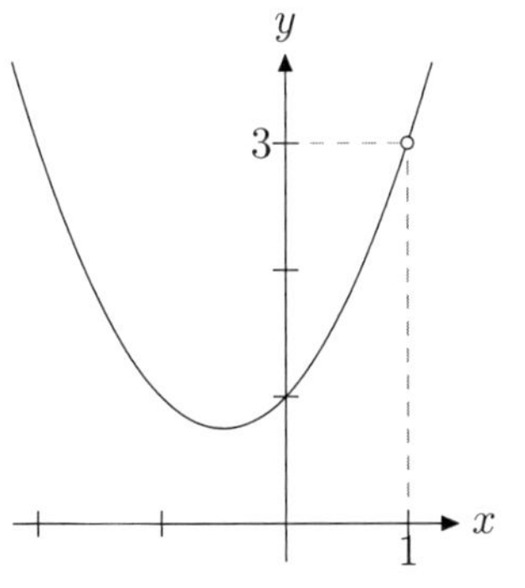

를 생각해 보자. 이 함수의 정의역에는 $x = 1$이 포함되어 있지 않으므로 $f(1)$은 그 의미가 없다. 그러나 $x \neq 1$에 대하여 $f(x) = x^2 + x + 1$이므로, x가 1 근방에 있으면 $f(x)$의 값은 $1^2 + 1 + 1 = 3$ 근처에 있어야 한다. 혹은 이렇게 말할 수도 있다. 만일 x값이 1에 한없이 가까워지면 $f(x)$의 값은 3에 한없이 가까워진다. 이럴 때, 우리는 $f(x)$가 3으로 수렴한다 말하고

$$\lim_{x \to 1} f(x) = 3$$

혹은

$$x \to 1\text{일 때} \quad f(x) \to 3$$

이라 쓴다. 여기에서,

$$\lim_{x\to1}\frac{x^3-1}{x-1}=\lim_{x\to1}(x^2+x+1)$$

임을 강조한다. 즉, 극한값은 $x=1$을 제외한 그 근방에서 함수값이 어떻게 변화하는지에 의하여 결정되지만 $x=1$에서 함수값은 아무런 상관이 없다.

일반적으로 함수 $y=f(x)$가 주어져 있다고 하자. 함수 f의 정의역에서 x가 a와 다른 값을 취하면서 a에 한없이 가까이 갈 때 $f(x)$가 일정한 값 b에 가까워지면, $f(x)$는 b로 수렴한다 한다. 여기에서, a가 정의역에 있을 필요는 없다. 이것을 기호로

$$\lim_{x\to a}f(x)=b$$

혹은

$$x\to a\text{일 때 } f(x)\to b$$

로 표현한다. 이 경우, b를 x가 a에 가까이 갈 때 $f(x)$의 극한값 또는 극한이라 한다. 다시 한번 강조하면, $\lim_{x\to a}f(x)$와 $f(a)$는 그 의미가 서로 다르다. 여기에서 $f(a)$는 $x=a$에서 $f(x)$의 함수값이고, $\lim_{x\to a}f(x)$는 x가 a에 가까이 갈 때 $f(x)$의 극한값이므로 $f(x)$가 $x=a$에서 정의되지 않아도 되고 $\lim_{x\to a}f(x)=f(a)$일 필요도 없다.

극한 $\lim_{x\to a}f(x)=b$에서 $a=\pm\infty$, $b=\pm\infty$인 경우를 살펴보자. 정의역에서 x의 값이 양이면서 한없이 커질 때 함수 $y=f(x)$의 값이 일정한 값 b로 한없이 가까이가면, x가 양의 무한대로 갈 때 $f(x)$는 b에 수렴한다 하고, 기호로

$$x\to\infty\text{일 때}\quad f(x)\to b$$

또는

$$\lim_{x\to\infty}f(x)=b$$

로 표현한다. 예를 들어 $\lim_{x\to\infty}\frac{1}{x}=0$이다. 물론, x의 값이 음이면서 한없이 작아질 때 같은 일이 일어나면

$$x\to-\infty\text{일 때}\quad f(x)\to b$$

또는

$$\lim_{x\to-\infty}f(x)=b$$

로 표현한다.

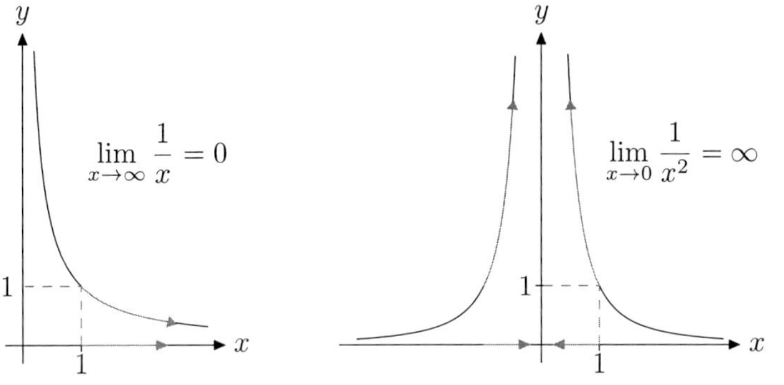

함수 $y = f(x)$에 대하여, $x \to a$일 때 함수값이 양이면서 그 값이 한없이 커지면 $f(x)$는 양의 무한대로 발산한다 하고, 기호로

$$x \to a\text{일 때} \quad f(x) \to \infty$$

또는

$$\lim_{x \to a} f(x) = \infty$$

로 표현한다. 이를테면 $\lim_{x \to 0} \frac{1}{x^2} = \infty$이다. 물론 함수값이 한없이 작아지면 마찬가지로 $\lim_{x \to a} f(x) = -\infty$와 같이 표현한다. 이제, $a = \pm\infty$인 경우는 각자 정의해 볼 수 있을 것이다.

정의역에서 x가 a와 다른 값을 취하면서 a에 한없이 가까이 갈 때 $f(x)$가 발산하는 경우에는, 무한대로 발산하는 경우 이외에도 극한값이 존재하지 않는 경우가 있다. 함수 $y = f(x)$에서 정의역에 들어 있는 x가 a보다 큰 쪽에서 a에 가까워질 때의 극한을 $\lim_{x \to a^+} f(x)$, 작은 쪽에서 a에 가까워 질 때의 극한을 $\lim_{x \to a^-} f(x)$와 같이 표현하고 이를 각각 우극한, 좌극한이라 한다. 우극한 또는 좌극한은 존재할 때도 있고, 존재하지 않을 때도 있다. 두 극한이 모두 존재해서 그 값이 일치할 때가 바로 극한이 존재하는 경우이며, 이 경우 일치한 값이 바로 극한값 $\lim_{x \to a} f(x)$이다.

좌극한과 우극한이 모두 존재하더라도 그 값이 일치하지 않을 수도 있다. 예를 들어서, 함수

$$f(x) = \frac{|x-1|}{x-1}, \qquad x \neq 1$$

를 생각하면

$$\lim_{x \to 1^+} f(x) = 1, \qquad \lim_{x \to 1^-} f(x) = -1$$

이다.

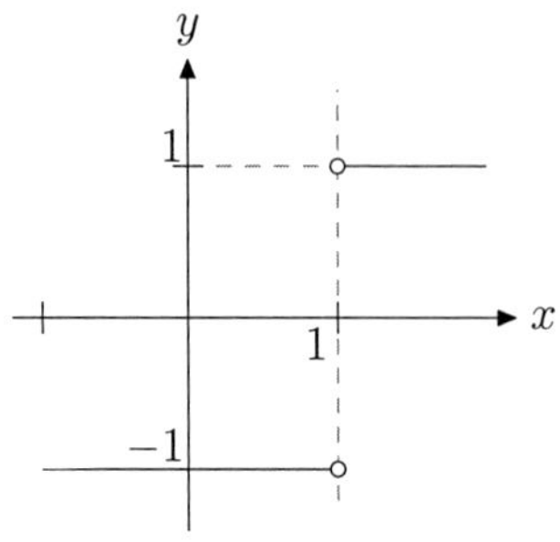

함수의 극한은 더하기나 빼기, 그리고 곱하기나 나누기와 그 순서를 바꿀 수 있다. 따라서 두 함수의 곱으로 표시된 함수의 극한값은 각 함수의 극한을 먼저 구하여 곱하면 된다. 이를 구체적으로 표현하면 다음과 같은데, 여러 가지 상황에서 극한값을 구하는 데에 필수적인 성질들이다.

함수의 극한

함수 $y = f(x)$와 $y = g(x)$에 대하여 $\lim_{x\to a} f(x) = \alpha$,[1] $\lim_{x\to a} g(x) = \beta$ 일 때, 다음이 성립한다.

(가) $\lim_{x\to a}\{f(x) \pm g(x)\} = \alpha \pm \beta$ (복호동순)
(나) $\lim_{x\to a} f(x)g(x) = \alpha\beta$
(다) $\lim_{x\to a} \dfrac{f(x)}{g(x)} = \dfrac{\alpha}{\beta}$ $(g(x) \neq 0,\ \beta \neq 0)$
(라) $\lim_{x\to a} cf(x) = c\alpha$ (c는 상수)
(마) $f(x) \leq g(x)$이면 $\alpha \leq \beta$
(바) $\lim_{x\to a} |f(x)| = 0$이면 $\lim_{x\to a} f(x) = 0$

위 성질들은 $x \to a$ 대신 $x \to \pm\infty$인 경우도 성립한다. 또한, 위에서 α, β는 유한 실수로서 함수 $y = f(x)$와 $y = g(x)$가 수렴할 때 성립하는 것들이다. 그러나 수렴하지 않는 경우에는 위의 공식들이 일반적으로 성립하지 않는다. 흔히

$$\frac{\infty}{\infty}, \qquad \frac{0}{0}, \qquad \infty - \infty, \qquad 0 \cdot \infty$$

꼴의 극한을 부정형이라 하는데, 이 경우에는 주어진 식을 적당히 변형하면 극한값을 구할 수 있는 경우도 있다.

1) 그리스 문자 읽는 법은 313쪽을 보라.

예제 1. 다음 극한값을 구하라.

(가) $\lim_{x \to 1} \frac{x^3 - 1}{x - 1}$ (나) $\lim_{x \to \infty} \frac{x + 1}{x - 1}$

풀이 : (가) 분모, 분자에 $x = 1$을 대입하면 $\frac{0}{0}$ 꼴이므로 다음

$$\begin{aligned} \lim_{x \to 1} \frac{x^3 - 1}{x - 1} &= \lim_{x \to 1} \frac{(x-1)(x^2 + x + 1)}{x - 1} \\ &= \lim_{x \to 1} (x^2 + x + 1) = 3 \end{aligned}$$

과 같이 식을 변형하여 구한다.

(나) 이 경우, $\frac{\infty}{\infty}$ 꼴이므로 다음과 같이 분모의 최고차 항인 x로 분모, 분자를 나누면

$$\lim_{x \to \infty} \frac{x + 1}{x - 1} = \lim_{x \to \infty} \frac{1 + \frac{1}{x}}{1 - \frac{1}{x}} = 1$$

을 얻는다. □

문제 1.1.1. 다음 극한값을 구하라.

(가) $\lim_{x \to 2} \frac{x^3 - 8}{x - 2}$ (나) $\lim_{x \to 2} \frac{2x^2 - x - 6}{3x^2 - 2x - 8}$

(다) $\lim_{x \to \infty} \frac{3x + 1}{5x + 2}$ (라) $\lim_{x \to \infty} \frac{x - 1}{x^2 - 2x + 1}$

예제 2. 다음 극한값을 구하라.

(가) $\lim_{x \to \infty} (\sqrt{x} - \sqrt{x - 1})$ (나) $\lim_{x \to 0} \frac{\sqrt{x + 1} - 1}{x}$

풀이 : (가) 주어진 함수를 다음

$$\begin{aligned} \sqrt{x} - \sqrt{x - 1} &= \frac{(\sqrt{x} - \sqrt{x - 1})(\sqrt{x} + \sqrt{x - 1})}{\sqrt{x} + \sqrt{x - 1}} \\ &= \frac{1}{\sqrt{x} + \sqrt{x - 1}} \end{aligned}$$

과 같이 변형하면 분자는 유한값인데 분모가 무한히 커지므로

$$\lim_{x \to \infty} (\sqrt{x} - \sqrt{x - 1}) = \lim_{x \to \infty} \frac{1}{\sqrt{x} + \sqrt{x - 1}} = 0$$

임을 알 수 있다.

(나) 마찬가지 방법으로 다음

$$\lim_{x\to 0}\frac{\sqrt{x+1}-1}{x}=\lim_{x\to 0}\frac{x}{x(\sqrt{x+1}+1)}$$
$$=\lim_{x\to 0}\frac{1}{\sqrt{x+1}+1}=\frac{1}{2}$$

과 같이 계산하면 된다. □

문제 1.1.2. 다음 극한값을 구하라.

(가) $\lim_{x\to 0}\frac{\sqrt{9+x}-3}{x}$ (나) $\lim_{x\to 1}\frac{x-1}{\sqrt{x+8}-3}$

(다) $\lim_{x\to\infty}\frac{\sqrt{x+1}}{x}$ (라) $\lim_{x\to\infty}(\sqrt{x^2+x}-x)$

문제 1.1.3. 다음 극한값을 구하라.

(가) $\lim_{x\to a}\frac{x^n-a^n}{x-a}$ (나) $\lim_{x\to 0}\frac{\sqrt{3+x}-\sqrt{3}}{x}$

(다) $\lim_{x\to\infty}x(x-\sqrt{x^2-4})$ (라) $\lim_{x\to-\infty}(\sqrt{x^2+x}+x)$

예제 3. 등식 $\lim_{x\to 2}\frac{ax^2-x}{x-2}=b$를 만족시키는 실수 a, b를 구하라.

풀이 : 먼저 $x\to 2$일 때 분모가 0에 수렴하므로 분자도 0에 수렴해야 한다. 따라서

$$\lim_{x\to 2}(ax^2-x)=0$$

에서 $4a-2=0$이고, 따라서 $a=\frac{1}{2}$이다. 이 때

$$\lim_{x\to 2}\frac{\frac{1}{2}x^2-x}{x-2}=\lim_{x\to 2}\frac{x(x-2)}{2(x-2)}=\lim_{x\to 2}\frac{x}{2}=1$$

이므로 $b=1$이다. □

문제 1.1.4. 다음 등식이 성립하도록 상수 a, b의 값을 정하라.

(가) $\lim_{x\to 2}\frac{x^2+ax+b}{x^2-4}=2$ (나) $\lim_{x\to 0}\frac{\sqrt{a+x}-b}{x}=\frac{1}{6}$

경우에 따라서는 우극한이나 좌극한이 없는 경우도 있다. 다음과 같이 정의된 함수

$$f(x)=\begin{cases}0, & x:\text{유리수}\\ 1, & x:\text{무리수}\end{cases}$$

를 생각하고, 점 $x = a$를 아무 것이나 고정하자. 만일 x가 a로 한없이 가까이 가면, 그 중에는 유리수도 있게 되고 무리수도 있게 된다. 다시 말하여 점 a 근방을 아무리 작게 잡아도 유리수와 무리수가 포함된다. 따라서 $f(x)$가 0이나 1에 가까이 간다고 말할 수 없다. 결국, 이 함수는 임의의 점 a에 대하여 우극한 $\lim_{x\to a^+} f(x)$가 존재하지 않으며, 좌극한도 마찬가지이다.

문제 1.1.5. 두 함수

$$f(x) = \begin{cases} 0, & x : \text{유리수} \\ 1, & x : \text{무리수} \end{cases} \qquad g(x) = \begin{cases} 0, & x : \text{무리수} \\ 1, & x : \text{유리수} \end{cases}$$

에 대하여 $\lim_{x\to 0} f(g(x))$과 $\lim_{x\to 0} g(f(x))$를 구하라.

함수의 연속성

이제, 함수의 연속성에 대하여 알아보자. 함수 $y = f(x)$의 정의역에 $x = a$가 속할 때, 다음 두 성질

(가) $\lim_{x\to a} f(x)$가 존재한다,

(나) $\lim_{x\to a} f(x) = f(a) = f\left(\lim_{x\to a} x\right)$이다,

을 만족시키면 함수 $y = f(x)$는 $x = a$에서 연속이라 한다. 만일 $x = a$에서 함수 $y = f(x)$가 연속이면

$$\lim_{x\to a} f(x) = f\left(\lim_{x\to a} x\right) = f(a)$$

이므로, 극한 $\lim_{x\to a}$와 함수 f의 순서를 바꿀 수 있다는 것으로 기억해 두면 극한값을 구할 때 요긴하게 쓸 수 있다. 또한 함수가 주어진 구간의 모든 점에서 연속이면 이 함수는 그 구간에서 연속이라 한다. 앞의 예제 2 (나)의 극한값을 계산하는 마지막 단계에서 함수 $y = \sqrt{x+1}$이 연속이라는 사실을 사용하였다.

함수 $y = f(x)$가 닫힌구간 $[a, b]$ 에서 연속이라는 것은 함수 $y = f(x)$가 열린구간 (a, b)에서 연속이고, 다음

$$\lim_{x\to a^+} f(x) = f(a), \qquad \lim_{x\to b^-} f(x) = f(b)$$

를 만족한다는 뜻이다. 또한, 함수 $y = f(x)$가 $[a, b)$에서 연속이라는 것은 함수 $y = f(x)$가 열린구간 (a, b)에서 연속이고, a에서는

$$\lim_{x\to a^+} f(x) = f(a)$$

를 만족한다는 뜻이다. 물론, 구간 $(a, b]$에서 연속이라는 것은 함수 $y = f(x)$가 열린구간 (a, b)에서 연속이고, b 에서는 $\lim_{x\to b^-} f(x) = f(b)$를 만족한다는 뜻이다.

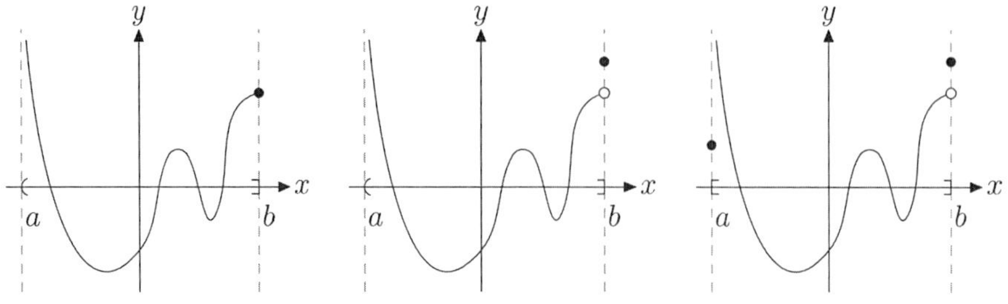

구간 $(a, b]$에서 연속 $x = b$에서 불연속 $x = a, b$에서 불연속

예제 4. 다음 함수

$$f(x) = \begin{cases} ax + 1, & x \le 3 \\ 2ax - 1, & x > 3 \end{cases}$$

가 연속이 되도록 a 의 값을 정하라.

풀이 : 좌극한과 우극한을 살펴보면

$$\lim_{x \to 3^-} f(x) = f(3) = 3a + 1, \qquad \lim_{x \to 3^+} f(x) = 6a - 1$$

이다. 따라서 $3a + 1 = 6a - 1$에서 $a = \dfrac{2}{3}$를 얻는다. 물론 $x = 3$을 제외한 다른 점에서 연속임은 당연하다. □

문제 1.1.6. 함수

$$f(x) = \begin{cases} \dfrac{x^2 - a^2}{x - a}, & x \neq a \\ 8, & x = a \end{cases}$$

가 연속함수가 되도록 a의 값을 정하라.

함수 $y = f(x)$가 $x = a$에서 연속이 아닐 때, $f(x)$는 $x = a$에서 불연속이라 하고 $x = a$를 불연속점이라 한다. 따라서 $x = a$에서 불연속이면 $\lim_{x \to a} f(x)$가 존재하지 않거나 $\lim_{x \to a} f(x)$가 존재하더라도 $\lim_{x \to a} f(x) \neq f(a)$인 경우이다.

두 함수 f, g가 $x = a$에서 연속이면

$$\lim_{x \to a} f(x) = f(a), \qquad \lim_{x \to a} g(x) = g(a)$$

인데, 함수의 극한에 대한 성질을 적용하면 이로부터 바로 다음과 같은 여러 가지 등식

$$\lim_{x \to a} \{f(x) \pm g(x)\} = f(a) \pm g(a)$$

$$\lim_{x \to a} f(x)g(x) = f(a)g(a)$$

$$\lim_{x \to a} cf(x) = cf(a)$$

$$\lim_{x \to a} \frac{f(x)}{g(x)} = \frac{f(a)}{g(a)} \quad (g(x) \neq 0,\ g(a) \neq 0)$$

들을 얻는다. 따라서 다음과 같은 연속함수의 성질을 얻는다.

연속함수의 성질

두 함수 $f(x)$, $g(x)$가 $x = a$에서 연속이면 다음 함수

$$f(x) \pm g(x), \qquad f(x)g(x), \qquad cf(x), \qquad \frac{f(x)}{g(x)}$$

도 $x = a$에서 연속이다. 단, c는 상수이고, $\dfrac{f(x)}{g(x)}$의 경우 $g \neq 0$인 때에 한한다.

간단하게 말하여, 연속함수들의 합, 차, 곱, 몫은 다시 연속함수가 된다는 말이다. 이는 합성함수에 대해서도 마찬가지이다. 즉, 두 연속함수의 합성은 다시 연속함수이다. 이를 살펴보기 위하여, 함수 g가 a에서 연속이고, 함수 f가 $g(a)$에서 연속이라 하자. 그러면

$$\begin{aligned} \lim_{x \to a} (f \circ g)(x) &= \lim_{x \to a} f(g(x)) \\ &= f(\lim_{x \to a} g(x)) = f(g(a)) = (f \circ g)(a) \end{aligned}$$

이므로, 합성함수 $f \circ g$가 연속임을 알 수 있다.

합성함수의 연속

함수 g가 a에서 연속이고, 함수 f가 $g(a)$에서 연속이면 합성함수 $f \circ g$는 a에서 연속이다.

함수 f가 어떤 구간에서 연속이면 그 그래프는 그 구간에서 이어져 있으므로 다음 중간값 정리를 얻는다.

중간값정리

함수 f가 닫힌구간 $[a,b]$에서 연속이고, $f(a) \neq f(b)$이면 $f(a)$와 $f(b)$ 사이의 임의의 값 k에 대하여

$$f(c) = k$$

인 점 c가 (a,b) 안에 존재한다.

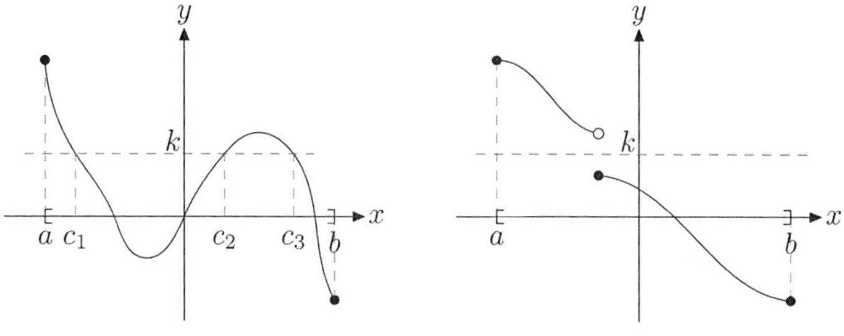

$f(c_i) = k, \quad i = 1, 2, 3$ $\qquad$ $f(c) = k$인 c가 없음

중간값정리는 방정식의 실근의 존재성을 판별하는데 요긴하게 사용될 수 있다. 만일 $f(a)f(b) < 0$이면 $f(a)$와 $f(b)$의 부호가 다르므로 $f(c) = 0$인 c가 a와 b 사이에 있음을 알 수 있다.

예제 5. 방정식 $x^3 + 2x - 1 = 0$의 근이 열린구간 $(0,1)$ 안에 있음을 보이라.

풀이 : $f(x) = x^3 + 2x - 1$라 두자. $f(0) = -1 < 0$이고 $f(1) = 2 > 0$이므로 $f(c) = 0$인 $c \in (0,1)$가 존재한다. □

문제 1.1.7. 삼차방정식 $x^3 - 2x^2 - 3x + 3 = 0$ 은 구간 $(-2,0)$ 에서 적어도 하나의 근을 가짐을 증명하라.

문제 1.1.8. 함수 $f : [0,1] \to [0,1]$ 가 연속함수이면 $f(c) = c$ 인 $c \in [0,1]$ 가 존재함을 보이라.

또 연속함수는 다음과 같은 중요한 성질을 가진다.

최대최소정리

함수 $y = f(x)$가 닫힌구간 $[a,b]$에서 연속이면 이 구간에서 반드시 최대값과 최소값을 가진다.

닫힌구간 $[a, b]$에서 연속함수 f의 최대값을 M, 최소값을 m이라 하고, 중간값정리를 적용하면 $m < k < M$인 임의의 k에 대하여

$$f(c) = k$$

인 c가 열린구간 (a, b) 안에 존재한다. 미분을 공부하는 목표 가운데 가장 중요한 것은 함수의 최대값과 최소값을 구체적으로 구하는 것이다.

문제 **1.1.9.** 구간 $[1, 3]$ 에서 함수 $f(x) = x^2 - 4x + 5$ 의 최대값과 최소값을 구하라.

수열의 극한

함수의 극한에 대해서는 이 정도로 마치고, 이제부터 이미 고등학교에서 공부한 수열의 극한을 간단하게 복습하기로 한다. 정의역이 자연수들로 주어진 함수를 수열이라 부른다. 특히 공변역이 실수집합인 경우 이를 실수열이라 부른다. 정의역이 자연수 $1, 2, 3, \ldots$ 이므로 이 함수값

$$f(1), f(2), \ldots, f(n), \ldots$$

들은 실수들을 나열한 것이고, 많은 경우 이를

$$a_1, a_2, \ldots, a_n, \ldots$$

와 같이 쓴다. 혹은 $\langle a_n \rangle$이나 $\langle a_n \rangle_{n=1}^{\infty}$와 같이 쓰기도 한다.

수열 $\langle a_n \rangle$에 대하여, n이 한없이 커짐에 따라 일반항 a_n이 일정한 값 α에 가까워질 때 이 수열 $\langle a_n \rangle$은 α로 수렴한다 하며 α를 수열 $\langle a_n \rangle$의 극한 또는 극한값이라 한다. 이것을 기호로

$$n \to \infty \quad \text{일 때} \quad a_n \to \alpha$$

또는

$$\lim_{n \to \infty} a_n = \alpha$$

와 같이 나타낸다.

수열의 극한에 대해서도 함수의 경우와 마찬가지로 다음 성질들이 성립하는데, 이 역시 수열의 극한을 구하는 데에 필수적인 것들이다.

수열의 극한

두 수열 $\langle a_n \rangle$, $\langle b_n \rangle$ 에 대하여

$$\lim_{n\to\infty} a_n = \alpha, \quad \lim_{n\to\infty} b_n = \beta$$

이면 다음이 성립한다.

(가) $\lim_{n\to\infty} (a_n \pm b_n) = \alpha \pm \beta$ (복호 동순)
(나) $\lim_{n\to\infty} a_n b_n = \alpha\beta$
(다) $\lim_{n\to\infty} \frac{a_n}{b_n} = \frac{\alpha}{\beta}$ (단, $b_n \neq 0$, $\beta \neq 0$)
(라) $\lim_{n\to\infty} c a_n = c\alpha$ (c는 상수)
(마) $a_n \leq b_n$ 이면 $\alpha \leq \beta$
(바) $\lim_{n\to\infty} |a_n| = 0$ 이면 $\lim_{n\to\infty} a_n = 0$

수렴하지 않는 수열은 발산한다 한다. 발산하는 수열 중 a_n 이 한없이 커지면 이 수열은 양의 무한대로 발산한다 하며, 이것을

$$n \to \infty \quad \text{일 때} \quad a_n \to \infty$$

또는

$$\lim_{n\to\infty} a_n = \infty$$

로 나타낸다. 또한 n 이 한없이 커짐에 따라 a_n 이 한없이 작아지면 (즉, 음수로서 절대값이 한없이 커지면), 이 수열은 음의 무한대로 발산한다 하며, 이것을

$$n \to \infty \quad \text{일 때} \quad a_n \to -\infty$$

또는

$$\lim_{n\to\infty} a_n = -\infty$$

로 나타낸다.

양의 무한대나 음의 무한대로 발산하지 않으면서 수렴하지 않는 수열을 진동한다 한다. 예를 들어서, 수열 $\langle (-1)^n \rangle_{n=1}^{\infty}$ 을 순서대로 늘어 놓으면

$$-1, 1, -1, \ldots, (-1)^n, \ldots$$

로서 진동함을 알 수 있다.

수열의 극한에 관한 여러 가지 성질들은 두 수열이 모두 수렴할 경우에만 성립한다. 예를 들어 $a_n = n$, $b_n = \frac{1}{n}$ 일 때 $a_n b_n = 1$ 이므로 $\lim_{n\to\infty} a_n b_n = 1$ 이지만 $\alpha\beta = \infty \cdot 0$ 은 정할 수 없 다.

극한이 같은 값 α로 수렴하는 수열 $\langle a_n \rangle$, $\langle b_n \rangle$에 대하여

$$a_n \le c_n \le b_n$$

인 수열 $\langle c_n \rangle$은 α로 수렴한다. 즉, $\lim_{n\to\infty} c_n = \alpha$이다. 특히,

$$-|a_n| \le a_n \le |a_n|$$

이므로 $\lim_{n\to\infty} |a_n| = 0$ 이면 $\lim_{n\to\infty} a_n = 0$이다. 예를 들어

$$\lim_{n\to\infty} \left| \frac{(-1)^n}{n} \right| = \lim_{n\to\infty} \frac{1}{n} = 0$$

이므로 $\lim_{n\to\infty} \frac{(-1)^n}{n} = 0$이다. 한 가지 유의할 점이 있는데, $\lim_{n\to\infty} |a_n|$이 수렴한다고 해서, $\lim_{n\to\infty} a_n$이 항상 수렴하는 것은 아니다. 예를 들어서 $\lim_{n\to\infty} |(-1)^n| = 1$이지만 $\langle (-1)^n \rangle$은 수렴하지 않는다.

무한등비수열 $\langle r^n \rangle$은 $-1 < r \le 1$일 때 수렴하고

$$\lim_{n\to\infty} r^n = \begin{cases} 0, & -1 < r < 1 \\ 1, & r = 1 \end{cases}$$

이 됨은 잘 알고 있을 것이다. 그 외의 r 값에 대하여는 발산한다.

문제 1.1.10. 일반항 a_n이 다음과 같은 수열의 수렴, 발산을 조사하고 수렴하면 그 극한을 구하라.

(가) $\dfrac{n+1}{3n-1}$ (나) $\dfrac{\sqrt{n}}{1+\sqrt{n}}$

(다) $\dfrac{n}{1+\sqrt{n}}$ (라) $\dfrac{n}{n^2+1}$

문제 1.1.11. 다음 극한을 구하라.

(가) $\lim_{n\to\infty} (\sqrt{n^2-n} - n)$ (나) $\lim_{n\to\infty} \dfrac{\sqrt{n+3}-\sqrt{n+2}}{\sqrt{n+2}-\sqrt{n}}$

함수의 극한을 공부하는 동안 그 핵심적인 성질들을 증명하지 않은 데에 대하여 불만인 독자들도 있을 것이다. 그런데 그럴 수 밖에 없는 것이 함수의 극한을 엄밀하게 정의조차 하지 않았으니 그 성질을 증명할 수가 없었다. 실제로 극한이 엄밀하게 정의되고 그 성질들이 증명된 것은 19세기 이후의 일이다. 사실, 우리가 공부한 다항함수나 분수함수들, 그리고 앞으로 공부할 함수들은 그 그래프가 그리 복잡하지 않기 때문에 굳이 엄밀한 정의나 증명을 하지 않더라도 아무런 문제가 없다. 물론, 보다 복잡한 함수를 다루고 특히 이중극한을 다루기 위해서는 극한의 엄밀한 정의가 필요하게 되는데, 이는 이 책의 범위를 넘는다.

연속함수의 핵심적인 두 성질인 중간값정리와 최대최소정리도 마찬가지 이유로 인하여 증명을 할 수 없었다. 그런데 이 두 정리를 잘 들여다 보면 공통점이 한 가지 있는데, 어떤 성질을 가지는 실수의 존재를 주장하고 있다는 점이다. 따라서 이를 증명하려면 당연히 실수가 무엇인지 명확한 정의가 필요하게 된다. 중간값정리는 너무도 당연해 보이는데, 이를 처음으로 명확하게 진술한 수학자는 볼짜노[2)]이다. 그는 이를 증명하려 하였으나 서로 동치인 다른 명제로 바꾸는 데에 그쳤는데, 이 중 하나가 비슷한 무렵 코오시[3)]가 발견한 무한급수의 수렴에 관한 조건이다. 이러한 수학자들의 노력에 이어서 칸토르[4)]와 데데킨트[5)]는 1870년대 초반 같은 시기에, 역사상 처음으로 실수를 산술적으로 명확하게 정의하고 그 성질을 규명하였다.[6)]

위에서 설명한 극한의 엄밀한 정의와 연속함수의 성질 등은 『해석개론』이나 『고등미적분』의 주요 내용이다.

---

2) Bernhard Bolzano (1781∼1848), 보헤미아의 성직자. 함수의 연속성, 수열의 극한을 다루는 과정에서 보다 엄밀한 논증을 시도하였으며, 나아가서 실수체계의 확립에 공헌이 크다. 그는 1817년 논문에서 중간값정리의 증명을 처음으로 시도하였다. 참고문헌 [14] 3.3절이나 [18] 16장을 참조하라.

3) Augustin Louis Cauchy (1789∼1857), 프랑스 수학자. 원래, 토목공학을 전공하려 하였으나, École Polytechnique의 라그랑주와 라플라스 등이 권하여 수학을 하게 되었다. 1816년부터 École Polytechnique의 교수로 있으면서 수많은 논문과 저작을 남겼으나, 1830년 혁명 이후 정치적인 이유(왕당파)로 쫓겨 나기도 했다가 1848년 복귀하였다. 그에 관한 전기로 [11]등이 있다.

4) Georg Cantor (1845∼1918), 러시아 태생의 독일 수학자로서 집합론의 창시자로 일컬어진다. 베를린 대학에서 학위를 한 후 1869년부터 1905년까지 Halle대학에서 활동하였는데, 만년을 정신병원에서 보냈다. 그가 처음부터 집합론을 구상한 것은 아니고, 삼각급수를 연구하는 과정에서 무한집합을 다루게 되었다. [17]의 서문을 참조하라. 그의 업적을 소개한 책으로 [19]가 있다.

5) Julius Wilhelm Richard Dedekind (1831∼1916), 독일 수학자. Göttingen에서 학위를 받은 후, 취리히 및 독일 중부의 Braunschweig등에서 활동하였다. 데데킨트 절단을 창안함으로써, 유리수에서 실수를 구성하였다.

6) 구체적인 내용은 참고문헌 [1]이나 [4]의 부록을 참조할 수 있다.

1.2 미분계수

시간에 따라서 변화하는 양이 주어졌을 때 일정한 시간 동안 일어난 변화가 평균변화율인데, 이 값의 극한이 바로 미분계수이다.

평균변화율

다음은 어느 주식의 5년간의 주가이다.

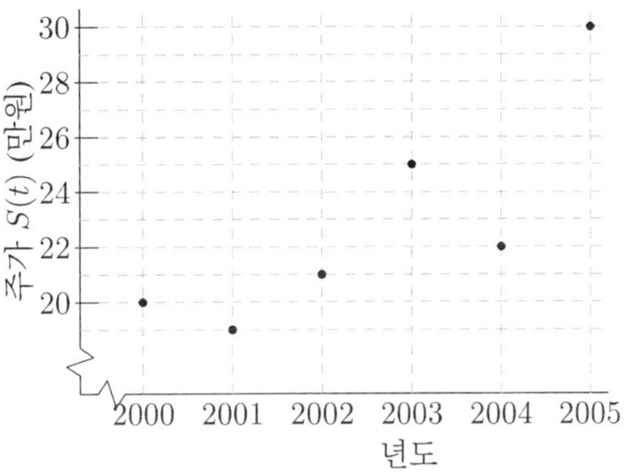

2000년부터 2005년까지 5년간 주가의 평균변화율은

$$\frac{S(2005) - S(2000)}{2005 - 2000} = \frac{30 - 20}{5} = 2$$

이다. 여기에서 우리는

$$S \text{ 의 평균변화율} = \frac{S \text{ 의 변화량}}{t \text{ 의 변화량}} = \frac{\Delta S}{\Delta t}$$

로 쓸 수 있다.

직선 $y = f(x) = mx + b$의 그래프 위의 두 점 $(x_1,\ f(x_1))$, $(x_2,\ f(x_2))$에 대하여

$$f(x_1) = mx_1 + b, \quad f(x_2) = mx_2 + b$$

이므로

$$m = \frac{f(x_2) - f(x_1)}{x_1 - x_1}$$

이 되어 m은 이 직선의 기울기이다.

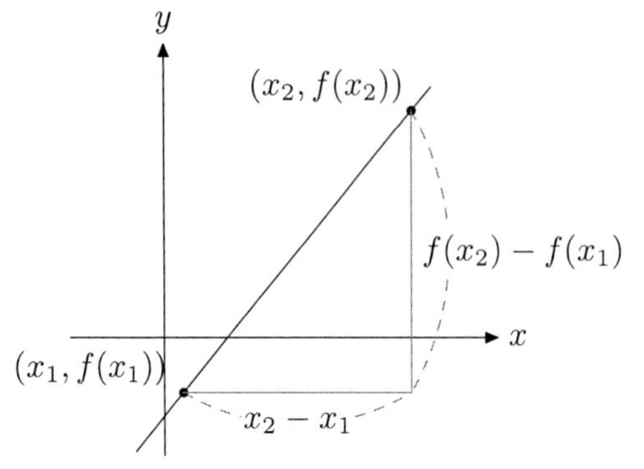

일반적으로, 함수 $y = f(x)$의 그래프 위의 두 점 $(x_1,\ f(x_2))$과 $(x_2,\ f(x_2))$에 대하여

$$\frac{f(x_2) - f(x_1)}{x_2 - x_1} = \frac{f(x)\text{ 의 변화량}}{x\text{ 의 변화량}}$$

은 두 점을 지나는 직선의 기울기이다.

또한 운동하는 물체의 속력을 알기 위해서는 시간의 변화에 대한 운동거리의 비를 구해야 되는데, 이 때 운동거리는 시간에 대한 함수로 나타낼 수 있다. 시각 t부터 시각 $t + \Delta t$까지 걸린 시간은

$$\Delta t = (t + \Delta t) - t$$

이고, 운동거리 함수를 $f(t)$라 하면 시간 Δt 사이에 움직인 거리는

$$\Delta f = f(t + \Delta t) - f(t)$$

이므로 평균속력은

$$\frac{\Delta f}{\Delta t} = \frac{f(t + \Delta t) - f(t)}{\Delta t}$$

이다.

함수의 증분

$$\Delta f = f(a + \Delta x) - f(a)$$

를 Δx로 나눈 몫

$$\frac{\Delta f}{\Delta x} = \frac{f(a + \Delta x) - f(a)}{\Delta x}$$

을 x가 a 부터 $a + \Delta x$까지 변할 때 함수 f의 평균변화율이라 한다. 이것은 다음 그림에서 선분 PQ의 기울기이다.

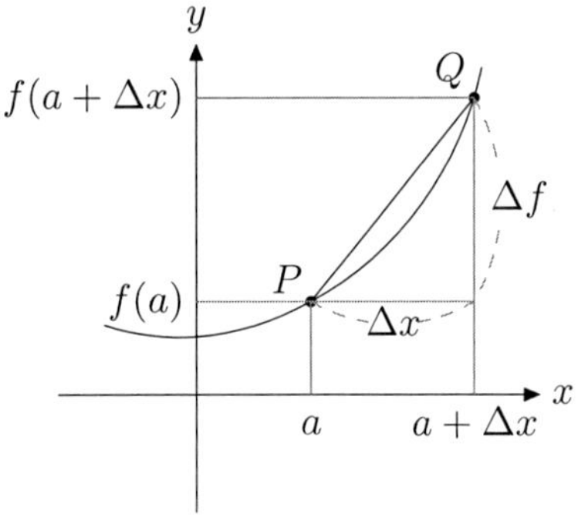

문제 1.2.1. 다음 각 함수에 대하여, x의 값이 1에서 2까지 변화할 때의 평균변화율을 구하라.

(가) $y = x^2 - 2x$ (나) $y = \sqrt{x}$

(다) $y = \dfrac{1}{x^2+1}$ (라) $y = x^3$

미분계수

함수 $y = f(x)$의 그래프 위의 점 $P(a,\ f(a))$에서 접선의 기울기는 그래프 위의 점

$$Q(a + \Delta x,\ f(a + \Delta x))$$

가 그래프 위의 점을 따라 점 P에 가까이 갈 때, 즉 Δx가 0으로 가까이 갈 때 평균변화율의 극한값

$$\lim_{\Delta x \to 0} \frac{\Delta f}{\Delta x} = \lim_{\Delta x \to 0} \frac{f(a + \Delta x) - f(a)}{\Delta x}$$

이다. 이 극한값을 기호로 $f'(a)$로 나타낸다. 즉,

$$f'(a) = \lim_{\Delta x \to 0} \frac{f(a + \Delta x) - f(a)}{\Delta x}$$

이다. 따라서 $f'(a)$는 $x = a$에서 곡선 $y = f(x)$의 접선의 기울기를 나타낸다. 극한값 $f'(a)$가 함수 $y = f(x)$에 따라 존재할 수도 있고 존재하지 않을 수도 있는데, 극한값 $f'(a)$가 존재할 때 함수 $y = f(x)$는 $x = a$에서 미분가능하다고 한다. 이 극한을 $x = a$에서 함수 $y = f(x)$의 미분계수 또는 순간변화율이라 한다.

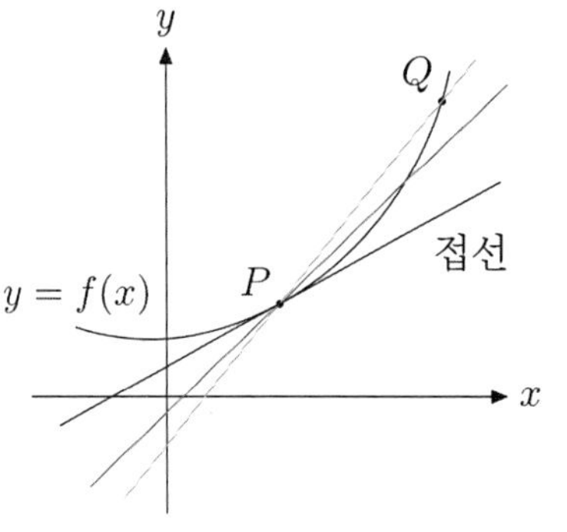

예제 1. 곡선 $y = x^3 - 2x^2 + 1$ 위의 점 $P(1,\ 0)$에서 접선의 방정식을 구하라.

풀이 : $f(x) = x^3 - 2x^2 + 1$이라고 하면

$$\begin{aligned} f'(1) &= \lim_{\Delta x \to 0} \frac{f(1+\Delta x) - f(1)}{\Delta x} \\ &= \lim_{\Delta x \to 0} \frac{\{(1+\Delta x)^3 - 2(1+\Delta x)^2 + 1\} - 0}{\Delta x} \\ &= \lim_{\Delta x \to 0} \frac{1 + 3\Delta x + 3(\Delta x)^2 + (\Delta x)^3 - 2 - 4\Delta x - 2(\Delta x)^2 + 1}{\Delta x} \\ &= \lim_{\Delta x \to 0} (-1 + \Delta x + (\Delta x)^2) = -1 \end{aligned}$$

이므로 접선의 기울기는 -1이다. 따라서 구하는 접선의 방정식은

$$y - 0 = -1(x - 1)$$

이고, 이를 정리하면 $y = -x + 1$이다. □

문제 1.2.2. 곡선 $y = 2x^3$ 위의 점 $(1,\ 2)$에서 접선의 기울기를 구하라.

문제 1.2.3. 곡선 $y = x^2 - 2x + 1$은 $x = 1$에서 x 축에 접함을 보이라.

미분계수의 정의

점 $x = a$에서 함수 $f(x)$의 미분계수 $f'(a)$는

$$f'(a) = \lim_{\Delta x \to 0} \frac{f(a+\Delta x) - f(a)}{\Delta x} = \lim_{x \to a} \frac{f(x) - f(a)}{x - a}$$

이다.

이제, $\Delta x > 0$ 이면서 Δx 가 0으로 가까이 갈 때 우극한

$$\lim_{\Delta x \to 0^+} \frac{f(a+\Delta x) - f(a)}{\Delta x}$$

이 존재하면 그 값을 $f'_+(a)$ 로 나타내고 $x = a$ 에서 f 의 우미분계수라 한다. 마찬가지로, 좌극한

$$\lim_{\Delta x \to 0^-} \frac{f(a+\Delta x) - f(a)}{\Delta x}$$

이 존재하면 그 값을 $f'_-(a)$ 로 나타내고 $x = a$ 에서 f 의 좌미분계수라 한다. 극한의 정의로부터 f 가 $x = a$ 에서 미분가능일 필요충분조건은 우미분계수 $f'_+(a)$ 와 좌미분계수 $f'_-(a)$ 가 각각 존재하고 $f'_+(a) = f'_-(a)$ 가 되는 것임을 알 수 있다. 이 경우

$$f'(a) = f'_+(a) = f'_-(a)$$

가 된다. 또한 f 가 $x = a$ 에서 미분가능하지 않을 조건은 $f'_+(a)$ 또는 $f'_-(a)$ 가 존재하지 않거나, 존재하더라도 $f'_+(a) \neq f'_-(a)$ 인 것이다.

예제 2. 함수 $f(x) = x$ 는 $x = 0$ 에서 미분가능함을 확인하라.

풀이 : 정의에 의하여 계산하면

$$\lim_{\Delta x \to 0} \frac{f(0+\Delta x) - f(0)}{\Delta x} = \lim_{\Delta x \to 0} \frac{\Delta x - 0}{\Delta x} = 1$$

이므로 극한값 $f'(0) = 1$ 이 존재한다. □

예제 3. 점 $x = 0$ 에서 함수 $y = f(x) = |x|$ 의 미분가능성을 조사하라.

풀이 : 평균변화율을 계산하면

$$\frac{\Delta f}{\Delta x} = \frac{f(0+\Delta x) - f(0)}{\Delta x} = \frac{|\Delta x|}{\Delta x}$$

이다. 여기에서, $\Delta x > 0$ 인 상태로 Δx 가 0으로 가까이 가면 $\dfrac{\Delta f}{\Delta x}$ 는 1에 가까이 가고, $\Delta x < 0$ 인 상태로 0에 가까이 가면 -1 에 가까이 간다. 즉,

$$f'_+(0) = \lim_{\Delta x \to 0^+} \frac{\Delta f}{\Delta x} = 1, \qquad f'_-(0) = \lim_{\Delta x \to 0^-} \frac{\Delta f}{\Delta x} = -1$$

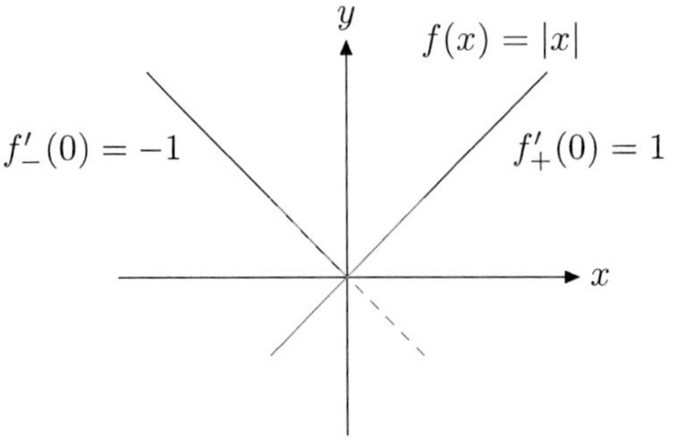

이므로 $\lim_{\Delta x \to 0} \dfrac{\Delta f}{\Delta x}$ 이 존재하지 않고, 따라서 이 함수는 $x = 0$ 에서 미분가능하지 않다. □

예제 4. 점 $x = 0$ 에서 함수 $f(x) = \sqrt{|x|}$ 의 미분가능성을 조사하라.

풀이 : 평균변화율을 계산하면

$$\begin{aligned}\frac{\Delta f}{\Delta x} &= \frac{f(0+\Delta x) - f(0)}{\Delta x} \\ &= \frac{\sqrt{|\Delta x|}}{\Delta x} = \begin{cases} \dfrac{\sqrt{\Delta x}}{\Delta x} = \dfrac{1}{\sqrt{\Delta x}}, & \Delta x > 0 \\ \dfrac{\sqrt{-\Delta x}}{\Delta x} = \dfrac{-1}{\sqrt{-\Delta x}}, & \Delta x < 0 \end{cases}\end{aligned}$$

이다. 따라서 우미분계수는

$$f'_+(0) = \lim_{\Delta x \to 0^+} \frac{1}{\sqrt{\Delta x}} = +\infty$$

이고, 좌미분계수는

$$f'_-(0) = \lim_{\Delta x \to 0^-} \frac{-1}{\sqrt{-\Delta x}} = -\infty$$

이다.

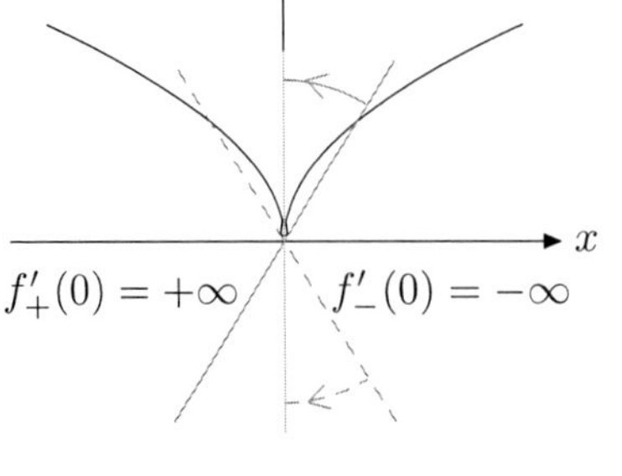

즉, $f'_+(0)$와 $f'_-(0)$이 존재하지 않으므로 f는 $x=0$에서 미분가능하지 않다. □

문제 1.2.4. 점 $x=1$에서 다음 함수들의 미분계수를 구하라.

(가) $f(x)=x^2$ (나) $f(x)=ax+b$

(다) $f(x)=x^3+x$ (라) $f(x)=|x|$

문제 1.2.5. 점 $x=0$에서 함수 $f(x)=|x|x$의 미분가능성을 조사하라.

연속함수와 미분가능한 함수

함수 f가 $x=a$에서 미분가능하면

$$\begin{aligned}\lim_{\Delta x\to 0}\{f(a+\Delta x)-f(a)\} &= \lim_{\Delta x\to 0}\frac{f(a+\Delta x)-f(a)}{\Delta x}\cdot\Delta x\\ &= f'(a)\cdot 0=0\end{aligned}$$

이므로 $\lim_{x\to a}f(x)=f(a)$이다. 따라서 함수 f는 $x=a$에서 연속이다.

미분가능하면 연속

함수 f가 $x=a$에서 미분가능하면, f는 $x=a$에서 연속이다.

함수 $f(x)=|x|$은 $x=0$에서 미분가능하지 않지만 $x=0$에서 연속이다. 일반적으로 함수 f가 $x=a$에서 연속이라 해서 $x=a$에서 미분가능한 것은 아니다.

예제 5. 점 $x=2$에서 함수

$$f(x)=\begin{cases}2x^2+3x+1, & x\le 2\\ 3x^2-5x+13, & x>2\end{cases}$$

의 연속성과 미분가능성을 조사하라.

풀이 : 극한값을 계산하면

$$\lim_{x\to 2^-}f(x)=2\cdot 2^2+3\cdot 2+1=15$$

$$\lim_{x\to 2^+}f(x)=3\cdot 2^2-5\cdot 2+13=15$$

에서

$$f(2)=\lim_{x\to 2^-}f(x)=\lim_{x\to 2^+}f(x)=15$$

이므로 $x = 2$에서 연속이다. 또한

$$
\begin{aligned}
f'_{+}(2) &= \lim_{\Delta x \to 0^{+}} \frac{f(2+\Delta x) - f(2)}{\Delta x} \\
&= \lim_{\Delta x \to 0^{+}} \frac{\{3(2+\Delta x)^2 - 5(2+\Delta x) + 13\} - \{2 \cdot 2^2 + 3 \cdot 2 + 1\}}{\Delta x} \\
&= \lim_{\Delta x \to 0^{+}} \frac{12\Delta x + 3\Delta x^2 - 5\Delta x}{\Delta x} = \lim_{\Delta x \to 0^{+}} (7 + 3\Delta x) = 7
\end{aligned}
$$

과

$$
\begin{aligned}
f'_{-}(2) &= \lim_{\Delta x \to 0_{-}} \frac{f(2+\Delta x) - f(2)}{\Delta x} \\
&= \lim_{\Delta x \to 0^{-}} \frac{\{2(2+\Delta x)^2 + 3(2+\Delta x) + 1\} - \{2 \cdot 2^2 + 3 \cdot 2 + 1\}}{\Delta x} \\
&= \lim_{\Delta x \to 0^{-}} \frac{8\Delta x + 2\Delta x^2 + 3\Delta x}{\Delta x} = \lim_{\Delta x \to 0^{-}} (11 + 2\Delta x) = 11
\end{aligned}
$$

에서 $f'_{+}(2) \neq f'_{-}(2)$이므로, 극한값 $\lim_{\Delta x \to 0} \dfrac{f(2+\Delta x) - f(2)}{\Delta x}$이 존재하지 않고, 따라서 $x = 2$에서 미분가능하지 않다.

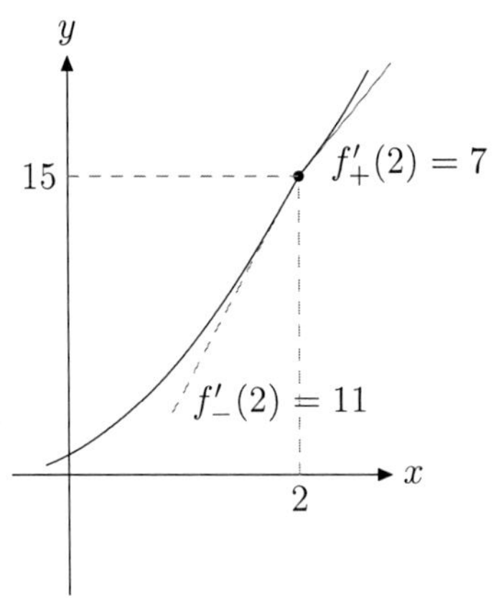

에서 $f'_{+}(2) \neq f'_{-}(2)$이므로, 극한값 $\lim_{\Delta x \to 0} \dfrac{f(2+\Delta x) - f(2)}{\Delta x}$이 존재하지 않고, 따라서 $x = 2$에서 미분가능하지 않다. □

문제 1.2.6. 다음 함수들이 $x = 0$ 에서 연속인지 아닌지 조사하라.

(가) $f(x) = \begin{cases} \dfrac{|x|}{x} & (x \neq 0) \\ 0 & (x = 0) \end{cases}$ (나) $f(x) = \begin{cases} \dfrac{\sqrt{x+1}-1}{x} & (x \neq 0) \\ \dfrac{1}{2} & (x = 0) \end{cases}$

문제 1.2.7. 함수

$$f(x) = \begin{cases} ax^3 - 6x, & x \leq 1 \\ bx^2 + 4, & x > 1 \end{cases}$$

이 $x = 1$에서 미분가능할 때 a, b의 값을 구하라.

문제 1.2.8. 함수

$$f(x) = \begin{cases} 3ax^2 + 2bx + 1, & x \leq 1 \\ ax^4 - 4bx^2 - 3x, & x > 1 \end{cases}$$

이 $x = 1$에서 미분가능할 때 a, b의 값을 구하라.

곡선의 접선을 구하는 문제는 미분법이 본격적으로 등장하기 이전에 이미 여러 수학자들에 의하여 연구되었는데, 특히 17세기 중반 이후에 페르마[7], 배로[8] 등이 연구한 방법은 무한소의 개념을 사용하여 현재의 미분법과 거의 같은 내용이었다.

미분가능한 함수는 연속이지만 그 역은 성립하지 않는다. 예를 들어서 함수 $y = |x|$는 연속이지만 $x = 0$에서 미분가능하지 않다. 문제는 연속이지만 모든 점에서 미분불가능한 함수가 있겠는가 하는 점인데, 이러한 함수는 볼짜노가 1834년에 만들었지만 미적분 연구의 본거지인 프랑스와 독일에 알려지지 않고 있다가, 바이에르쉬트라쓰[9]에 의하여 다시 발견되었다.[10]

---

7) Pierre de Fermat (1601∼1665), 프랑스 법률가. 그는 Toulouse, Bordeaux 등지에서 수학을 공부하였으나, 최종적으로 Orléans에서 법학을 공부하고 Toulouse에서 법률가로 살았다. 그는 틈틈이 수학을 연구하였는데, 접선에 관한 업적보다는 정수론에 관한 그의 마지막 정리로 유명하다. 이 정리는 $n \geq 3$인 자연수에 대하여 $x^n + y^n = z^n$을 만족하는 자연수 x, y, z가 없다는 것인데, 페르마의 마지막 정리라 부르는 이 정리는 수백년 동안 풀리지 않음으로서 정수론 발전에 크게 기여하였다. 이 정리는 지난 1994년 영국 수학자 Andrew John Wiles (1953∼) 에 의하여 증명되었다.

8) Isaac Barrow (1630∼1677), 영국 신학자 겸 수학자. 주로 Cambridge에서 공부하고 활동하였는데, 그의 강좌 수강생 가운데 뉴턴도 있었다. 그는 신학에 몰두하기 위하여 수학교수직을 퇴임하고, 그 후임으로 당시 20대에 불과한 뉴턴을 추천하였다.

9) Karl Theodor Wilhelm Weierstrass (1815∼1897), 독일 수학자. 김나지움 교사로 있다가 40세가 넘어 베를린 대학에 초빙되어 그 곳에서 활동하였다. 그는 미적분학뿐 아니라 수학 전반에 걸쳐서 많은 업적을 남겼는데, 특히 ϵ–δ를 이용한 극한의 정의를 확립하였다. 그의 업적은 많은 경우 그의 강의를 통하여 알려졌는데, 모든 점에서 미분불가능한 연속함수의 예도 마찬가지였다.

10) 이러한 함수는 주로 함수열의 극한으로 정의되는데, 참고문헌 [4]의 169쪽을 보면 간단한 예를 알 수 있다.

1.3 도함수

함수의 정의역에 있는 각 점에 미분계수를 대응시킨 새로운 함수를 원래 함수의 도함수라 한다. 미분법의 진정한 가치는 몇 가지 기본적인 공식에 의하여 그 도함수를 기계적으로 구할 수 있다는 점이다. 이 절의 목적은 이러한 기계적인 계산법을 공부하는 것이다.

도함수의 정의

앞에서 함수 f가 정의역의 한 점 $x = a$에서 미분가능할 때 미분계수 $f'(a)$를 정의하였다. 함수 f가 어떤 구간 I의 모든 점에서 미분가능할 때, 함수 f는 그 구간 위에서 미분가능하다고 말한다. 이 때, 다음

$$f' : x \to f'(x), \qquad x \in I$$

은 구간 I 위에서 정의된 새로운 함수가 되는데 이를 함수 f의 도함수라 한다. 즉,

$$f'(x) = \lim_{\Delta x \to 0} \frac{f(x+\Delta x) - f(x)}{\Delta x} = \lim_{h \to 0} \frac{f(x+h) - f(x)}{h}$$

이다.

도함수의 정의

함수 $f(x)$의 도함수 $f'(x)$는

$$f'(x) = \lim_{h \to 0} \frac{f(x+h) - f(x)}{h}$$

이다.

함수 $y = f(x)$의 도함수를

$$y', \quad f'(x), \quad \frac{dy}{dx}, \quad \frac{d}{dx}f(x)$$

와 같이 쓰기도 한다.

예제 1. 도함수의 정의에 의하여 $y = 2x^2 + 3x$의 도함수를 구하라.

풀이 : $y = f(x) = 2x^2 + 3x$라고 하면

$$\begin{aligned} y' = f'(x) &= \lim_{h\to 0} \frac{f(x+h)-f(x)}{h} \\ &= \lim_{h\to 0} \frac{\{2(x+h)^2 + 3(x+h)\} - (2x^2+3x)}{h} \\ &= \lim_{h\to 0} \frac{4xh + 2h^2 + 3h}{h} \\ &= \lim_{h\to 0} (4x + 2h + 3) = 4x + 3 \end{aligned}$$

을 얻는다. □

예제 2. 도함수의 정의에 의하여 다음 함수의 도함수를 구하라.

(가) $f(x) = \sqrt{x} \quad (x > 0)$ (나) $g(x) = \dfrac{1}{x} \quad (x \neq 0)$

풀이 : (가) 정의에 의하여

$$\begin{aligned} f'(x) &= \lim_{h\to 0} \frac{f(x+h)-f(x)}{h} \\ &= \lim_{h\to 0} \frac{\sqrt{x+h}-\sqrt{x}}{h} \\ &= \lim_{h\to 0} \frac{(\sqrt{x+h}-\sqrt{x})(\sqrt{x+h}+\sqrt{x})}{h(\sqrt{x+h}+\sqrt{x})} \\ &= \lim_{h\to 0} \frac{x+h-x}{h(\sqrt{x+h}+\sqrt{x})} \\ &= \lim_{h\to 0} \frac{1}{\sqrt{x+h}+\sqrt{x}} = \frac{1}{2\sqrt{x}} \end{aligned}$$

을 얻는다.

(나) 마찬가지로 정의에 의하여 직접 계산하면

$$\begin{aligned} g'(x) &= \lim_{h\to 0} \frac{g(x+h)-g(x)}{h} \\ &= \lim_{h\to 0} \frac{\dfrac{1}{x+h} - \dfrac{1}{x}}{h} \\ &= \lim_{h\to 0} \frac{x-(x+h)}{hx(x+h)} \\ &= \lim_{h\to 0} \frac{-1}{x(x+h)} = -\frac{1}{x^2} \end{aligned}$$

이 된다. □

다항함수와 분수함수의 미분

이제, 상수함수와 다항함수의 도함수를 구하여 보자. 직접 계산하면, 상수함수 $f(x) = c$ 의 도함수는

$$\begin{aligned} f'(x) &= \lim_{h \to 0} \frac{f(x+h) - f(x)}{h} \\ &= \lim_{h \to 0} \frac{c - c}{h} = 0 \end{aligned}$$

이다. 또한, 공식

$$a^n - b^n = (a-b)(a^{n-1} + a^{n-2}b + \cdots + ab^{n-2} + b^{n-1})$$

을 이용하면 다항함수 $f(x) = x^n$ (n은 자연수)의 도함수를 다음

$$\begin{aligned} f'(x) &= \lim_{h \to 0} \frac{(x+h)^n - x^n}{h} \\ &= \lim_{h \to 0} \frac{1}{h}\{(x+h) - x\}\{(x+h)^{n-1} + (x+h)^{n-2} \cdot x + \cdots + x^{n-1}\} \\ &= \lim_{h \to 0}\{(x+h)^{n-1} + (x+h)^{n-2}x + \cdots + x^{n-1}\} \\ &= \underbrace{x^{n-1} + x^{n-1} + \cdots + x^{n-1}}_{n \text{ 개}} \\ &= nx^{n-1} \end{aligned}$$

과 같이 구할 수 있다.

상수함수와 x^n 의 도함수

자연수 $n = 1, 2, \ldots$ 에 대하여

$$\frac{d}{dx} x^n = nx^{n-1}$$

이 성립한다. 또한, 상수함수의 도함수는 0 이다.

극한의 성질을 이용하여 도함수에 관한 다음 성질들을 증명할 수 있다. 이 성질들은 실제 도함수를 구할 때 매우 요긴하게 쓰인다.

합, 곱, 몫의 미분법

두 함수 $f(x)$, $g(x)$가 어떤 구간에서 미분가능하면, 그 구간에서 다음이 성립한다.

(가) $\{f(x)+g(x)\}' = f'(x)+g'(x)$

(나) $\{f(x)-g(x)\}' = f'(x)-g'(x)$

(다) $\{f(x)g(x)\}' = f'(x)g(x)+f(x)g'(x)$

(라) $\{cf(x)\}' = cf'(x)$ (단, c는 상수)

(마) $\left\{\dfrac{f(x)}{g(x)}\right\}' = \dfrac{f'(x)g(x)-f(x)g'(x)}{\{g(x)\}^2}$ (단, $g(x)\neq 0$)

(바) $\left\{\dfrac{1}{g(x)}\right\}' = -\dfrac{g'(x)}{\{g(x)\}^2}$ (단, $g(x)\neq 0$)

위 성질들 가운데 (가)는 합의 미분법, (다) 는 곱의 미분법, (마) 는 몫의 미분법이라 부른다. 도함수의 정의와 극한의 성질들을 이용하여 위 성질들을 증명하여 보자. 먼저, 다음 등식

$$\frac{\{f(x+h)+g(x+h)\}-\{f(x)+g(x)\}}{h} = \frac{f(x+h)-f(x)}{h}+\frac{g(x+h)-g(x)}{h}$$

의 양변에 극한 $\lim\limits_{h\to 0}$ 을 취하면 (가) 에서 말하는

$$\frac{d}{dx}\{f(x)+g(x)\} = f'(x)+g'(x)$$

이고, (나) 는 마찬가지로 증명된다. 곱하기에 관한 미분은

$$\lim_{h\to 0}\frac{f(x+h)g(x+h)-f(x)g(x)}{h}$$

의 분자에서 $f(x)g(x+h)$을 빼고 더하여 다음

$$\begin{aligned} &f(x+h)g(x+h)-f(x)g(x)\\ &\quad=[f(x+h)g(x+h)-f(x)g(x+h)]+[f(x)g(x+h)-f(x)g(x)]\\ &\quad=[f(x+h)-f(x)]g(x+h)+f(x)[g(x+h)-g(x)] \end{aligned}$$

과 같이 변형한다. 이로부터 다음 등식

$$\frac{f(x+h)g(x+h)-f(x)g(x)}{h} = \frac{f(x+h)-f(x)}{h}\,g(x+h)+f(x)\,\frac{g(x+h)-g(x)}{h}$$

을 얻고, 이 등식의 양변에 극한을 취하면

$$\frac{d}{dx}(f(x)g(x)) = f'(x)g(x) + f(x)g'(x)$$

를 얻는다. 또한, $g(x) = c$라고 하면 $g'(x) = 0$ 이므로, (다) 로부터

$$\{cf(x)\}' = f(x) \cdot 0 + c \cdot f'(x) = cf'(x)$$

을 얻는다. 몫의 미분법을 증명하려면 다음 등식

$$\begin{aligned}
&\frac{1}{h}\left[\frac{f(x+h)}{g(x+h)} - \frac{f(x)}{g(x)}\right] \\
&\quad = \frac{1}{h}\frac{f(x+h)g(x) - f(x)g(x+h)}{g(x+h)g(x)} \\
&\quad = \frac{1}{h}\frac{\{f(x+h) - f(x)\}g(x) - f(x)\{g(x+h) - g(x)\}}{g(x+h)g(x)} \\
&\quad = \frac{1}{g(x+h)g(x)}\left\{\frac{f(x+h) - f(x)}{h}g(x) - f(x)\frac{g(x+h) - g(x)}{h}\right\}
\end{aligned}$$

의 양변에 극한을 취하여

$$\frac{d}{dx}\left\{\frac{f(x)}{g(x)}\right\} = \frac{f'(x)g(x) - f(x)g'(x)}{\{g(x)\}^2}$$

이 성립함을 알게 된다. (다)와 (마)의 증명에서 함수 $g(x)$가 미분가능한 점에서 연속이 됨을 사용하였다. 마지막으로 $f(x) = 1$을 (마)에 대입하면 (바)가 증명된다.

예제 3. 함수 $f(x) = 2x^3 + 3x^2 - x + 3$의 도함수를 구하라. 또 $x = 2$, $x = -1$에서 이 함수의 미분계수를 구하라.

풀이 : 먼저

$$f'(x) = (2x^3)' + (3x^2)' - (x)' + (3)' = 6x^2 + 6x - 1$$

이다. 그런데 $x = 2$에서 이 함수의 미분계수는 $x = 2$에서 도함수의 값이므로

$$f'(2) = 6 \cdot 2^2 + 6 \cdot 2 - 1 = 35$$

이고, 마찬가지로

$$f'(-1) = -1$$

이다. □

점 $x=a$에서 함수 $y=f(x)$의 미분계수 $f'(a)$는 도함수 $y'=f'(x)$에 $x=a$를 대입한 값이므로 이를

$$[y']_{x=a}, \qquad \left[\frac{dy}{dx}\right]_{x=a}$$

등으로 표시한다.

예제 4. 함수 $y=(x^2-1)(x^3+2x-1)$의 도함수를 구하라.

풀이 : 주어진 등식의 우변을 전개하여 예제 3과 같이 미분할 수도 있으나, 여기서는 곱의 미분법을 이용하여 미분하여 보자. 이를 이용하기 위하여 $f(x)=x^2-1$, $g(x)=x^3+2x-1$로 놓으면

$$f'(x)=2x, \qquad g'(x)=3x^2+2$$

이 되고, 따라서

$$\begin{aligned} y' &= f'(x)g(x)+f(x)g'(x) \\ &= 2x(x^3+2x-1)+(x^2-1)(3x^2+2)=5x^4+3x^2-2x-2 \end{aligned}$$

임을 알 수 있다. □

예제 5. 다음 함수의 도함수를 구하라.

(가) $y=x^{-n}$ (n은 자연수) (나) $y=\dfrac{x-4}{x^2-2x+3}$

풀이 : (가)는 다음

$$y'=\left(\frac{1}{x^n}\right)'=-\frac{(x^n)'}{(x^n)^2}=-\frac{nx^{n-1}}{x^{2n}}=-n\cdot\frac{1}{x^{n+1}}=-nx^{-n-1}$$

과 같이 계산하면 되고, 마찬가지로 몫의 미분법을 이용하여 (나)의 도함수를 구하면

$$\begin{aligned} y' &= \frac{(x-4)'(x^2-2x+3)-(x-4)(x^2-2x+3)'}{(x^2-2x+3)^2} \\ &= \frac{1\cdot(x^2-2x+3)-(x-4)(2x-2)}{(x^2-2x+3)^2} \\ &= \frac{-x^2+8x-5}{(x^2-2x+3)^2} \end{aligned}$$

이 된다. □

문제 1.3.1. 다음 함수들의 도함수를 구하라.

(가) $f(x) = x(x^2+1)$

(나) $f(x) = (x+4)(x+7)(x-1)$

(다) $f(x) = \dfrac{x}{x^3+1}$

(라) $f(x) = \dfrac{x+1}{(x+2)(x+3)}$

예제 5 의 (가)에 의하여 $n \neq 0$인 모든 정수 n에 대하여

$$(x^n)' = nx^{n-1}$$

임을 알 수 있다. 또 $n = 0$이면 상수함수이므로 다음을 얻는다.

함수 $y = x^n$ 의 도함수

각 정수 $n = 0, \pm1, \pm2, \ldots$ 에 대하여

$$\frac{d}{dx}x^n = nx^{n-1}$$

이 성립한다.

합성함수 미분법

두 함수 $y = f(u)$, $u = g(x)$의 도함수가 존재할 때, 합성함수 $y = f(g(x))$의 도함수를 구하여 보자. 먼저 x의 증분 Δx에 대한 u의 증분을 $\Delta u = g(x+\Delta x) - g(x)$라 두면

$$\begin{aligned}\frac{1}{\Delta x}[(f\circ g)(x+\Delta x) - (f\circ g)(x)] &= \frac{1}{\Delta x}[f(g(x+\Delta x) - f(g(x)] \\ &= \frac{1}{\Delta x}[f(g(x)+\Delta u) - f(g(x))] \\ &= \frac{1}{\Delta u}[f(g(x)+\Delta u) - f(g(x))]\cdot\frac{\Delta u}{\Delta x}\end{aligned}$$

이다. 그런데, 함수 $u = g(x)$가 연속이므로 $\Delta x \to 0$일 때 $\Delta u \to 0$이다. 따라서, 위 등식의 양변에 극한 $\lim\limits_{\Delta x\to 0}$ 을 취하면

$$(f\circ g)'(x) = f'(g(x))\cdot g'(x)$$

임을 알 수 있다.

합성함수 미분법[11)]

두 함수 $y = f(u)$, $u = g(x)$가 미분가능할 때, 합성함수 $y = f(g(x))$도 미분가능하며 그 도함수는

$$\frac{dy}{dx} = \frac{dy}{du} \cdot \frac{du}{dx} = f'(u)g'(x) = f'(g(x))g'(x)$$

으로 주어진다.

예제 6. 다음 함수의 도함수를 구하라.

(가) $y = (x^2+1)^3$　　　　(나) $y = \sqrt{x^4 - x^2 + 1}$

풀이 : (가) 먼저 $u = x^2 + 1$이라 두면, $y = u^3$이므로

$$\frac{dy}{du} = \frac{d}{du}u^3 = 3u^2 = 3(x^2+1)^2$$
$$\frac{du}{dx} = \frac{d}{dx}(x^2+1) = 2x$$

이고, 따라서

$$\frac{dy}{dx} = \frac{dy}{du} \cdot \frac{du}{dx} = 3(x^2+1)^2 \cdot 2x = 6x(x^2+1)^2$$

임을 알 수 있다.

(나) 마찬가지로 $u = x^4 - x^2 + 1$이라 두면, $y = \sqrt{u}$이므로 앞에서 계산한 예제 2(가)에 의하여

$$\frac{dy}{du} = \frac{d}{du}\sqrt{u} = \frac{1}{2\sqrt{u}} = \frac{1}{2\sqrt{x^4 - x^2 + 1}}$$

이다. 한편

$$\frac{du}{dx} = \frac{d}{dx}(x^4 - x^2 + 1) = 4x^3 - 2x$$

이므로

$$\frac{dy}{dx} = \frac{dy}{du} \cdot \frac{du}{dx} = \frac{2x^3 - x}{\sqrt{x^4 - x^2 + 1}}$$

이다. □

11) 합성함수 미분법은 연쇄법칙이라 부르기도 한다.

음함수 미분법

일반적으로 함수는 $y = f(x)$ 꼴로 나타내지만, x와 y의 대응 관계를

$$f(x,\ y) = 0$$

와 같은 꼴로 나타낼 수도 있다. 이 때 $y = f(x)$ 꼴의 함수를 양함수라 하고, $f(x,\ y) = 0$ 꼴로 주어진 x에 관한 함수 y를 함수를 음함수라 한다.

음함수 $x^2 + y^2 = 4$ 에서 $\dfrac{dy}{dx}$를 구하여 보자. 음함수 $x^2 + y^2 = 4$는 두 양함수

$$y = \sqrt{4 - x^2} \quad (y \geq 0)$$
$$y = -\sqrt{4 - x^2} \quad (y < 0)$$

을 함께 나타낸 것이라 할 수 있다.

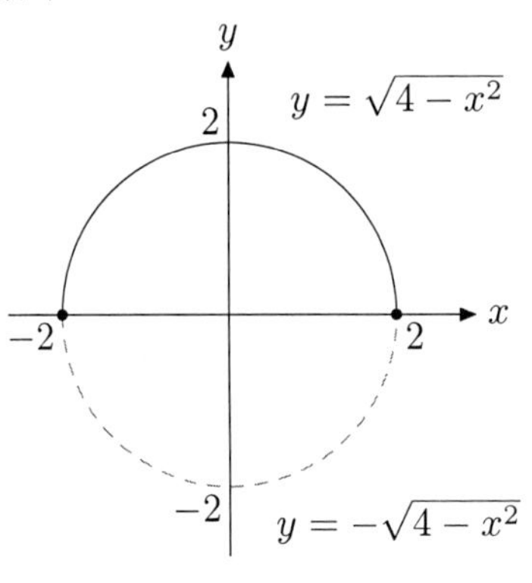

이 때 각각의 도함수를 구하면

$$\frac{dy}{dx} = -\frac{x}{\sqrt{4 - x^2}} = -\frac{x}{y}\ (y \geq 0)$$
$$\frac{dy}{dx} = \frac{x}{\sqrt{4 - x^2}} = -\frac{x}{y}\ (y < 0)$$

이므로, 어느 경우든지

$$\frac{dy}{dx} = -\frac{x}{y}$$

임을 알 수 있다.

여기에서 합성함수 미분법을 쓰면 원래의 식을 그대로 두고 미분할 수 있다. 즉

$$x^2 + y^2 = 4$$

의 양변을 x에 관하여 미분하면 $\frac{d}{dx}(x^2+y^2)=\frac{d}{dx}4$에서

$$2x+2y\cdot\frac{dy}{dx}=0$$

이므로, 앞에서 계산한 바와 같이

$$\frac{dy}{dx}=-\frac{x}{y}$$

를 얻는다. 이 때 $x=1$이면 $y=\pm\sqrt{3}$이므로

$$\left[\frac{dy}{dx}\right]_{x=1}=-\frac{1}{\pm\sqrt{3}}=\mp\frac{\sqrt{3}}{3}$$

임을 알 수 있다.

일반적으로, 음함수 $f(x,\ y)=0$을 미분할 때는 주어진 식의 양변을 x에 관하여 미분한 다음, 그 식을 정리하여 y'를 구한다.

예제 7. $x^2+3xy=1$에서 $\frac{dy}{dx}$를 구하고, $x=1$일 때 미분계수를 구하라.

풀이 : 주어진 식의 양변을 x에 관하여 미분하면

$$2x+3y+3x\frac{dy}{dx}=0$$

이므로

$$\frac{dy}{dx}=-\frac{2x+3y}{3x}$$

이다. 만일 $x=1$이면 $1^2+3\cdot1\cdot y=1$에서 $y=0$이므로, $x=1$에서 미분계수는

$$\left[\frac{dy}{dx}\right]_{x=1}=-\frac{2\cdot1+3\cdot0}{3\cdot1}=-\frac{2}{3}$$

이다. □

문제 1.3.2. 다음 관계식에서 $\frac{dy}{dx}$를 구하라. 또 $x=1$ 에서 미분계수를 구하라.

(가) $y^2=4x$ (나) $x(y-1)=2y-3$

(다) $\frac{2}{x}+\frac{3}{y}=1$ (라) $\frac{x^2}{3^2}+\frac{y^2}{4^2}=1$

음함수 미분법을 이용하여, r이 유리수일 때 함수 $y=x^r$의 도함수를 구하여 보자. 먼저 $r=\frac{p}{q}$(단 $p,\ q$는 정수이고 $q\neq0$)라 두고, $y=x^r$의 양변을 q 제곱하면

$$y^q=x^p$$

이다. 이제, 이 식의 양변을 x에 관하여 미분하여

$$\frac{d}{dx}y^q = \frac{d}{dx}x^p$$

인데, 좌변은 합성함수 미분법에 의하여

$$\frac{d}{dx}y^q = \frac{d}{dy}y^q \cdot \frac{dy}{dx} = qy^{q-1} \cdot \frac{dy}{dx}$$

이고, 우변은 물론 $\frac{d}{dx}x^p = px^{p-1}$이다. 따라서

$$\frac{dy}{dx} = \frac{px^{p-1}}{qy^{q-1}} = \frac{p}{q} \cdot \frac{x^{p-1}}{(x^{\frac{p}{q}})^{q-1}} = \frac{p}{q}x^{(p-1)-\frac{p(q-1)}{q}} = \frac{p}{q}x^{\frac{p}{q}-1}$$

이고 $y' = rx^{r-1}$을 얻는다.

함수 $y = x^r$의 도함수 (단, r은 유리수)

각 유리수 r에 대하여

$$\frac{d}{dx}x^r = rx^{r-1}, \qquad x > 0$$

이 성립한다. [12)]

문제 1.3.3. 다음 함수의 도함수를 구하라.

(가) $f(x) = \dfrac{1}{\sqrt{x^2+1}}$ (나) $f(x) = \dfrac{x+1}{\sqrt{x+1}+1}$

문제 1.3.4. 함수 g가 미분가능일 때 다음 함수의 도함수를 구하라.

(가) $f(x) = g(x^2+2)$ (나) $f(x) = g(x+g(x))$

문제 1.3.5. 함수 $f(x)$의 도함수가 존재할 때 다음을 증명하라.

(가) $\dfrac{d}{dx}\{f(x)\}^2 = 2f(x)f'(x)$ (나) $\dfrac{d}{dx}\sqrt{f(x)} = \dfrac{f'(x)}{2\sqrt{f(x)}}$

문제 1.3.6. 다음 관계식에서 $\dfrac{dy}{dx}$를 구하라.

(가) $x^{\frac{2}{3}} + y^{\frac{2}{3}} = 1$ (나) $x^3 + x^2y - 5y^3 = 0$

---

12) 이 등식은 실제로 임의의 실수 r에 대하여 성립한다. 실수에 의한 거듭제곱의 정의와 그 미분에 대해서는 제 5장에서 공부한다. 제 5장 173쪽을 참조하라.

함수 $y = f(x)$가 미분가능하면 그 도함수인 $f'(x)$ 도 하나의 함수이므로, 이것을 또 미분하면 $f'(x)$의 도함수

$$\lim_{h\to 0} \frac{f'(x+h)-f'(x)}{h}$$

를 생각할 수 있다. 이것을 함수 $f(x)$의 이계도함수라 하고

$$y'', \quad f''(x), \quad \frac{d^2y}{dx^2}, \quad \frac{d^2}{dx^2}f(x)$$

등으로 나타낸다. 이 때 $x = a$에서 $f(x)$의 이계도함수 $f''(x)$의 값 $f''(a)$를 $x = a$에서 $f(x)$의 이계미분계수라 한다.

문제 1.3.7. 다음 함수에 대하여, $x = 2$에서 이계미분계수를 구하라.

(가) $y = x^3 - 3x$ (나) $y = \sqrt{x^2-1}$

문제 1.3.8. 다음 함수의 이계도함수를 구하라.

(가) $y = 2x^2 - 2x + 6$ (나) $y = (x^2-x)(x^3+3x^2-2)$

(다) $y = \dfrac{x^2+1}{x^2-1}$ (라) $y = \dfrac{1}{x} - \dfrac{x^3}{x+1}$

문제 1.3.9. 음함수 $x^2 - 2xy + 4y^2 = 64$에 대하여 이계도함수 $\dfrac{d^2y}{dx^2}$을 구하라.

우리는 이 책에서 연속함수에 대하여 먼저 알아보고, 미분법을 공부한 다음 적분법을 공부한다. 그런데 역사적으로 보면 거꾸로 그 연구가 진행되었다. 적분법은 이미 고대 희랍 시대부터 연구되기 시작하였으며, 미분법은 잘 알려져 있듯이 17세기 말 뉴턴[13)]과 라이프니츠[14)]에 의하여 본격적으로 발전되었다. 그런데 이미 1.1절에서 언급하였듯이, 연속함수는 겨우 19세기에 들어와서 그 연구가 시작되었다.

---

13) Isaac Newton (1643∼1727), 영국 수학자 겸 물리학자. 주로 Cambridge에서 공부하고 활동하였다. 대학 입학 후 처음에 법학을 공부하려 하였으나 얼마 후에 수학과 자연과학으로 관심을 바꾸었다. 그가 미적분을 본격적으로 연구한 시기는 전염병으로 인하여 대학이 문을 닫은 1664∼1665년 사이로 20대 초반의 나이였다. 이에 관한 그의 논문은 1671년에 씌여졌으나 그의 사후 1736년에야 출판되었다. 1669년 배로의 뒤를 이어 교수직에 취임한 후, 광학과 천문학 등에도 많은 업적을 남겼는데, 1687년 *Philosophiae naturalis principia mathematica*의 출판으로 집대성되었다. 말년에는 런던으로 이주하여 정부의 여러 가지 직책을 역임하였다.

14) Gottfried Wilhelm von Leibniz (1646∼1716), 독일 수학자, 철학자, 외교관. Leipzig에서 철학과 법학을 공부하였으나, 학위는 Altdorf에서 받았다. 이후 법률가로 사회생활을 시작하였으나, 1672년 외교관으로서 파리를 방문하면서 Christiaan Huygens (1629∼1695) 등에게 본격적으로 수학과 물리학을 배웠다. 그리고 1676년 파리를 떠날 즈음에는 미적분에 관한 핵심적인 구상이 거의 완료되었는데, 이 당시 런던을 방문하기도 하였으며 뉴턴과 두 차례 서신 교환을 하였다. 그는 미적분에 관한 논문을 1684년 출판하였다. 그는 또한 베를린, 비엔나, 상트페테르부르크 등 여러 도시의 학술원을 세우는 일에 관여하였다.

여기에서 주목할 만한 점은 역사적으로 미분보다 적분이 먼저 연구되었음에도 불구하고 대부분의 교과서는 미분법을 먼저 다룬다는 점인데, 그 이유는 바로 제 3장에서 공부할 미적분의 기본 정리이다. 뉴턴과 라이프니츠가 알아낸 것도 바로 이 미적분의 기본 정리인데 그 핵심은 적분이 미분의 역이라는 것이다. 따라서 미분법을 먼저 공부하는 것이 자연스럽게 된 것이다.

뉴턴과 라이프니츠 이전에도 여러 수학자들이 이미 $y = x^n$ 의 접선을 구하였으며, 이 함수의 적분값 역시 알려져 있었다.[15] 그런데 미분과 적분 사이에 서로 역관계가 있으며, 이러한 법칙이 모든 함수에 대하여 성립한다는 것을 명확하게 인식하고 체계적으로 연구한 이는 뉴턴과 라이프니츠이다.

뉴턴과 라이프니츠 가운데 누가 먼저 미적분을 발견했느냐에 대하여 당사자들을 비롯하여 국제적으로도 논란거리가 되었다. 그 발견은 뉴턴이 먼저 하였으나 라이프니츠도 독자적으로 발견한 것으로 인정되고 있으며, 특히 출판은 라이프니츠가 먼저 하였다. 미적분과 관련하여 현재 사용되고 있는 기호들은 대부분 라이프니츠가 창안한 것이며, 이 절에서 배운 곱의 미분법과 몫의 미분법 등도 라이프니츠가 발견한 것이다. 라이프니츠 이후 프랑스와 독일이 미적분학의 연구에서 선도적인 위치를 점하였으나, 영국은 미적분학 분야에서 별로 연구 성과를 내지 못하였다.

1.4 연습문제

1.4.1. 함수 $f(x) = \dfrac{ax^3 + bx^2 + cx + d}{x^2 + x - 2}$ 에 대하여

$$\lim_{x \to 1} f(x) = 0, \qquad \lim_{x \to \infty} f(x) = 1$$

이 되도록 상수 a, b, c, d 의 값을 정하라.

1.4.2. 모든 x 에 대하여

$$b - |x - a| \le f(x) \le b + |x - a|$$

인 함수 $f(x)$ 에 대하여 $\lim_{x \to a} f(x)$ 를 구하라.

1.4.3. 모든 x 에 대하여

$$1 \le f(x) \le x^2 + 2x + 2$$

일 때 $\lim_{x \to -1} f(x)$ 의 값을 구하라.

---

15) 미적분학의 역사는 참고문헌 [5], [7], [12], [13], [21], [22] 등을 참조하라.

1.4.4. 함수 $f(x) = x - 2,\ g(x) = x^2 + x$에 대하여

$$\lim_{x\to 1} \frac{(f\circ g)(x) + (g\circ f)(x)}{x-1}$$

의 값을 구하라.

1.4.5. 다음 등식

$$\lim_{x\to a}[f(x)+g(x)] = 3, \qquad \lim_{x\to a}[f(x)-g(x)] = 1$$

이 성립할 때 $\lim\limits_{x\to a} f(x)g(x)$를 구하라.

1.4.6. 다음 등식

$$f(x+y) = f(x) + f(y)$$

을 만족하는 함수 f 가 $x = 0$ 에서 연속이면 모든 점에서 연속임을 보이라.

1.4.7. 함수 $f(x) = \dfrac{ax+b}{cx+d}$ 에 대하여 $f\circ f(x) = x$ 가 성립하도록 a, b, c, d의 값을 구하라.

1.4.8. 함수

$$f(x) = \begin{cases} 0, & x \text{ 는 무리수} \\ \dfrac{1}{q}, & x = \dfrac{p}{q} \text{ (기약분수)} \end{cases}$$

에 대하여 집합 $\left\{x \in (0,1] : f(x) > \dfrac{1}{7}\right\}$ 의 개수를 구하라.

1.4.9. 방정식 $x^2 - 2x + b = 0$ 이 구간 $(0,\ 1)$ 에서 한 실근을 가지도록 b 의 값의 범위를 정하라.

1.4.10. 함수 $f_1(x),\ \cdots,\ f_n(x)$ 가 모두 미분가능할 때, 다음 등식

$$(f_1\cdots f_n)'(x) = \sum_{i=1}^{n} f_1(x)\cdots f_{i-1}(x)f_i'(x)f_{i+1}(x)\cdots f_n(x)$$

이 성립함을 보이라.

1.4.11. $\lim\limits_{h\to 0} \dfrac{f(x+h) - f(x-h)}{2h} = f'(x)$ 임을 보이라.

1.4.12. 극한 $\lim\limits_{x\to 0} \dfrac{\sqrt[3]{1+4x} - 1}{x}$ 의 값을 구하라.

1.4.13. 모든 실수 $x,\ y$에 대하여

$$f(x+y) = f(x) + f(y) + x^2y + xy^2, \qquad \lim_{x\to 0}\frac{f(x)}{x} = 1$$

을 만족시키는 함수 f에 대하여 $f'(x)$를 구하라.

1.4.14. $f(2) = 3,\ f'(2) = -3$일 때 $\left[\dfrac{d}{dx}\dfrac{f(x)}{x}\right]_{x=2}$ 의 값을 구하라.

1.4.15. $x^2 + y^2 = 2$일 때 $\dfrac{d^2y}{dx^2}$ 을 구하라.

1.4.16. $\dfrac{d}{dx}f(2x) = x^2$ 일 때 $f'(x)$를 구하라.

1.4.17. 다음은 최근 몇년동안 어느 도시의 인구수를 조사한 것이다.

연도	1996	1997	1998	1999	2000
인구수(만명)	413	425	436	446	455

1997년부터 2000년 사이의 평균변화율을 구하라.

1.4.18. 길동이는 고등학교에 입학하여 키가 부쩍 자랐다. 길동이 키의 고교시절 평균변화율이 4.5 cm/년 이라면 길동이가 고등학교에 입학하였을 때의 키는 졸업하였을 때의 키와 몇 cm 차이가 나는가?

1.4.19. 어느날 길동이는 승용차로 경부고속도로를 따라 서울을 6시에 출발하여 대전을 8시에 통과하고, 추풍령 휴게소에서 1 시간을 쉰 뒤, 부산에 11시 반에 도착하였다면, 길동은 서울에서 부산까지 어느 정도의 평균 속력으로 달렸는가? 서울에서 대전까지 거리는 153.2km 이고, 서울과 부산사이의 거리는 431.9km이다.

1.4.20. 길동이가 승용차를 출발하고 나서 t 초 동안 움직인 거리가

$$f(t) = \frac{1}{50}(t-10)^3 + 20 \qquad (0 \le t \le 13)$$

으로 주어진다고 하자. 출발한 뒤 10초 후에 '팔각형의 정지표시판' 이 있는 지점을 지났다고 하면, 길동이는 교통법규를 준수하였는가?

1.4.21. 어떤 백화점에서의 일요일 하루 매출액 V 가 개점한 시간 t 에 따라 근사적으로

$$V = 20\left(1 - \frac{100}{100+t^2}\right) \qquad (0 \le t \le 24)$$

으로 나타났다고 하자. $t = 10$ 일 때의 매출액의 증가율을 구하라.

1.4.22. 어떤 독감이 유행하기 시작하여 t 일 후에 감염된 환자의 수 $P(t)$ 가 근사적으로

$$P(t) = 60t^2 - t^3 \qquad (0 \le t \le 40)$$

으로 나타났다고 하자. $t = 30$ 일 때, 이 독감이 번지는 율을 구하라.

제 **2** 장

미분의 응용

미분은 변화하는 양을 다루는 기본적인 도구이다. 따라서 물리학 등 자연과학이나 공학뿐 아니라 경제학과 경영학 등 사회과학 전반에서도 폭넓게 이용된다. 시각에 따라서 움직이는 물체의 위치, 시시각각 변하는 시장의 가격 등 변화하는 값은 모두 미분을 이용하여 보다 상세히 분석할 수 있다.

이 장에서는 우선 미분의 정의에서 바로 파생되는 접선의 방정식에서 시작하여 함수의 그래프 그리는 방법을 공부한다. 미분계수가 접선의 기울기를 나타내므로, 주어진 함수는 그 점 근방에서 이 접선과 여러 가지 성질을 공유하게 된다. 이를 이용하면 미분을 함으로써 함수의 증감을 알아낼 수 있고, 이는 함수의 그래프를 그리는 데에 결정적으로 이용된다. 이계미분은 접선 기울기의 증감을 나타내므로 함수의 볼록 오목과 관련되고 이를 이용하면 주어진 함수의 그래프를 보다 정교하게 그릴 수 있다.

최대값과 최소값을 구하는 문제는 수학뿐 아니라 실생활의 모든 분야에서 나타난다. 최대값과 최소값을 구하는 문제는 그 상황에 따라서 여러 가지 방법이 있지만 미분만큼 보편적으로 적용되는 도구도 없다. 이 장에서는 미분을 이용한 최대 최소 문제, 속도 가속도 문제를 살펴보고, 미분의 개념이 경제학에 어떻게 응용되는지 알아본다.

그래프의 개형

접선

평균값정리

함수의 증감과 도함수

극대 극소와 미분계수

함수의 볼록과 이계도함수

미분의 응용

최대값과 최소값

속도와 가속도

방정식의 실근

미분과 경제학

2.1 그래프의 개형

어느 특정한 점 근방에서 함수값의 변화를 알려주는 것이 미분계수이다. 평균값정리를 이용하면 이러한 특정한 점 근방의 정보를 한데 묶어 구간 전체에서 함수가 어떻게 변화하는지 알 수 있다.

접선

함수가 주어졌을 때, 미분법을 이용하여 이 함수의 그래프의 접선을 구하여 보자. 함수 $f(x)$가 $x = a$에서 미분가능할 때, 곡선 $y = f(x)$ 위의 점 $(a,\ f(a))$에서 접선의 기울기는 $f'(a)$이다. 따라서 이 점에서 접선의 방정식은

$$y - f(a) = f'(a)(x - a)$$

임을 알 수 있다.

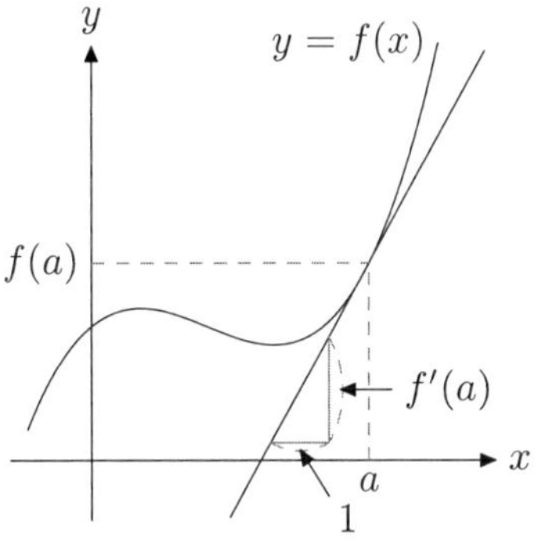

접선의 방정식

함수 $f(x)$가 $x = a$에서 미분가능할 때, 곡선 $y = f(x)$ 위의 점 $(a,\ f(a))$에서 접선의 방정식은

$$y - f(a) = f'(a)(x - a)$$

이다.

예제 1. 곡선 $y = x^3 - 2x^2$의 접선 중에서 직선 $y = 4x + 3$과 평행한 접선의 방정식을 구하라.

풀이 : 먼저 $y' = 3x^2 - 4x = 4$에서 접점의 x좌표는 $x = 2$ 혹은 $x = -\dfrac{2}{3}$이다. 곡선 위의 점 $(2,\ 0)$에서 접선의 방정식은

$$y - 0 = 4(x - 2)$$

에서 $y = 4x - 8$ 이고, 곡선 위의 점 $\left(-\frac{2}{3},\ -\frac{32}{27}\right)$ 에서 접선의 방정식은

$$y + \frac{32}{27} = 4\left(x + \frac{2}{3}\right)$$

에서 $y = 4x + \frac{40}{27}$ 임을 알 수 있다. □

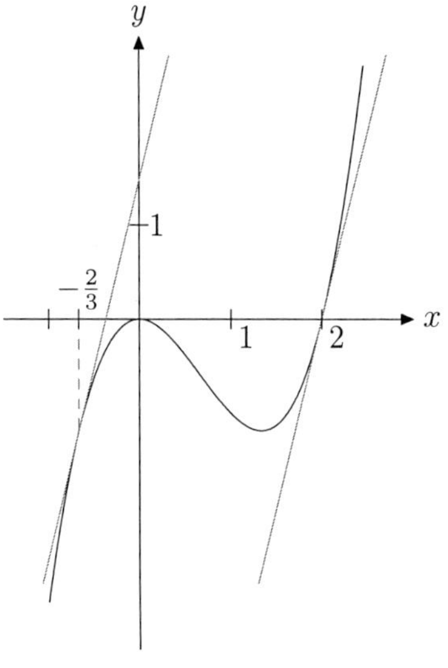

문제 2.1.1. 곡선 $y = x^2 - 2x$ 위의 점 $(2,\ 0)$ 에서 접선의 방정식을 구하라.

문제 2.1.2. 곡선 $y = x^3 - 3x$ 위의 두 점 $(1,\ -2)$, $(2,\ 2)$ 를 잇는 선분에 평행한 접선의 접점의 x 좌표를 구간 $(1,\ 2)$ 에서 찾아라.

곡선의 방정식이 음함수로 주어져 있을 때에는 음함수 미분법을 이용하여 접선의 방정식을 구할 수 있다.

예제 2. 곡선 $\frac{x^2}{a^2} + \frac{y^2}{b^2} = 1$ 위의 점 $P(x_1,\ y_1)$ 에서 접선의 방정식을 구하라.[1)]

풀이 : 주어진 식의 양변을 x 에 관하여 미분하면

$$\frac{2x}{a^2} + \frac{2y}{b^2} \cdot \frac{dy}{dx} = 0$$

1) 이는 타원의 방정식인데, 타원을 비롯한 이차곡선에 대하여 제 2권에서 보다 자세하게 공부하게 된다.

이다. 먼저, $y_1 \neq 0$인 경우를 생각하자. 이 경우,

$$\left[\frac{dy}{dx}\right]_{x=x_1} = -\frac{b^2 x_1}{a^2 y_1}$$

이므로, 점 P에서 접선의 기울기는 $-\dfrac{b^2 x_1}{a^2 y_1}$이다. 그러므로 구하는 접선의 방정식은

$$y - y_1 = -\frac{b^2 x_1}{a^2 y_1}(x - x_1)$$

이다. 양변에 $\dfrac{y_1}{b^2}$을 곱하여 정리하면

$$\frac{x_1 x}{a^2} + \frac{y_1 y}{b^2} = \frac{x_1^2}{a^2} + \frac{y_1^2}{b^2}$$

인데 $P(x_1,\ y_1)$은 곡선 위의 점이므로 $\dfrac{x_1^2}{a^2} + \dfrac{y_1^2}{b^2} = 1$이다. 따라서 구하는 접선의 방정식은

$$\frac{x_1 x}{a^2} + \frac{y_1 y}{b^2} = 1$$

이다. 이제, $y_1 = 0$인 경우에는 점 P가 $(a,\ 0)$ 또는 $(-a,\ 0)$의 꼴이므로, 접선의 방정식은 각각 $x = a,\ x = -a$가 된다. 이들은 위에서 $x_1 = \pm a,\ y_1 = 0$이라고 한 것과 같다. 따라서 어느 경우든지 구하는 접선의 방정식은

$$\frac{x_1 x}{a^2} + \frac{y_1 y}{b^2} = 1$$

이다. □

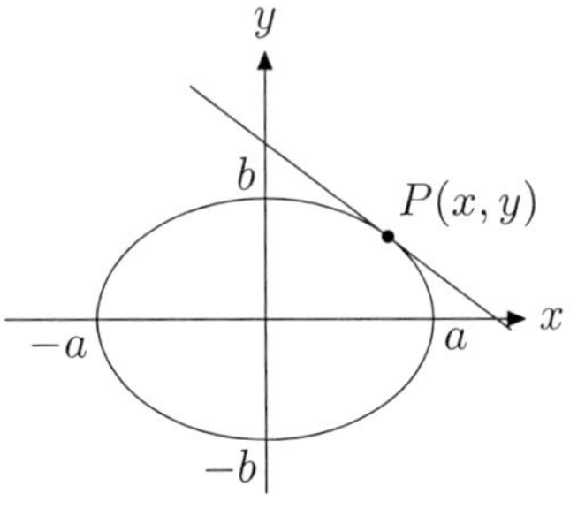

문제 2.1.3. 곡선 $y^2 = 4px$ 위의 점 $P(x_1,\ y_1)$에서 접선의 방정식은

$$y_1 y = 2p(x + x_1)$$

으로 주어짐을 증명하라.

문제 2.1.4. 곡선 $y + (xy+1)^2 = 0$ 위의 점 $(2,\ -1)$에서 접선의 방정식을 구하라.

평균값정리

닫힌구간 $[a,\ b]$에서 연속인 함수 $f(x)$는 이 구간에서 최대값과 최소값을 가짐을 배웠다. 이 성질을 이용하면, 다음 롤의 정리가 성립함을 알 수 있다.

> **롤[2)]의 정리**
>
> 닫힌구간 $[a,\ b]$에서 연속이고 열린구간 $(a,\ b)$에서 미분가능한 함수 $f(x)$가 주어져 있다. 만일 $f(a) = f(b)$이면
> $$f'(c) = 0$$
> 을 만족하는 c가 구간 $(a,\ b)$ 안에 적어도 하나 존재한다.

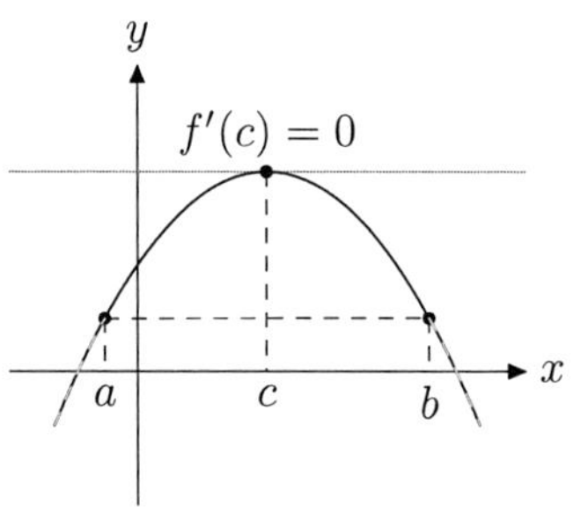

함수 $f(x)$는 닫힌구간 $[a,\ b]$에서 연속이므로, 이 구간에서 최대값 M과 최소값 m을 가진다. 먼저 $M = m$일 경우를 생각하면 $f(x)$는 닫힌구간 $[a,\ b]$에서 상수함수이다. 따라서 모든 c에 대하여

$$f'(c) = 0 \quad (a < c < b)$$

이므로 더 이상 증명할 것이 없다.

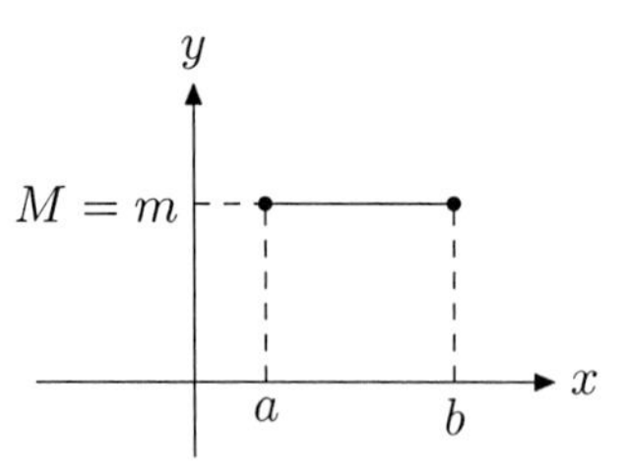

이제 $M > m$이라 가정하자. 그런데 이 경우 $f(a) = f(b)$이므로 열린구간 $(a,\ b)$안의 한 점 c에 대하여

$$f(c) = M \quad \text{또는} \quad f(c) = m$$

2) Michel Rolle (1652∼1719), 프랑스 수학자. 거의 독학으로 공부하여 파리에서 활동하였다.

이 성립해야 한다.

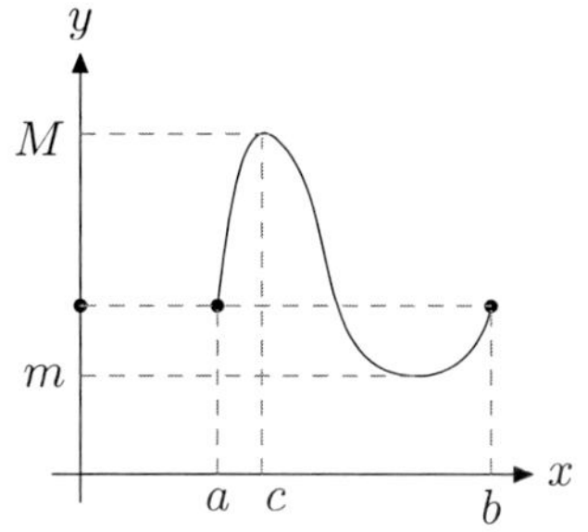

만일 $f(c) = M$이면 $c + h \in [a,\ b]$인 모든 h에 대하여

$$f(c+h) \le f(c)$$

이다. 따라서 $h > 0$이면

$$\frac{f(c+h) - f(c)}{h} \le 0$$

이고, $h < 0$이면

$$\frac{f(c+h) - f(c)}{h} \ge 0$$

이다. 그런데 가정에서 $f'(c)$가 존재하므로

$$0 \le \lim_{h \to 0^-} \frac{f(c+h) - f(c)}{h} = f'(c) = \lim_{h \to 0^+} \frac{f(c+h) - f(c)}{h} \le 0$$

이고, 따라서 $f'(c) = 0$이다. 물론, $f(c) = m$일 때에도 같은 방법으로 $f'(c) = 0$임을 알 수 있다.

주의할 점으로서, $f(x)$가 열린구간 $(a,\ b)$에서 미분가능하지 않을 때에는 롤의 정리가 성립하지 않는다. 이를테면, $f(x) = |x|$는 닫힌구간 $[-1,\ 1]$에서 연속이고 $f(1) = f(-1) = 1$이지만, 열린구간 $(-1,\ 1)$에서 $f'(c) = 0$인 c는 존재하지 않는다.

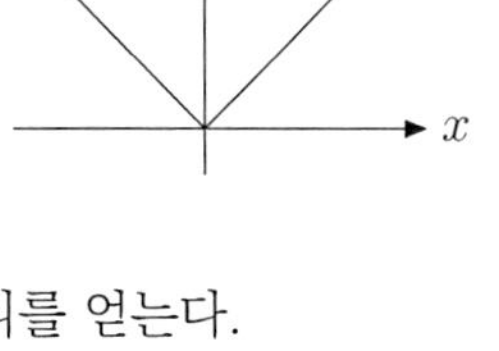

롤의 정리를 이용하여 다음 정리를 얻는다.

평균값정리

닫힌구간 $[a, b]$에서 연속이고 열린구간 (a, b)에서 미분가능한 함수 $f(x)$에 대하여, 다음 등식

$$\frac{f(b)-f(a)}{b-a}=f'(c)$$

를 만족하는 c가 구간 (a, b) 안에 적어도 하나 존재한다.

롤의 정리로부터 평균값정리를 증명하기 위하여 함수 $g(x)$를 다음

$$g(x)=f(x)-f(b)-\frac{f(b)-f(a)}{b-a}(x-b)$$

과 같이 정의하자. 그러면 함수 $g(x)$는 닫힌구간 $[a, b]$ 에서 연속이고, 열린구간 (a, b)에서 미분가능하고, 또한

$$g(a)=g(b)=0$$

이다. 그러므로 함수 $g(x)$에 롤의 정리를 적용하면

$$0=g'(c)=f'(c)-\frac{f(b)-f(a)}{b-a}$$

을 만족하는 c가 열린구간 (a, b) 안에 적어도 하나 존재한다. 따라서

$$\frac{f(b)-f(a)}{b-a}=f'(c)$$

임을 알 수 있다.

위 정리에서 $f'(c)$는 점 $(c, f(c))$에서 접선의 기울기이므로, 이 정리는 함수 $y=f(x)$의 그래프에서 두 점 $A(a, f(a))$, $B(b, f(b))$를 잇는 할선 AB에 평행한 접선을 가지는 c가 이 열린구간 (a, b) 안에 적어도 하나 존재함을 의미하는 것이다.

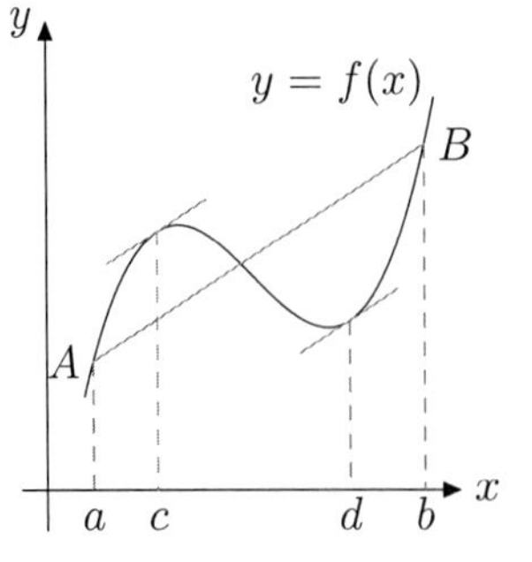

평균값정리를 이용하면, 그래프의 모습이 도함수와 어떤 관련이 있는지 알 수 있다.

예제 3. 함수 $f(x)$가 닫힌구간 $[a, b]$에서 연속이고 열린구간 (a, b)에서 미분가능하며 $f'(x) = 0$이 항상 성립하면, $f(x)$는 상수함수임을 증명하라.

풀이 : 구간 $(a, b]$의 임의의 한 점을 x라고 하면, 평균값정리로부터

$$\frac{f(x) - f(a)}{x - a} = f'(c)$$

를 만족하는 c가 열린구간 (a, x) 안에 적어도 하나 존재한다. 그런데 항상 $f'(x) = 0$이므로 $f'(c) = 0$, 즉 $f(x) = f(a)$이다. 따라서 임의의 x에 대하여 $f(x) = f(a)$이므로 $f(x)$는 상수함수이다. □

함수의 증감과 도함수

어떤 구간에서 정의된 함수 $y = f(x)$가 있다. 구간의 임의의 a, b에 대하여 다음 성질

$$a < b \implies f(a) < f(b)$$

을 만족할 때, 함수 $y = f(x)$는 그 구간에서 증가함수라 한다. 물론 다음 성질

$$a < b \implies f(a) > f(b)$$

을 만족할 때, 함수 $y = f(x)$는 그 구간에서 감소함수라 한다.

만일 어떤 구간에서 항상 $f'(x) > 0$이면, 평균값정리에 따라 그 구간의 임의의 두 점 $a, b\ (a < b)$에 대하여

$$\frac{f(b) - f(a)}{b - a} = f'(c) \quad (a < c < b)$$

인 c가 있다. 그런데 $f'(c) > 0$이므로 $f(b) > f(a)$이다. 그러므로 $f(x)$는 그 구간에서 증가함수이다. 만일 어떤 구간에서 항상 $f'(x) < 0$이면 마찬가지로 그 구간에서 감소함수이다.

도함수의 부호와 함수의 증감

함수 $f(x)$가 어떤 구간에서 미분가능하고, 그 구간에서 항상

(가) $f'(x) > 0$이면, $f(x)$는 증가함수이다.
(나) $f'(x) < 0$이면, $f(x)$는 감소함수이다.
(다) $f'(x) = 0$이면, $f(x)$는 상수함수이다.

어떤 함수 $y = f(x)$의 그래프를 그리고자 할 때, 함수가 어떤 구간에서 증가하고 있는지, 또한 어떤 구간에서 감소하고 있는지 아는 것이 필수적이다. 이를 알기 위하여 우선 도함수를 구하여 $f'(x) = 0$이 되는 점들을 찾은 후, 이 점들을 기준으로 그 좌우에서 도함수의 부호를 조사한다. 이를 바탕으로 원래 함수의 증감을 조사할 때 이러한 여러 가지 사항을 표로 나타내면 일목요연한데, 이를 보통 증감표라 부른다.

예제 4. 함수 $f(x) = x^3 - 3x - 2$의 증감을 조사하고, 그래프의 개형을 그리라.

풀이 : 먼저 $f'(x) = 3x^2 - 3 = 3(x+1)(x-1)$이므로 $f(x)$의 증감표는 다음과 같다.

x	$\cdots$	-1	$\cdots$	1	$\cdots$
$f'(x)$	$+$	0	$-$	0	$+$
$f(x)$	$\nearrow$	0	$\searrow$	-4	$\nearrow$

따라서 $f(x)$는 $x \le -1$, $x \ge 1$의 범위에서 증가하고 $-1 \le x \le 1$의 범위에서 감소한다. 이러한 사실들을 종합하여 그래프를 그리면 다음

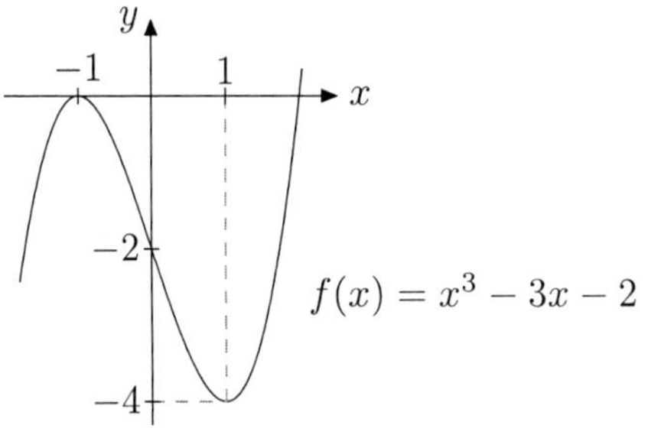

과 같다. □

문제 2.1.5. 도함수를 이용하여 다음 함수의 증감을 조사하고, 그래프의 개형을 그리라.

(가) $y = x^3 - 6x^2 - 15x + 6$　　(나) $y = 2x(3-x) + 1$

(다) $y = x^4 + 4x^3$　　(라) $y = (x^2 - 2x)^2$

극대 극소와 미분계수

함수 $f(x)$가 $x = a$를 포함하는 어떤 열린구간 안의 모든 x에 대하여

$$f(x) \le f(a)$$

을 만족할 때, $f(x)$는 $x = a$에서 극대가 된다 말하고, 이 때 $f(a)$를 극대값이라 한다. 다시 말하여, 정의역을 좁히면 그 구간 안에서 $f(a)$가 최대값이 된다는 뜻이다. 물론, $f(a)$가 최대값일 필요는 없다.

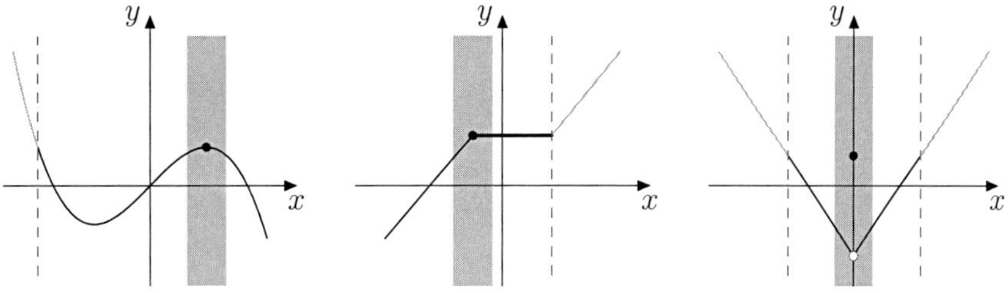

또한 적절한 열린구간 안의 모든 x에 대하여

$$f(x) \geq f(a)$$

일 때, $f(x)$는 $x = a$에서 극소가 된다 말하고, 이 때 $f(a)$를 극소값이라 한다. 극대값과 극소값을 통틀어 극값이라 한다. 함수 $f(x)$의 극값이 그 정의역 전체에서 반드시 $f(x)$의 최대값 또는 최소값이 되는 것은 아니며, 극대값이 극소값보다 작을 수도 있다.

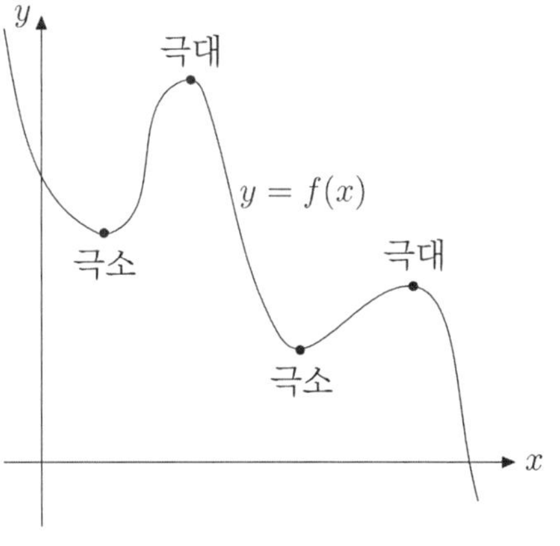

미분가능한 함수 $y = f(x)$가 $x = a$에서 극대값을 가진다고 가정하자. 그러면 a를 포함하는 적절한 구간 (b, c) 위에서 다음

$$b < x < c \implies f(a) \geq f(x)$$

이 성립한다. 따라서 $0 < h < c - a$이면

$$\frac{f(a+h) - f(a)}{h} \leq 0$$

이 성립하고, $b - a < h < 0$이면

$$\frac{f(a+h) - f(a)}{h} \geq 0$$

이 성립한다. 결국 다음 부등식

$$\lim_{h\to 0+}\frac{f(a+h)-f(a)}{h}\le 0\le \lim_{h\to 0-}\frac{f(a+h)-f(a)}{h}$$

을 얻는데, 함수 $y=f(x)$가 $x=a$에서 미분가능하므로

$$f'(a)=\lim_{h\to 0}\frac{f(a+h)-f(a)}{h}=0$$

이어야 한다. 물론 $x=a$에서 극소값을 가지는 경우에도 마찬가지이다.

따라서 다음을 얻는다.

미분가능한 함수의 극값

미분가능한 함수 $y=f(x)$가 $x=a$에서 극값을 가지면 $f'(a)=0$이다.

만일 함수 $y=f(x)$가 $x=a$의 왼쪽 구간에서 증가함수이고 $x=a$의 오른쪽 구간에서 감소함수이면 $x=a$에서 극대값을 가지게 될 것이다. 거꾸로 $x=a$의 왼쪽 구간에서 감소함수이고 $x=a$의 오른쪽 구간에서 증가함수이면 $x=a$에서 극소값을 가지게 될 것이다.

한 가지 오해하지 말아야 할 것이 있다. 위 정리는 미분가능한 함수가 극값을 가지는 경우에 그 미분계수가 어떻게 되는지 설명하고 있다. 그러나 극값을 가지느냐의 여부는 미분가능성 자체와 별 상관이 없다. 예를 들어서, $y=|x|$는 $x=0$에서 미분가능하지 않지만 이 점에서 극소값 0을 가진다.

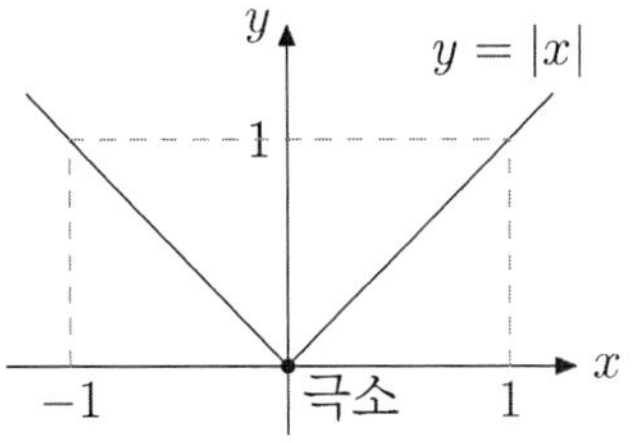

또 한 가지 유의할 사항으로서, $f'(a)=0$인 것은 $x=a$에서 극값을 가지기 위한 필요조건이지만 충분조건은 아니라는 것이다. 이를테면, $f(x)=x^3$은 $f'(0)=0$이지만 $x=0$에서 극값을 가지지 않는다. 특히, 이 함수는 증가함수이지만 미분계수가 0이 되는 경우도 있음을 말해 준다.

예제 5. 다음 함수의 극값을 구하고, 그래프의 개형을 그리라.

(가) $y=x^3-3x^2$ (나) $y=\frac{1}{4}x^4-\frac{2}{3}x^3+\frac{1}{2}x^2$

풀이 : (가) 먼저 $y' = 3x^2 - 6x = 3x(x-2)$ 이므로 y 의 증감표는 다음과 같다.

x	$\cdots$	0	$\cdots$	2	$\cdots$
y'	$+$	0	$-$	0	$+$
y	$\nearrow$	극대	$\searrow$	극소	$\nearrow$

따라서 y 는 $x = 0$ 일 때 극대값 0을 가지고, $x = 2$ 일 때 극소값 -4 를 가진다. 위 사실들을 종합하여 그래프를 그리면 다음과 같다.

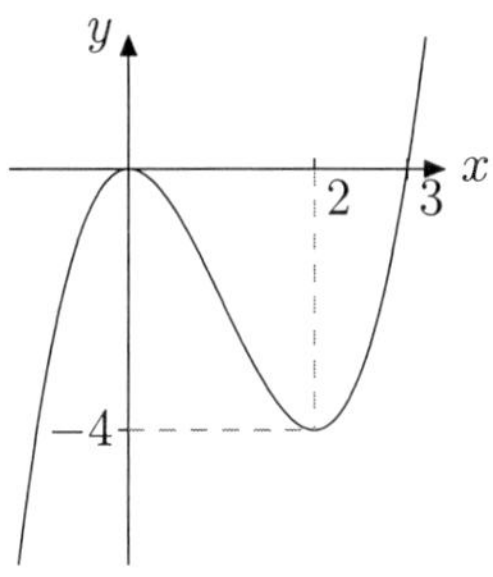

(나) 도함수를 계산하면 $y' = x^3 - 2x^2 + x = x(x-1)^2$ 이므로 y 의 증감표는 다음과 같다.

x	$\cdots$	0	$\cdots$	1	$\cdots$
y'	$-$	0	$+$	0	$+$
y	$\searrow$	극소	$\nearrow$	$\frac{1}{12}$	$\nearrow$

따라서 y 는 $x = 0$ 일 때 극소값 0을 가진다. 이 사실들을 종합하여 그래프를 그리면 다음

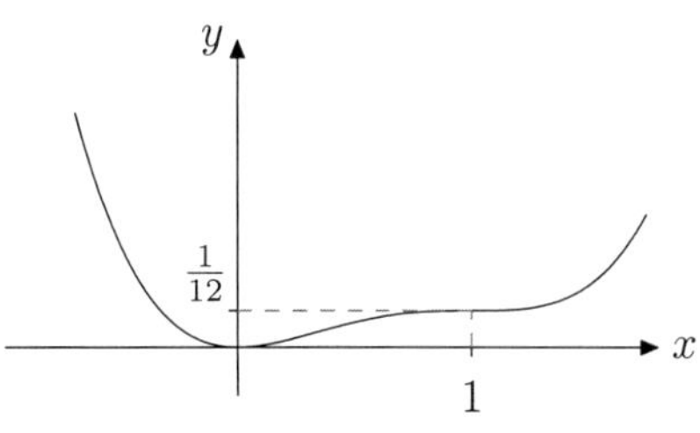

과 같다. □

문제 2.1.6. 다음 함수의 극값을 구하라.

(가) $y = x^2 + 2x + 3$　　(나) $y = x^3 - 3x$

(다) $y = 2x^3 - 9x^2 + 12x - 3$　　(라) $y = x^4 - 4x$

문제 2.1.7. 함수 $y = x^3 - 3x - 2$의 극값을 구하고, 이 함수의 그래프에서 극대점과 극소점을 잇는 선분에 평행한 접선의 접점의 x 좌표를 구하라.

예제 6. 함수 $y = \dfrac{x}{x^2+1}$의 극값을 구하고, 그래프의 개형을 그리라.

풀이 : 미분하면

$$y' = \frac{(x^2+1) - x \cdot 2x}{(x^2+1)^2} = \frac{1-x^2}{(x^2+1)^2}$$

이다. 그러므로 y의 증감표는 다음과 같다.

x	$\cdots$	-1	$\cdots$	1	$\cdots$
y'	$-$	0	$+$	0	$-$
y	$\searrow$	극소	$\nearrow$	극대	$\searrow$

따라서 y는 $x = -1$일 때 극소값 $-\dfrac{1}{2}$을 가지고, $x = 1$일 때 극대값 $\dfrac{1}{2}$을 가진다. 위 사실들을 종합하여 그래프를 그리면 다음

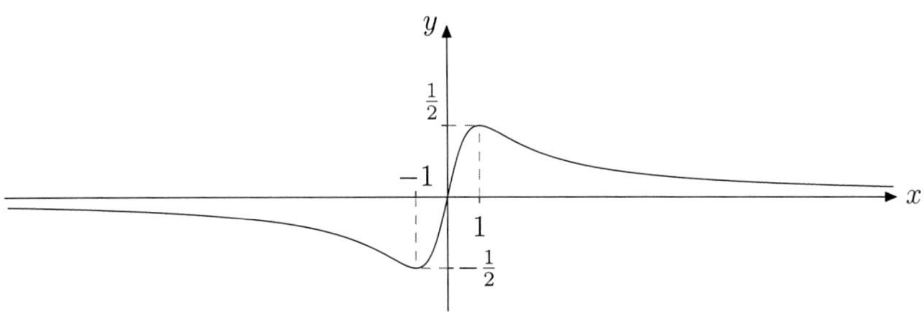

과 같다. □

문제 2.1.8. 함수 $f(x) = \dfrac{ax^2+2x+b}{x^2+1}$가 $x = 1$에서 극대값 5를 가지도록 상수 a, b의 값을 구하라.

함수의 볼록과 이계도함수

지금까지 도함수의 부호가 함수의 증가 및 감소와 어떻게 관련되는지 알아보았다. 이제부터 이계도함수의 부호가 함수의 그래프와 어떻게 관련되는지 알아보자.

먼저, 함수 $y = f(x)$가 어떤 구간 위에서 이계도함수를 가지고 이 구간 위에서 $f''(x) > 0$이라 하자. 이제, 주어진 구간에서 임의의 두 수 a, b $(a < b)$와 $a < t < b$인 임의의 수 t를

잡는다. 그러면 함수 $f(x)$는 닫힌구간 $[a,\ t]$에서 연속이고, 열린구간 $(a,\ t)$에서 미분가능하다. 그러므로 평균값정리에 의하여

$$\frac{f(t)-f(a)}{t-a}=f'(c) \quad (a<c<t)$$

인 c가 존재한다. 마찬가지로

$$\frac{f(b)-f(t)}{b-t}=f'(d) \quad (t<d<b)$$

인 d가 존재한다. 그런데 $f''>0$라 가정하였으므로, 주어진 구간에서 $f'(x)$는 증가한다. 이제, $c<t<d$이므로 $f'(c)<f'(d)$이다. 따라서

$$\frac{f(t)-f(a)}{t-a}<\frac{f(b)-f(t)}{b-t}$$

임을 알 수 있다.

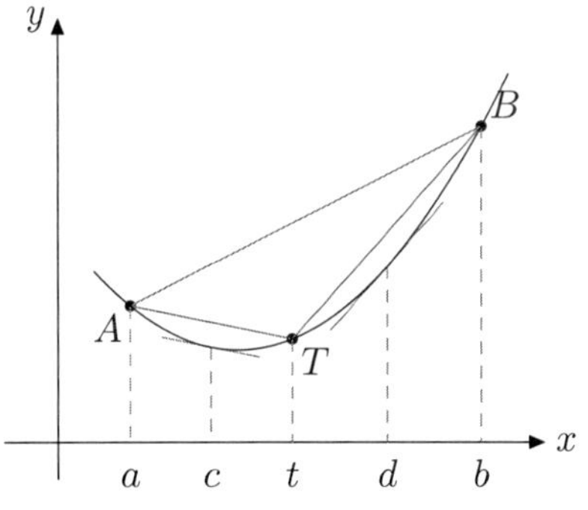

만일 $a,\ t,\ b$에 대응하는 곡선 위의 점들을 각각 $A,\ T,\ B$라고 하면, 선분 AT의 기울기가 선분 BT의 기울기보다 작다는 뜻이다. 즉 점 T는 선분 AB의 아래쪽에 있다. 다시 말하여 그래프 위에 임의의 두 점 A와 B를 잡았을 때, 곡선의 호 AB는 두 끝점을 제외하고 선분 AB의 아래쪽에 있다. 함수 $y=f(x)$의 그래프가 이런 성질을 가질 때, 이 함수는 아래로 볼록하다고 한다.

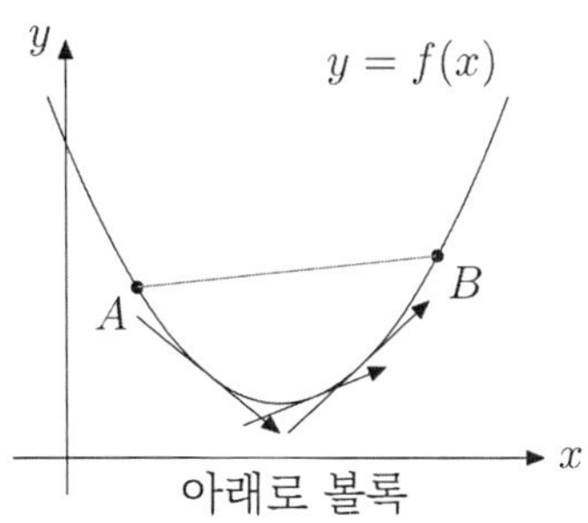

아래로 볼록

만일 주어진 구간 위에서 $f'' < 0$가 성립한다면 마찬가지 방법을 적용함으로써, 그래프 위에 임의의 두 점 A와 B를 잡았을 때, 곡선의 호 AB는 두 끝점을 제외하고 선분 AB의 위쪽에 있다. 함수 $y = f(x)$의 그래프가 이런 성질을 가질 때, 이 함수는 위로 볼록하다고 한다.

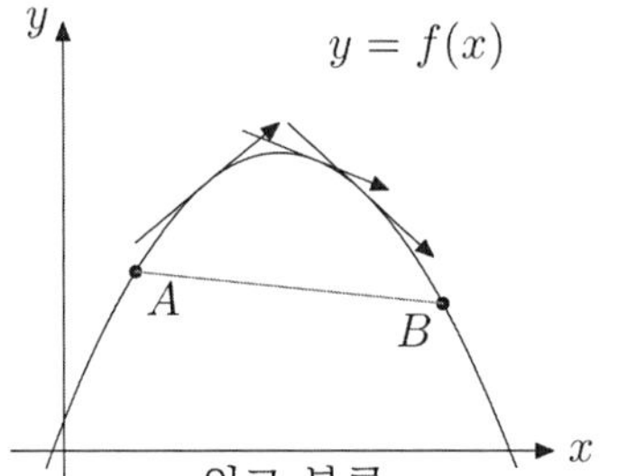

위로 볼록

이계도함수와 함수의 볼록

함수 $f(x)$가 어떤 구간에서 $f''(x)$를 가지며

(가) 이 구간에서 $f''(x) > 0$이면, 곡선 $y = f(x)$는 이 구간에서 아래로 볼록하다.
(나) 이 구간에서 $f''(x) < 0$이면, 곡선 $y = f(x)$는 이 구간에서 위로 볼록하다.

이 정리는 보다 자연스럽게 생각할 수도 있다. 만일 $f'' > 0$이면 f'는 증가함수이고, 이는 접선의 기울기가 증가함을 말한다. 따라서 그래프가 아래로 볼록하다는 것과 자연스럽게 연관된다. 특히, 어느 한 점 $x = a$에서 $f'(a) = 0$이고 $f''(a) > 0$이면 $x = a$ 근처에서 함수가 아래로 볼록할 것이므로 함수 $y = f(x)$는 $x = a$에서 극소값을 가지게 될 것이다. 마찬가지로 $f'(a) = 0$이고 $f''(a) < 0$이면 함수 $y = f(x)$는 $x = a$에서 극대값을 가지게 된다.

이계미분계수와 극값의 판정

두번 미분가능한 함수 $f(x)$가 $f'(a) = 0$일 때

(가) $f''(a) > 0$이면 $f(a)$는 극소값이다.
(나) $f''(a) < 0$이면 $f(a)$는 극대값이다.

예제 7. 이계도함수를 이용하여 $f(x) = x^3 + x^2 - x - 1$의 극값을 구하라.

풀이 : 먼저,

$$f'(x) = 3x^2 + 2x - 1 = (3x-1)(x+1)$$
$$f''(x) = 6x + 2$$

이므로, $f'(x) = 0$ 인 x 의 값은 -1, $\frac{1}{3}$ 이고

$$f''(-1) = -4 < 0, \qquad f''\left(\frac{1}{3}\right) = 4 > 0$$

이다. 따라서 $f(x)$ 는 $x = -1$ 일 때 극대값 0 을 가지고, $x = \frac{1}{3}$ 일 때 극소값 $-\frac{32}{27}$ 를 가진다. □

아래 그림과 같이 $f''(a) = 0$ 이고, 점 $(a,\ f(a))$ 의 앞뒤에서 $f''(x)$ 의 부호가 변화할 때, 점 $(a,\ f(a))$ 를 $y = f(x)$ 의 변곡점이라 한다. 그래프의 모양은 변곡점을 중심으로 한쪽에서 위로 볼록하면, 다른 쪽에서는 아래로 볼록하다.

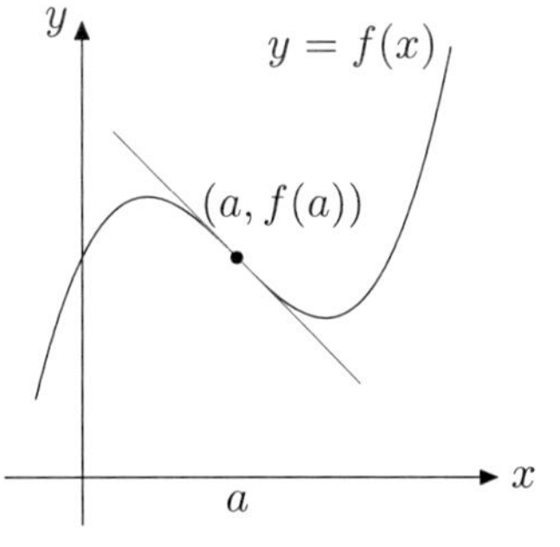

주의할 점으로서, $f''(a) = 0$ 이어도 점 $(a,\ f(a))$ 가 변곡점이 아닌 경우가 있다. 이를테면, $f(x) = x^4$ 에서 $f''(x) = 12x^2$ 이므로 $f''(0) = 0$ 이지만 $(0,\ 0)$ 은 변곡점이 아니다.

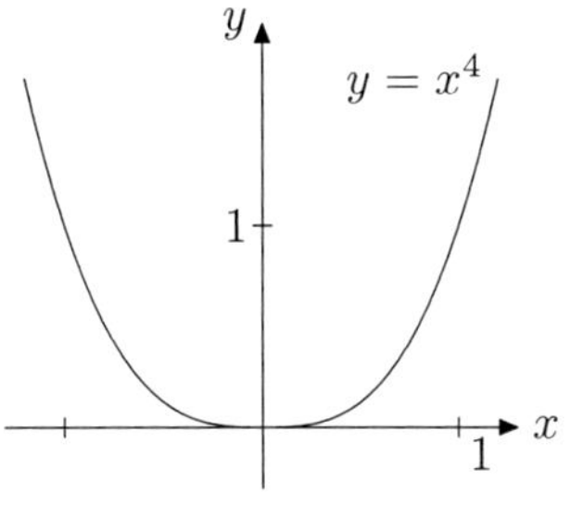

예제 8. 함수 $f(x) = x^4 - 2x^3 + x^2$ 의 극값과 변곡점을 구하고, 그래프의 개형을 그리라.

풀이 : 먼저, 도함수와 이계도함수를 구하면

$$f'(x) = 4x^3 - 6x^2 + 2x = 2x(2x-1)(x-1)$$
$$f''(x) = 12x^2 - 12x + 2$$

이므로, $f'(x) = 0$인 x의 값은 $0, \frac{1}{2}, 1$이고, $f''(x) = 0$인 x의 값은 $\frac{3 \pm \sqrt{3}}{6}$이다. 또한,

$$x < \frac{3-\sqrt{3}}{6},\ x > \frac{3+\sqrt{3}}{6}$$

일 때 $f''(x) > 0$이므로 그래프는 아래로 볼록하고,

$$\frac{3-\sqrt{3}}{6} < x < \frac{3+\sqrt{3}}{6}$$

일 때 $f''(x) < 0$이므로 그래프는 위로 볼록하다. 그러므로 $f(x)$의 증감표는 다음과 같다.

x	$\cdots$	0	$\cdots$	$\frac{3-\sqrt{3}}{6}$	$\cdots$	$\frac{1}{2}$	$\cdots$	$\frac{3+\sqrt{3}}{6}$	$\cdots$	1	$\cdots$
$f'(x)$	$-$	0	$+$	$+$	$+$	0	$-$	$-$	$-$	0	$+$
$f(x)$	↘	극소	↗	변곡점	↗	극대	↘	변곡점	↘	극소	↗

따라서 $f(x)$는 $x = 0$과 $x = 1$일 때 극소값 0을 가지고, $x = \frac{1}{2}$일 때 극대값 $\frac{1}{16}$을 가지며, 변곡점의 x 좌표는 $\frac{3 \pm \sqrt{3}}{6}$이다. 위의 사실을 종합하여 그래프를 그리면 다음

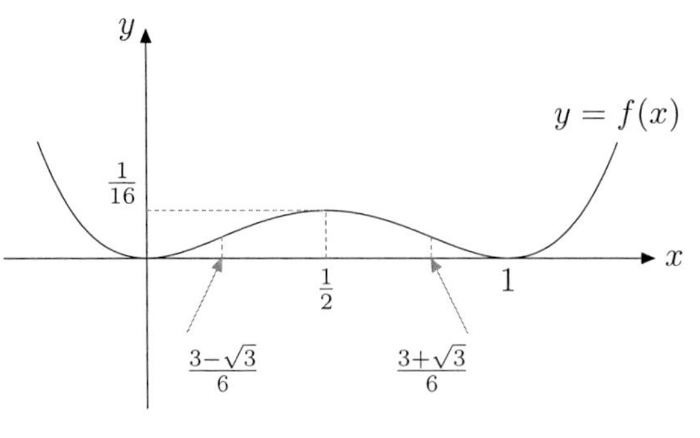

과 같다. □

문제 2.1.9. 이계도함수를 이용하여 다음 함수의 극값을 구하라.

(가) $f(x) = x^6 - 3x^2 + 2$ (나) $f(x) = 2x^3 - 9x^2 + 12x - 3$

(다) $f(x) = x^4 - 4x^2 + 1$ (라) $f(x) = x + \dfrac{1}{x}$

이제, 분수함수

$$f(x) = x + \frac{1}{x}$$

의 그래프를 그려 보자. 먼저, $f'(x) = 1 - \dfrac{1}{x^2}$ 이므로 $f'(x) = 0$ 인 x는 ± 1 이다. 또한, $f''(x) = \dfrac{2}{x^3}$ 이므로 $f''(x) = 0$ 인 x는 존재하지 않는다. 따라서 $y = f(x)$ 의 증감표는 다음과 같다.

x	$\cdots$	-1	$\cdots$	0	$\cdots$	1	$\cdots$
$f'(x)$	$+$	0	$-$		$-$	0	$+$
$f''(x)$	$-$	$-$	$-$		$+$	$+$	$+$
$f(x)$	↗	극대	↘		↘	극소	↗

또한 $x \to \pm\infty$ 일 때 $\dfrac{1}{x} \to 0$ 이므로, $f(x)$는 직선 $y = x$에 한없이 가까와진다. 이와 같이 곡선 $y = f(x)$ 위의 점이 원점에서 한없이 멀어질 때 곡선이 한 직선에 한없이 가까와지면, 이 직선을 곡선 $y = f(x)$ 의 점근선이라 한다. 또한, $x \to \pm 0$ 일 때 $x + \dfrac{1}{x} \to \pm\infty$ 이므로, $f(x)$ 는 직선 $x = 0$ 에 한없이 가까와진다. 그러므로 직선 $x = 0$ 도 점근선이다. 위의 사실들을 종합하여 함수 $f(x) = x + \dfrac{1}{x}$ 의 그래프를 그리면 다음과 같다.

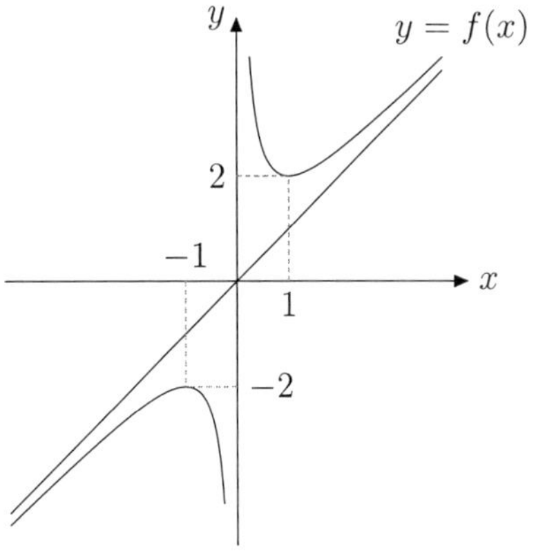

지금까지 살펴본 바와 같이 함수 $y = f(x)$ 의 그래프를 그릴 때에는 다음 사항에 주목해서 그린다.

(가) 곡선이 존재하는 범위
(나) 대칭성(x 축, y 축, 원점 등에 대하여)
(다) 좌표축과의 교점
(라) 함수의 증감과 극대·극소
(마) 곡선의 볼록과 변곡점
(바) 점근선

예제 9. 함수 $y = \dfrac{1}{x^2+1}$ 의 그래프를 그리라.

풀이 : 도함수와 이계도함수를 구하면

$$y' = \frac{-2x}{(x^2+1)^2}$$

$$y'' = \frac{-2(x^2+1)^2 + 2x \cdot 4x(x^2+1)}{(x^2+1)^4} = \frac{2(3x^2-1)}{(x^2+1)^3}$$

이다. 따라서 y의 증감표는 다음과 같다.

x	$\cdots$	$-\frac{\sqrt{3}}{3}$	$\cdots$	0	$\cdots$	$\frac{\sqrt{3}}{3}$	$\cdots$
y'	$+$	$+$	$+$	0	$-$	$-$	$-$
y''	$+$	0	$-$	$-$	$-$	0	$+$
y	↗	변곡점	↗	극대	↘	변곡점	↘

또한 $x \to \pm\infty$ 일 때 $y \to 0$ 이므로 $y = 0$, 즉 x 축은 점근선이고 y 축에 대하여 대칭이다. 위의 사실을 종합하여 그래프를 그리면 다음 그림

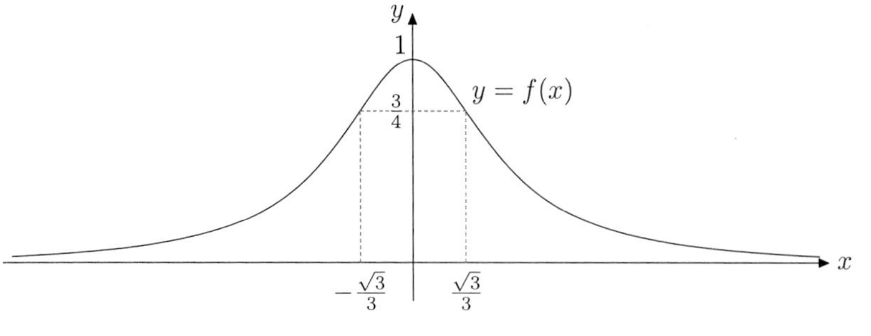

과 같다. □

문제 2.1.10. 다음 함수의 극값과 변곡점을 구하고, 그래프를 그리라.

(가) $f(x) = x^3 - 3x + 2$ (나) $f(x) = x^3(x-2)$

(다) $f(x) = x^4 - 6x^2 + 5$ (라) $f(x) = 2x^5 - 5x^4 + 1$

문제 2.1.11. 다음 함수의 극값과 변곡점을 조사하고, 그래프를 그리라.

(가) $y = \sqrt{x^2+1}$ (나) $y = \dfrac{1}{x^2+x+1}$

(다) $y = \dfrac{1}{\sqrt{x^2+1}}$ (라) $f(x) = \dfrac{x^3}{x^2-4}$

문제 2.1.12. 다음 함수의 그래프를 그리라.

(가) $f(x) = 3x^4 - 4x^3 + 1$ (나) $f(x) = \dfrac{x^2+1}{x-1}$

(다) $f(x) = \dfrac{2x}{x^2-1}$ (라) $f(x) = \dfrac{x^2-1}{x^2+1}$

문제 2.1.13. 함수

$$f(x) = x^4 + x^3$$

에서 $f''(x) = 0$인 x의 값을 구하라. 또 이러한 x좌표를 가지는 곡선 위의 점들이 변곡점인지 말하라.

극값을 구하는 문제는 미분법의 발견 이전에 페르마도 풀었는데, 그는 극대값과 극소값 주변에서 함수값의 차이가 거의 무시할 정도로 작다는 데에 착안하였다. 페르마가 든 예를 살펴보자.

> 정해져 있는 값 B를 둘로 나누어서 그 곱이 최대가 되게 하려면 어떻게 나누어야 하는가?

주어진 값 B를 A와 $B-A$로 나누었을 때 그 곱 $A(B-A)$가 최대값을 가진다고 하자. 그러면 E가 아주 작은 값일 때 $A+E$와 $B-(A+E)$의 곱

$$(A+E)(B-(A+E))$$

은 $A(B-A)$와 거의 같을 것이다. 따라서

$$A(B-A) = (A+E)(B-(A+E))$$

라 두고 풀면 $BE - 2AE - E^2 = 0$인데 양변을 E로 나누어서

$$B - 2A - E = 0$$

을 얻는다. 그런데 E는 아주 작은 값이므로 $E = 0$이라 두면 $A = \dfrac{B}{2}$이다. 즉, B를 똑같이 나누었을 때 그 곱이 가장 커진다.

이상이 페르마의 논법인데, 실제로 함수

$$f(x) = x(B - x)$$

의 미분계수가 0이 되는 점 $x = \dfrac{B}{2}$를 구하고 있음을 알 수 있다.

2.2 미분의 응용

미분의 응용은 무궁무진하지만, 역시 가장 중요한 응용은 최대값과 최소값을 구하는 것이다. 이 외에도 미분은 방정식의 근사해를 구하는 데에도 매우 유용하게 쓰인다.

최대값과 최소값

연속함수는 닫힌구간에서 최대값과 최소값을 가짐을 배웠다. 연속함수 $f(x)$가 닫힌구간 $[a, b]$에서 정의되어 있을 때, 최대값과 최소값을 구하기 위해서는 보통 그 구간 안의 극대값과 극소값, 그리고 $f(a)$, $f(b)$의 값을 비교하여 그 중 가장 큰 것이 최대값, 가장 작은 것이 최소값이 된다.

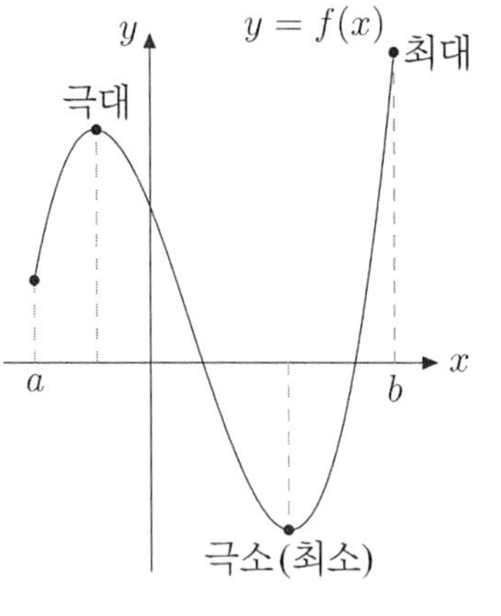

예제 1. 가로 15cm, 세로 8cm인 직사각형 모양의 양철판의 네 귀퉁이에서 같은 크기의 정사각형을 잘라내고 나머지 부분을 접어 상자를 만들려고 한다. 이 상자의 부피가 최대가 되도록 하려면 잘라내는 정사각형의 한 변의 길이를 얼마로 하면 되는가 ?

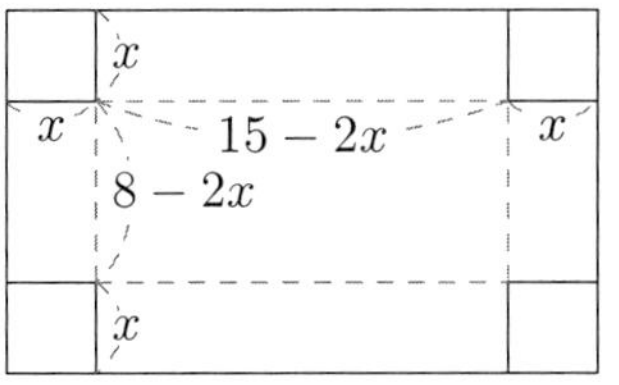

풀이 : 잘라내는 정사각형의 한 변의 길이를 $x$cm 라고 하면, 상자의 부피 $V\text{cm}^3$는

$$V = (15 - 2x)(8 - 2x)x = 2(2x^3 - 23x^2 + 60x)$$

이고, 따라서

$$V' = 2(6x^2 - 46x + 60) = 4(3x - 5)(x - 6)$$

이다. 그런데 $0 < x < 4$이므로 V의 증감표는 다음과 같다.

x	0	$\cdots$	$\frac{5}{3}$	$\cdots$	4
V'		$+$	0	$-$	
V		↗	극대	↘	

따라서 V는 $x = \dfrac{5}{3}$에서 극대가 되고, $0 < x < 4$의 범위에서 최대가 된다. 함수 $y = V(x)$ 그래프를 그리면 다음

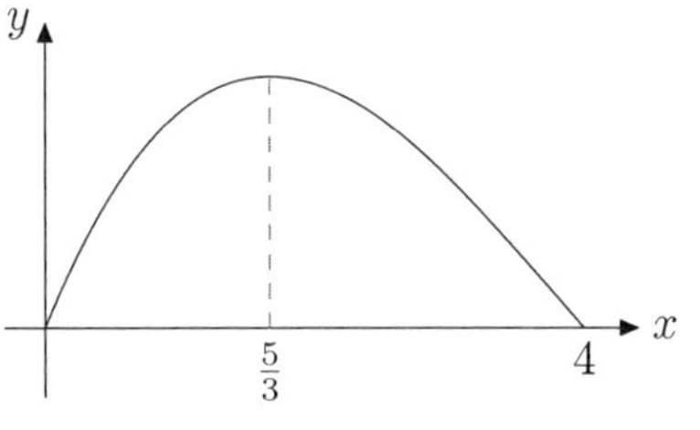

과 같다. □

예제 2. 어느 상품을 5천원에 팔면 350개가 팔리는데 상품가격을 천원씩 올릴때마다 10개씩 덜 팔린다고 한다. 최대수입을 올리기 위하여 상품가격을 얼마로 정해야 하는가?

풀이 : 상품 가격을 $(5 + x)$천원으로 정하면 팔리는 개수는 $350 - 10x$이므로 수입은

$$R(x) = (5 + x)(350 - 10x) = 1750 + 300x - 10x^2$$

이다. 따라서

$$R'(x) = 300 - 20x = 0$$

에서 $x = 15$이다. 그런데 구간 $(-5,\ 15)$에서 $R'(x) > 0$이고 구간 $(15,\ 35)$에서 $R'(x) < 0$이므로, $x = 15$에서 $R(x)$가 최대가 된다. 따라서 상품가격을 1만 5천원 더 받으면, 즉 상품가격을 2만원으로 하면 수입은 최대가 되고, 이 때 최대수입은

$$\begin{aligned} R(15) &= (5+15)(350 - 10 \cdot 15) \\ &= 20 \cdot 200 = 4000(\text{천원}) \ = 400(\text{만원}) \end{aligned}$$

이다. □

예제 3. 겉넓이가 일정한 원기둥 중에서 부피가 최대인 것을 만들려면, 밑면의 지름과 높이의 비를 어떻게 정하면 되겠는가 ?

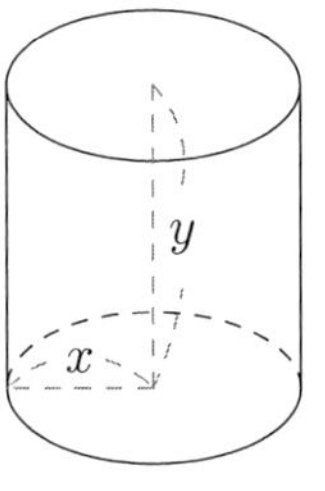

풀이 : 밑면의 반지름을 x, 높이를 y라고 하면 $x > 0,\ y > 0$이다. 그러므로 겉넓이 S와 부피 V는 각각

$$S = 2\pi x^2 + 2\pi xy, \qquad V = \pi x^2 y$$

이다. 이 때 겉넓이의 일정한 값을 $2\pi a^2\ (a > 0)$라고 놓으면

$$2\pi x^2 + 2\pi xy = 2\pi a^2, \qquad x^2 + xy = a^2$$

에서 $y = \dfrac{a^2 - x^2}{x}$이다. 그러므로

$$V = \pi x(a^2 - x^2)$$

이고, $\dfrac{dV}{dx} = \pi(a^2 - 3x^2)$이다. 그런데 $x > 0,\ y > 0$이므로 정의역은 $0 < x < a$이다. 그러므로 V의 증감표는 다음과 같다.

x	0	$\cdots$	$\frac{\sqrt{3}}{3}a$	$\cdots$	a
V'		$+$	0	$-$	
V		↗	극대	↘	

따라서 $x = \dfrac{\sqrt{3}}{3}a$ 일 때 V는 최대값을 가지며 이 때 $y = \dfrac{2\sqrt{3}}{3}a$ 이고, 이 때 지름과 높이의 비는

$$2x : y = \frac{2\sqrt{3}}{3}a : \frac{2\sqrt{3}}{3}a = 1 : 1$$

이다. □

문제 2.2.1. 곡선 $y = 12 - x^2$ 과 x축으로 둘러싸인 부분에 내접하고 한 변이 x축 위에 있는 직사각형의 최대 넓이를 구하라.

문제 2.2.2. 반지름의 길이가 a인 구에 내접하는 원기둥의 부피가 최대인 것을 만들려면, 높이와 밑면의 반지름을 각각 얼마로 하면 되는가?

문제 2.2.3. 그림과 같이 지름의 길이가 4cm 인 반원에 내접하는 등변사다리꼴의 넓이의 최대값과 그 때 윗변의 길이를 구하라.

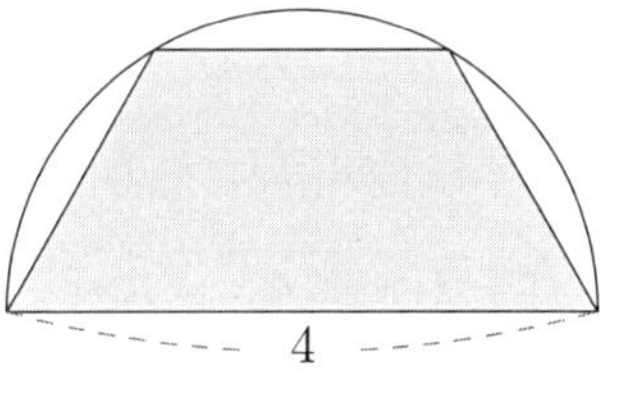

문제 2.2.4. 주어진 구간에서 다음 함수의 최대값과 최소값을 구하라.

(가) $y = 3x^2 - 2x^3, \quad [0,\ 2]$ (나) $y = \dfrac{x^2 + x - 1}{x^2 - x + 1}, \quad [-2,\ 2]$

속도와 가속도

수직선 위를 움직이는 점 P의 t초 후 위치는 t에 관한 함수이므로

$$x = f(t)$$

라 둘 수 있다. 시각이 t에서 $t + \Delta t$까지 변화할 때 점 P의 위치 변화를 Δx라고 하면, $\dfrac{\Delta x}{\Delta t}$는 시각 t에서 $t + \Delta t$까지의 P의 평균속도이고

$$\frac{\Delta x}{\Delta t} = \frac{f(t + \Delta t) - f(t)}{\Delta t}$$

이다. 따라서 $\Delta t \to 0$일 때

$$\lim_{\Delta t \to 0} \frac{\Delta x}{\Delta t} = \lim_{\Delta t \to 0} \frac{f(t + \Delta t) - f(t)}{\Delta t} = f'(t)$$

를 시각 t에서의 순간속도, 혹은 속도라 하고, 이를 $v(t)$로 나타낸다. 여기서, $x = f(t)$는 점 P의 위치를 나타내므로 $v > 0$이면 P는 수직선의 양의 방향으로, $v < 0$이면 음의 방향으로 움직인다. 속도의 절대값 $|v|$를 속력이라 한다. 속도의 변화율을 가속도라 한다. 즉 가속도를 a라고 하면

$$a = \frac{dv}{dt} = \frac{d^2x}{dt^2} = f''(t)$$

이다. 가속도의 절대값 $|a|$를 가속도의 크기라 한다.

예제 4. 지상에서 처음 속도 v_0m/초로 똑바로 던져 올린 물체가 t초 후에 도달하는 높이 ym는 대체로 다음

$$y = v_0 t - 4.9t^2$$

과 같다. 이 때,

(가) 시각 t_1초에서 t_2초까지의 평균속도를 구하라.

(나) 시각이 $\dfrac{t_1 + t_2}{2}$초일 때 속도를 구하라.

(다) $v_0 = 2$, $t = 3$일 때 속도와 가속도를 구하라.

풀이 : (가) t_1초 후, t_2초 후 높이를 각각 y_1m, y_2m라고 하면

$$y_1 = v_0 t_1 - 4.9t_1^2, \quad y_2 = v_0 t_2 - 4.9t_2^2$$

이다. 그러므로 시각 t_1초에서 t_2초까지 $\Delta t = t_2 - t_1$ 사이의 운동거리를 Δy라고 하면

$$\begin{aligned}\Delta y = y_2 - y_1 &= v_0(t_2 - t_1) - 4.9(t_2^2 - t_1^2) \\ &= v_0 \Delta t - 4.9\Delta t(t_2 + t_1)\end{aligned}$$

이고, 따라서 평균속도는

$$\frac{\Delta y}{\Delta t} = v_0 - 4.9(t_1 + t_2)$$

이다.

(나) 시각이 t초일 때 속도 v는

$$v = y' = v_0 - 9.8t(\text{m/초})$$

이다. 따라서 시각 $\dfrac{t_1 + t_2}{2}$일 때 속도는

$$v = v_0 - 9.8\,\frac{t_1 + t_2}{2} = v_0 - 4.9(t_1 + t_2)(\text{m/초})$$

이다.

(다) 속도가 $v = v_0 - 9.8t$ 이므로 가속도는 $a = v' = -9.8$ 이다. 따라서 $v_0 = 2$, $t = 3$ 일 때 속도와 가속도는 각각

$$-27.4\text{m}/\text{초}, \quad -9.8\text{m}/\text{초}^2$$

이다. □

참고로 가속도 $-9.8\text{m}/\text{초}^2$ 은 중력가속도이다.

문제 2.2.5. 처음 속도 20m/초 로 똑바로 던져올린 물체의 t 초 후 높이를 sm 라고 하면, $s = 20\,t - 4.9\,t^2$ 으로 주어진다. 이 물체가 도달할 수 있는 최대의 높이는 몇 m 인가?

예제 5. 원의 반지름이 매초 2cm의 비율로 일정하게 증가하고 있을 때, 이 원의 반지름이 10cm가 되는 순간 넓이의 변화율을 구하라.

풀이 : 원의 넓이 $A = \pi r^2$ 에서 $\dfrac{dA}{dt} = 2\pi r \dfrac{dr}{dt}$ 이므로

$$\frac{dA}{dt} = 2\pi \cdot 10 \cdot 2 = 40\pi(\text{cm}^2/\text{sec})$$

이다. □

문제 2.2.6. 높이가 15cm, 윗면의 반지름의 길이가 5cm인 원뿔 모양의 그릇에 매분 5cm^3 의 물을 넣는다고 한다. 물의 깊이가 5cm일 때 수면의 상승 속도를 구하라.

문제 2.2.7. 구의 겉넓이가 매초 $4\pi\text{cm}^2$ 의 비율로 일정하게 증가하고 있을때, 이 구의 반지름이 10cm 가 되는 순간 부피의 변화율을 구하라.

방정식의 실근

도함수를 이용하면 그래프의 모양을 알 수 있으므로, 당연히 주어진 방정식의 실근의 개수를 조사하는 데에 이용될 수 있다.

예제 6. 방정식 $x^3 - x - 1 = 0$ 은 단 한 개의 양의 실근을 가짐을 증명하라.

풀이 : $y = f(x) = x^3 - x - 1$ 이라 두면

$$y' = 3x^2 - 1 = 3\left(x + \frac{\sqrt{3}}{3}\right)\left(x - \frac{\sqrt{3}}{3}\right)$$

이다. 그러므로 y 의 증감표는 다음과 같다.

x	$\cdots$	$-\frac{\sqrt{3}}{3}$	$\cdots$	$\frac{\sqrt{3}}{3}$	$\cdots$
y'	$+$	0	$-$	0	$+$
y	$\nearrow$	$\frac{-9+2\sqrt{3}}{9}$	$\searrow$	$\frac{-9-2\sqrt{3}}{9}$	$\nearrow$

극대값은 $\dfrac{-9+2\sqrt{3}}{9} < 0$이므로 $y = f(x)$의 그래프는 x축과 단 한 점에서 만난다. 그런데

$$f\left(\frac{\sqrt{3}}{3}\right) = \frac{-9-2\sqrt{3}}{9} < 0, \qquad \lim_{x\to\infty} f(x) = \infty$$

이므로, 중간값정리에 의하여 $f(x) = 0$는 구간 $\left(\dfrac{\sqrt{3}}{3},\ \infty\right)$에서 단 한 근을 가진다. □

문제 2.2.8. 방정식 $x^4 - 2x^2 - 3 = 0$ 의 실근의 개수를 구하라.

문제 2.2.9. 방정식 $x^3 + 6x^2 + 9x + k = 0$ 이 서로 다른 세 개의 실근을 가지기 위한 k 의 값의 범위를 구하라. 또 이 방정식이 한 개의 실근만을 가지기 위한 k 의 값의 범위를 구하라.

미분가능한 함수 f에 대해서 $f(x) = 0$이 실근 r을 가진다고 할 때, 실근 r의 근사값을 구하는 뉴턴의 방법을 알아보자.

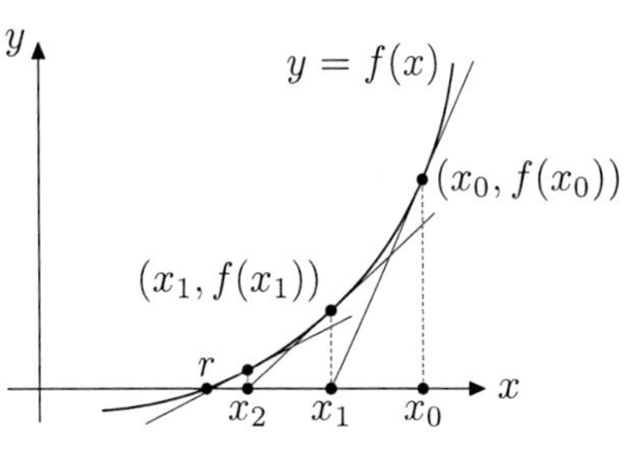

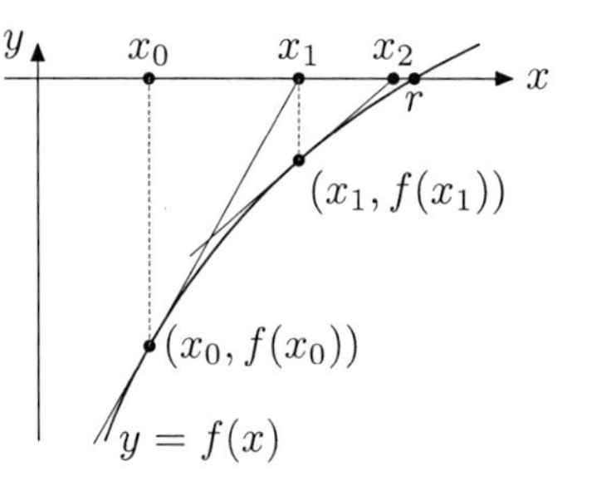

우선 주어진 방정식 $f(x) = 0$에 대한 근사해 x_0를 잡고, $(x_0, f(x_0))$에서의 접선이 x축과 만나는 점을 x_1 이라 하면 그 점은

$$x_1 = x_0 - \frac{f(x_0)}{f'(x_0)} \quad (\text{단, } f'(x_0) \neq 0)$$

로 주어진다. 다시 $(x_1, f(x_1))$에서의 접선이 x축과 만나는 점을 x_2라 하면 그 점은

$$x_2 = x_1 - \frac{f(x_1)}{f'(x_1)} \quad (\text{단, } f'(x_1) \neq 0)$$

으로 주어진다. 이 과정을 계속하면 n번째 근사해 x_n은

$$x_n = x_{n-1} - \frac{f(x_{n-1})}{f'(x_{n-1})} \quad (\text{단, } f'(x_{n-1}) \neq 0)$$

으로 주어진다. 수열 $\langle x_n \rangle$이 r로 수렴하면, $f(r) = 0$이므로 수열 $\langle x_n \rangle$을 실근 r의 근사값을 구하는 데에 이용할 수 있다. $g(x) = x - \dfrac{f(x)}{f'(x)}$라 두면

$$g'(x) = 1 - \frac{f'(x)^2 - f(x)f''(x)}{f'(x)^2} = \frac{f(x)f''(x)}{f'(x)^2}$$

가 되고, $|g'(x)| = \left|\dfrac{f(x)f''(x)}{f'(x)^2}\right| \leq c < 1$를 가정할 때 r과 x_{n-1}사이의 적당한 c_{n-1}에 대해서

$$|x_n - r| = |g(x_{n-1}) - g(r)| = |g'(c_{n-1})(x_{n-1} - r)|$$

가 성립한다. 따라서 다음 부등식

$$|x_n - r| \leq c|x_{n-1} - r| \leq c^2|x_{n-2} - r| \leq \cdots \leq c^n|x_0 - r|$$

로부터 수열 $\langle x_n \rangle$은 r로 수렴한다. 즉, $\left|\dfrac{f(x)f''(x)}{f'(x)^2}\right| \leq c < 1$이면 $\langle x_n \rangle$은 실근 r로 수렴한다.

예제 7. 방정식 $x^3 + 3x - 6 = 0$의 근사해 $x_0 = 1$을 잡고, 두 번째 근사해 x_2를 구하라.

풀이 : $f(x) = x^3 + 3x - 6$으로 놓으면 $f(1) = -2$, $f(2) = 8$이므로 1과 2사이에 근이 있음을 알 수 있다. $x_0 = 1$을 근사해로 택하면 첫 번째 근사해는

$$x_1 = x_0 - \frac{f(x_0)}{f'(x_0)} = 1 - \frac{(-2)}{6} = \frac{4}{3}$$

이다. 또 $f\left(\dfrac{4}{3}\right) = \dfrac{10}{27}$이고 $f'\left(\dfrac{4}{3}\right) = \dfrac{25}{3}$이므로 두 번째 근사해는

$$x_2 = \frac{4}{3} - \frac{10}{27}\Big/\frac{25}{3} \fallingdotseq 1.289$$

이다. □

미분과 경제학

이제, 경제학에서 쓰이는 미분의 응용을 알아보자. 경제 이론을 표현하는 데에는 서술적 방법, 수리적 방법, 기하학적 방법이 있다. 서술적 표현 '가격 p가 상승(하락)하면 수요량 q는 감소(증가)한다'는 수리적 표현 '함수

$$p = f(q)$$

는 감소함수이다'와 같은 뜻이다. 이를 기하학적 방법으로 표현하면 아래 그림과 같다.

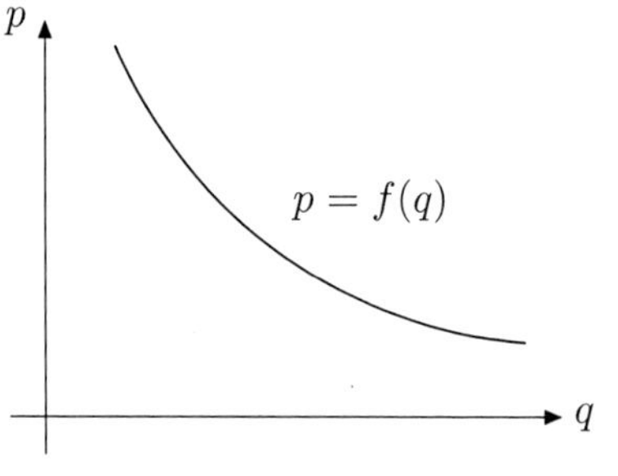

경제학에서는 가격을 세로축, 수량을 가로축으로 하는 것이 관행으로 되어 있다.

어느 공장에서 x개의 물품을 생산하는데 드는 비용이 $C(x)$일 때, 함수 C를 총비용함수라 부른다. 생산량을 x_1에서 x_2로 늘렸을 때 더 드는 비용은

$$\Delta C = C(x_2) - C(x_1)$$

이고, 비용의 평균 변화율은

$$\frac{\Delta C}{\Delta x} = \frac{C(x_2) - C(x_2)}{x_2 - x_1} = \frac{C(x_1 + \Delta x) - C(x_1)}{\Delta x}$$

이다.

생산량 x가 크면 $h = 1$은 아주 작은 수이므로

$$C'(x) = \lim_{h \to 0} \frac{C(x+h) - C(x)}{h} \fallingdotseq C(x+1) - C(x)$$

가 되어 도함수 $C'(x)$는 x개에서 $(x+1)$개, 즉 한 개를 더 생산하는데 더 드는 비용으로 볼 수 있다. 경제학에서는 특별히 $C'(x)$를 한계비용함수라 부른다. 총비용함수 $C(x)$가 일차함수, 즉

$$C(x) = ax + b$$

일 때에는

$$C'(x) = a = C(x+1) - C(x)$$

이므로 실제 1개를 더 생산하는데 드는 비용이 수학적으로 보나 경제학적으로 보나 같다. 총비용함수 $C(x)$가 일차함수에 가까울수록, 한계비용함수가 한 개를 더 생산하는데 더 드는 비용함수에 가까워진다.

총비용함수는 흔히 다음

$$C(x) = a + bx + cx^2 + dx^3$$

과 같은 다항함수가 되는데, 여기서 상수 a는 임대료, 재산세 등 생산량에 관계없이(따라서 생산량이 0일 때에도) 고정적으로 드는 비용에 따라 결정되고, b는 생산량에 비례하는 원자재비 등에 따라 결정되고, c와 d는 시간외 수당 등 임금 등에 의하여 결정된다. 예를 들어

$$C(x) = 10,000 + 5x + 0.01x^2(\text{원})$$

일 때, 한계비용함수는

$$C'(x) = 5 + 0.02x$$

이고, 500개의 물품을 생산할 때의 한계비용은

$$C'(500) = 5 + 0.02 \cdot 500 = 15(\text{원/개})$$

이다. 이는 생산량 500개에 대한 순간비용증가율로서 생산량을 501개로 늘렸을 때의 비용을 예측하는 값이다. 실제로 501번째 물건을 만드는데 더 드는 비용은

$$\begin{aligned} C(501) - C(500) &= [10,000 + 5 \cdot 501 + 0.01 \cdot 501^2] \\ &\quad - [10,000 + 5 \cdot 500 + 0.01 \cdot 500^2] = 15.01(\text{원}) \end{aligned}$$

으로서 $C'(500)$이 이 값에 가까운 근사값이 된다.

어느 물품을 x개 생산하는데 드는 비용이

$$C(x) = 10 + 0.8x + 0.001x^2(\text{원})$$

이라 할 때, 100개를 생산하는데 드는 비용은

$$C(100) = 10 + 0.8 \cdot 100 + 0.001 \cdot (100)^2 = 100(\text{원})$$

이고, 200개를 생산하는데 드는 비용은

$$C(200) = 10 + 0.8 \cdot 200 + 0.001 \cdot (200)^2 = 210(\text{원})$$

이므로, 비용의 평균변화율은

$$\frac{C(200) - C(100)}{200 - 100} = \frac{110}{100} = 1.1(\text{원/개})$$

이다.

문제 2.2.10. 총비용함수가 $C(x) = 10x + 100$ 원일 때, 한 개를 생산하는데 더 드는 비용은 얼마인가? 이 값은 한계비용함수와 어떠한 관계에 있는가?

문제 2.2.11. 총비용함수가 $C(x) = x^2 + 10x + 100$ 원일 때, 100 개에서 200 개로 생산할 때 비용의 평균변화율을 구하라. 또 한계비용함수를 구하라.

문제 2.2.12. 총비용함수가 $C(x) = 0.1x^2 + 100x + 10$ 원일 때, 1,000 개에서 한 개 더 생산할 때 더 드는 비용을 구하라. 또한, $C'(1,000)$ 을 구하라.

물품 x 개를 팔아서 얻는 총수입함수 $R(x)$ 에 대하여도 한계비용함수와 마찬가지로 한계수입함수 $R'(x)$ 는 x 가 크면 x 개에서 $(x+1)$ 개, 즉, 한 개를 더 팔았을 때 생기는 수입으로 볼 수 있다. 즉, x 가 크면 $h = 1$ 은 아주 작은 수이므로

$$R'(x) = \lim_{h \to 0} \frac{R(x+h) - R(x)}{h} \fallingdotseq R(x+1) - R(x)$$

이다. 물건을 생산하는 공장의 이윤은

$$\pi(x) = R(x) - C(x)$$

인데, $\pi(x)$ 를 이윤함수라 한다. 개당 가격함수가 $V(x)$ 원이면 총수입함수는 $R(x) = V(x) \cdot x$ 원이다.

예제 8. 어느 공장에서 x 개의 물품을 생산하는데 총비용함수가

$$C(x) = 20x + 10,000$$

원이고 가격함수가

$$V(x) = 100 - 0.01x$$

일 때 이윤함수 $\pi(x)$ 를 구하라.

풀이 : 총수입함수가 $R(x) = V(x) \cdot x = (100 - 0.01x)x$ 이므로 이윤함수는

$$\begin{aligned}\pi(x) &= R(x) - C(x) \\ &= (100 - 0.01x) \cdot x - (20x + 10,000) \\ &= -0.01x^2 + 80x - 10,000\end{aligned}$$

이다. □

공장의 운영자는 가격을 결정할 때 이익이 최대가 되도록 해야 한다. 그런데

$$\pi'(x) = R'(x) - C'(x) = 0$$

에서 $R'(x) = C'(x)$이다. 즉, 한계수입함수값과 한계비용함수값이 같도록 생산량 x를 결정하면 된다. 이 때 총수입함수는 $R(x) = V(x) \cdot x$이므로, 개당 가격은

$$V(x) = \frac{R(x)}{x}$$

로 하면 된다.

예제 9. 어느 공장에서 x개의 물품을 생산하는데 총비용함수가

$$C(x) = 5x^2 + 100x + 5,000$$

이고 총수입함수가

$$R(x) = -\frac{1}{3}x^3 + 150x^2 + 3100x$$

라 한다. 최대의 이윤을 올리려면 개당가격을 얼마로 해야 하는가? 또한, 최대의 이윤은 얼마인가?

풀이 : 미분하면

$$C'(x) = 10x + 100$$
$$R'(x) = -x^2 + 300x + 3100$$

이므로, $R'(x) = C'(x)$에서

$$x^2 - 290x - 3000 = 0$$
$$(x - 300)(x + 10) = 0$$

이다. 그런데 $x = -10$은 부적합하므로 $x = 300$이고

$$\pi''(x) = R''(x) - C''(x) = -2x + 290$$

에서 $\pi''(300) = -310 < 0$이므로 $x = 300$일 때 이윤이 최대가 된다. 따라서 개당 가격은

$$V(300) = \frac{R(300)}{300} = \frac{5,430,000}{300} = 18,100$$

이고, 최대이윤은

$$\pi(300) = R(300) - C(300) = 4,945,000$$

이다. □

문제 2.2.13. 총비용함수가

$$C(x) = 0.01x^2 + 40x + 1,000$$

이고, 가격함수가

$$V(x) = 1,000 - 0.02x$$

일 때, 이윤함수 $\pi(x)$를 구하고 최대의 이윤금액을 구하라.

문제 2.2.14. 총비용함수가

$$C(x) = x^2 + 10x + 1,000$$

이고 가격함수가

$$V(x) = -\frac{1}{3}x^2 + 100x + 410$$

일 때, 최대의 이윤을 올리려면 몇 개를 생산해야 하는가?

문제 2.2.15. 총비용함수가

$$C(x) = 300 + 1.1x$$

이고 가격함수가

$$V(x) = 5 - 0.003x$$

일 때, 최대의 이윤을 올리려면 몇 개를 생산해야 하는가?

두 회사가 같은 액수의 이윤을 올렸다면 그 의미가 같을까 생각해 보자. 연이윤이 1조원인 회사와 1억원인 회사에서 각각 1년에 1천만원 이윤을 더 올렸다면 그 의미는 서로 다르다. 주어진 함수 $f(x)$에 대하여

$$\frac{f'(x)}{f(x)}$$

를 상대변화율이라 한다. 예를 들어서 한 회사에서 t 년째의 이윤함수 $\pi(t)$에 대하여

$$\frac{\pi'(t)}{\pi(t)}$$

는 이윤의 상대변화율이 된다.

만약 t년째 말의 이윤함수가 $\pi(t) = 4t^2 + 2t + 10$라면, 5년째 말 이윤의 변화율은

$$\pi'(5) = 8 \cdot 5 + 2 = 42$$

이고 10년째 말 이윤의 변화율은

$$\pi'(10) = 8 \cdot 10 + 2 = 82$$

이다. 따라서 이윤의 상대변화율은 각각

$$\frac{\pi'(5)}{\pi(5)} = \frac{42}{120} = 0.35$$

$$\frac{\pi'(10)}{\pi(10)} = \frac{82}{430} \fallingdotseq 0.19$$

이므로 5년째 말 이윤의 변화율이 10년째 말 이윤의 변화율보다 작지만, 이윤의 상대 변화율은 크므로 회사의 이윤성장은 느려졌다고 말할 수 있다.

예제 10. 어느 공장에서 x개의 물품을 생산하는데 총비용함수가

$$C(x) = 0.5x^2 + 20x + 100$$

이고, 개당 가격함수가

$$V(x) = 1000 - 2x$$

이다.

(가) 최대의 이윤을 올리기 위하여 몇 개를 생산해야 하는가?

(나) 정부에서 세금을 개당 10원씩 부과한다면 최대의 이윤을 올리기 위하여 몇 개를 생산하여야 하는가? 또 이 때의 개당 가격은 얼마가 되는가?

풀이 : (가) 총수입함수는

$$R(x) = V(x) \cdot x = (1000 - 2x)x = 1000x - 2x^2$$

이므로 이윤함수는

$$\begin{aligned}\pi(x) &= R(x) - C(x) \\ &= (1000x - 2x^2) - (0.5x^2 + 20x + 100) \\ &= -2.5x^2 + 980x - 100\end{aligned}$$

이고,

$$\pi'(x) = -5x + 980 = 0$$

이다. 따라서 $x = 196$개를 생산하면 최대이윤을 올릴 수 있다.

(나) 개당 세금이 10원이면 총수입함수는

$$R(x) = (V(x) - 10)x = (1000 - 2x - 10)x$$

이므로 이윤함수는

$$\begin{aligned}\pi(x) &= R(x) - C(x) \\ &= (1000 - 10)x - 2x^2 - (0.5x^2 + 20x + 100)\end{aligned}$$

이고,

$$\pi'(x) = -5x + 970 = 0$$

이다. 따라서 $x = 194$개를 생산하면 최대이윤을 올릴 수 있고 이 때 개당 가격은

$$V = 1000 - 2 \cdot 194 = 612(\text{원})$$

이다. □

문제 2.2.16. 총비용함수가

$$C(x) = \frac{1}{4}x^2 + 10x + 50$$

이고 개당 가격함수가

$$V(x) = 1,000 - x$$

이다.

(가) 최대이윤을 올리기 위하여 몇 개를 생산하여야 하는가?
(나) 정부에서 세금을 5원씩 부과한다면 최대이윤을 올리기 위하여 몇 개를 생산해야 하는가?

경제학에서 가격을 세로축, 수량을 가로축으로 하는 것은 경제학자 마샬[3]이래 관행이 되었다.

수요 · 공급과 가격, 생산량과 비용의 관계에서 볼 수 있듯이, 일반적으로 경제변수 사이의 관계를 함수관계로 파악하여 그 상호의존관계나 극대 · 극소를 분석하는 데에는 미적분 등의 수학적 방법이 유용하다. 이처럼 경제에 수학을 응용하기 시작한 시조는 쿠르노[4]이지만, 수학적 방법을 체계적으로 도입하여 수리경제학의 기초를 구축한 사람은 발라[5]인 것으로 알려져 있다. 발라 이후 파레토[6], 힉스[7], 새뮤얼슨[8], 애로[9]등에 의해서 크게 발전된 수리경제학은 오늘날 수학적 방법을 이용한 경제분석을 총칭하는 말로 사용되고 있다.

---

3) Alfred Marshall (1842∼1924), 영국 경제학자. 원래 수학과 물리학을 전공하였으나 대학 졸업 이후 인문학과 사회과학으로 관심을 돌렸다. 주로, Cambridge에서 활동하면서 캠브리지 학파를 이끌었다. 그는 경제행동의 수학적 해석을 시도하면서 여러 가지 분석도구를 만들어 경제이론을 정밀하게 다듬는 길을 터 놓았다.

4) Antoine Augustin Cournot (1801∼1877), 프랑스의 수학자. 1838년에 출판한 Recherches sur les principes mathematiques de la theorie des richesses 라는 책에서 수리경제학에 대해서 처음으로 논하였으며, 수요함수, 공급함수라는 용어를 사용하였다.

5) Marie-Esprit-Léon Walras (1834∼1910), 프랑스 태생의 경제학자. 좁은 의미의 수리경제학으로도 통하는 일반균형이론을 만든 로잔학파의 창시자로, 스위스 Lausanne에서 주로 연구하였다.

6) Vilfredo Paretto (1848∼1923), 이탈리아 경제학자, 사회학자.

7) John Richard Hicks (1904∼1989), 영국의 이론경제학자. 일반균형이론에 대한 공헌으로 1972년 애로와 함께 노벨 경제학상을 수상하였다.

8) Paul Anthony Samuelson (1915∼), 미국 경제학자. 1970년 노벨 경제학상을 수상하였다.

9) Kenneth Joseph Arrow (1921∼), 미국 경제학자. 1972년 노벨 경제학상을 수상하였다.

한편 슘페터[10]와 피셔[11]등은 1930년 경에 수학적으로 일반화, 추상화된 경제이론을 검증하기 위하여 이론경제학과 수리통계학을 결합한 계량경제학을 제창하였다. 경제의 경험적 현실에서 실제로 관찰할 수 있는 통계를 사용하는 계량경제학은 제 2차 세계대전 이후 확률론을 기초로 하는 수리통계학의 발달과 통계자료의 정비 및 컴퓨터의 출현 등으로 급속도로 발전하게 되었다.

2.3 연습문제

2.3.1. 곡선 $\dfrac{x^2}{a^2} - \dfrac{y^2}{b^2} = 1$ 위의 점 $P(x_1,\ y_1)$에서 접선의 방정식은

$$\frac{x_1 x}{a^2} - \frac{y_1 y}{b^2} = 1$$

으로 주어짐을 증명하라.

2.3.2. 곡선 $x^3 + y^3 = 6xy$(단, $x, y > 0$) 위에 x축과 나란한 접선을 그었을 때, 접점의 좌표를 구하라.

2.3.3. 임의의 상수 a에 대하여 함수

$$f(x) = x^3 - ax^2 + a^2 x$$

는 실수 전체의 범위에서 증가함을 증명하라.

2.3.4. 연속함수 f에 대하여 $f(0) = 0$이고, $x > 0$ 일 때 $f''(x) > 0$이면, $x > 0$ 일 때 $\dfrac{f(x)}{x}$는 증가함수임을 증명하라.

2.3.5. 방정식 $kx^2 - x + 1 = 0$의 실근의 개수를 조사하라.

2.3.6. 함수 $f(x) = 3x^4 - ax^3 + 6x$가 극값을 하나만 가지기 위한 실수 a의 값의 범위를 구하라.

2.3.7. 함수 $f(x) = x + \dfrac{c}{x}$가 $x = 2$에서 극값을 가지도록 하는 c의 값을 구하라.

2.3.8. 두 함수 $f(x)$, $g(x)$ 가 닫힌구간 $[a,\ b]$ 에서 연속이고, 열린구간 $(a,\ b)$ 에서 미분가능하고 항상 $f'(x) = g'(x)$ 이면, $f(x) = g(x) + C$ (단, C 는 상수)임을 증명하라.

2.3.9. 함수 f가 미분가능하고 $\lim\limits_{x\to\infty} f'(x) = 2$일 때,

$$\lim_{x\to\infty} [f(x+1) - f(x-1)]$$

의 값을 구하라.

---

10) Joseph Alois Schumpeter (1883∼1950), 오스트리아 태생의 미국 경제학자. 피셔와 함께 1930년 계량경제학회를 창립하였다.

11) Irving Fisher (1867∼1947), 미국의 경제학자. 계량경제학의 창시자 중 한 명이다.

2.3.10. 삼차함수에 대하여 다음 물음에 답하라.

(가) 임의의 삼차함수의 그래프는 변곡점을 딱 하나 가짐을 보이라.
(나) 삼차함수의 그래프는 이 변곡점에 대하여 점대칭임을 보이라.

2.3.11. 함수 $y = \dfrac{2x}{1+x^2}$ 에 대하여 다음 물음에 답하라.

(가) 이 함수의 정의역을 구하라.
(나) 이 함수의 도함수를 구하라.
(다) 이 함수의 점근선을 구하라.
(라) 이 함수의 그래프를 그리라.

2.3.12. 함수 $y = \sqrt{4x^2 - 3x}$ 에 대하여 다음 물음에 답하라.

(가) 이 함수의 정의역을 구하라.
(나) 이 함수의 도함수를 구하라.
(다) 이 함수의 점근선을 구하라.
(라) 이 함수의 그래프를 그리라.

2.3.13. 미분의 평균값정리를 이용하여 다음

$$\frac{1}{48} < \sqrt[3]{28} - 3 < \frac{1}{27}$$

을 보이라.

2.3.14. 단거리 달리기 선수 두 명이 경주를 하는데 동시에 도착하였다. 두 선수가 같은 속도로 달린 적이 적어도 한 순간 있었음을 보이라.

2.3.15. 미분가능한 함수 $f(x)$ 가 모든 x 에 대하여 $|f'(x)| \le 1$ 을 만족한다. 만일 $f(1) = 1$, $f(-1) = -1$ 이면, 모든 $x \in [-1, 1]$ 에 대하여 $f(x) = x$ 임을 보이라.

2.3.16. 구간 $[a, b]$ 에서 정의된 함수 $y = f(x)$ 가 위로 볼록하다고 하자. 이 때, 임의의 $a \le x_1, \ldots, x_n \le b$ 에 대하여 다음 부등식

$$\frac{f(x_1) + \cdots + f(x_n)}{n} \le f\left(\frac{x_1 + \cdots + x_n}{n}\right)$$

이 성립함을 보이라.

2.3.17. 실직선 전체에서 정의된 두 함수 f, g 가 모두 아래로 볼록함수이고 f 가 증가함수이면, 합성함수 $f \circ g$ 도 아래로 볼록함수임을 보이라.

2.3.18. 모선의 길이가 a 인 직원뿔의 부피가 최대인 것을 만들려면, 높이와 밑면의 반지름의 길이를 각각 얼마로 하면 되는가?

2.3.19. 부피가 일정한 원기둥 가운데 겉넓이가 최소인 원기둥의 높이와 반지름의 비를 구하라.

2.3.20. 원뿔에 내접하는 원기둥 가운데 부피가 최대인 원기둥에 대하여 원기둥과 원뿔의 부피의 비를 구하라.

2.3.21. 점 $(1,\ 0)$에서 가장 멀리 떨어진 곡선 $4x^2 + y^2 = 4$ 위의 점을 구하라.

2.3.22. 삼차함수 $y = f(x)$의 그래프에서 변곡점의 x좌표가 2일 때 방정식 $f(x) = 0$의 세 근의 합을 구하라.

2.3.23. 함수

$$f(x) = \frac{1}{1+|x|} + \frac{1}{1+|x-a|}$$

의 그래프의 개형을 그리고 극대값과 극소값을 모두 구하라. (단, $a > 0$는 상수)

2.3.24. 다음 함수의 그래프의 개형을 그리라.

(가) $f(x) = \dfrac{4x^2+1}{x}$ (나) $f(x) = \dfrac{x^2-2x+3}{x^2}$

(다) $f(x) = \dfrac{4}{x-1} - \dfrac{1}{x-3}$ (라) $f(x) = \dfrac{x+2}{x^2+4x+5}$

2.3.25. 함수 $f(x) = 2xe^{2x}$ 에 대하여 다음 물음에 답하라.

(가) 극한 $\lim_{x \to -\infty} f(x)$와 $\lim_{x \to \infty} f(x)$를 구하라.

(나) 함수 $y = f(x)$ 의 최소값을 구하라.

(다) 함수 $y = f(x)$ 의 치역을 구하라.

(라) 함수 $y = bxe^{bx}$ (단, $b > 0$ 는 상수) 의 최소값이 b 의 값에 관계없이 항상 일정함을 보이라.

2.3.26. 부피 $27cm^3$ 의 물을 담을 수 있는 원뿔 모양의 종이컵을 만들려고 한다. 종이를 최소로 쓰려면 종이컵의 높이와 밑면의 반지름을 얼마로 하면 되는가?

2.3.27. 총비용함수가 $C(x) = ax^2 + bx + c$이고 가격함수가 $V(x) = ax + b$ 이면 이윤함수는 상수임을 보이라.

2.3.28. 총비용함수가 $C(x)$일 때, 개당 생산비용은 $a(x) = \dfrac{C(x)}{x}$ 이다. 만일 $a(x) = b + mx$이면 한계비용함수는 $C'(x) = b + 2mx$ 임을 보이라.

2.3.29. 어느 공장에서 x개의 물품을 생산하는데 총비용함수가

$$C(x) = x^2 + 10x + 100$$

이고, 개당 가격함수는

$$V(x) = -0.01x + 100$$

이다. 정부에서 개당 세금을 P원을 부과한다면 최대이윤을 올리기 위하여 몇 개를 생산하여야 하는가?

2.3.30. 유료 공원의 통계에 의하면 입장 요금 p원과 입장객 수 q명의 사이에는

$$q = 4000000 - \frac{1}{3}p^2$$

의 관계가 있다고 한다. 입장 요금의 수입을 최대로 하려면 입장 요금을 얼마로 하면 좋겠는가?

2.3.31. 동쪽에서 서쪽으로 흐르고 폭이 900 m 되는 강의 상류 남쪽변에 위치한 발전소에서 하류쪽으로 3,000 m 떨어진 강변의 북쪽변에 위치한 공장까지 전선을 깔려고 한다. 이때 전선을 강물 아래로 까는 데에는 미터당 $5,000$ 원이 들고, 뭍을 따라서 까는 데에는 미터당 $4,000$ 원이 든다. 전선을 어떻게 까는 것이 가장 적은 비용이 드는가?

2.3.32. 책상 위에 높이를 조절할 수 있는 전등이 달려 있고, 그 전등의 바로 아래 부분에서 1 미터 떨어진 곳에서 책을 읽고 있다. 전등이 너무 높으면 전등까지 거리가 멀어지므로 밝기가 아두워지고, 전등이 너무 낮아도 전등이 비추는 각도가 작아지므로 밝기가 어두어진다. 책을 읽는 지점의 밝기는 다음과 같은 법칙을 따른다.

- 전등까지 거리의 제곱에 반비례한다.
- 수직 방향과 광선 방향의 코사인 값에 비례한다.

전등의 높이가 x 일 때 책을 읽는 지점의 밝기를 x 에 관한 식으로 나타내고, x 가 얼마일 때 가장 밝게 책을 볼 수 있는지 살펴보라.

제 **3** 장

적분법

어떤 도형의 넓이를 구하기 위하여 그 도형을 잘게 자른 후 이를 더하여 극한을 취하는 것이 적분의 기본 원리인데, 그 역사는 고대 희랍 시대부터 시작되었다. 그런데 근대 이후 미분법이 발견되고 미분 과정을 거꾸로 하면 적분값을 쉽게 구할 수 있다는 미적분의 기본 정리가 알려지면서 수학뿐 아니라 여러 학문 분야가 큰 발전을 보게 되었다.

이 장에서는 먼저 정적분을 정의하고, 그 값을 구하는 데에 결정적인 역할을 하는 미적분의 기본 정리를 배운다. 이 정리는 미분의 역산이 바로 적분이라는 것이다. 따라서 여러 가지 도형의 넓이나 부피를 구하는 작업이 기계적인 계산으로 가능하게 되었다. 여기에서는 기본적인 다항함수의 적분법을 공부한다.

둘째 절에서는 적분법을 이용하여 다양한 도형의 넓이와 부피를 구하고, 적분이 경제학이나 경영학에서 어떻게 이용되는지 알아본다.

다시 한 번 강조하건대, 적분이 미분의 역산이라는 것은 정의가 아니고 정리이다. 아마도 인류 역사상 가장 중요한 과학적 발견인지도 모른다.

정적분과 부정적분

- 정적분의 정의
- 미적분의 기본 정리
- 다항함수의 적분

적분의 응용 (I)

- 평면도형의 넓이
- 입체의 부피
- 직선 운동과 운동거리
- 적분과 경제학

3.1 정적분과 부정적분

곡선의 접선을 구하는 것과 그 곡선에 의하여 생긴 도형의 넓이를 구하는 것은 서로 역관계이다. 이는 미분과 적분을 연결하는 핵심고리이다. 이를 통하여 각종 도형의 넓이를 기계적인 계산에 의하여 구할 수 있게 되었다.

정적분의 정의

좌표평면에서 포물선 $y = x^2$ 과 x 축 및 직선 $x = 1$ 로 둘러싸인 도형의 넓이 S 를 구하여 보자.

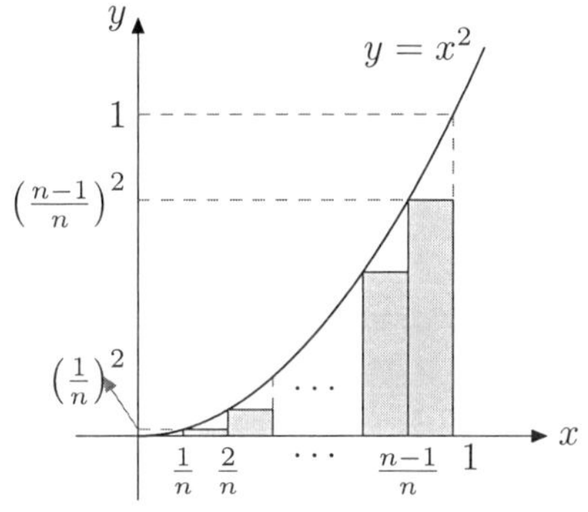

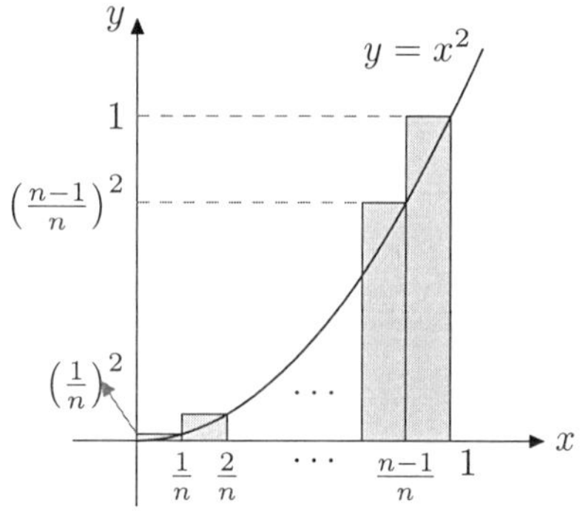

구간 $[0, 1]$ 을 n 등분하면, 각 소구간의 길이는 $\dfrac{1}{n}$ 이다. 이 때 각 소구간의 왼쪽 끝점과 오른쪽 끝점의 함수값은 차례로 각각

$$0,\ \left(\frac{1}{n}\right)^2,\ \left(\frac{2}{n}\right)^2, \dots, \left(\frac{n-1}{n}\right)^2$$

$$\left(\frac{1}{n}\right)^2,\ \left(\frac{2}{n}\right)^2,\ \left(\frac{3}{n}\right)^2, \dots, \left(\frac{n}{n}\right)^2 = 1$$

이다. 따라서 위 두 그림에서 어두운 직사각형의 넓이의 합을 각각 s_n, S_n 이라고 하면

$$s_n = 0^2 \cdot \frac{1}{n} + \left(\frac{1}{n}\right)^2 \cdot \frac{1}{n} + \cdots + \left(\frac{n-1}{n}\right)^2 \cdot \frac{1}{n}$$

$$S_n = \left(\frac{1}{n}\right)^2 \cdot \frac{1}{n} + \left(\frac{2}{n}\right)^2 \cdot \frac{1}{n} + \cdots + \left(\frac{n}{n}\right)^2 \cdot \frac{1}{n}$$

이고, 또한 $s_n \le S \le S_n$ 이다. 그런데

$$s_n = \frac{1}{n^3}\left[0^2 + 1^2 + \cdots + (n-1)^2\right] = \frac{1}{n^3} \cdot \frac{n(n-1)(2n-1)}{6}$$

$$S_n = \frac{1}{n^3}(1^2 + 2^2 + \cdots + n^2) = \frac{1}{n^3} \cdot \frac{n(n+1)(2n+1)}{6}$$

이므로

$$\frac{1}{3} = \lim_{n\to\infty} s_n \le S \le \lim_{n\to\infty} S_n = \frac{1}{3}$$

이 된다. 즉 $S = \frac{1}{3}$ 임을 알 수 있다. 이러한 계산에 의하면 작은 직사각형의 높이를 잡을 때 왼쪽 끝점이나 오른쪽 끝점에서 함수값을 잡지 않고 해당 구간 안의 아무 점에서나 함수값을 잡아도, 그 넓이의 합의 극한은 일정한 것으로 수렴한다.

위와 같이, 평면도형의 넓이를 구하기 위하여 그 평면도형을 작은 사각형으로 분할하여 그 넓이의 합을 구하고, 이 극한을 취하는 방법을 구분구적법이라 한다. 입체의 부피를 구하는 데에도 구분구적법을 이용할 수 있다.

일반적으로 함수 $y = f(x)$ 가 닫힌구간 $[a,\ b]$ 에서 연속일 때, 이 구간을 n 등분하여 각 분점을 차례로

$$x_0 = a,\ x_1 = a + \frac{b-a}{n}, \ldots,\ x_{n-1} = a + \frac{b-a}{n}(n-1),\ x_n = b$$

라 하고, 각 소구간의 길이 $\frac{b-a}{n}$ 를 Δx 라고 하자. 이제 구간 $[x_{k-1}, x_k]$ 에서 점 $\bar{x}_k$ 를 어떻게 잡더라도 다음 직사각형의 합

$$S_n = f(\bar{x}_1)\Delta x + f(\bar{x}_2)\Delta x + \cdots + f(\bar{x}_n)\Delta x$$

은 항상 일정한 값으로 수렴함이 알려져 있다. 이 극한값을 함수 $f(x)$ 의 a 에서 b 까지의 정적분 또는 구간 $[a,\ b]$ 에서의 정적분이라 하며

$$\int_a^b f(x)dx$$

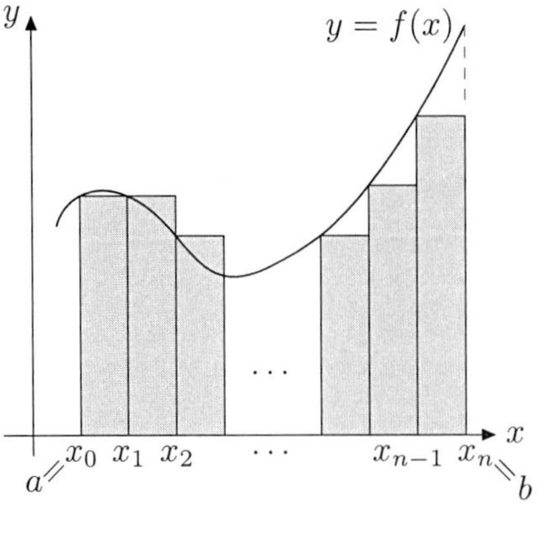

로 나타낸다.

정적분의 정의

함수 $f(x)$가 닫힌구간 $[a,\ b]$에서 연속일 때

$$\int_a^b f(x)dx = \lim_{n\to\infty}\sum_{k=1}^{n} f(\bar{x}_k)\cdot\frac{b-a}{n}$$

이다. (단, $a+\frac{b-a}{n}(k-1)\le \bar{x}_k \le a+\frac{b-a}{n}k$이다.)

만일 $f(x)\ge 0$이면, $\int_a^b f(x)dx$는 곡선 $y=f(x)$와 x축 및 두 직선 $x=a$와 $x=b$로 둘러싸인 부분의 넓이를 나타낸다. 이 때 변수 x를 t로 바꾼 $\int_a^b f(t)dt$ 도 같은 넓이를 나타냄을 알 수 있다. 즉

$$\int_a^b f(x)dx = \int_a^b f(t)dt$$

이다. 특히, $a=b$일 때 $\int_a^a f(x)dx = 0$으로 정의한다.

예제 1. 다음 극한값을 정적분의 기호를 사용하여 나타내라.

$$\lim_{n\to\infty}\frac{1}{n}\left\{\left(\frac{n+1}{n}\right)^2+\left(\frac{n+2}{n}\right)^2+\cdots+\left(\frac{2n}{n}\right)^2\right\}$$

풀이 : 주어진 값을 계산하면

$$\begin{aligned}&\lim_{n\to\infty}\frac{1}{n}\left\{\left(1+\frac{1}{n}\right)^2+\left(1+\frac{2}{n}\right)^2+\cdots+\left(1+\frac{n}{n}\right)^2\right\}\\ &=\lim_{n\to\infty}\sum_{k=1}^{n}\left(1+\frac{k}{n}\right)^2\cdot\frac{1}{n}=\int_0^1(1+x)^2dx=\int_1^2 x^2dx\end{aligned}$$

이다. □

문제 3.1.1. 다음 극한값을 정적분의 기호를 사용하여 나타내라.

$$\lim_{n\to\infty}\frac{1}{n}\left\{0^3+\left(\frac{1}{n}\right)^3+\left(\frac{2}{n}\right)^3+\cdots+\left(\frac{n-1}{n}\right)^3\right\}$$

문제 3.1.2. 극한값 $\lim_{n\to\infty}\sum_{k=0}^{n-1}\frac{k^3}{n^4}$ 을 정적분의 기호를 사용하여 나타내라.

문제 3.1.3. 다음 정적분을 극한으로 나타내라.

(가) $\int_0^1 (x^2+x)dx$　　(나) $\int_0^2 (3x+2)dx$

(다) $\int_1^2 x^2 dx$　　(라) $\int_{-1}^1 x\,dx$

미적분의 기본 정리

이제, 정적분의 값을 구하는 방법에 대하여 체계적으로 알아보자. 연속함수 $f(x)$가 $f(x)\geq 0$을 만족할 때, a에서 x까지 곡선 $y=f(x)$ 와 x 축 사이의 도형의 넓이를 $S(x)$라고 하면

$$S(x)=\int_a^x f(t)dt$$

이며, x가 변화할 때 $S(x)$ 도 변화하므로 $S(x)$는 x의 함수이다. 그리고 x가 $x+\Delta x$까지 변화할 때의 $S(x)$의 증분 ΔS는

$$\Delta S=S(x+\Delta x)-S(x)$$

으로 주어진다. 구간 $[x,\ x+\Delta x]$에서 연속함수 $f(x)$는 최대값과 최소값을 가지는데, 각각 $M,\ m$이라고 하자. 만일 $\Delta x>0$ 이면

$$m\cdot\Delta x\leq\Delta S\leq M\cdot\Delta x$$

이고, $\Delta x<0$이면

$$m\cdot(-\Delta x)\leq-\Delta S\leq M\cdot(-\Delta x)$$

이다.

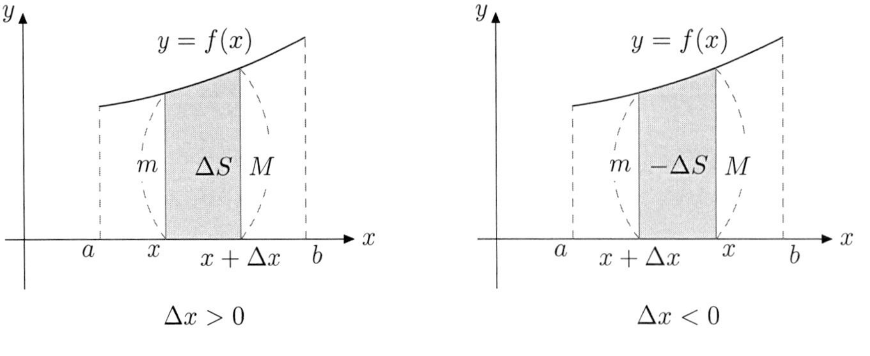

그러므로 어느 경우든지

$$m \le \frac{\Delta S}{\Delta x} \le M$$

임을 알 수 있다. 그런데 $\Delta x \to 0$일 때 $m \to f(x)$, $M \to f(x)$이므로

$$\lim_{\Delta x \to 0} \frac{\Delta S}{\Delta x} = f(x)$$

이고, 따라서 다음 등식

$$S'(x) = f(x)$$

를 얻는다.

미적분의 기본 정리 (I)

임의의 연속함수 $f(x)$에 대하여 다음 등식

$$\frac{d}{dx}\int_a^x f(t)dt = f(x)$$

이 성립한다.

위 정리는 넓이를 이용하여 $f(x) \ge 0$인 경우에 대하여 알아보았으나, 일반적인 경우에도 이 관계가 성립한다.

이제 미적분의 기본 정리를 이용하여 정적분값을 어떻게 구하는지 알아보는데, 이를 위하여 함수 $F(x)$의 도함수가 $f(x)$라 하자. 즉,

$$\frac{d}{dx}F(x) = f(x)$$

인 함수 $F(x)$를 하나 찾았다고 하자. 그러면 미적분의 기본 정리에서

$$\frac{d}{dx}\int_a^x f(t)dt = f(x)$$

이므로

$$\frac{d}{dx}\left\{\int_a^x f(t)dt - F(x)\right\} = 0$$

이다. 그런데 도함수가 0인 함수는 상수함수뿐이므로

$$\int_a^x f(t)dt - F(x) = C$$

이다. (단, C는 상수)

여기에서 $x = a$라고 하면 $-F(a) = C$이므로

$$\int_a^x f(t)dt = F(x) - F(a)$$

이다. 이 때 $x = b$라고 하면

$$\int_a^b f(t)dt = F(b) - F(a)$$

가 성립함을 알 수 있다. 일반적으로, 주어진 함수 $f(x)$에 대하여, $f(x)$를 도함수로 가지는 함수 $F(x)$, 즉

$$F'(x) = f(x)$$

가 되는 함수 $F(x)$를 $f(x)$의 부정적분 또는 원시함수라 한다.

미적분의 기본 정리 (II)

함수 $f(x)$가 구간 $[a, b]$에서 연속일 때, $f(x)$의 한 부정적분을 $F(x)$라고 하면

$$\int_a^b f(x)dx = F(b) - F(a)$$

이다.

미적분의 기본 정리에서 $F(b) - F(a)$를

$$[F(x)]_{x=a}^{x=b} \quad \text{또는} \quad [F(x)]_a^b$$

로 나타내기도 한다. 이 기호를 사용하면 다음

$$f(x) = F'(x) \quad \Longrightarrow \quad \int_a^b f(x)dx = [F(x)]_a^b$$

과 같이 쓸 수 있다.

예제 2. 정적분 $\displaystyle\int_0^1 x^2 dx$의 값을 구하라.

풀이 : 먼저 $y = \dfrac{1}{3}x^3$의 미분이 $y' = x^2$이므로 $f(x) = x^2$의 원시함수는 $F(x) = \dfrac{1}{3}x^3$이다. 따라서

$$\int_0^1 x^2 dx = \left[\frac{x^3}{3}\right]_0^1 = \frac{1}{3}$$

임을 알 수 있다. □

이상에서 보는 바와 같이 정적분의 값을 구하려면 먼저 그 함수의 원시함수를 구하는 것이 필요하다. 한 함수 $f(x)$의 부정적분을 구하는 것을 $f(x)$를 x에 대하여 적분한다 하며, 이 때 $f(x)$를 피적분함수라 하고 그 계산법을 적분법이라 한다.

함수 $f(x)$의 부정적분은 하나뿐이 아니다. 이제 $f(x)$의 부정적분 $F(x)$를 하나 찾았을 때 C를 임의의 상수라고 하면

$$\{F(x)+C\}' = F'(x) + C' = F'(x) = f(x)$$

이므로, $F(x)+C$ 도 $f(x)$의 부정적분이 된다. 부정적분 $F(x)$와 다른 $f(x)$의 부정적분을 $G(x)$라고 하면

$$\{G(x) - F(x)\}' = G'(x) - F'(x) = f(x) - f(x) = 0$$

이다. 그런데 도함수가 0이 되는 함수는 상수함수이므로, 이 상수를 C라고 하면 $G(x)-F(x) = C$이고, 따라서

$$G(x) = F(x) + C$$

이다. 즉, $F(x)$를 함수 $f(x)$의 한 부정적분이라고 하면, $f(x)$의 모든 부정적분은

$$F(x) + C \quad (C\text{는 상수})$$

로 나타남을 알 수 있다. 주어진 함수 $f(x)$의 부정적분을 기호

$$\int f(x)dx$$

로 나타낸다. 이 기호를 사용하면

$$f(x) = F'(x) \iff \int f(x)dx = F(x) + C$$

가 된다. 이 때 상수 C를 적분상수라 한다.

함수 $f(x)$, $g(x)$의 부정적분을 각각 $F(x)$, $G(x)$라고 하면

$$F'(x) = f(x), \quad G'(x) = g(x)$$

이므로, 임의의 상수 k에 대하여

$$\{kF(x)\}' = kF'(x) = kf(x)$$
$$\{F(x) \pm G(x)\}' = F'(x) \pm G'(x) = f(x) \pm g(x)$$

이다. 따라서 부정적분에 관한 다음 공식이 성립한다.

부정적분의 성질

$$\int kf(x)dx = k\int f(x)dx \quad (k\text{는 상수})$$
$$\int\{f(x)\pm g(x)\}dx = \int f(x)dx \pm \int g(x)dx \quad (\text{복호동순})$$

두 번째 공식은 물론 세 개 이상의 함수에 대하여도 성립한다.

다항함수의 적분

이제, 다항함수와 분수함수의 부정적분을 구하여 보자. 만일 n이 정수이면(단, $n \neq -1$), $(x^{n+1})' = (n+1)x^n$ 이므로

$$\left(\frac{1}{n+1}x^{n+1}\right)' = x^n$$

이고, 따라서 $\int x^n\,dx = \frac{1}{n+1}x^{n+1} + C$ 이다. 물론 n이 유리수일 때에도 마찬가지이다. 따라서 다음을 알 수 있다.

x^n 의 부정적분

r이 $r \neq -1$인 유리수일 때

$$\int x^r\,dx = \frac{1}{r+1}x^{r+1} + C$$

이다.

함수 $y = \frac{1}{x}$ 의 원시함수는 나중에 배우게 된다.

예제 3. 다음 부정적분을 구하라.

(가) $\int(x^2+2x)dx$ (나) $\int \frac{5}{2}x^{-\frac{3}{2}}\,dx$

풀이 : 공식을 이용하여 계산하면

$$\begin{aligned}\int(x^2+2x)dx &= \int x^2dx + 2\int x\,dx\\ &= \frac{1}{3}x^3 + C_1 + 2\left(\frac{1}{2}x^2 + C_2\right)\\ &= \frac{1}{3}x^3 + x^2 + C \quad (C = C_1 + 2C_2)\end{aligned}$$

이고, 마찬가지로

$$\begin{aligned}\int \frac{5}{2}x^{-\frac{3}{2}}\,dx &= \frac{5}{2}\int x^{-\frac{3}{2}}dx \\ &= \frac{5}{2}\left(\frac{1}{-\frac{3}{2}+1}\,x^{-\frac{3}{2}+1} + C_1\right) \\ &= -5x^{-\frac{1}{2}} + C \quad (C = \frac{5}{2}C_1)\end{aligned}$$

이다. □

적분상수는 임의의 수이므로, 여러 개의 부정적분을 함께 계산하여 나오는 적분상수의 합이나 적분상수의 실수배는 모두 C로 나타낸다.

문제 3.1.4. 다음 부정적분을 구하라.

(가) $\int x^7\,dx$ (나) $\int \frac{1}{x^3}\,dx$

(다) $\int (5x^3 - 3x^2 + 1)dx$ (라) $\int \left(x^2 - \frac{3}{x^2}\right)dx$

(마) $\int \sqrt{x}(x - 2x^2)dx$ (바) $\int \frac{1}{x}(\sqrt{x} - x^2)dx$

예제 4. 다음 정적분의 값을 구하라.

(가) $\int_{-2}^{2} 5x^3\,dx$ (나) $\int_{-\frac{1}{2}}^{0} \left(\frac{1}{4}x^2 - x + 1\right)dx$

풀이 : (가) $\int_{-2}^{2} 5x^3\,dx = 5\int_{-2}^{2} x^3\,dx = 5\left[\frac{1}{4}\,x^4\right]_{-2}^{2} = \frac{5}{4}\left\{2^4 - (-2)^4\right\} = 0.$

(나)도 마찬가지로 계산하면

$$\begin{aligned}\int_{-\frac{1}{2}}^{0} \left(\frac{1}{4}\,x^2 - x + 1\right)dx &= \left[\frac{1}{12}\,x^3 - \frac{1}{2}\,x^2 + x\right]_{-\frac{1}{2}}^{0} \\ &= 0 - \left\{\frac{1}{12}\times\left(-\frac{1}{2}\right)^3 - \frac{1}{2}\times\left(-\frac{1}{2}\right)^2 + \left(-\frac{1}{2}\right)\right\} \\ &= \frac{61}{96}\end{aligned}$$

을 얻는다. □

문제 3.1.5. 다음 정적분의 값을 구하라.

(가) $\int_1^2 2t^3\,dt$

(나) $\int_{-a}^{a} (s^3 - s)ds$

(다) $\int_0^1 (1-x)^2 dx$

(라) $\int_{-1}^{3} \left(\frac{2}{3}x^2 - 2x + 5\right) dx$

(마) $\int_1^2 \left(\sqrt{x} - \frac{1}{\sqrt{x}}\right) dx$

(바) $\int_1^2 \frac{1}{x^2}\,dx$

함수 $f(x)$의 한 부정적분을 $F(x)$라고 하면 $a < b$일 때

$$\int_a^b f(x)dx = F(b) - F(a)$$

인데, 이를 그대로 따르면 $\int_b^a f(x)dx = F(a) - F(b) = -\int_a^b f(x)dx$이다. 따라서 $a < b$인 경우 처음부터 다음

$$\int_b^a f(x)dx = -\int_a^b f(x)dx$$

과 같이 정의하면 편리하다.

정적분에 대해서는 다음 성질이 성립하는데, 네 번째 성질이나 다섯 번째 성질은 부정적분의 성질로부터 바로 나온다.

정적분의 성질

연속함수 $f(x)$에 대하여 다음

(가) $\int_a^a f(x)dx = 0$

(나) $\int_a^b f(x)dx = -\int_b^a f(x)dx$

(다) $\int_a^b f(x)dx = \int_a^c f(x)dx + \int_c^b f(x)dx$

(라) $\int_a^b \{f(x) \pm g(x)\}dx = \int_a^b f(x)dx \pm \int_a^b g(x)dx$ (복호 동순)

(마) $\int_a^b kf(x)dx = k\int_a^b f(x)dx$ (k는 실수)

이 성립한다.

여기서는 세 번째 등식을 증명하여 보자. 함수 $f(x)$의 한 부정적분을 $F(x)$라고 하면

$$\begin{aligned}\int_a^c f(x)dx + \int_c^b f(x)dx &= F(c) - F(a) + F(b) - F(c) \\ &= F(b) - F(a) = \int_a^b f(x)dx\end{aligned}$$

이 성립한다.

연속함수가 구간마다 따로 따로 정의되어 있으면, 원시함수를 구하기가 곤란하다. 그러나 세 번째 성질을 이용하면, 각 구간에서 정적분을 계산하여 모두 더하면 되므로 전체 정적분의 값을 구하는 데에 아무런 어려움이 없다.

예제 5. 정적분 $\int_0^2 |x^2 - 1|dx$의 값을 구하라.

풀이 : 우선

$$|x^2 - 1| = \begin{cases} -x^2 + 1 & (0 \le x \le 1) \\ x^2 - 1 & (1 \le x \le 2) \end{cases}$$

이다.

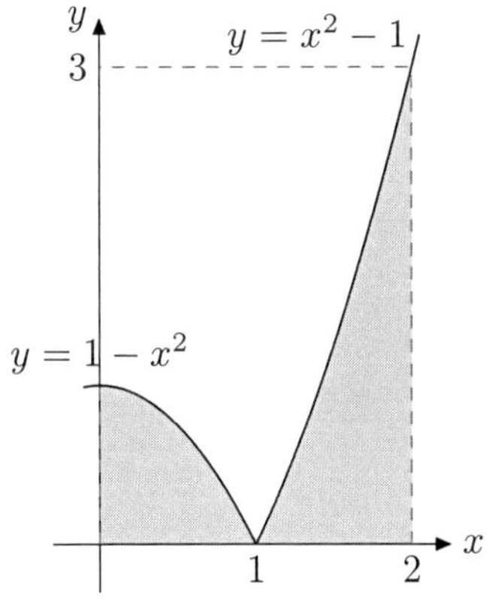

따라서 다음

$$\begin{aligned}\int_0^2 |x^2 - 1|dx &= \int_0^1 (-x^2 + 1)dx + \int_1^2 (x^2 - 1)dx \\ &= \left[-\frac{x^3}{3} + x\right]_0^1 + \left[\frac{x^3}{3} - x\right]_1^2 \\ &= \left(-\frac{1}{3} + 1\right) + \left\{\left(\frac{8}{3} - 2\right) - \left(\frac{1}{3} - 1\right)\right\}\end{aligned}$$

$$= \frac{2}{3} + \left(\frac{2}{3} + \frac{2}{3}\right) = 2$$

과 같이 계산하면 된다. □

예제 6. 함수 $f(x) = \int_{-2}^{x} (3t^2 - 3)dt$ 의 극값을 구하라.

풀이 : 먼저 미분하면 미적분의 기본 정리에 의하여

$$f'(x) = \frac{d}{dx}\int_{-2}^{x}(3t^2 - 3)dt = 3x^2 - 3 = 3(x-1)(x+1)$$

이다. 그러므로 $f(x)$는 $x = -1$일 때 극대이고, $x = 1$일 때 극소이다. 그런데

$$f(x) = \int_{-2}^{x}(3t^2 - 3)dt = \left[t^3 - 3t\right]_{-2}^{x} = x^3 - 3x + 2$$

이다. 따라서 극대값은 $f(-1) = 4$, 극소값은 $f(1) = 0$이다. □

문제 3.1.6. 함수 $f(x) = \int_0^x t(t-1)(t-2)dt$ 의 극값을 구하라.

문제 3.1.7. 함수 $f(x) = \int_{-3}^{x} 3(t+1)(t-3)dt$ 의 극값을 구하라.

문제 3.1.8. 연속함수 $f(x)$에 대하여 다음을 증명하라.

$$\lim_{x\to 0} \frac{1}{x}\int_0^x f(t)dt = f(0)$$

문제 3.1.9. $f(x)$가 미분가능한 함수일 때, 다음을 $f(x)$의 식으로 나타내라.

(가) $\frac{d}{dx}\int_x^a f(t)dt$ (나) $\int_x^{x+1} f'(t)dt$

(다) $\frac{d}{dx}\int_x^{2x} f(t)dt$ (라) $\frac{d}{dx}\int_a^x \frac{f'(x)}{f(x)}\,dx$

미분법의 시작이라 할 수 있는 '접선 구하기' 의 체계적인 연구는 뉴턴과 라이프니츠의 연구가 있기 불과 수십년 전, 17세기에 들어와서 시작되었다. 이에 비하여 적분법의 핵심이라 할 수 있는 '넓이와 부피 구하기' 의 역사는 고대 희랍 시대까지 거슬러 올라간다.

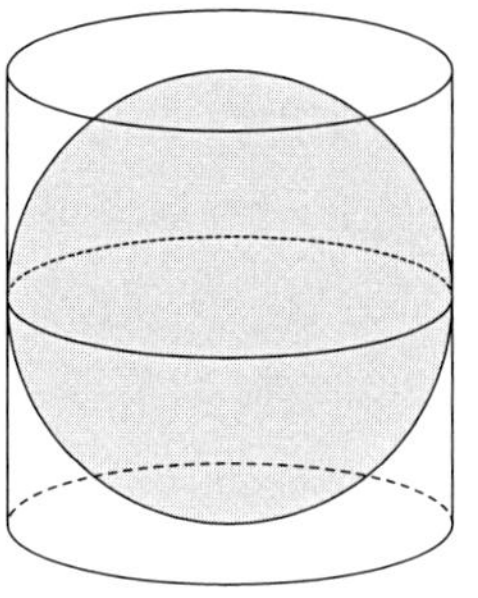

아르키메데스[1]는 무한등비급수의 합을 이용하여 포물선과 직선에 의하여 생기는 도형의 넓이를 구하였다.[2] 그는 또한 원에 내접하는 정다각형과 외접하는 정다각형을 이용하여 원주율을 계산하였는데, 미적분학이 나온 이후 여러 가지 원주율에 관한 무한급수[3]가 알려지기 전까지 원주율을 계산하는 데에 가장 유용한 방법이었다. 그는 또한 구의 겉넓이와 부피 공식을 유도하는 등 적분법의 시조라 할 만하다. 아르키메데스는 구의 겉넓이와 부피 공식을 유도하고, 구가 원기둥에 내접하는 경우 원기둥의 부피도 구의 한 배 반이고 원기둥의 겉넓이도 구의 한 배반임을 말하였다. 그가 이 결과를 얼마나 자랑스럽게 여겼는지는 그의 묘비에 원기둥에 내접하는 구의 그림이 있음을 보면 알 수 있다.

앞에서 이야기한 바와 같이 이차함수의 적분은 이미 고대 희랍 시대에 알려져 있었으며, 아랍 시대에는 적어도 사차함수의 적분까지 알려져 있었으리라 여겨지고 있다. 일반적인 자연수 $n = 1, 2, \ldots$ 에 대한 적분값

$$\int_0^a x^n \, dx$$

은 뉴턴과 라이프니츠 이전에 이미 널리 알려져 있었다. 적어도 여섯 명 이상의 수학자들[4]이 각기 독립적으로 그 값을 알아내었다.

이 책에서는 적분구간을 일정한 간격으로 나누어서 직사각형의 합을 구하고 그 극한을 취하였다. 그러나 일정한 간격으로 나누지 않아도 연속함수를 적분하는 데에는 아무런 문제가

1) Archimedes of Syracuse (287∼212 B.C.), 고대 희랍의 수학자.

2) 연습문제 3.3.25를 참조하라.

3) 원주율에 관한 무한급수는 7.2절 예제 3번 (272쪽)을 참조하라.

4) Bonaventura Francesco Cavalieri (1598∼1647), 이탈리아 수학자.
Evangelista Torricelli (1608∼1647), 이탈리아 수학자.
Gilles Personne de Roberval (1602∼1675), 프랑스 수학자.
Pierre de Fermat, 25쪽을 참조하라.
Blaise Pascal (1623∼1662), 프랑스 수학자.
John Wallis (1616∼1703), 영국 수학자.

없는데, 이를 리만[5)]적분이라 한다.

20세기에 들어와서 르벡[6)]은 적분론에 관한 획기적인 발상의 전환을 하였다. 그는 x축 대신 y축을 잘게 나누어 사각형을 만들고 극한을 취하였는데, 이러한 방법의 최대 장점은 함수의 연속성에 구애받지 않고 거의 모든 함수를 적분할 수 있다는 것이었다. 이러한 방식의 적분을 르벡적분이라 하는데, 적분론은 이러한 과정을 거쳐서 넓이와 부피를 구하는 도구가 되는 데에 그치지 않고 20세기 해석학의 뼈대를 이루게 되었다.

3.2 적분의 응용 (I)

정적분의 의미와 미적분의 기본 정리를 이해하고 나면 여러 가지 상황에서 넓이와 부피를 구하는 일은 기계적인 계산이다. 이 절에서는 이런 계산의 몇 가지 예를 살펴보고, 제 2장에서 다룬 경제학에 관련된 응용을 계속한다.

평면도형의 넓이

연속함수 $y = f(x)$가 구간 $[a, b]$에서 $f(x) \geq 0$ 일 때, 그 구간에서 곡선 $y = f(x)$와 x 축 사이에 있는 도형의 넓이는 다음 정적분

$$\int_a^b f(x)dx$$

로 주어짐을 알고 있다.

이제, 함수 $y = f(x)$가 구간 $[a, b]$에서 $f(x) \leq 0$인 경우를 생각해 보자. 즉, 곡선 $y = f(x)$와 x 축 및 두 직선 $x = a$, $x = b$로 둘러싸인 도형의 넓이 S를 구해 보자. 이 넓이 S는 아래 그림과 같이 곡선 $y = f(x)$와 x 축에 대하여 대칭인 곡선

$$y = -f(x)$$

와 x 축 및 두 직선 $x = a$, $x = b$로 둘러싸인 도형의 넓이와 같으므로,

$$S = \int_a^b \{-f(x)\}dx$$

이다. 따라서 다음을 알 수 있다.

5) Georg Friedrich Bernhard Riemann (1826∼1866), 독일 수학자. Göttingen과 베를린에서 공부한 후 Göttingen에서 활동하였다. 적분론뿐 아니라, 기하학을 비롯한 수학 전반에 매우 큰 영향을 끼쳤다.

6) Henri Léon Lebesgue (1875∼1941), 프랑스 수학자. École Normale Supérieure에서 공부하고 Sorbonne, Collège de France등에서 활동하였다.

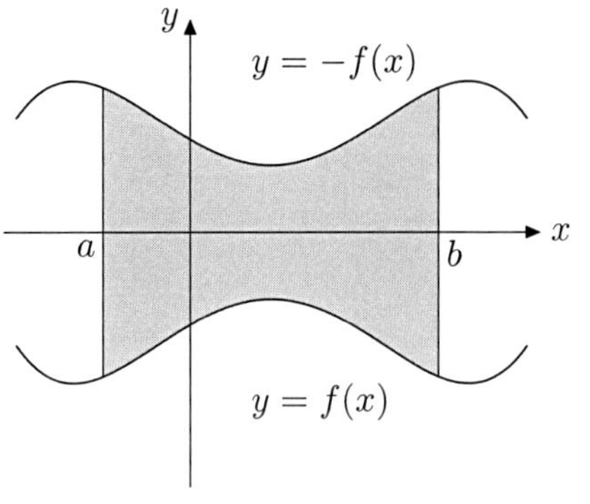

곡선과 x축 사이의 넓이

구간 $[a,\ b]$에서 곡선 $y=f(x)$와 x 축 사이의 넓이 S는

$$S=\int_a^b |f(x)|dx$$

이다.

예제 1. 구간 $[-1,\ 1]$에서 곡선 $y=x^3-x^2-2x$와 x 축으로 둘러싸인 도형의 넓이를 구하라.

풀이 : 아래 그림과 같이 도형이 두 부분으로 나누어진다.

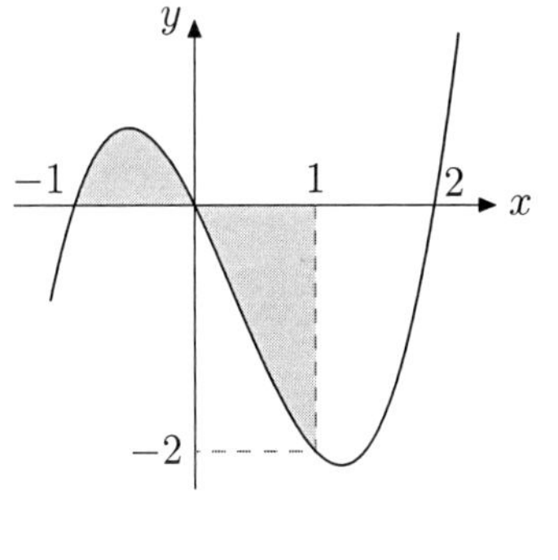

따라서

$$\begin{aligned} S &= \int_{-1}^{1} |x^3-x^2-2x|\,dx \\ &= \int_{-1}^{0}(x^3-x^2-2x)dx+\int_0^1\{-(x^3-x^2-2x)\}dx \end{aligned}$$

$$
\begin{aligned}
&= \int_{-1}^{0} (x^3 - x^2 - 2x)dx - \int_{0}^{1} (x^3 - x^2 - 2x)dx \\
&= \left[\frac{1}{4}x^4 - \frac{1}{3}x^3 - x^2\right]_{-1}^{0} - \left[\frac{1}{4}x^4 - \frac{1}{3}x^3 - x^2\right]_{0}^{1} \\
&= \frac{5}{12} - \left(-\frac{13}{12}\right) = \frac{3}{2}
\end{aligned}
$$

이다. □

문제 3.2.1. 다음 곡선과 x 축으로 둘러싸인 도형의 넓이를 구하라.

(가) $y = x(x-1)(x-2)$

(나) $y = x^3 - 3x + 2$

(다) $y = 4 - x^2$

(라) $y = (x-2)(x-3)$

구간 $[a, b]$에서 $f(x) \geq g(x)$인 두 연속함수에 대하여 두 곡선

$$y = f(x), \qquad y = g(x)$$

사이의 넓이 S를 구하여 보자. 먼저 $g(x) \geq 0$이면 S는 곡선 $y = f(x)$와 x 축 사이의 넓이에서 곡선 $y = g(x)$와 x 축 사이의 넓이를 뺀 것과 같으므로

$$S = \int_a^b f(x)dx - \int_a^b g(x)dx = \int_a^b \{f(x) - g(x)\}dx$$

이다. 일반적으로, 구간 $[a, b]$에서 $g(x)$의 최소값을 $-m$이라고 하면 S는 두 곡선을 y축의 양의 방향으로 각각 m 만큼 평행이동하여 얻은 두 곡선

$$
\begin{aligned}
y &= f_1(x) = f(x) + m \\
y &= g_1(x) = g(x) + m \geq 0
\end{aligned}
$$

사이의 넓이와 같다. 따라서 $f_1(x) \geq g_1(x) \geq 0$이므로

$$S = \int_a^b \{f_1(x) - g_1(x)\}dx = \int_a^b \{f(x) - g(x)\}dx$$

이다.

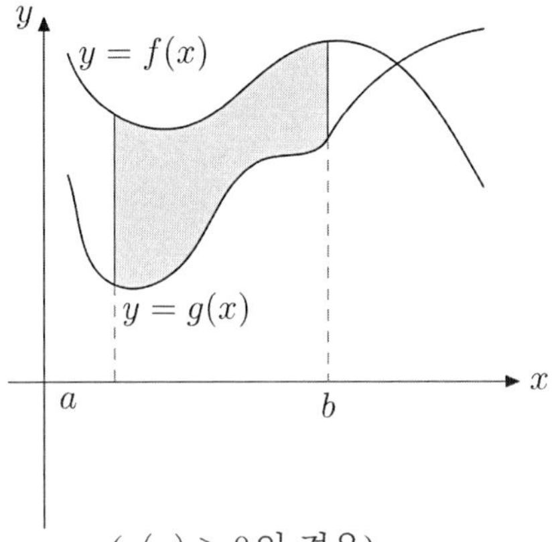

($g(x) \geq 0$인 경우)

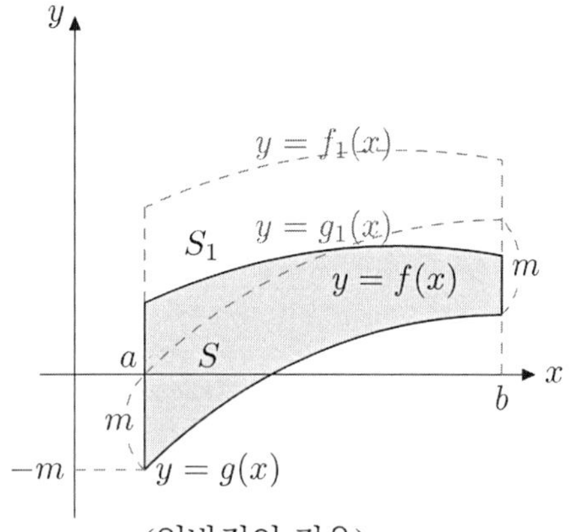

(일반적인 경우)

예제 2. 두 포물선 $y = x^2 + 3x$와 $y = -2x^2 + 6$으로 둘러싸인 도형의 넓이를 구하라.

풀이 : 두 포물선의 교점의 x 좌표는 방정식 $x^2 + 3x = -2x^2 + 6$의 근이므로 $x = 1$, $x = -2$이다. 구간 $[-2,\ 1]$에서는

$$x^2 + 3x \leq -2x^2 + 6$$

이므로, 구하려는 넓이 S는

$$\begin{aligned} S &= \int_{-2}^{1} \{-2x^2 + 6 - (x^2 + 3x)\} dx \\ &= \int_{-2}^{1} (-3x^2 - 3x + 6) dx = \left[-x^3 - \frac{3}{2}x^2 + 6x\right]_{-2}^{1} = \frac{27}{2} \end{aligned}$$

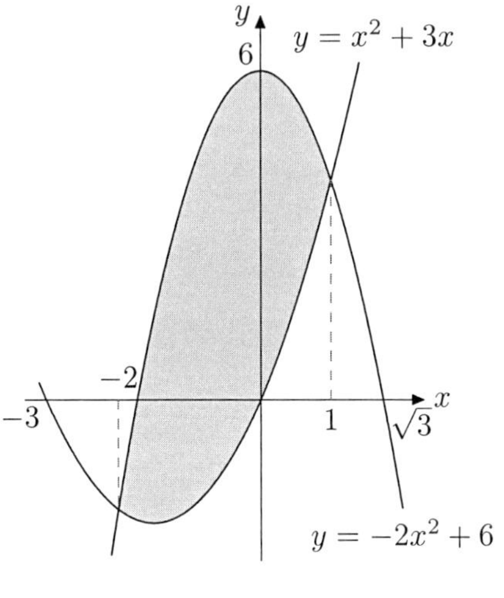

이다. □

예제 3. 곡선 $y = x^3$과 $y = 2x - x^2$으로 둘러싸인 도형의 x 축 위쪽에 있는 부분의 넓이를 구하라. 또 x 축 아래쪽에 있는 부분의 넓이를 구하라.

풀이 : 아래 그림에서 x 축 위쪽에 있는 부분은 $0 \le x \le 1$의 범위에 있으며, 이 범위에서 $x^3 \le 2x - x^2$이다. 따라서 이 부분의 넓이는

$$\int_0^1 \left[(2x - x^2) - x^3\right] dx = \left[x^2 - \frac{1}{3}x^3 - \frac{1}{4}x^4\right]_0^1 = \frac{5}{12}$$

이다. 또한, x 축 아래쪽에 있는 부분은 $-2 \le x \le 0$의 범위에 있으며, 이 범위에서 $x^3 \ge 2x - x^2$이다. 따라서 이 부분의 넓이는

$$\int_{-2}^0 \left[x^3 - (2x - x^2)\right] dx = \left[\frac{1}{4}x^4 - x^2 + \frac{1}{3}x^3\right]_{-2}^0 = \frac{8}{3}$$

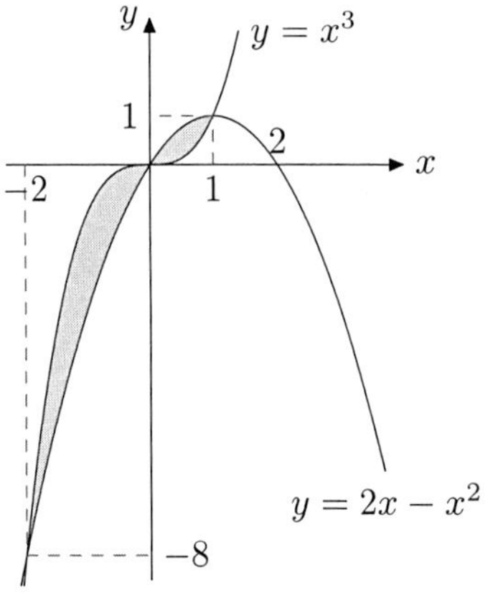

이다. □

두 곡선 사이의 넓이

연속함수로 주어진 두 곡선 $y = f(x)$, $y = g(x)$와 두 직선 $x = a$, $x = b$로 둘러싸인 도형의 넓이는 정적분

$$\int_a^b |f(x) - g(x)|\, dx$$

으로 주어진다.

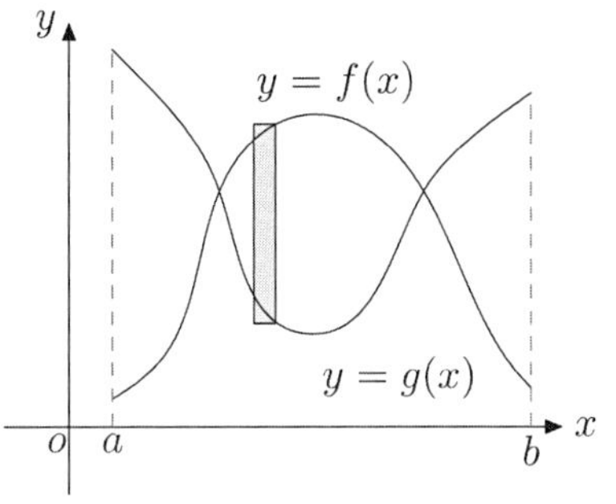

이 공식은 지금까지 살펴본 넓이 공식을 모두 포괄하는 것인데, 실은 정적분의 정의에서 바로 알 수 있다. 실제로, 구간 $[a,b]$를 n 등분하여 $a = x_0, x_1, x_2, \ldots, x_n = b$이라 두고 각 구간 $[x_{i-1}, x_i]$에서 임의의 점 $\bar{x}_i$를 잡으면 직선 $x = x_{i-1}$ 과 $x = x_i$ 과 두 곡선에 의하여 주어지는 도형의 넓이는 밑변과 높이의 길이가 각각 $\Delta x = \dfrac{b-a}{n}$ 과 $|f(\bar{x}_i) - g(\bar{x}_i)|$ 으로 주어지는 직사각형과 대략 같아지고, 구하는 도형의 넓이는 극한값

$$\lim_{n\to\infty} \sum_{i=1}^{n} |f(\bar{x}_i) - g(\bar{x}_i)| \cdot \frac{b-a}{n}$$

으로 주어진다. 그런데, 정적분의 정의에 의하면 이 극한값이 바로 위 공식의 적분값이다.

마찬가지로, 변수 y에 관한 두 곡선

$$x = f(y), \quad x = g(y)$$

와 두 직선 $y = c$, $y = d$로 둘러싸인 도형의 넓이 S는

$$S = \int_c^d |f(y) - g(y)|\, dy$$

로 주어진다.

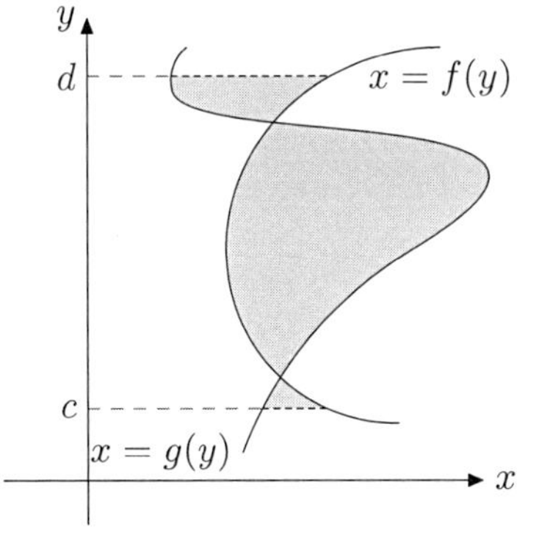

예제 4. 곡선 $2x = y^2$과 직선 $y = 2x - 2$로 둘러싸인 도형의 넓이를 구하라.

풀이 : 두 곡선의 식은 각각

$$x = \frac{1}{2}y^2, \quad x = \frac{1}{2}(y+2)$$

로 나타낼 수 있다. 이 두 곡선의 교점의 y 좌표는

$$\frac{1}{2}y^2 = \frac{1}{2}(y+2)$$

의 근이므로, $y = -1$, $y = 2$이다. 구간 $-1 \le y \le 2$에서 $\frac{1}{2}(y+2) \ge \frac{1}{2}y^2$이므로, 구하는 넓이는

$$\int_{-1}^{2} \left[\frac{1}{2}(y+2) - \frac{1}{2}y^2\right] dy = \frac{1}{2}\left[\frac{1}{2}y^2 + 2y - \frac{1}{3}y^3\right]_{-1}^{2} = \frac{9}{4}$$

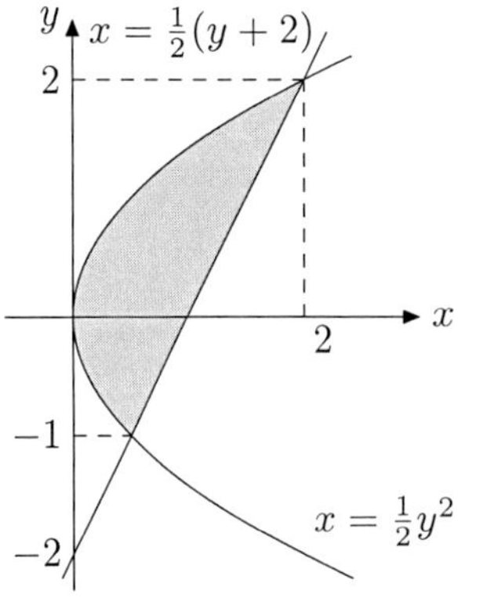

이다. □

문제 3.2.2. 두 곡선 $y = x^2 - 1$와 $y = -x^2 + 1$로 둘러싸인 도형의 넓이를 구하라.

문제 3.2.3. 다음 곡선과 x 축 및 두 직선 $x = 0$, $x = 1$로 둘러싸인 도형의 넓이를 구하라.

(가) $y = x^2 + 1$ (나) $y = -x^2 + 2x$

(다) $y = x^3$ (라) $y = x^4 - x$

문제 3.2.4. 두 곡선 $y = x^2 - x + 9$, $y = x^3 - 2x^2 - 3x$와 두 직선 $x = -1$, $x = 4$로 둘러싸인 부분의 넓이를 구하라.

문제 3.2.5. $x = 3 + 2y - y^2$이 나타내는 곡선과 y 축으로 둘러싸인 도형의 넓이를 구하라.

입체의 부피

입체의 부피를 구하는 데에도 정적분이 이용된다. 공간 안에 주어진 입체가 한 수직선 ℓ 위의 점 a, b $(a < b)$ 에서 ℓ 에 수직인 두 평면 사이에 있을 때, ℓ 위의 점 x 에서 ℓ 에 수직인 평면이 입체를 자른 단면의 넓이를 $S(x)$ 라 하자. 이제, 이 입체의 부피를 구하기 위하여 구간 $[a,\ b]$ 를 n 등분하여 그 분점을

$$a = x_0,\ x_1,\ x_2, \ldots,\ x_{n-1},\ x_n = b$$

라 하자. 각 분점에서 ℓ 에 수직인 평면으로 입체를 자를 때, 세분된 각 부분은 한쪽 단면을 밑면으로 하고 $\Delta x = \dfrac{b-a}{n}$ 를 높이로 하는 기둥꼴로 근사된다. 이 때 이들의 부피의 합 V_n 은

$$V_n = S(x_1)\Delta x + S(x_2)\Delta x + \cdots + S(x_n)\Delta x = \sum_{k=1}^{n} S(x_k)\Delta x$$

로 주어진다. 그러면 $n \to \infty$ 일 때 V_n 은 $\displaystyle\int_a^b S(x)dx$ 로 수렴하므로 입체의 부피 V 는

$$V = \int_a^b S(x)dx$$

으로 주어진다. 즉, 단면적을 함수값으로 하는 함수를 적분하면 입체의 부피가 얻어진다. 이는 높이를 함수값으로 하는 함수를 적분했을 때 넓이가 얻어지는 것과 마찬가지이다.

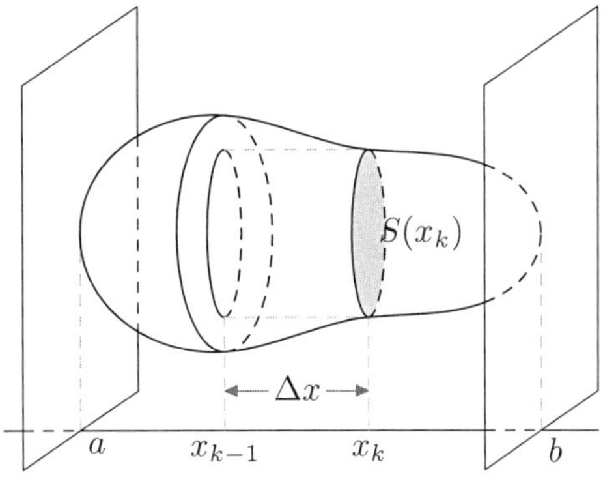

입체의 부피

공간 안에 주어진 입체가 한 수직선 l 위의 점 a, b $(a < b)$에서 ℓ에 수직인 두 평면 사이에 있을 때, l 위의 점 x에서 l에 수직인 평면이 입체를 자른 단면의 넓이를 $S(x)$라 하면 입체의 부피 V는

$$V = \int_a^b S(x)dx$$

이다.

예제 5. 밑넓이가 S이고 높이가 h인 각뿔의 부피를 구하라.

풀이 : 각뿔의 꼭지점을 원점으로 하고 꼭지점에서 밑면에 내린 수선을 x 축으로 잡을 때, 닮은 다각형의 넓이의 비는 닮음비의 제곱과 같으므로 비례식 $S(x) : S = x^2 : h^2$에서

$$S(x) = \frac{S}{h^2}x^2$$

이다. 따라서

$$V = \int_0^h \frac{S}{h^2}x^2 dx = \frac{S}{h^2}\int_0^h x^2 dx = \frac{S}{h^2}\left[\frac{x^3}{3}\right]_0^h = \frac{1}{3}Sh$$

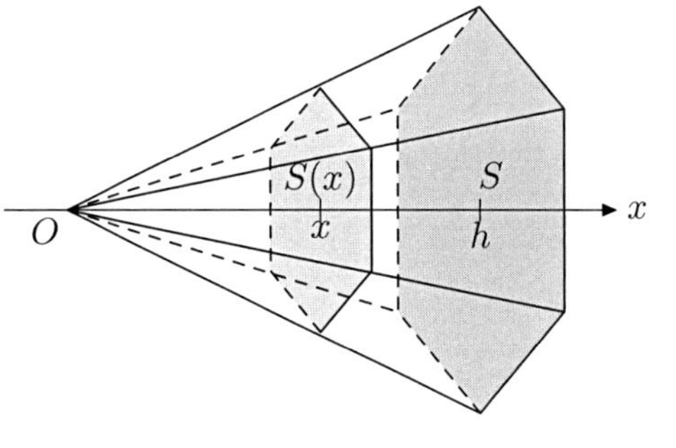

이다. □

연속함수 $y = f(x)$가 구간 $[a, b]$에서 $f(x) \geq 0$ 일 때, 곡선 $y = f(x)$와 x 축 및 두 직선 $x = a$, $x = b$로 둘러싸인 도형을 x 축의 둘레로 회전시키면 회전체가 생긴다. 이 때, 구간 $[a, b]$ 안의 점 x를 지나 x 축과 수직인 평면에 의하여 잘리는 회전체의 단면은 반지름의 길이가 $|f(x)|$인 원판이 된다. 그 단면의 넓이는

$$S(x) = \pi\{f(x)\}^2$$

이므로, 이 함수를 a에서 b까지 적분하면 우리가 생각한 회전체의 부피를 구할 수 있다.

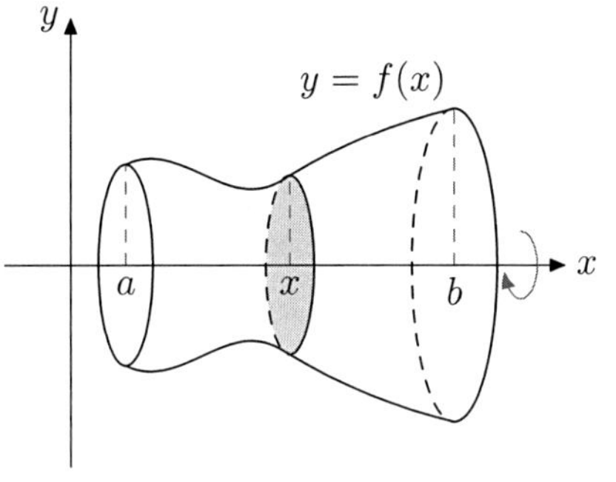

회전체의 부피 (I)

곡선 $y=f(x)$와 x 축 및 두 직선 $x=a$, $x=b$로 둘러싸인 도형을 x 축의 둘레로 회전시킨 회전체의 부피 V는

$$V=\pi\int_a^b\{f(x)\}^2dx=\pi\int_a^b y^2dx$$

이다.

예제 6. 반지름의 길이가 r인 구의 부피를 구하라.

풀이 : 원 $x^2+y^2=r^2$의 x 축의 위쪽에 있는 $y=\sqrt{r^2-x^2}$ 부분과 x 축으로 둘러싸인 도형을 x 축의 둘레로 회전시키면 반지름이 r인 구가 된다. 따라서 이 때 생기는 구의 부피 V는

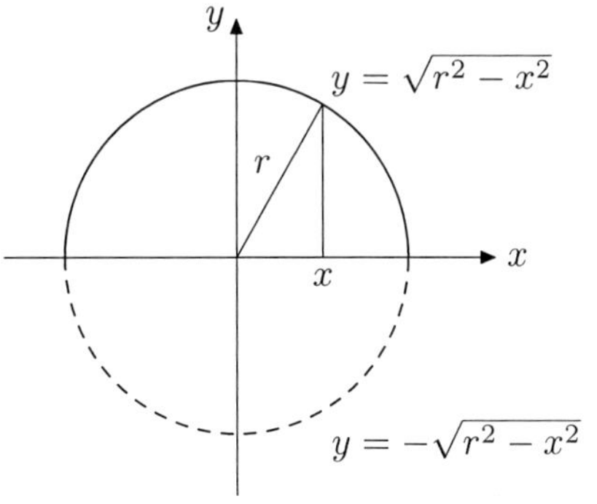

$$V=\pi\int_{-r}^{r}y^2dx=\pi\int_{-r}^{r}(r^2-x^2)dx=\pi\left[r^2x-\frac{x^3}{3}\right]_{-r}^{r}=\frac{4}{3}\pi r^3$$

이다. □

마찬가지로, 곡선 $x = g(y)$와 y 축 및 두 직선 $y = a$, $y = b$로 둘러싸인 부분을 y 축 둘레로 회전시킨 회전체의 부피는

$$V = \pi \int_a^b x^2 dy = \pi \int_a^b \{g(y)\}^2 dy$$

이다.

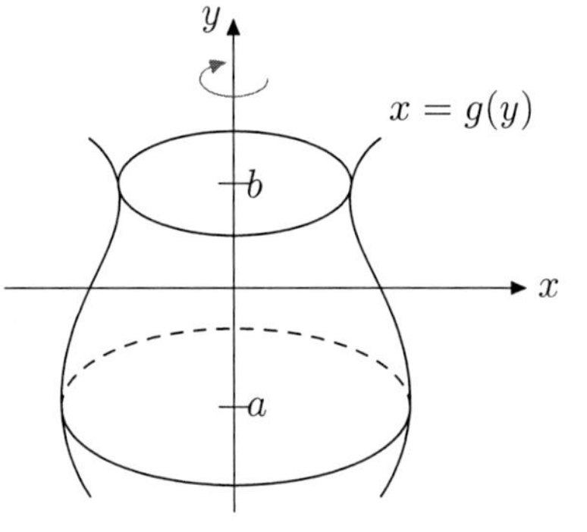

예제 7. 곡선 $y = x^2 + 1$과 직선 $y = 5$로 둘러싸인 부분을 y 축의 둘레로 회전시킨 회전체의 부피를 구하라.

풀이 : 곡선 $y = x^2 + 1$이 y 축과 만나는 점의 y 좌표는 1이다. 따라서 구하는 회전체의 부피는

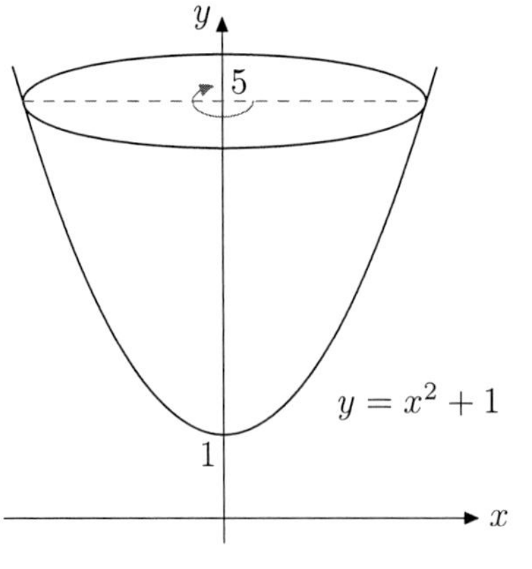

$$V = \pi \int_1^5 x^2 dy = \pi \int_1^5 (y-1)dy = \pi \left[\frac{1}{2}y^2 - y\right]_1^5 = 8\pi$$

이다. □

문제 3.2.6. 포물선 $x = y^2$과 직선 $x = 1$로 둘러싸인 부분을 x 축의 둘레로 회전시킨 회전체의 부피를 구하라.

문제 3.2.7. 포물선 $y = (x+1)(2-x)$와 x 축으로 둘러싸인 도형을 x 축의 둘레로 회전시킨 회전체의 부피를 구하라.

문제 3.2.8. 제 1사분면에서 곡선 $y = -x^2 + 2$, 직선 $y = x$ 및 y 축으로 둘러싸인 부분을 y 축의 둘레로 회전시킨 회전체의 부피를 구하라.

문제 3.2.9. 곡선 $y = x^2$과 직선 $y = x$로 둘러싸인 부분을 y 축의 둘레로 회전시킨 회전체의 부피를 구하라.

이제 또 다른 상황에서 회전체의 부피를 구해 보자. 연속함수 $y = f(x)$가 구간 $a \leq x \leq b$ 위에서 $f(x) \geq 0$일 때(단, $a > 0$), 곡선 $y = f(x)$와 x축 및 두 직선 $x = a$, $x = b$로 둘러싸인 도형을 y축 둘레로 회전시킬 때 생기는 회전체의 부피를 구하려 한다. 우선, 구간 $[a, b]$를 n 등분하여 그 분점을

$$a = x_0,\ x_1,\ x_2, \ldots, x_{n-1},\ x_n = b$$

라 하고,

$$\bar{x}_k = \frac{x_{k-1} + x_k}{2}$$

라 두자. 그러면 밑변을 구간 $[x_{k-1}, x_k]$로 하고 높이를 $f(\bar{x}_k)$로 하는 직사각형을 y축 둘레로 회전시킨 도형의 부피는

$$\begin{aligned}\pi(x_k^2 - x_{k-1}^2) f(\bar{x}_k) &= \pi(x_k + x_{k-1})(x_k - x_{k-1}) f(\bar{x}_k) \\ &= 2\pi \bar{x}_k f(\bar{x}_k)\, \frac{b-a}{n}\end{aligned}$$

이다. 따라서 $n \to \infty$이면 이들의 합은 우리가 구하고자 하는 부피

$$\lim_{n\to\infty} \sum_{k=1}^{n} 2\pi \bar{x}_k f(\bar{x}_k)\, \frac{b-a}{n} = \int_a^b 2\pi x f(x)\, dx$$

로 수렴한다.

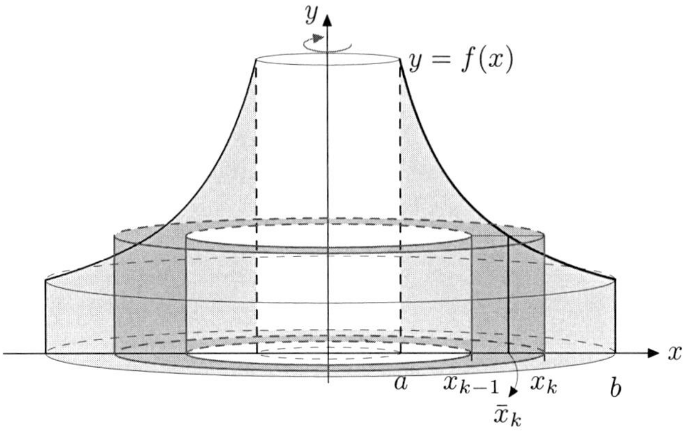

회전체의 부피 (II)

연속함수 $y = f(x)$가 구간 $a \le x \le b$ 위에서 $f(x) \ge 0$일 때, 곡선 $y = f(x)$와 x축 및 두 직선 $x = a$, $x = b$로 둘러싸인 도형을 y축 둘레로 회전시킬 때 생기는 회전체의 부피 V는

$$V = 2\pi \int_a^b x f(x)\, dx$$

이다.

예제 8. 다음 부등식

$$(x-1)(x-3) \le y \le -(x-1)(x-3), \quad 1 \le x \le 3$$

에 의한 부분을 y축 둘레로 회전시킨 회전체의 부피를 구하라.

풀이 : 우선 주어진 부분을 그림으로 표시하면 다음과 같다.

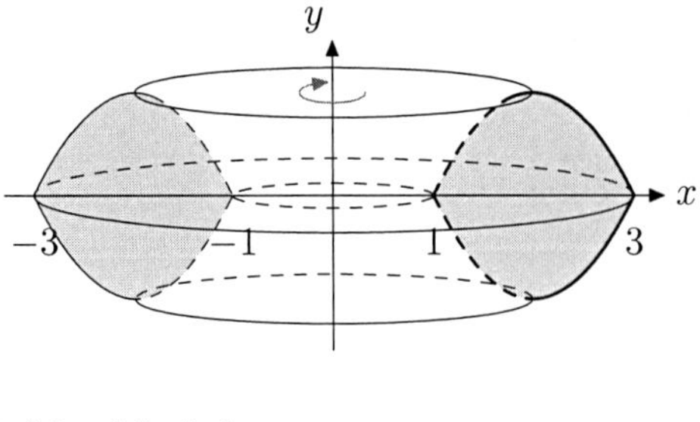

따라서 구하는 부피는 공식을 적용하여

$$-2\int_1^3 2\pi x(x-1)(x-3)\, dx = \frac{32}{3}\pi$$

이다. 물론, 구하는 영역을 x에 관한 함수로 바꾸어서 풀 수도 있다. 이 경우, 주어진 방정식 $y = -(x-1)(x-3)$을 x에 관하여 풀면

$$x = 2 \pm \sqrt{1-y}$$

이다. 따라서 구하는 부피는

$$2\int_0^1 \pi \left[(2+\sqrt{1-y})^2 - (2-\sqrt{1-y})^2\right] dy = 16\pi \int_0^1 \sqrt{1-y}\, dy$$

이다. 여기에서, 적분값 $\displaystyle\int_0^1 \sqrt{1-y}\, dy$은 다음 그림

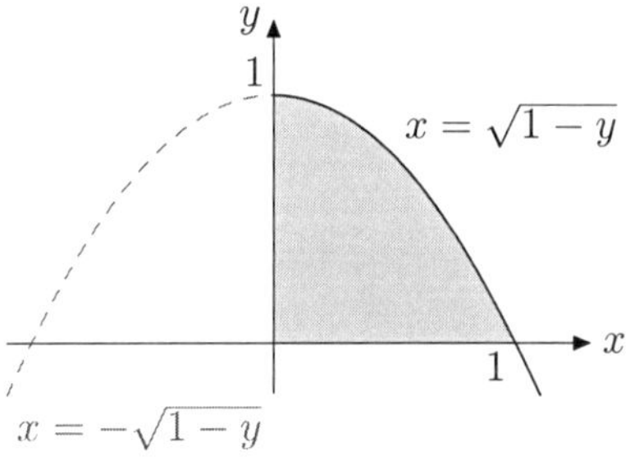

에서 보듯이

$$\int_0^1 \sqrt{1-y}\, dy = \int_0^1 (1-x^2)\, dx = \frac{2}{3}$$

이다. □

문제 **3.2.10.** 곡선 $y = x^3 - 3x^2 + 2x$와 x축으로 둘러싸인 부분을 y 축으로 회전시킨 회전체의 부피를 구하라.

직선 운동과 운동거리

수직선 위를 움직이는 점 P가 있을 때, 시각 t에서 점 P의 좌표를 $x(t)$, 속도를 $v(t)$라고 하자. 이제 $t = \alpha$일 때 점 P의 위치를 $x(\alpha) = a$라 하고, $v(t)$의 한 부정적분을 $V(t)$라고 하면 $\dfrac{d}{dt}V(t) = v(t)$이므로

$$x(t) = \int v(t)dt = V(t) + C$$

이다. 그런데 $a = x(\alpha)$이므로 $C = a - V(\alpha)$이고, 따라서 시각 β에서 점의 위치는

$$x(\beta) = V(\beta) + a - V(\alpha) = a + \int_{\alpha}^{\beta} v(t)dt$$

로 주어진다.

수직선에서 동점의 위치

수직선 위를 운동하는 점의 속도가 $v(t)$이고 $t = \alpha$일 때 점의 위치가 a이면, 시각 β일 때 점의 위치는

$$x(\beta) = a + \int_{\alpha}^{\beta} v(t)dt$$

이다.

또한 시각 α에서 β까지 점 P가 운동한 거리 S는 운동의 방향과는 관계가 없고 속력 $|v(t)|$에만 관계가 있으므로

$$S = \int_{\alpha}^{\beta} |v(t)|dt$$

으로 주어진다.

수직선에서 동점의 운동거리

수직선 위를 운동하는 점의 속도가 $v(t)$일 때, 시각 α에서 β까지 이 점이 움직인 거리를 S라고 하면

$$S = \int_{\alpha}^{\beta} |v(t)|dt$$

이다.

구간 $[\alpha, \beta]$를 n등분하여 $\alpha = t_0, t_1, t_2, \ldots, t_n = \beta$라 두고 각 구간 $[t_{i-1}, t_i]$의 한 점 $\bar{t}_i$를 잡으면, 시각 t_{i-1}에서 t_i까지 운동하는 동안 일정한 $|v(\bar{t}_i)|$으로 움직인 것으로 간주하여 그 거리는 대략 $|v(\bar{t}_i)| \cdot (t_i - t_{i-1})$이다. 따라서, 움직인 거리는 다음 극한값

$$\lim_{n \to \infty} \sum_{i=1}^{n} |v(\bar{t}_i)| \cdot (t_i - t_{i-1})$$

인데, 정적분의 정의에 의하면 이 극한값이 바로 위 공식의 적분값이다.

예제 9. 원점에서 출발하여 수직선 위를 움직이는 점 P가 시각 t일 때 $v(t) = t^2 - 6t + 5$의 속도로 움직일 때

(가) 시각 t일 때 P의 위치 $x(t)$를 구하라.
(나) 점 P가 다시 원점으로 되돌아오는 시각을 구하라.

풀이 : (가) 먼저 $x(0) = 0$이므로

$$x(t) = \int_0^t v(s)ds = \int_0^t (s^2 - 6s + 5)ds = \frac{1}{3}t^3 - 3t^2 + 5t$$

이다.

(나) 문제의 뜻에 따라서 $x(t) = 0$을 풀면 $t = 0$ 또는 $t = \frac{9 \pm \sqrt{21}}{2}$이다. 그런데 $t = 0$은 출발할 때의 시각이므로 구하는 시각은

$$t = \frac{9 \pm \sqrt{21}}{2}$$

이다. □

예제 10. 지상에서 49m/초의 속력으로 수직으로 던져 올린 물체의 t 초 후 속도는 공기의 저항을 무시한다면

$$v = 49 - 9.8t \ \ (\text{m/초})$$

이다. 이 물체는 몇 초 후에 지상에 떨어지겠는가 ? 또 지상에 떨어질 때까지 움직인 거리를 구하라.

풀이 : 위로 던진 물체의 t 초 후 높이를 $S(t)$라고 하면

$$S'(t) = v = 49 - 9.8t, \qquad S(0) = 0$$

이다. 따라서

$$S(t) = \int_0^t (49 - 9.8s)ds = 49t - 4.9t^2$$

이다. 지상에 떨어졌을 때의 높이는 $S(t) = 0$이므로, 이를 풀면 $t = 0$ 또는 $t = 10$이다. 그런데 $t = 0$은 던질 때를 의미하므로, 구하는 시각은 $t = 10$이다. 끝으로, 지상에 떨어질 때까지 운동한 거리는

$$\begin{aligned}\int_0^{10} |v(t)|dt &= \int_0^{10} |49 - 9.8t|dt \\ &= \int_0^5 (49 - 9.8t)dt + \int_5^{10} (9.8t - 49)dt\end{aligned}$$

$$= \left[49t - 4.9t^2\right]_0^5 + \left[4.9t^2 - 49t\right]_5^{10} = 245 \ \text{(m)}$$

이다. □

문제 3.2.11. 원점에서 출발하여 수직선 위를 움직이는 동점 P의 t 초 후 속도가 $t^2 - 6t + 8$일 때, $t = 5$일 때 점 P의 위치를 구하라.

적분과 경제학

이제, 정적분이 경제학과 경영학에 어떻게 이용되는지 알아보자. 총비용함수 $C(x)$의 도함수인 한계비용함수 $C'(x)$에 대한 정적분

$$\int_a^b C'(x)dx = C(b) - C(a)$$

는 생산량을 a 개에서 b 개로 늘렸을 때 더 드는 비용 $C(b) - C(a)$을 뜻한다. 마찬가지로, 한계수입함수 $R'(x)$에 대한 정적분

$$\int_a^b R'(x)dx = R(b) - R(a)$$

는 파는 양을 a개에서 b개로 늘렸을 때 더 벌어들이는 수입액을 뜻한다.

예제 11. 하루에 x 개의 자전거를 생산하는데 한계비용함수가

$$C'(x) = \frac{10}{\sqrt{x}} + 5 \ (\text{만원})$$

이라 한다. 하루 생산량을 100개에서 900개로 늘렸을 때 더 드는 비용을 구하라.

풀이 : 다음 정적분의 값

$$\begin{aligned}
\int_{100}^{900} \left(\frac{10}{\sqrt{x}} + 5\right) dx &= [20\sqrt{x} + 5x]_{100}^{900} \\
&= (20 \cdot 30 + 5 \cdot 900) - (20 \cdot 10 + 5 \cdot 100) \\
&= 4,400(\text{만원})
\end{aligned}$$

이 더 드는 비용이다. □

문제 3.2.12. x개의 물품을 생산하는데 한계비용함수가

$$C'(x) = \frac{3}{10}x^2 + 10x + 100$$

이고, 한계수입함수가

$$R'(x) = -\frac{3}{10}x^2 + 20x + 200$$

이라 한다. 이 물품을 10개에서 20개로 늘려 생산하여 팔았을 때 더 생기는 이윤은 얼마인가 구하라.

이제, 수요곡선과 공급곡선에 대하여 자세히 알아보자. 상품에 대한 소비자들의 수요량은 가격에 따라서 영향을 받고, 마찬가지로 생산자의 공급량도 가격에 따라서 영향을 받는다.

수요량 q와 가격 p와의 관계 $p = D(q)$에서 가격이 싸지면 수요량이 많고, 가격이 비싸지면 수요량이 적으므로 함수 $p = D(q)$는 감소함수가 된다. 이 함수를 수요함수라 한다. 또한 생산자의 공급량 q와 가격 p의 관계 $p = S(q)$에서 가격이 비싸지면 공급량을 늘릴것이고, 가격이 싸지면 공급량을 줄일 것이므로 $p = S(q)$는 증가함수가 된다. 이 함수를 공급함수라 한다. 수요함수와 공급함수를 좌표평면에 그리면 다음과 같은 수요곡선과 공급곡선을 얻는다.

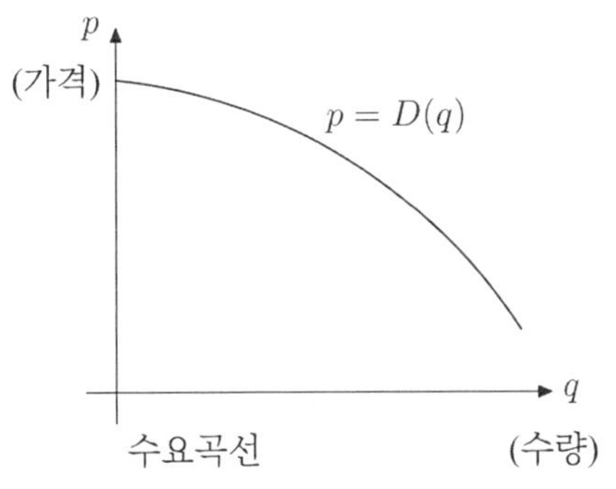

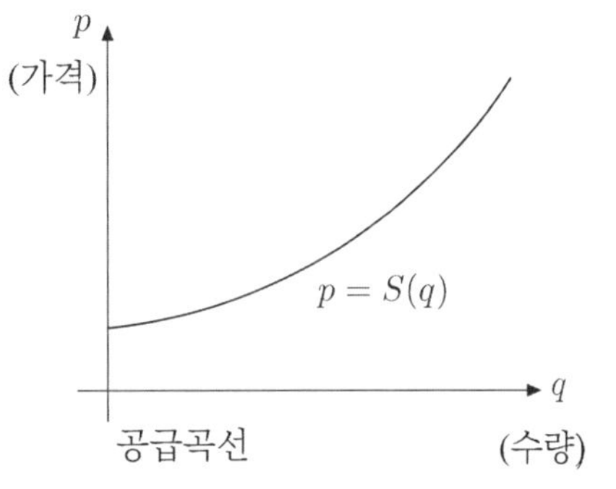

수요가격과 공급가격이 같을 때, 즉 $D(q) = S(q)$일 때 이 가격 $\overline{p}$를 균형가격이라 하고, 이 때의 상품량 $\overline{q}$를 균형상품량이라 한다. 이를 좌표평면에 그리면 아래와 같다.

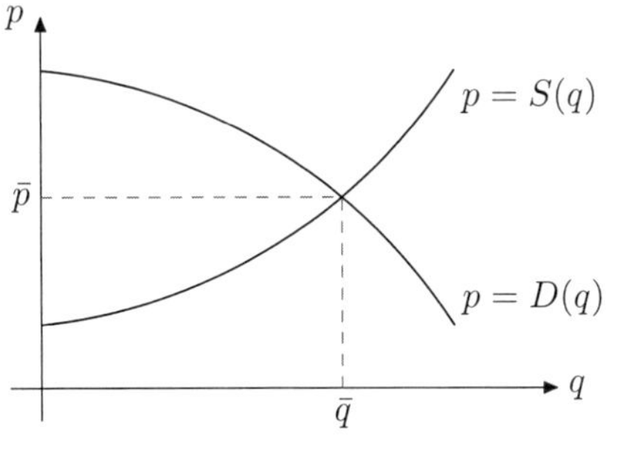

균형가격 $\overline{p}$에서 소비자들은 생산자가 공급하는 수량 $\overline{q}$ 만큼을 구입할 것이다. 구간 $[0, \overline{q}]$의 분할

$$0 = q_0,\ q_1, \ldots,\ q_{i-1},\ q_i, \ldots,\ q_n = \overline{q}$$

에 대하여 구간 $[q_{i-1}, q_i]$에서 수요량이 q_i이면 수요함수 $p = D(q)$에 의하여 가격은 높아야 하는데 이 때 실제가격이 $\overline{p}$이면 소비자들은 수량이 q_i인 상품을 살 때 $D(q_i) - \overline{p}$ 만큼 돈을

절약한다. 만일 수량이

$$\Delta q_i = q_i - q_{i-1}$$

인 상품을 산다면

$$(D(q_i) - \overline{p}\,)\,\Delta q_i$$

만큼 돈을 절약하게 된다. 이는 다음 그림에서 빗금친 부분이다.

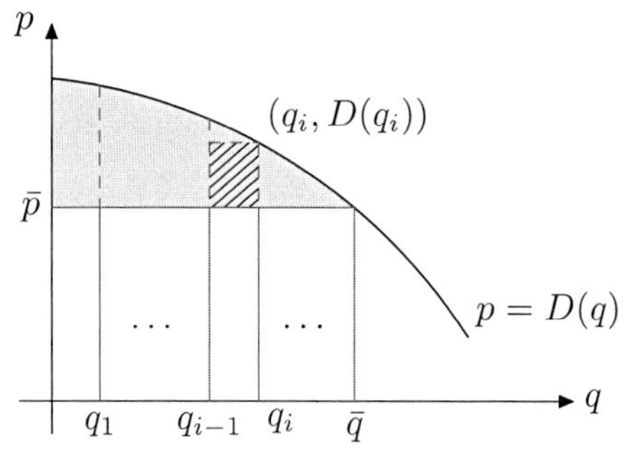

그 합은 $\displaystyle\sum_{i=1}^{n}(D(q_i) - \overline{p}\,)\,\Delta q_i$ 인데 분할을 잘게 하고 정적분의 정의를 생각하면, 소비자가 수량이 $\overline{q}$ 인 상품을 샀을 때

$$\lim_{n\to\infty}\sum_{i=1}^{n}(D(q_i) - \overline{p}\,)\,\Delta q_i = \int_0^{\overline{q}}(D(q) - \overline{p}\,)\,dq$$

만큼 돈을 절약하게 된다. 이를 소비자잉여라 한다. 마찬가지로 공급곡선에서

$$\int_0^{\overline{q}}[\,\overline{p} - S(q)\,]\,dq$$

를 생산자잉여라 한다.

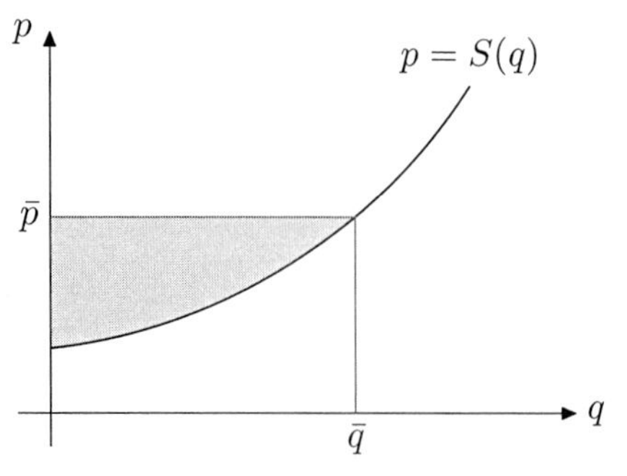

예제 12. 수요함수가 $p = D(q) = 90 - 0.1q^2$ 이고 공급함수가

$$p = S(q) = 0.9q^2 + q$$

일 때 소비자잉여와 생산자잉여를 구하라.

풀이 : 균형가격과 균형상품량을 구하면 $D(q) = S(q)$ 에서 $q^2 + q - 90 = 0$ 이고, 이를 풀면 $q = -10$ 또는 $q = 9$ 이다. 그런데 q 는 양수이므로 균형상품량은 $\bar{q} = 9$ 이다. 이 때, 균형가격은

$$\bar{p} = D(9) = 90 - 0.1 \times 9^2 = 81.9$$

이므로, 소비자잉여는

$$\begin{aligned}\int_0^9 (\,90 - 0.1q^2 - 81.9\,)\,dq &= \left[\,8.1q - \frac{1}{30}\,q^3\,\right]_0^9 \\ &= 8.1 \times 9 - \frac{9^3}{30} = 48.6\end{aligned}$$

이고, 생산자잉여는

$$\begin{aligned}\int_0^9 (\,81.9 - 0.9q^2 - q\,)\,dq &= \left[\,81.9q - 0.3q^3 - \frac{q^2}{2}\,\right]_0^9 \\ &= 81.9 \times 9 - 0.3 \times 9^3 - \frac{9^2}{2} = 477.9\end{aligned}$$

이다. □

문제 3.2.13. 수요함수와 공급함수가 다음

$$p = D(q) = 200 - 0.3q^2, \qquad p = S(q) = 0.7q^2 + 10q$$

과 같이 각각 주어졌을 때, 소비자잉여와 생산자잉여를 구하라.

3.3 연습문제

3.3.1. 각 $n = 1, 2, \ldots$ 에 대하여

$$a_n = \frac{1}{\sqrt{n}\sqrt{n+1}} + \frac{1}{\sqrt{n}\sqrt{n+2}} + \cdots + \frac{1}{\sqrt{n}\sqrt{n+n}}$$

이라 두었을 때, $\lim_{n\to\infty} a_n$ 의 값을 구하라.

3.3.2. 다음을 증명하라.

(가) 함수 $f(x)$가 우함수 (즉, $f(-x)=f(x)$) 이면

$$\int_{-a}^{a} f(x)dx = 2\int_{0}^{a} f(x)dx$$

이다.

(나) 함수 $f(x)$가 기함수 (즉, $f(-x)=-f(x)$) 이면

$$\int_{-a}^{a} f(x)dx = 0$$

이다.

3.3.3. 연속함수 $f(x)$의 한 부정적분을 $F(x)$라고 할 때, $F(x)=xf(x)$이면 $f(x)$는 상수함수임을 증명하라.

3.3.4. 모든 실수 x에 대하여 $\int_0^x f(t)dt = [f(x)]^2$ 을 만족시키는 미분가능한 함수를 구하라.

3.3.5. α, β가 실수일 때, $\int_\alpha^\beta (x-\alpha)(x-\beta)dx = -\frac{1}{6}(\beta-\alpha)^3$ 임을 보이라.

3.3.6. 아래 그림은 $y=f(x)$의 그래프이고, 함수 g는 $g(x)=\int_0^x f(t)dt+3$이다.

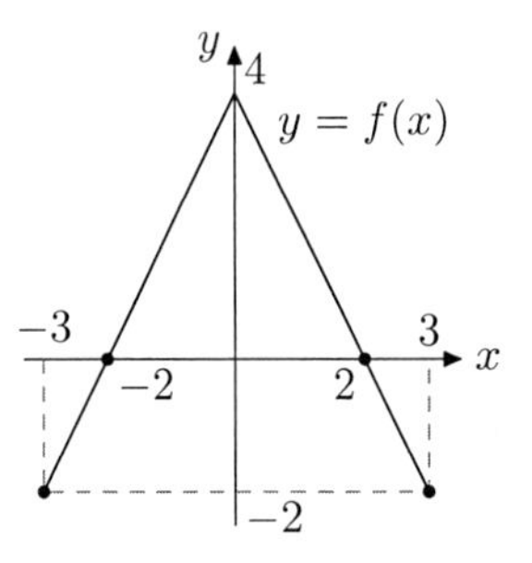

(가) $g'(-2)$와 $g''(-2)$를 구하라.

(나) 구간 $[-3,\ 3]$에서 함수 $y=g(x)$의 그래프를 그리라.

3.3.7. 함수 $f(x)$의 이계도함수가 존재할 때, 다음

$$f(x) = xf'(x) - \int xf''(x)dx$$

을 증명하라.

3.3.8. 아래 그림은 $y = F(x) = \int_0^x f(t)dt$의 그래프이다.

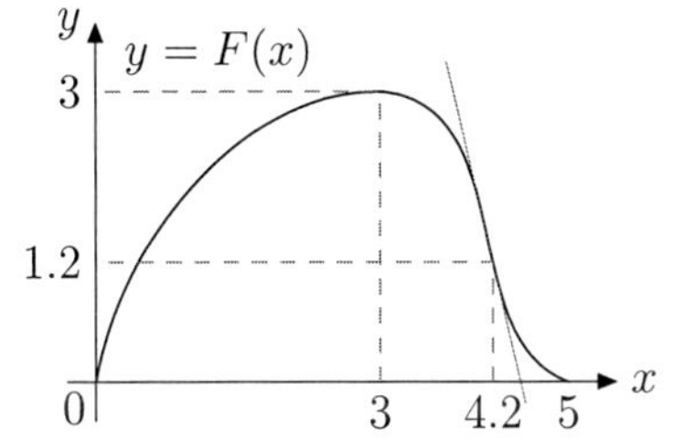

(가) 방정식 $f(x) = 0$의 근을 구하라.

(나) $f'(x) < 0$인 구간을 구하라.

3.3.9. 연속함수 $f(x)$에 대하여

$$\lim_{h \to 0} \frac{1}{h} \int_a^{a+h} f(x)dx = f(a)$$

임을 보이라.

3.3.10. 함수 $f(x) = \int_x^{2x} \frac{1}{\sqrt{1+t^2}} dt$ 에 대하여 다음 물음에 답하라.

(가) 이 함수의 도함수를 구하라.

(나) 이 함수가 증가함수임을 보이라.

(다) 이 함수의 그래프가 원점에 대하여 대칭임을 보이라.

(라) 극한값 $\lim_{x \to +\infty} f(x)$ 의 값을 구하라.

3.3.11. 삼차함수 $f(x) = x^3 + 3x + 1$에 대하여 다음 물음에 답하라.

(가) 임의의 실수 y에 대하여 $f(x) = y$를 만족하는 실수 x가 딱 한 개 존재함을 보이라.

(나) 함수 $f : \mathbb{R} \to \mathbb{R}$의 역함수를 $g : \mathbb{R} \to \mathbb{R}$이라 하였을 때, 음함수 미분법을 사용하여 $g'(1)$과 $g'(5)$의 값을 구하라.

(다) 적분값 $\int_1^5 g(x)dx$의 값을 구하라.

3.3.12. 원점에서 출발하여 수직선 상을 움직이는 점 P의 t 초 후 속도는

$$v(t) = 3 + 4t - 4t^2$$

이라고 한다. 점 P가 다시 원점으로 올 때까지 걸리는 시간을 구하라.

3.3.13. 직선 궤도를 달리고 있는 열차가 제동을 건 뒤 t 초 후 속도가

$$v = 21 - 1.4t \ \ (\text{m/초})$$

로 주어질 때, 제동을 건 뒤 완전히 정지할 때까지 이 열차는 몇 m 이동하는가 ?

3.3.14. x 축 위를 움직이는 물체의 가속도가 $a(t) = 12t - 18$ 이고(단, $t > 0$), $t = 1$ 일 때 속도가 $v(1) = 0$, 위치가 $x(1) = 9$ 라 한다.

(가) 속도 $v(t)$ 를 구하라.
(나) 위치 $x(t)$ 를 구하라.
(다) $t = \dfrac{3}{2}$ 에서 $t = 6$ 까지의 물체가 움직인 거리를 구하라.

3.3.15. 두 포물선 $y = x^2 - c^2$, $y = c^2 - x^2$ 으로 둘러싸인 넓이가 576 일 때 c 를 구하라.

3.3.16. 다음과 같이 주어진 곡선으로 둘러싸인 도형의 넓이를 구하라.

(가) $y = x^3 - x^2 - 4x + 4$, x 축
(나) $x = y^2$, $x^2 + (y-1)^2 = 1$

3.3.17. 다음 각 입체의 부피를 구하라.

(가) 곡선 $y = 4 - x^2$ 과 x 축으로 둘러싸인 부분을 y 축 둘레로 회전시켜서 생기는 입체
(나) 곡선 $y = x - 2\sqrt{x}$ 와 x 축으로 둘러싸인 부분을 x 축 둘레로 회전시켜서 생기는 입체
(다) 곡선 $\dfrac{x^2}{a^2} + \dfrac{y^2}{b^2} = 1$ $(a > 0,\ b > 0)$ 의 내부를 x 축의 둘레로 회전시켜서 생기는 입체

3.3.18. 밑면의 반지름의 길이가 r 인 직원기둥의 밑면의 지름을 지나고 밑면과 $45°$ 의 각을 이루는 평면으로 자를 때, 잘린 부분 중에서 작은 입체의 부피를 구하라.

3.3.19. xy 좌표평면 위의 직선 $x = 1$ 을 y 축 둘레로 회전시킨 원기둥과 그 내부를 포함하는 도형을 A 라 하자. 또한, 직선 $y = 1$ 을 x 축 둘레로 회전시킨 원기둥과 그 내부를 포함하는 도형을 B 라 하자.

(가) 도형 $A \cap B$ 를 xy 평면에 평행한 평면으로 잘랐을 때 생기는 단면이 어떤 도형인지 설명하라.
(나) 도형 $A \cap B$ 의 부피를 구하라.

3.3.20. 아래 그림과 같이 곡선 $y = -x^2 + 2x$ 와 x 축으로 둘러싸인 부분의 넓이를 직선 $y = mx$ 에 의하여 이등분하려고 한다.

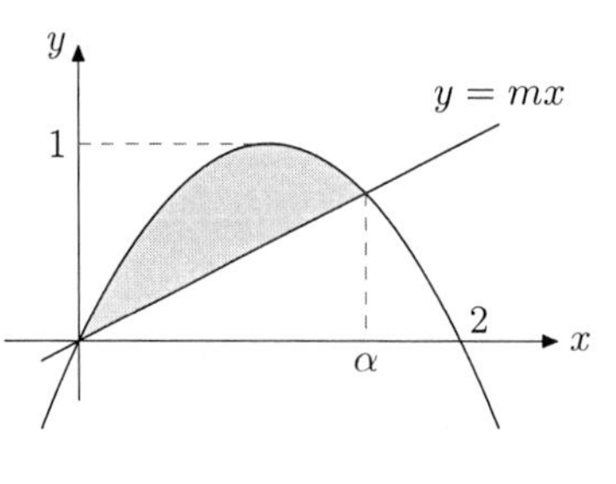

직선과 곡선이 만나는 점의 x 좌표를 α 라고 할 때

(가) m 을 α 의 식으로 나타내라.

(나) m의 값을 구하라.

3.3.21. 두 곡선 $y = x^2$, $x = y^2$으로 둘러싸인 부분을 x축 둘레로 회전시켰을 때 생기는 회전체의 부피를 구하라.

3.3.22. 춘분날 어느 공항의 기온이 자정으로부터 t시간 이후에

$$f(t) = -0.3t^2 + 4t + 10 \ \ (^\circ C)$$

로 주어졌다고 하자. 이 날 오전 9시부터 정오까지 이 공항 평균기온은 얼마인가?

3.3.23. x개의 물품을 생산하는데 한계비용함수가 $C'(x) = x + 20$ 이고, 개당 가격함수가 $V(x) = 1,000 - 4x$이다. 10개에서 30개로 늘려 생산하여 팔았을 때 더 생기는 이윤은 얼마인가?

3.3.24. 공급함수가 원점을 지나는 직선이고, 수요함수가 $p = D(q) = 90 - mq^3$ 일 때(단, m은 상수), 균형가격이 70이고 균형상품량이 10이라 한다. 이 때, 소비자잉여와 생산자잉여를 구하라.

3.3.25. 함수 $f(x) = ax^2 + bx + c$의 그래프 위에서 서로 다른 두 점 $A = (\alpha, f(\alpha))$와 $B = (\beta, f(\beta))$를 잡은 다음, 점 $C = \left(\frac{\alpha+\beta}{2}, f\left(\frac{\alpha+\beta}{2}\right)\right)$에 대하여 $\triangle ABC$의 면적을 S_0으로 둔다.

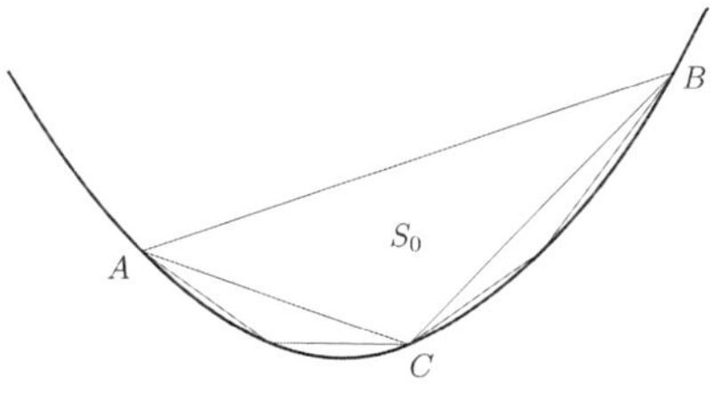

두 점 A, C에서 시작하여 같은 방법으로 삼각형을 만들고, 마찬가지로 두 점 C, B에서 시작하여 같은 방법으로 삼각형을 만들어서, 이 두 삼각형의 넓이의 합을 S_1이라 둔다. 계속하여 만든 네 개의 삼각형의 넓이의 합을 S_2로 두고, 같은 방법으로 2^n 개의 삼각형들의 넓이의 합을 S_n 이라 하자.

(가) $S_0 = \dfrac{1}{8}|a(\beta - \alpha)^3|$ 임을 보이라.

(나) S_n 의 값을 구하라.

(다) 무한급수의 합 $\displaystyle\sum_{n=0}^{\infty} S_n$ 을 구함으로써, 곡선 $y = f(x)$와 직선 AB로 둘러싸인 부분의 넓이가 $\dfrac{1}{6}|a(\beta - \alpha)^3|$ 임을 보이라.

제 4 장

삼각함수

자연 현상이나 사회 현상을 기술하는 기본적인 함수는 역시 다항식으로 주어지는 함수이고, 그 다음으로 사용되는 것이 분수함수와 제곱근을 이용하는 무리함수이다. 그러나 이 외에도 많은 함수들이 필요한데 그 대표적인 것이 이 장에서 공부하는 삼각함수로서, 특히 주기적인 현상을 설명하는 데에 필수적인 함수이다.

이 장에서는 단위원의 좌표를 이용하여 삼각함수를 정의하고 덧셈정리를 비롯하여 반각 공식 등 기본적인 공식들을 먼저 배운다. 이 장의 핵심은 삼각함수와 관련된 극한을 알아보고 이를 이용하여 여러 가지 삼각함수의 미분법을 공부하는 것이다.

이와 더불어 삼각함수들의 역함수를 정의하고 그 기본적인 성질과 미분법을 공부하는데, 이를 위하여 역함수의 미분법을 먼저 배운다. 이러한 역삼각함수들은 그 자체로서도 중요하지만 부정적분을 구하는 데에도 큰 역할을 한다.

끝으로 복소수를 복소평면에 대응시키는 방법과 아울러, 삼각함수를 이용한 복소수의 극형식 표현을 공부한다. 복소수의 극형식 표현은 복소수의 곱하기를 이해하는 데에 매우 유용하다.

4.1 삼각함수의 정의와 성질

삼각함수는 단위원 위에 있는 점들의 움직임을 기술한다. 이 점들이 움직이는 동안 x축과 y축의 좌표가 어떻게 변화하는지 나타내는 것이 사인과 코사인 함수이다. 물론, 단위원 위에 있는 점이 움직인 거리를 재는 것은 바로 각도를 재는 방법이기도 하다.

삼각함수의 정의

좌표평면 위에서 원점을 중심으로 하는 단위원은 방정식

$$x^2 + y^2 = 1$$

로 주어진다. 이제 이 단위원 위의 점 $(1, 0)$ 에서 출발하여 시계반대방향으로 거리 θ 만큼 움직인 점의 좌표를

$$(\cos\theta,\ \sin\theta)$$

로 정의한다. 이 정의에 의하면 등식

$$\cos^2\theta + \sin^2\theta = 1$$

이 성립함은 당연하다.

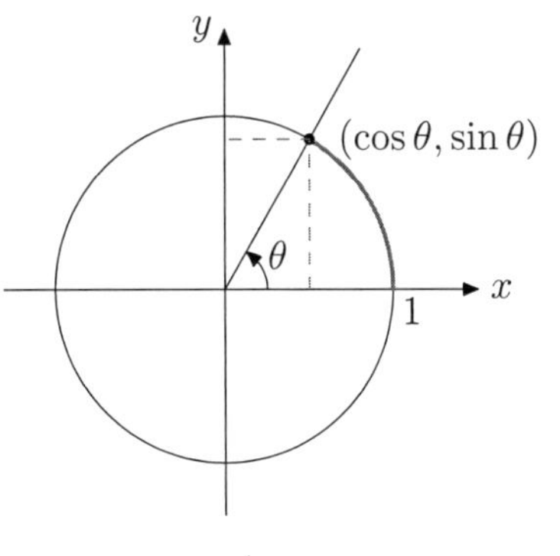

이 정의에 의하면 삼각함수의 정의역은 각도가 아니고 호의 길이인데, 단위원에서 호의 길이는 바로 고등학교에서 배운 호도법에 의하여 라디안으로 표시되는 각도이다. 원에서 반지름과 같은 호의 길이를 가지는 중심각을 1 라디안이라 정의한다. 따라서 반지름의 길이가 1 이면 호의 길이가 바로 라디안을 단위로 하는 각도이다.

단위원의 둘레의 길이는 2π 이므로 코사인함수 cos과 사인함수 sin은 모두 주기가 2π 인 함수이다. 또한, 원의 대칭성에 의하여 다음 등식들

$$\cos(-\theta) = \cos\theta$$
$$\cos(\pi - \theta) = -\cos\theta$$
$$\cos(\pi + \theta) = -\cos\theta$$
$$\sin(-\theta) = -\sin\theta$$
$$\sin(\pi - \theta) = \sin\theta$$
$$\sin(\pi + \theta) = -\sin\theta$$

이 성립함을 바로 확인할 수 있다.

한편, 점 (x, y)를 단위원을 따라 양의 방향으로 $\pi/2$ 만큼 이동시킨 점의 좌표는 $(-y, x)$가 되므로 다음 등식들

$$\cos\left(\theta + \frac{\pi}{2}\right) = -\sin\theta$$
$$\sin\left(\theta + \frac{\pi}{2}\right) = \cos\theta$$

을 얻는다.

코사인함수 $\cos\theta$가 0이 되는 경우는, 정수 n에 대하여, $\theta = n\pi + \dfrac{\pi}{2}$ 일 때이다. 탄젠트함수는, $\cos\theta$가 0이 아닐 때,

$$\tan\theta = \frac{\sin\theta}{\cos\theta}$$

로 정의된다. 위에서 얻은 공식에 적용하면

$$\tan(-\theta) = -\tan\theta$$
$$\tan(\pi - \theta) = -\tan\theta$$
$$\tan(\pi + \theta) = \tan\theta$$

등을 얻는다.

이제 사인함수 $y = \sin x$의 그래프를 생각해 보자. 만일 x 가 구간 $0 \le x \le \dfrac{\pi}{2}$에 있으면, x가 증가함에 따라서 $\sin x$도 같이 증가한다. 먼저, x가 0 근처에 있을 때에는 x와 $\sin x$가 비슷한 정도로 증가할 것이다. 그러나 x가 커질수록 $\sin x$가 증가하는 속도는 자꾸 줄어들게 되고, x가 $\dfrac{\pi}{2}$ 근처에 가까이 가면 그 증가속도가 거의 0에 가깝게 된다. 이러한 사실을 염두에 두고 구간 $\left[0, \dfrac{\pi}{2}\right]$ 위에서 $y = \sin x$의 그래프를 그리면 다음과 같다. 나머지 부분과 코사인함수의 그래프는 대칭성을 이용하여 그릴 수 있다.

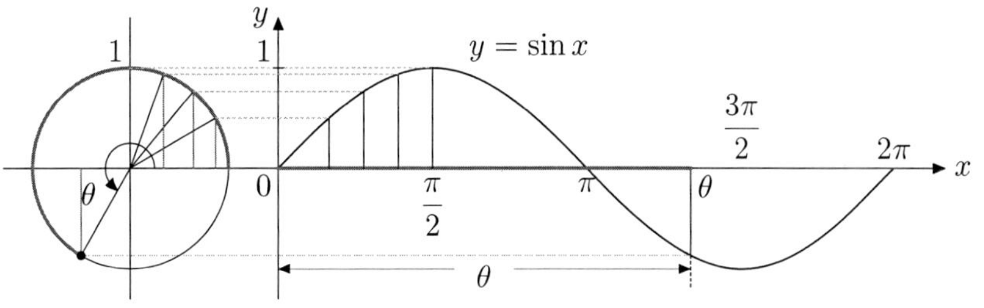

문제 4.1.1. 다음 함수들

$$y = \cos x, \qquad y = \tan x$$

의 그래프를 그리라.

덧셈정리와 여러 가지 공식

단위원 위의 두 점 $(1,0)$과 $(\cos(\alpha+\beta),\ \sin(\alpha+\beta))$ 사이의 직선 거리는 점 $(\cos\alpha, \sin\alpha)$와 점 $(\cos(-\beta),\ \sin(-\beta))$ 사이의 거리와 일치하므로 피타고라스 정리에 의하여 다음 등식

$$\begin{aligned}(1-\cos(\alpha+\beta))^2 &+ \sin^2(\alpha+\beta)\\ &= (\cos\alpha - \cos\beta)^2 + (\sin\alpha + \sin\beta)^2\end{aligned}$$

을 얻는다.

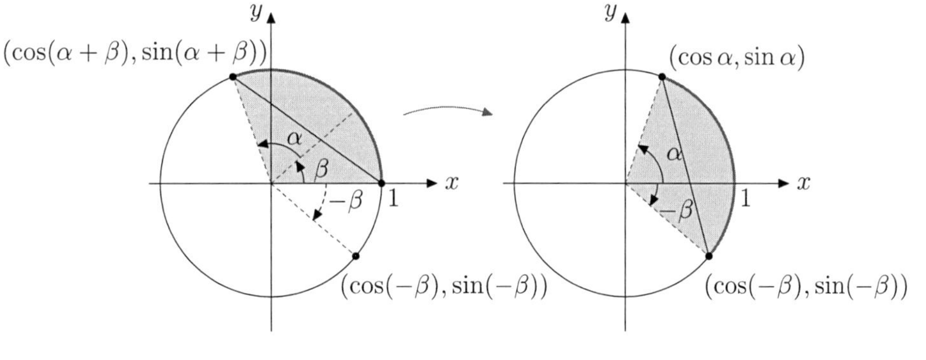

이 식을 정리하면, 등식

$$\cos(\alpha+\beta) = \cos\alpha\cos\beta - \sin\alpha\sin\beta$$

을 얻고, 이 등식에서 β 대신 $-\beta$를 대입하면 다음 등식

$$\cos(\alpha-\beta) = \cos\alpha\cos\beta + \sin\alpha\sin\beta$$

을 얻는다. 이 식에서 α 대신에 $\frac{\pi}{2} - \alpha$를 대입하면 다음 등식

$$\sin(\alpha+\beta) = \sin\alpha\cos\beta + \cos\alpha\sin\beta$$

을 얻으며, 끝으로 이 식에서 β 대신 $-\beta$를 대입하면

$$\sin(\alpha-\beta)=\sin\alpha\cos\beta-\cos\alpha\sin\beta$$

이 성립함을 알 수 있다. 또한 탄젠트함수의 정의에 의하여

$$\tan(\alpha+\beta)=\frac{\sin(\alpha+\beta)}{\cos(\alpha+\beta)}=\frac{\sin\alpha\ \cos\beta+\cos\alpha\ \sin\beta}{\cos\alpha\ \cos\beta-\sin\alpha\ \sin\beta}$$

를 얻는데, 여기에서 분자와 분모를 $\cos\alpha\ \cos\beta$로 나누면

$$\tan(\alpha+\beta)=\frac{\tan\alpha+\tan\beta}{1-\tan\alpha\tan\beta}$$

를 얻고, 이 식의 β에 $-\beta$를 대입하면

$$\tan(\alpha-\beta)=\frac{\tan\alpha-\tan\beta}{1+\tan\alpha\ \tan\beta}$$

를 얻는다. 위에 얻은 여러 가지 등식을 삼각함수의 덧셈정리라 하는데, 이를 정리하면 다음과 같다.

삼각함수의 덧셈정리

각 α,β에 대하여 다음 등식

$$\sin(\alpha\pm\beta)=\sin\alpha\ \cos\beta\pm\cos\alpha\ \sin\beta$$
$$\cos(\alpha\pm\beta)=\cos\alpha\ \cos\beta\mp\sin\alpha\ \sin\beta$$
$$\tan(\alpha\pm\beta)=\frac{\tan\alpha\pm\tan\beta}{1\mp\tan\alpha\ \tan\beta}$$

이 성립한다. (복호동순)

예제 1. 두 직선 $y=\sqrt{3}x-2$, $y=\dfrac{1}{\sqrt{3}}x+2$가 이루는 예각을 구하라.

풀이 : 두 직선이 x 축의 양의 방향과 이루는 각을 각각 α, β라 하면

$$\tan\alpha=\sqrt{3},\qquad \tan\beta=\frac{1}{\sqrt{3}}$$

이다. 그러므로 두 직선이 이루는 예각을 θ라 하면

$$\tan\theta=\tan(\alpha-\beta)=\frac{\tan\alpha-\tan\beta}{1+\tan\alpha\ \tan\beta}=\frac{\sqrt{3}-\frac{1}{\sqrt{3}}}{1+1}=\frac{1}{\sqrt{3}}$$

이고, 따라서 구하는 각은 $\theta=\dfrac{\pi}{6}$이다. □

문제 4.1.2. $\tan x + \tan y = \frac{3}{4}$, $\tan(x+y) = 2$ 일 때 $\tan x \tan y$ 의 값을 구하라.

문제 4.1.3. $\tan x = \frac{1}{2}$, $\tan y = \frac{1}{5}$ 일 때 $\tan(x+y)$ 의 값을 구하라.

문제 4.1.4. $0 < \alpha, \beta < \frac{\pi}{2}$ 이고 $\cos\alpha = \frac{3}{5}$, $\sin\beta = \frac{1}{2}$ 일 때, 다음 값을 구하라.

(가) $\tan(\alpha+\beta)$ (나) $\cos 2\alpha$

덧셈정리를 이용하여 삼각함수의 곱을 합 또는 차의 꼴로 나타낼 수 있다. 이를테면 공식

$$\sin(\alpha+\beta) = \sin\alpha\,\cos\beta + \cos\alpha\,\sin\beta$$
$$\sin(\alpha-\beta) = \sin\alpha\,\cos\beta - \cos\alpha\,\sin\beta$$

에서 두 식을 변끼리 더하면

$$\sin(\alpha+\beta) + \sin(\alpha-\beta) = 2\sin\alpha\,\cos\beta$$

따라서

$$\sin\alpha\,\cos\beta = \frac{1}{2}\{\sin(\alpha+\beta) + \sin(\alpha-\beta)\}$$

를 얻는다. 마찬가지로 계산하면 다음 공식을 얻는다.

곱을 합 또는 차로 바꾸는 공식

$$\sin\alpha\,\cos\beta = \frac{1}{2}\{\sin(\alpha+\beta) + \sin(\alpha-\beta)\}$$
$$\cos\alpha\,\sin\beta = \frac{1}{2}\{\sin(\alpha+\beta) - \sin(\alpha-\beta)\}$$
$$\cos\alpha\,\cos\beta = \frac{1}{2}\{\cos(\alpha+\beta) + \cos(\alpha-\beta)\}$$
$$\sin\alpha\,\sin\beta = -\frac{1}{2}\{\cos(\alpha+\beta) - \cos(\alpha-\beta)\}$$

문제 4.1.5. 곱을 합 또는 차로 고치는 공식들을 증명하라.

위 등식에서 $\alpha+\beta = A$, $\alpha-\beta = B$ 라고 하면

$$\alpha = \frac{A+B}{2}, \qquad \beta = \frac{A-B}{2}$$

이므로 다음 등식들을 얻는데, 이 공식들은 삼각함수의 합이나 차로 정의된 값을 삼각함수들의 곱으로 바꾸는 데에 유용하다.

합 또는 차를 곱으로 고치는 공식

$$\begin{aligned}\sin A+\sin B &= 2\sin\frac{A+B}{2}\cos\frac{A-B}{2}\\ \sin A-\sin B &= 2\cos\frac{A+B}{2}\sin\frac{A-B}{2}\\ \cos A+\cos B &= 2\cos\frac{A+B}{2}\cos\frac{A-B}{2}\\ \cos A-\cos B &= -2\sin\frac{A+B}{2}\sin\frac{A-B}{2}\end{aligned}$$

사인함수의 덧셈정리에서 $\alpha=\beta=\theta$라 두면

$$\sin 2\theta=\sin(\theta+\theta)=\sin\theta\,\cos\theta+\cos\theta\,\sin\theta=2\sin\theta\,\cos\theta$$

가 성립함을 알 수 있으며, 코사인함수의 덧셈정리에서 다음 등식

$$\begin{aligned}\cos 2\theta&=\cos(\theta+\theta)=\cos\theta\,\cos\theta-\sin\theta\,\sin\theta\\ &=\cos^2\theta-\sin^2\theta=2\cos^2\theta-1=1-2\sin^2\theta\end{aligned}$$

를 얻는다. 마찬가지로, $\tan 2\theta$에 관한 공식도 얻을 수 있는데 다음과 같이 정리할 수 있다.

배각공식

$$\begin{aligned}&\sin 2\theta=2\sin\theta\,\cos\theta\\ &\cos 2\theta=\cos^2\theta-\sin^2\theta=2\cos^2\theta-1=1-2\sin^2\theta\\ &\tan 2\theta=\frac{2\tan\theta}{1-\tan^2\theta}\end{aligned}$$

배각공식에서 등식 $\sin^2\theta=\dfrac{1-\cos 2\theta}{2}$를 얻는데, 이 등식에서 θ 대신 $\dfrac{\theta}{2}$를 대입하면

$$\sin^2\frac{\theta}{2}=\frac{1-\cos\theta}{2}$$

를 얻는다. 같은 방법으로 코사인과 탄젠트에 대해서도 다음과 같은 반각공식을 얻는다.

반각공식

$$\sin^2\frac{\theta}{2}=\frac{1-\cos\theta}{2}$$
$$\cos^2\frac{\theta}{2}=\frac{1+\cos\theta}{2}$$
$$\tan^2\frac{\theta}{2}=\frac{1-\cos\theta}{1+\cos\theta}$$

예제 2. 삼각방정식 $\cos 2\theta = 2-3\sin\theta$를 풀라. (단, $0\le\theta\le 2\pi$)

풀이 : 등식 $\cos 2\theta = 1-2\sin^2\theta$를 이용하여 주어진 방정식을 변형하면

$$1-2\sin^2\theta = 2-3\sin\theta$$

가 된다. 이는 $\sin\theta$에 관한 이차방정식인데 이를 풀면 $\sin\theta=\frac{1}{2}$ 또는 $\sin\theta = 1$이다. 여기에서, $0\le\theta\le 2\pi$를 만족하는 θ를 구하면

$$\theta = \frac{\pi}{6},\ \frac{5\pi}{6},\ \frac{\pi}{2}$$

이다. □

문제 4.1.6. $\sin\frac{\pi}{12}$의 값을 구하라.

문제 4.1.7. 임의의 x, y에 대하여 다음 등식

$$\sin(x+y)\sin(x-y)=\sin^2 x-\sin^2 y=\cos^2 y-\cos^2 x$$

이 성립함을 보이라.

문제 4.1.8. $\cos^2\alpha+\cos^2\beta=\frac{1}{2}$일 때 $\cos(\alpha+\beta)\cos(\alpha-\beta)$의 값을 구하라.

문제 4.1.9. $\tan\theta = t$라고 할 때, 다음 등식이 성립함을 증명하라.

(가) $\sin 2\theta = \dfrac{2t}{1+t^2}$　　(나) $\cos 2\theta = \dfrac{1-t^2}{1+t^2}$

문제 4.1.10. 다음 등식을 증명하라.

(가) $\dfrac{\tan A-\tan B}{\tan A+\tan B}=\dfrac{\sin(A-B)}{\sin(A+B)}$　　(나) $\tan\dfrac{A}{2}=\dfrac{1-\cos A}{\sin A}$

문제 4.1.11. $\sin A+\sin B=\cos A-\cos B (0<A<B<\pi)$일 때, $B-A$를 구하라.

삼각함수의 합성

다음 그림을 살펴보자.

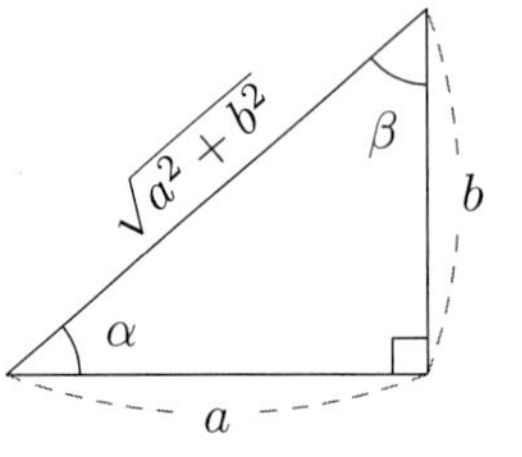

이 그림에서

$$\cos\alpha = \frac{a}{\sqrt{a^2+b^2}}, \qquad \sin\alpha = \frac{b}{\sqrt{a^2+b^2}}$$

임을 염두에 두고 $a\sin\theta + b\cos\theta$를 변형하면

$$\begin{aligned} a\sin\theta + b\cos\theta &= \sqrt{a^2+b^2}\left(\frac{a}{\sqrt{a^2+b^2}}\sin\theta + \frac{b}{\sqrt{a^2+b^2}}\cos\theta\right) \\ &= \sqrt{a^2+b^2}\,(\cos\alpha\,\sin\theta + \sin\alpha\,\cos\theta) \\ &= \sqrt{a^2+b^2}\,\sin(\theta+\alpha) \end{aligned}$$

이다. 또한

$$\cos\beta = \frac{b}{\sqrt{a^2+b^2}}, \qquad \sin\beta = \frac{a}{\sqrt{a^2+b^2}}$$

을 이용하여 변형하면 다음 등식

$$\begin{aligned} a\sin\theta + b\cos\theta &= \sqrt{a^2+b^2}\left(\frac{a}{\sqrt{a^2+b^2}}\sin\theta + \frac{b}{\sqrt{a^2+b^2}}\cos\theta\right) \\ &= \sqrt{a^2+b^2}\,(\sin\beta\,\sin\theta + \cos\beta\,\cos\theta) \\ &= \sqrt{a^2+b^2}\,\cos(\theta-\beta) \end{aligned}$$

을 얻는다.

이와 같이 $a\sin\theta + b\cos\theta$인 꼴의 함수를

$$r\sin(\theta+\alpha) \qquad \text{또는} \qquad r\cos(\theta-\beta)$$

의 꼴로 변형하는 것을 삼각함수의 합성이라 한다. 이는 최대값과 최소값을 구하는 데에 유용하다. 구체적으로 말하면

$$f(\theta) = a\sin\theta + b\cos\theta = \sqrt{a^2+b^2}\sin(\theta+\alpha)$$

에서

$$-1 \le \sin(\theta + \alpha) \le 1$$

이므로 $f(\theta)$의 최대값은 $\sqrt{a^2+b^2}$이고, 최소값은 $-\sqrt{a^2+b^2}$이다.

예제 3. 함수 $f(\theta) = \sqrt{3}\sin\theta + \cos\theta$를 삼각함수의 합성으로 표현하고, $f(\theta)$의 최대값과 최소값을 구하라.

풀이 : 직접 계산하면

$$\begin{aligned} f(\theta) &= 2\left(\frac{\sqrt{3}}{2}\sin\theta + \frac{1}{2}\cos\theta\right) \\ &= 2\left(\sin\frac{\pi}{3}\sin\theta + \cos\frac{\pi}{3}\cos\theta\right) \\ &= 2\cos\left(\theta - \frac{\pi}{3}\right) \end{aligned}$$

이므로, 최대값은 2이고 최소값은 -2이다. □

문제 4.1.12. 임의의 x에 대하여 부등식

$$|\sin x - \cos x| \le \sqrt{2}$$

가 성립함을 보이라.

삼각법은 천문 관측이나 토지를 측량하는 데에도 현실적으로 필요하기 때문에 여러 문명권에서 여러 가지 형태로 자연스럽게 발생하였으며, 특히 고대 희랍 시대에는 상당한 수준으로 발전되었다. 기원후 2세기 경에는 이미 톨레미[1]의 삼각표가 나오는데, 덧셈정리와 반각공식등을 이용하여 0.25° 마다 사인값을 계산한 것으로서 그 이후 천년 동안 천문학자들에게 필수불가결한 것이었 다.[2]

고대 희랍의 삼각표는 실제 사인값을 제시한 것이 아니고 원의 중심각에 대한 현의 길이를 제시한 것이었다. 물론, 이는 사인값을 제시한 것과 마찬가지이다. 현재 우리가 사용하는 사인함수는 인도에서 처음 쓰이기 시작하였는데, 아랍을 거쳐서 유럽에 전파되었다.

---

1) Claudius Ptolemy (85(?)∼165(?)), 고대 희랍의 수학자, 천문학자. Klaudios Ptolemaios로도 알려져 있다.

2) 원시적인 삼각법으로부터 양자역학의 주춧돌이 된 푸리에해석에 이르기까지 삼각함수의 역사적 발전의 궤적에 대해서는 참고문헌 [25]를 참조하라.
Jean Baptiste Joseph Fourier (1768∼1830), 프랑스 수학자. École Polytechnique에서 활동하였으며 나폴레옹 시대때 정치에 관여하기도 하였다. 열전도방정식을 삼각급수로 푸는 방법을 제시함으로써 수학의 여러 분야에 지대한 공헌을 하였다.

문명의 주도권이 아랍으로 넘어간 이후 아랍인들의 주된 공헌은 대수 분야에서 두드러졌다.[3] 삼각법에도 공헌이 많은데, 예를 들어 와불와파[4]는 사인값을 소수 여덟 번째 자리까지 작성하였다. 톨레미의 삼각표는 소수 세째 자리까지였다. 그는 또한 탄젠트함수를 처음 사용한 것으로 알려져 있다.

삼각함수의 합과 곱에 관한 공식들은 이미 아랍 시대부터 알려져 있었는데, 유럽에서도 16세기에 들어와서 비에트[5]등에 의해서 활발하게 연구되었다. 그런데 이러한 공식들은 로그가 나오기 이전에 상세한 삼각표와 함께 큰 수의 곱하기를 하거나 방정식을 푸는 데에 이용되기도 하였다. 당시에는 이미 유효수자 15자리 삼각표가 있었다.

4.2 삼각함수의 미분

미적분의 계산 원칙은 다항함수가 아닌 경우에도 그대로 적용된다. 물론 삼각함수의 도함수를 구하려면 먼저 삼각함수의 극한에 대하여 알아야 한다.

삼각함수의 극한

단위원의 둘레는 이 원에 내접하는 다각형들의 둘레의 극한으로 이해할 수 있다. 내접하는 다각형의 둘레의 길이는 외접하는 다각형의 둘레의 길이보다 짧으므로 그 극한값이 수렴함을 알 수 있고, 그 극한값을 2π로 정의한다. 이제 내접하는 정n각형의 둘레의 길이는 $2n\sin\dfrac{\pi}{n}$이므로 등식

$$\lim_{n\to\infty} 2n\sin\frac{\pi}{n} = 2\pi$$

을 얻는다. 따라서

$$\lim_{n\to\infty}\frac{\sin\dfrac{\pi}{n}}{\dfrac{\pi}{n}} = \lim_{n\to\infty}\frac{1}{2\pi}\,2n\sin\frac{\pi}{n} = 1$$

임을 알 수 있다. 그런데 $n\to\infty$일 때 $\dfrac{\pi}{n}\to 0$이므로 다음을 짐작할 수 있다.

---

3) 9세기 바그다드에서 활동한 알콰리즈미(Abu Ja'far Muhammad ibn Musa Al-Khwarizmi, 780(?)~850(?))는 *Hisab al-jabr w'al-muqabala*라는 제목의 책을 저술하여 여러 가지 이차방정식의 해법을 명쾌하게 다루고 있는데, 영어 단어 algorithm과 algebra는 여기에서 유래되었다.

4) Mohammad Abu'l-Wafa Al-Buzjani (940~998), 아랍 수학자.

5) François Viète(1540~1603), 프랑스 수학자, 정치가. 방정식을 문자로 표현하고 처음으로 $+, -$와 같은 기호를 도입하였다. 그는 미지수에는 모음을 쓰고 상수에는 자음을 사용하였다. 현재와 같이 미지수에 x, y, z를 쓰고 상수에 a, b, c를 쓰는 방식은 데카르트가 확립하였다.
René Descartes (1596~1650), 프랑스 태생의 수학자, 철학자. 후에 네덜란드에 정착하였다.

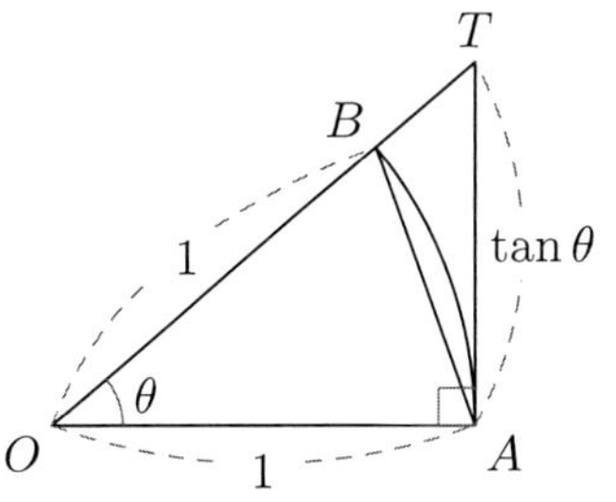

삼각함수의 극한

$$\lim_{x \to 0} \frac{\sin x}{x} = 1$$

이제 이를 증명하여 보자. 먼저 $\theta \to 0^+$ 일 때 아래 그림과 같이 반지름의 길이가 1이고 각의 크기가 θ 인 부채꼴 OAB에서 OB의 연장선 위에 $OA \perp AT$가 되도록 점 T를 잡으면, 각 도형의 넓이는

$$\triangle OAB = \frac{1}{2}\sin\theta, \qquad \text{부채꼴 } OAB = \frac{1}{2}\theta, \qquad \triangle OAT = \frac{1}{2}\tan\theta$$

이다. 그런데 $\triangle OAB <$ 부채꼴 $OAB < \triangle OAT$이므로

$$\frac{1}{2}\sin\theta < \frac{1}{2}\theta < \frac{1}{2}\tan\theta$$

임을 알 수 있다. 그런데 $\theta > 0$이고 0에 가까운 값일 때 $\sin\theta > 0$이므로, 각 변을 $\frac{1}{2}\sin\theta$로 나누면 $1 < \frac{\theta}{\sin\theta} < \frac{1}{\cos\theta}$에서 부등식

$$1 > \frac{\sin\theta}{\theta} > \cos\theta$$

를 얻는다.

이제, $\theta \to 0$인 경우를 생각하면 $\cos\theta \to 1$이므로

$$\lim_{\theta \to 0^+} \frac{\sin\theta}{\theta} = 1$$

이다. 그런데 $\theta \to 0^-$ 일 때 $-\theta > 0$이므로

$$\lim_{\theta \to 0^-} \frac{\sin\theta}{\theta} = \lim_{\theta \to 0^-} \frac{-\sin\theta}{-\theta} = \lim_{\theta \to 0^-} \frac{\sin(-\theta)}{-\theta} = \lim_{\theta \to 0^+} \frac{\sin\theta}{\theta} = 1$$

이고, 따라서

$$\lim_{\theta\to 0}\frac{\sin\theta}{\theta}=1$$

을 얻는다.

예제 1. 다음 극한값을 구하라.

(가) $\lim_{\theta\to 0}\frac{\tan\theta}{\theta}$ (나) $\lim_{\theta\to 0}\frac{\sin 5\theta}{\sin 2\theta}$

풀이 : 먼저 (가)를 계산하면

$$\begin{aligned}\lim_{\theta\to 0}\frac{\tan\theta}{\theta}&=\lim_{\theta\to 0}\frac{\sin\theta}{\theta\cos\theta}=\lim_{\theta\to 0}\frac{\sin\theta}{\theta}\cdot\frac{1}{\cos\theta}\\&=\lim_{\theta\to 0}\frac{\sin\theta}{\theta}\lim_{\theta\to 0}\frac{1}{\cos\theta}=1\cdot 1=1\end{aligned}$$

이다. 마찬가지로, (나)를 계산하면

$$\begin{aligned}\lim_{\theta\to 0}\frac{\sin 5\theta}{\sin 2\theta}&=\lim_{\theta\to 0}\frac{\sin 5\theta}{5\theta}\cdot\frac{2\theta}{\sin 2\theta}\cdot\frac{5}{2}\\&=\frac{5}{2}\lim_{\theta\to 0}\frac{\sin 5\theta}{5\theta}\lim_{\theta\to 0}\frac{2\theta}{\sin 2\theta}=\frac{5}{2}\end{aligned}$$

이다. □

예제 2. 다음 극한값을 구하라.

(가) $\lim_{x\to 0}\frac{1-\cos x}{x^2}$ (나) $\lim_{x\to 0}\frac{\cos 3x-\cos x}{x\sin x}$

풀이 : (가)부터 계산하면

$$\begin{aligned}\lim_{x\to 0}\frac{1-\cos x}{x^2}&=\lim_{x\to 0}\frac{(1-\cos x)(1+\cos x)}{x^2(1+\cos x)}\\&=\lim_{x\to 0}\frac{\sin^2 x}{x^2(1+\cos x)}\\&=\lim_{x\to 0}\left(\frac{\sin x}{x}\right)^2\lim_{x\to 0}\frac{1}{1+\cos x}=1\cdot\frac{1}{2}=\frac{1}{2}\end{aligned}$$

이고, (나)를 계산하면

$$\begin{aligned}\lim_{x\to 0}\frac{\cos 3x-\cos x}{x\sin x}&=\lim_{x\to 0}\frac{-2\ \sin 2x\ \sin x}{x\sin x}\\&=\lim_{x\to 0}(-4)\cdot\frac{\sin 2x}{2x}=-4\end{aligned}$$

이다. □

문제 4.2.1. 다음 극한값을 구하라.

(가) $\lim_{\theta\to 0} \frac{\theta^2}{\sin\theta}$ (나) $\lim_{\theta\to 0} \left(\frac{\sin 2\theta}{\theta}\right)^3$

(다) $\lim_{\theta\to 0} \frac{\sin a\theta}{\sin b\theta}$ (라) $\lim_{\theta\to \pi} \frac{\sin 2\theta}{\theta-\pi}$

문제 4.2.2. 극한값 $\lim_{h\to 0} \frac{\sin\left(\frac{3\pi}{2}+h\right)+1}{h}$ 을 구하라.

문제 4.2.3. 극한값 $\lim_{x\to 0} \frac{\tan^3(2x)}{x^3}$ 을 구하라.

삼각함수의 도함수

이제, 삼각함수의 도함수를 구하여 보자. 삼각함수 $y=\sin x$ 의 도함수는

$$\begin{aligned} y' = (\sin x)' &= \lim_{h\to 0} \frac{\sin(x+h)-\sin x}{h} \\ &= \lim_{h\to 0} \frac{2\cos\left(x+\frac{h}{2}\right)\sin\frac{h}{2}}{h} = \lim_{h\to 0} \frac{\sin\frac{h}{2}}{\frac{h}{2}} \lim_{h\to 0} \cos\left(x+\frac{h}{2}\right) = \cos x \end{aligned}$$

이고, $y=\cos x$ 의 도함수는

$$y' = (\cos x)' = \left\{\sin\left(\frac{\pi}{2}-x\right)\right\}' = \cos\left(\frac{\pi}{2}-x\right)\cdot\left(\frac{\pi}{2}-x\right)' = -\sin x$$

이다. 또 $\tan x = \frac{\sin x}{\cos x}$ 이므로, $y=\tan x$ 의 도함수는

$$\begin{aligned} y' = \left(\frac{\sin x}{\cos x}\right)' &= \frac{(\sin x)'\cos x - \sin x\cdot(\cos x)'}{\cos^2 x} \\ &= \frac{\cos^2 x+\sin^2 x}{\cos^2 x} = \frac{1}{\cos^2 x} \end{aligned}$$

임을 알 수 있다. 따라서 삼각함수의 도함수는 다음과 같다.

삼각함수의 도함수 (I)

$$\frac{d}{dx}\sin x = \cos x, \qquad \frac{d}{dx}\cos x = -\sin x, \qquad \frac{d}{dx}\tan x = \frac{1}{\cos^2 x}$$

문제 4.2.4. 도함수의 정의에 따라 $y = \cos x$의 도함수를 구하라.

문제 4.2.5. $y = \sin x + \cos x$일 때, $y'' + y = 0$임을 증명하라.

이제, 사인, 코사인, 탄젠트 등 삼각함수는 미분가능한 함수임을 알았다. 미분가능한 함수는 항상 연속이므로 삼각함수들은 특히 연속이다.

예제 3. 열린구간 $(0, 1)$ 안에 방정식 $x \sin x - \cos x = 0$의 실근이 있음을 보이라.

풀이 : 함수 $f(x) = x \sin x - \cos x$에서 $f(0) = -1 < 0$이다. 한편, $f(1) = \sin 1 - \cos 1$ 에서 $\frac{\pi}{4} < 1 < \frac{\pi}{2}$이므로 $\cos 1 < \sin 1$이고, 따라서 $f(1) > 0$이다. 그러므로 중간값정리에 의하여 $f(c) = c \sin c - \cos c = 0$인 점 c가 열린구간 $(0, 1)$에 있다. □

문제 4.2.6. 방정식 $(x^2 - 1) \cos \frac{\pi}{2} x + \sqrt{2} \sin \frac{\pi}{2} x - 1 = 0$의 실근이 열린구간 $(0, 1)$에 있음을 보이라.

예제 4. 극한값 $\lim_{x \to 0} x \sin \frac{1}{x}$을 구하라.

풀이 : 우선 $-1 \leq \sin x \leq 1$이므로

$$0 \leq \lim_{x \to 0} \left| x \sin \frac{1}{x} \right| \leq \lim_{x \to 0} |x| = 0$$

이고, 따라서 $\lim_{x \to 0} x \sin \frac{1}{x} = 0$이다. □

예제 5. $x > 0$일 때 $x > \sin x$임을 증명하라.

풀이 : 먼저 $f(x) = x - \sin x$라고 하면

$$f'(x) = 1 - \cos x$$

가 되어, 닫힌구간 $\left[0, \frac{\pi}{2}\right]$에서 $f(x)$는 증가함수이다.

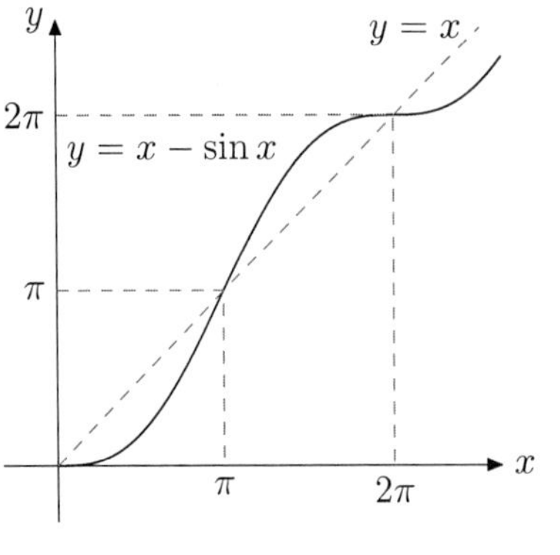

먼저 $0 < x < \frac{\pi}{2}$ 일 때 $f(0) < f(x)$ 이므로 $0 < x - \sin x$ 이다. 또한, $x \geq \frac{\pi}{2}$ 일 때에는 $x \geq \frac{\pi}{2} > 1 \geq \sin x$ 이므로, $x > 0$ 일 때 항상 $x > \sin x$ 이다. □

사인, 코사인, 탄젠트함수의 역수는 다음

$$\csc x = \frac{1}{\sin x}, \qquad \sec x = \frac{1}{\cos x}, \qquad \cot x = \frac{1}{\tan x}$$

과 같이 정의하고, 각각 코시칸트, 시칸트, 코탄젠트라 부른다.

예제 6. 다음 삼각함수의 도함수를 구하라.

(가) $y = \cot x$ (나) $y = \sec x$

풀이 : 몫의 미분법을 이용하여 계산하면

$$\begin{aligned} y' &= \left(\frac{\cos x}{\sin x}\right)' = \frac{(\cos x)' \cdot \sin x - \cos x \cdot (\sin x)'}{\sin^2 x} \\ &= \frac{-\sin^2 x - \cos^2 x}{\sin^2 x} = \frac{-1}{\sin^2 x} = -\csc^2 x \end{aligned}$$

를 얻고, 마찬가지로 계산하면

$$y' = \left(\frac{1}{\cos x}\right)' = \frac{-(\cos x)'}{\cos^2 x} = \frac{\sin x}{\cos^2 x} = \sec x \tan x$$

를 얻는다. □

삼각함수의 도함수 (II)

$$\frac{d}{dx}\cot x = -\csc^2 x, \quad \frac{d}{dx}\sec x = \sec x \tan x, \quad \frac{d}{dx}\csc = -\csc x \cot x$$

예제 7. 다음 함수의 도함수를 구하라.

(가) $y = \sin(3x + 5)$ (나) $y = \tan^2\left(x - \frac{\pi}{4}\right)$

풀이 : 먼저

$$y' = \cos(3x + 5) \cdot (3x + 5)' = 3\cos(3x + 5)$$

이다. 또한,

$$\begin{aligned} y' &= 2\tan\left(x-\frac{\pi}{4}\right)\cdot\left\{\tan\left(x-\frac{\pi}{4}\right)\right\}' \\ &= 2\tan\left(x-\frac{\pi}{4}\right)\sec^2\left(x-\frac{\pi}{4}\right)\cdot\left(x-\frac{\pi}{4}\right)' \\ &= 2\tan\left(x-\frac{\pi}{4}\right)\sec^2\left(x-\frac{\pi}{4}\right) \end{aligned}$$

를 얻는다. □

예제 8. 다음 함수의 도함수를 구하라.

(가) $y=(1+\cos x)\sin x$ (나) $y=\dfrac{1-\sin x}{1+\sin x}$

풀이 : 직접 계산하여 (가)는

$$\begin{aligned} y' &= (1+\cos x)'\cdot\sin x+(1+\cos x)\cdot(\sin x)' \\ &= (-\sin x)\cdot\sin x+\cos x\cdot(1+\cos x) \\ &= -\sin^2 x+\cos^2 x+\cos x \end{aligned}$$

이고, (나)는

$$\begin{aligned} y' &= \frac{(1-\sin x)'\cdot(1+\sin x)-(1-\sin x)\cdot(1+\sin x)'}{(1+\sin x)^2} \\ &= \frac{-\cos x\cdot(1+\sin x)-(1-\sin x)\cdot\cos x}{(1+\sin x)^2} \\ &= \frac{-2\cos x}{(1+\sin x)^2} \end{aligned}$$

이다. □

예제 9. 다음 함수의 도함수를 구하라.

(가) $y=\sqrt{1+\sin 3x}$ (나) $y=\cos\sqrt{x^2+1}$

풀이 : 먼저 $u=1+\sin 3x$ 라고 하면, $y=\sqrt{u}$ 이므로

$$\frac{dy}{dx}=\frac{dy}{du}\cdot\frac{du}{dx}=\frac{1}{2\sqrt{u}}\cdot 3\cos 3x=\frac{3\cos 3x}{2\sqrt{1+\sin 3x}}$$

이다. 또한, $u=\sqrt{x^2+1}$ 이라고 하면, $y=\cos u$ 이므로

$$\frac{dy}{dx}=\frac{dy}{du}\cdot\frac{du}{dx}=-\sin u\cdot\frac{(x^2+1)'}{2\sqrt{x^2+1}}=-\frac{x}{\sqrt{x^2+1}}\sin\sqrt{x^2+1}$$

이다. □

문제 4.2.7. 다음 함수의 도함수를 구하라.

(가) $y = \sin(\cos x)$ (나) $y = \sqrt{\cos 2x}$

(다) $y = \sin^2 x^3$ (라) $y = \sqrt{\cot 3x}$

문제 4.2.8. 다음 함수의 도함수를 구하라.

(가) $f(x) = \sin^2 x^2$ (나) $f(x) = \tan^2 2x$

(다) $f(x) = \tan(x^2 + 1)$ (라) $f(x) = \dfrac{\cot x}{1 + \sec x}$

(마) $f(x) = \cos 7x \sin 5x$ (바) $f(x) = \dfrac{\tan x}{\sin x + \cos x}$

문제 4.2.9. 다음 함수의 도함수를 구하라.

(가) $y = \sqrt[3]{\dfrac{1 + \sin 2x}{1 - \sin 2x}}$ (나) $y = \sqrt{\dfrac{1 - \cos 4x}{1 + \cos 4x}}$

문제 4.2.10. 지정된 구간에서 다음 부등식이 성립함을 증명하라.

(가) $\tan x > x \quad \left(0 < x < \dfrac{\pi}{2}\right)$ (나) $\sin x > x - \dfrac{x^3}{6} \quad (x > 0)$

예제 10. 이계도함수를 이용하여 다음 함수

$$f(x) = \cos x - \cos^2 x, \qquad 0 \le x < \pi$$

의 극값을 구하라.

풀이 : 미분하면

$$f'(x) = -\sin x - 2\cos x \cdot (-\sin x) = \sin x(2\cos x - 1)$$

이고, 다시 미분하면

$$\begin{aligned} f''(x) &= \cos x(2\cos x - 1) + \sin x \cdot (-2\sin x) \\ &= 2\cos^2 x - 2\sin^2 x - \cos x \end{aligned}$$

이다. 따라서 $0 \le x < \pi$에서 $f'(x) = 0$인 x의 값은 $x = 0$ 혹은 $x = \dfrac{\pi}{3}$인데,

$$f''(0) = 1 > 0, \qquad f''\left(\frac{\pi}{3}\right) = -\frac{3}{2} < 0$$

이므로, $f(x)$는 $x = 0$일 때 극소값 0을 가지고, $x = \dfrac{\pi}{3}$일 때 극대값 $\dfrac{1}{4}$을 가진다. □

문제 4.2.11. 곡선 $y = \tan(\pi x - 4)$ 의 접선 가운데 직선 $y = \pi x - 4$에 나란한 접선의 접점 $P(x,\ y)$를 구하라.

문제 4.2.12. 함수 $f(x) = ax - 4\sin x + \sin 2x$가 극값을 가지지 않도록 a의 값의 범위를 구하라.

문제 4.2.13. 다음 함수의 극값과 변곡점을 조사하고 그래프를 그리라.

(가) $y = x + \sin x$ (나) $y = \cos x - \sin x$

예제 11. 원점을 중심으로 반지름 1 인 원주 위를 점 $(1,\ 0)$에서 시작하여 시계 반대 방향으로 일정한 각속도 θ (라디안/초)로 움직이는 점 P가 있다. 이 점 P에서 x 축에 내린 수선의 발을 Q라고 할 때

(가) Q의 위치 x를 시각 t의 함수로 나타내라.
(나) Q의 속도와 가속도를 시각 t의 함수로 나타내라.

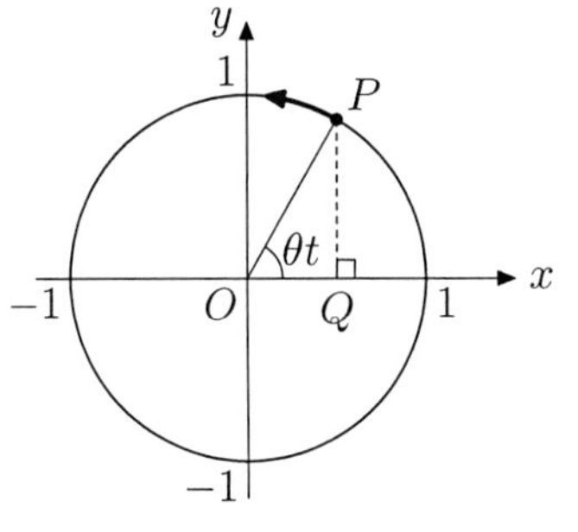

풀이 : 먼저 t 초 후의 P의 위치는 $(\cos\theta t,\ \sin\theta t)$이므로 Q의 위치는

$$x = \cos\theta t$$

이다. 그리고 Q의 속도는

$$v = \frac{dx}{dt} = -\theta\ \sin\theta t$$

이고, Q의 가속도는

$$a = \frac{dv}{d\theta} = -\theta^2 \cos\theta t$$

이다. □

4.3 역삼각함수

역함수의 미분은 원 함수의 미분의 역수이다. 이를 이용하면 여러 가지 역삼각함수의 도함수를 바로 구할 수 있다.

역함수 미분법

함수 $y = f(x)$에 대하여

$$f(g(y)) = y, \quad g(f(x)) = x$$

을 만족시키는 함수 $x = g(y)$를 함수 $y = f(x)$의 역함수라 한다. 함수 f가 미분가능하고 $f'(x) = 0$인 점이 없으면 $f' > 0$이거나 $f' < 0$임이 잘 알려져 있다.[6)] 따라서 함수 $y = f(x)$는 증가함수이거나 감소함수이고, 특별히 전단사함수가 된다. 따라서 f는 역함수 g를 가진다.

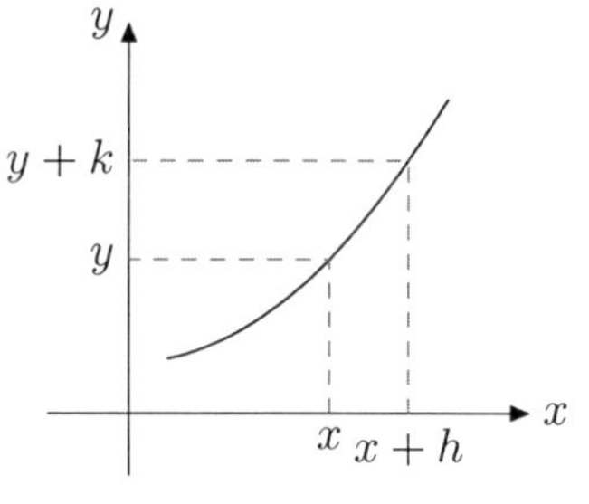

이제, 그 역함수가 미분가능하고

$$g'(y) = \frac{1}{f'(x)} = \frac{1}{f'(g(y))}$$

임을 보이자. 평균변화율 $\dfrac{g(y+k) - g(y)}{k}$에서

$$x = g(y), \qquad h = g(y+k) - g(y)$$

라 두면 $g(y+k) = x + h$이므로 $f(x+h) = y + k$이다. 따라서 $k = f(x+h) - f(x)$이고, $h \neq 0$이므로

$$\frac{g(y+k) - g(y)}{k} = \frac{h}{f(x+h) - f(x)} = \frac{1}{\dfrac{f(x+h) - f(x)}{h}}$$

6) 참고문헌 [4]의 정리 4.2.6을 참조하라.

이다. 여기서 $h \to 0$이면 f는 연속이므로 $k \to 0$이다. 역으로 $k \to 0$일 때는 $f(x+h) = y+k$가 되는 h 도 0에 가까이 가야 한다. 이 때, 위의 식에서 $k \to 0$일 때의 극한을 생각하면 좌변은 $g'(y)$가 되고 우변은 $\dfrac{1}{f'(x)}$이 된다. 즉

$$g'(y) = \frac{1}{f'(x)}$$

을 얻게 된다.

역함수의 도함수

함수 f가 열린구간에서 미분가능하고 $f'(x) = 0$인 점이 없으면 f의 역함수 g가 존재하여 g는 미분가능하고

$$g'(f(x)) = \frac{1}{f'(x)}$$

이다. 즉, 다음 등식

$$g'(y) = \frac{1}{f'(g(y))}$$

이 성립한다.

위 논증의 핵심은 미분가능한 함수의 역함수가 존재한다면 이 역함수도 미분가능하다는 것이다. 역함수가 미분가능하다고 미리 가정하면

$$f(g(y)) = y$$

의 양변을 y에 관하여 미분하면, 합성함수 미분법에서

$$f'(g(y))g'(y) = 1$$

이고, 따라서

$$g'(y) = \frac{1}{f'(g(y))} = \frac{1}{f'(x)}$$

을 얻는다.

예제 1. 함수 $y = f(x) = x^3 + 2x$의 역함수를 $x = g(y)$라 할 때 $g'(3)$을 구하라.

풀이 : 우선 $f'(x) = 3x^2 + 2 > 0$이므로

$$g'(y) = \frac{1}{3x^2 + 2}$$

이다. 한편 $f(1)=3$에서 $g(3)=1$이므로

$$g'(3)=\frac{1}{f'(1)}=\frac{1}{5}$$

이다. □

문제 4.3.1. 함수 $f(x)=x^3$의 역함수와 역함수의 도함수를 구하라.

문제 4.3.2. 함수 $f(x)=2x^2$ $(x \geq 0)$의 역함수 g를 구하고 $y=g(x)$의 그래프와 $y=f(x)$의 그래프를 그리라.

문제 4.3.3. $f(x)=x^3+x-5$의 역함수를 $f^{-1}(y)$라 할 때 $\left[\frac{df^{-1}(y)}{dy}\right]_{y=5}$을 구하라.

역삼각함수와 그 도함수

함수 $y=\sin x$는 $-1 \leq y \leq 1$인 각 y의 값에 대하여 무수히 많은 x가 대응되므로 역함수를 정의할 수 없지만, 정의역을 $\left[-\frac{\pi}{2}, \frac{\pi}{2}\right]$로 제한하면 일대일대응이 되어 그 역함수가 존재한다. 이 역함수를 역사인함수라 하고, 다음

$$y=\sin x,\ -\frac{\pi}{2} \leq x \leq \frac{\pi}{2} \iff x=\arcsin y,\ -1 \leq y \leq 1$$

과 같이 표현하는데, $\arcsin y$를 $\sin^{-1} y$로 쓰기도 한다.

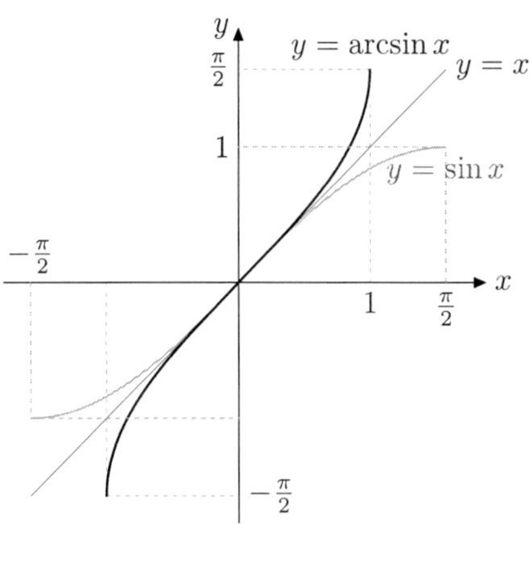

예제 2. $\arcsin\left(\frac{1}{\sqrt{2}}\right)$을 구하라.

풀이 : $\sin\frac{\pi}{4}=\frac{1}{\sqrt{2}}$이므로 $\arcsin\left(\frac{1}{\sqrt{2}}\right)=\frac{\pi}{4}$이다. □

일반적으로 $-\frac{\pi}{2} \le x \le \frac{\pi}{2}$ 일 때,

$$\arcsin(\sin x) = x$$

이다. 또한 $-1 \le y \le 1$일 때,

$$\sin(\arcsin y) = y$$

이다.

역함수의 미분법에 의하여, $-1 < y < 1$일 때

$$\frac{d}{dy}\arcsin y = \frac{1}{\frac{d}{dx}\sin x} = \frac{1}{\cos x} = \frac{1}{\sqrt{1-\sin^2 x}} = \frac{1}{\sqrt{1-y^2}}$$

이다. 여기서 $-\frac{\pi}{2} < x < \frac{\pi}{2}$ 일 때 $\cos x > 0$임을 이용하였다. 따라서

$$\frac{d}{dx}\arcsin x = \frac{1}{\sqrt{1-x^2}}, \qquad -1 < x < 1$$

임을 알게 된다.

사인함수와 같이 $y = \cos x$ 도 정의역을 $[0,\ \pi]$로 제한하면 일대일대응함수가 되어 그 역함수가 존재하고 이 역함수를 역코사인함수라 하고, 다음

$$y = \cos x,\ 0 \le x \le \pi \iff x = \arccos y,\ -1 \le y \le 1$$

과 같이 표현하는데, $\arccos y$를 $\cos^{-1} y$로 쓰기도 한다.

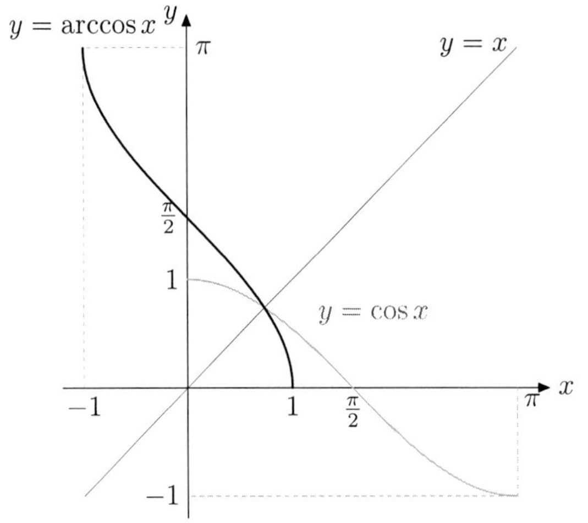

예제 3. $\arccos\left(\frac{1}{\sqrt{2}}\right)$을 구하라.

풀이 : $\cos\frac{\pi}{4} = \frac{1}{\sqrt{2}}$이므로 $\arccos\left(\frac{1}{\sqrt{2}}\right) = \frac{\pi}{4}$이다. □

일반적으로 $0 \le x \le \pi$일 때

$$\arccos(\cos x) = x$$

이다. 또한 $-1 \le y \le 1$일 때

$$\cos(\arccos y) = y$$

이다.

역함수의 미분법에 의하여 $-1 < y < 1$일 때

$$\frac{d}{dy}\arccos y = \frac{1}{\dfrac{d}{dx}\cos x} = \frac{1}{-\sin x} = \frac{1}{-\sqrt{1-\cos^2 x}}$$

이다. 따라서

$$\frac{d}{dx}\arccos x = \frac{1}{-\sqrt{1-x^2}}, \qquad -1 < x < 1$$

을 얻는다.

탄젠트함수의 정의역을 구간 $\left(-\frac{\pi}{2}, \frac{\pi}{2}\right)$로 제한하면 일대일대응이 되어 그 역함수가 존재하고 이 역함수를 역탄젠트함수라 하고, 다음

$$y = \tan x,\ -\frac{\pi}{2} < x < \frac{\pi}{2} \iff x = \arctan y,\ -\infty < y < \infty$$

과 같이 표현한다. 사인과 코사인함수의 역함수와 마찬가지로 탄젠트함수의 역함수 $\arctan y$를 $\tan^{-1} y$로 쓰기도 한다.

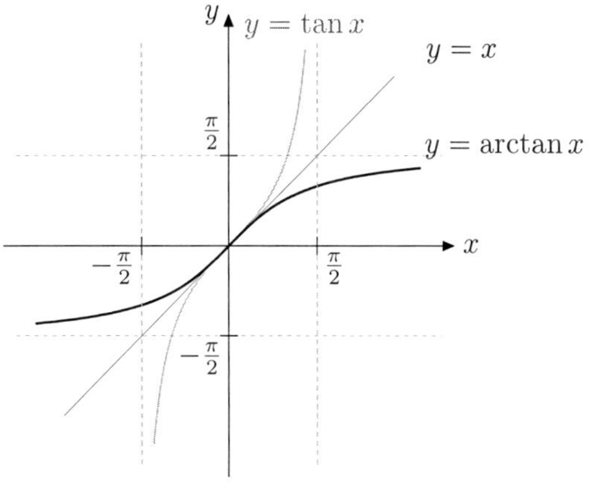

예제 4. arctan(1)을 구하라.

풀이 : $\tan\frac{\pi}{4} = 1$이므로 $\arctan(1) = \frac{\pi}{4}$이다. □

일반적으로 $-\frac{\pi}{2} < x < \frac{\pi}{2}$일 때

$$\arctan(\tan x) = x$$

이다. 또한 $-\infty < y < \infty$일 때

$$\tan(\arctan y) = y$$

이다.

역함수의 미분법에 의하여, $-\infty < y < \infty$일 때

$$\frac{d}{dy}\arctan y = \frac{1}{\frac{d}{dx}\tan x} = \frac{1}{\sec^2 x} = \frac{1}{1+\tan^2 x} = \frac{1}{1+y^2}$$

이고, 따라서

$$\frac{d}{dx}\arctan x = \frac{1}{1+x^2}$$

을 얻는다. 이 세 가지를 정리하면 다음과 같다.

역삼각함수의 도함수

$$\frac{d}{dx}\arcsin x = \frac{1}{\sqrt{1-x^2}}, \qquad \frac{d}{dx}\arccos x = -\frac{1}{\sqrt{1-x^2}},$$
$$\frac{d}{dx}\arctan x = \frac{1}{1+x^2},$$

문제 4.3.4. 다음 함수의 도함수를 구하라.

(가) $y = \arcsin(x^2 - 1)$ (나) $y = \arccos(4x+1)$

(다) $y = \dfrac{2x}{\arctan x}$ (라) $y = \arctan\dfrac{1}{x^+1}$

문제 4.3.5. 다음 함수의 도함수를 구하라.

(가) $y = \arctan x^2$ (나) $y = 3\arccos\dfrac{x}{2}$

(다) $y = \arctan\sqrt{x}$ (라) $y = x\arcsin x$

4.4 삼각함수와 복소수

수는 자연수에서 정수로, 유리수로, 실수로, 그리고 복소수로 확장되었다. 복소수의 덧셈을 이해하려면 복소수를 실수부분과 허수부분으로 나누어 평면 위에서 생각하는 것이 편하고, 복소수의 곱셈을 이해하려면 극형식을 이용하는 것이 유용하다.

복소수와 복소평면

방정식 $x^2+1=0$은 실근을 가지지 않으므로, 이 방정식의 근을 구하기 위해서는 새로운 수를 도입하여야 한다. 방정식 $x^2+1=0$의 근을 $i=\sqrt{-1}$이라 하고, 이 수를 허수단위라 부른다. 실수 a, b에 대하여 $z=a+bi$를 복소수라 부르는데, 두 복소수 $z_1=a_1+b_1i$와 $z_2=a_2+b_2i$의 합과 곱은, $i^2=-1$을 염두에 두고

$$z_1+z_2=(a_1+a_2)+(b_1+b_2)i$$
$$z_1\cdot z_2=(a_1a_2-b_1b_2)+(a_1b_2+a_2b_1)i$$

로 정의한다. 또한 복소수의 곱하기에 관한 역원은

$$\frac{1}{a+bi}=\frac{a-bi}{(a+bi)(a-bi)}=\frac{a-b_i}{a^2+b^2}=\frac{a}{a^2+b^2}-\frac{b}{a^2+b^2}i$$

이다.

실수를 수직선 위의 점과 일대일로 대응시킬 수 있다는 점을 기억한다면, 복소수는 두 개의 실수로 결정되므로 좌표평면 위의 점과 자연스럽게 일대일로 대응시킬 수 있다. 즉, 복소수 $a+bi$를 좌표평면 위의 점 (a,b)에 대응시키면 각 복소수에 좌표평면 위의 점이 대응되고, 또 좌표평면 위의 각 점에 복소수가 하나씩 대응된다. 따라서 복소수 전체의 집합은 좌표평면 위의 점의 집합과 일대일로 대응된다. 이와 같이, 복소수를 좌표평면 위의 점으로 나타낼 때, 이 좌표평면을 복소평면 또는 가우스[7)]평면이라 한다.

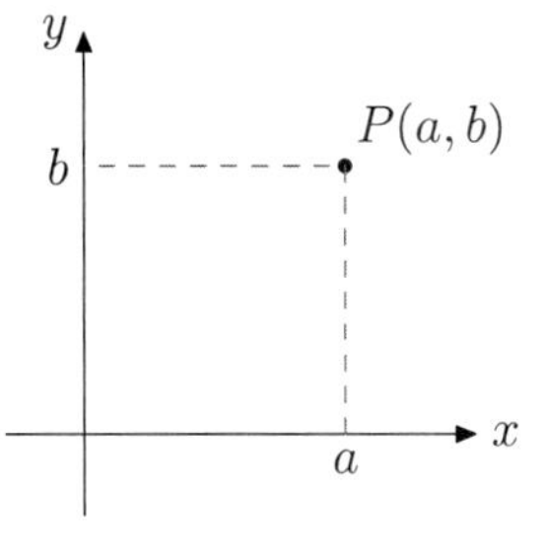

7) Johann Carl Friedrich Gauss (1777∼1855), 독일 수학자, 천문학자. Archimedes, Euler등과 더불어 역사상 최고의 수학자로 일컬어진다. 주로 Göttingen에서 활동하였다.

복소평면에서 실수 $a = a + 0 \cdot i$는 x 축 위의 점 $(a, 0)$ 에 대응되고, 허수 $bi = 0 + bi$는 y 축 위의 점 $(0, b)$에 대응된다. 이와 같은 의미에서 x 축을 실수축, y축을 허수축이라 한다. 복소수 $z = a + bi$에 대하여 그 켤레복소수 $\overline{z}$는

$$\overline{z} = a - bi$$

로 정의한다. 그러면 점 z와 점 $\overline{z}$는 x 축, 즉 실수축에 대하여 대칭이다. 또 $-z = -a - bi$이므로 점 z 와 점 $-z$는 원점에 대하여 대칭이다. 다음 공식

$$\overline{z + w} = \overline{z} + \overline{w}, \qquad \overline{zw} = \overline{z}\,\overline{w}$$

는 바로 확인할 수 있다.

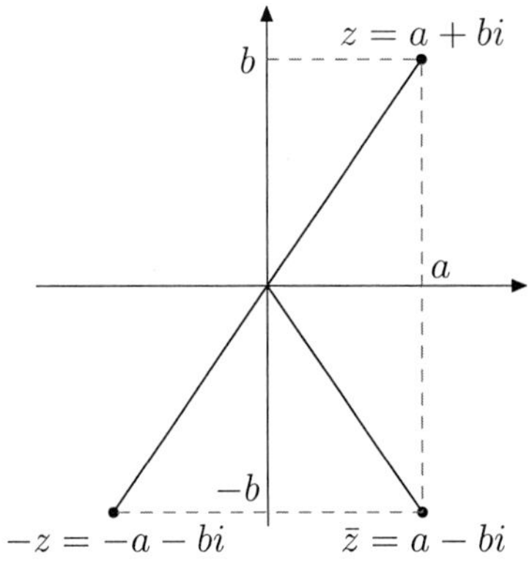

문제 4.4.1. 두 복소수 $z = a + bi$와 $w = c + di$에 대하여 등식

$$\overline{z + w} = \overline{z} + \overline{w}, \ \overline{zw} = \overline{z}\,\overline{w}$$

을 증명하라.

문제 4.4.2. 복소평면에서 복소수 z를 나타내는 점과 $-\overline{z}$를 나타내는 점은 어떤 위치 관계에 있는가 ?

복소평면에서 원점과 복소수 $z = a + bi$를 나타내는 점 P와의 거리를 z의 절대값이라 하고 $|z|$로 나타낸다. 즉,

$$|z| = \overline{OP} = \sqrt{a^2 + b^2}$$

이다. 복소평면에서 두 복소수 $z_1 = a_1 + b_1 i$, $z_2 = a_2 + b_2 i$를 나타내는 점 $P_1(a_1, b_1)$, $P_2(a_2, b_2)$ 사이의 거리는

$$\begin{aligned}\overline{P_1P_2} &= \sqrt{(a_2 - a_1)^2 + (b_2 - b_1)^2} \\ &= |(a_2 - a_1) + (b_2 - b_1)i|\end{aligned}$$

$$= |(a_2 + b_2 i) - (a_1 + b_1 i)| = |z_2 - z_1|$$

임을 알 수 있다.

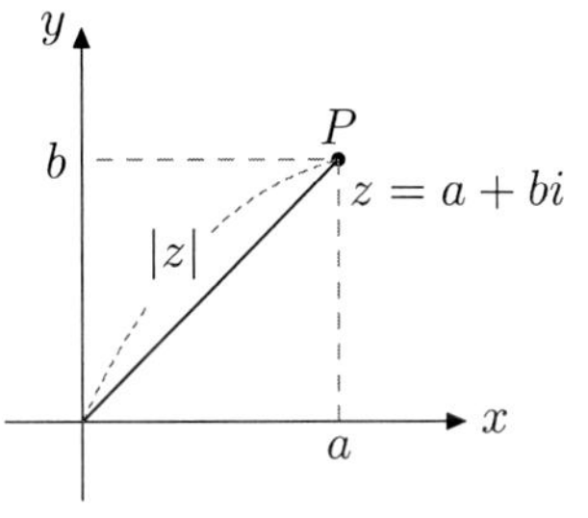

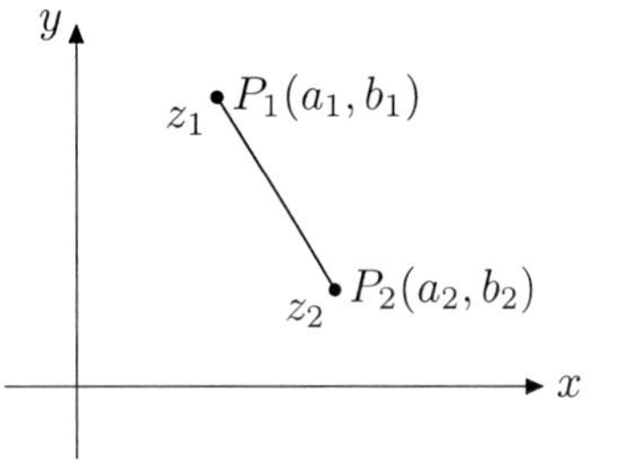

복소평면에서 두 점 사이의 거리

복소평면에서 두 점 z_1, z_2를 나타내는 점 P_1, P_2 사이의 거리는

$$\overline{P_1 P_2} = |z_2 - z_1|$$

이다. 특히, 원점 O와 복소수 z를 나타내는 점 P와의 거리는

$$\overline{OP} = |z|$$

이다.

예를 들어, 복소평면에서 두 복소수 $z_1 = 1 + 2i$와 $z_2 = 2 - 3i$를 나타내는 두 점 사이의 거리는

$$|z_2 - z_1| = |1 - 5i| = \sqrt{1^2 + 5^2} = \sqrt{26}$$

이다. 만일 $z = a + bi$라 두면

$$|z|^2 = a^2 + b^2 = (a + bi)(a - bi) = z\overline{z}$$

가 되는데, 이 공식은 복소수의 절대값을 다룰 때 매우 유용하다. 한편 $\dfrac{z + \overline{z}}{2} = a$이므로 다음 부등식

$$-|z| \le \frac{z + \overline{z}}{2} \le |z|$$

를 얻는다.

복소평면에서 절대값이 일정한 복소수가 나타내는 점들의 자취를 구하여 보자. 일정한 양수 $r > 0$이 고정되어 있을 때, 다음 등식

$$|z| = r$$

을 만족하는 복소수 z를 나타내는 점은 원점을 중심으로 반지름의 길이가 r인 원 위에 있는 점이다. 즉 이러한 복소수들이 나타내는 점의 자취는 원점을 중심으로 하는 원이다.

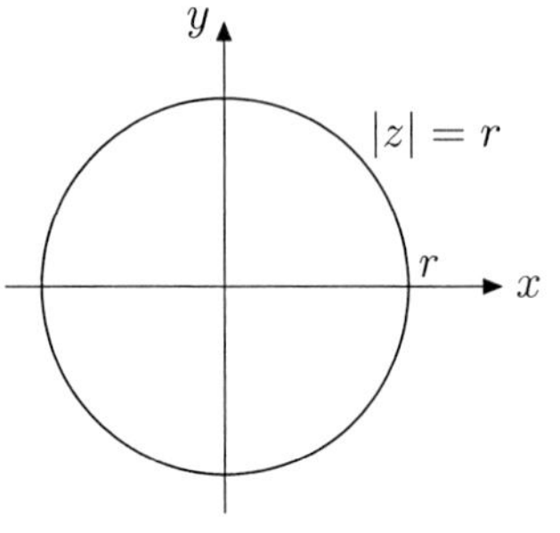

예제 1. $|z+i| = \sqrt{2}\,|z+1|$를 만족하는 복소수 z를 나타내는 점들의 자취를 구하라.

풀이 : 먼저 $z = x + iy$라고 두면

$$|z+i| = \sqrt{x^2+(y+1)^2}$$
$$\sqrt{2}\,|z+1| = \sqrt{2}\sqrt{(x+1)^2+y^2}$$

이므로,

$$x^2+(y+1)^2 = 2\{(x+1)^2+y^2\}$$
$$x^2+4x+y^2-2y+1 = 0$$
$$(x+2)^2+(y-1)^2 = 2^2$$

이고, 따라서 중심이 $-2+i$이고 반지름이 2인 원이다. □

문제 4.4.3. 등식 $|z-i| = |z+1|$이 나타내는 점 z의 자취를 구하라.

문제 4.4.4. 복소평면에서 다음 조건을 만족시키는 복소수 z가 나타내는 점의 자취를 구하라.

(가) $|z-1| = 2|z-2i|$ (나) $|z-3i| = 3$

이제, 두 복소수의 합과 차를 복소평면 위에 나타내어 보자. 이를 위하여 두 복소수

$$z_1 = a+bi, \qquad z_2 = c+di$$

를 나타내는 점을 각각 P_1, P_2라고 하자. 세 점 O, P_1, P_2가 한 직선 위에 있지 않을 때

$$z_1+z_2 = (a+c)+(b+d)i$$

를 나타내는 점을 P라고 하면

$$\overline{P_2P} = |(z_1+z_2)-z_2| = \overline{OP_1}$$

$$\overline{P_1P} = |(z_1 + z_2) - z_1| = \overline{OP_2}$$

이다. 따라서 사각형 OP_1PP_2는 두 쌍의 대변의 길이가 서로 같으므로 평행사변형이다. 즉 점 P는 OP_1, OP_2 를 이웃하는 두 변으로 하는 평행사변형의 나머지 꼭지점이다.

또한, $z_1 - z_2$를 나타내는 점을 Q라고 하자. 그러면 $z_1 - z_2 = z_1 + (-z_2)$이고 $-z_2$를 나타내는 점 P_2' 는 P_2와 원점에 대하여 대칭이다. 따라서 세 점 O, P_1, P_2가 한 직선 위에 있지 않을 때 점 Q는 OP_1 과 OP_2'를 이웃하는 두 변으로 하는 평행사변형의 나머지 꼭지점이다.

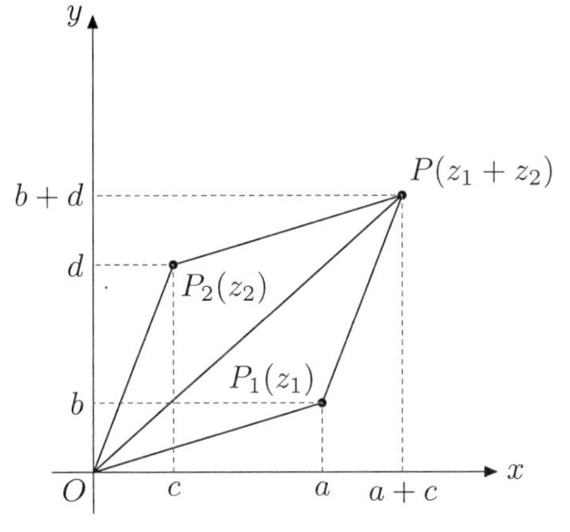

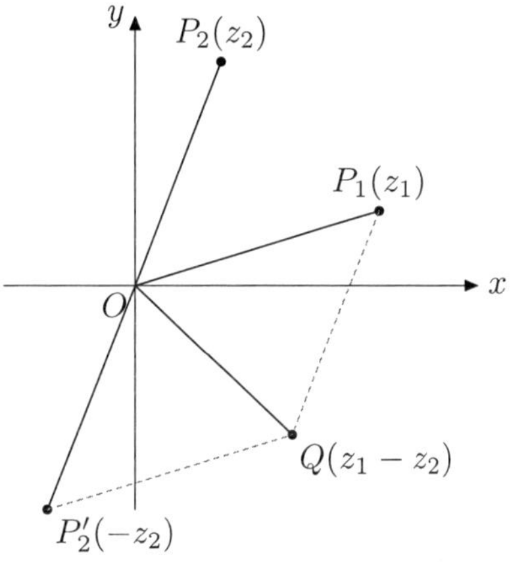

복소수의 합과 차

- 두 복소수 z_1, z_2를 나타내는 점을 각각 P_1, P_2라고 할 때, 세 점 O, P_1, P_2가 한 직선 위에 있지 않으면 $z_1 + z_2$를 나타내는 점 P는 OP_1, OP_2를 이웃하는 두 변으로 하는 평행사변형의 나머지 꼭지점이다.
- 점 P_2와 원점에 대하여 대칭인 점을 P_2'라고 할 때, 세 점 O, P_1, P_2'가 한 직선 위에 있지 않으면 $z_1 - z_2$를 나타내는 점 Q는 OP_1, OP_2'를 이웃하는 두 변으로 하는 평행사변형의 나머지 꼭지점이다.

예제 2. 임의의 두 복소수 z_1, z_2에 대하여 $|z_1 + z_2| \leq |z_1| + |z_2|$임을 보이라.

풀이 : 복소수 z_1, z_2, $z_1 + z_2$를 나타내는 점을 각각 P_1, P_2, P라고 하면, 아래 그림에서

$$\overline{OP} \leq \overline{OP_1} + \overline{P_1P}$$

이다. 따라서 $|z_1 + z_2| \leq |z_1| + |z_2|$이다.

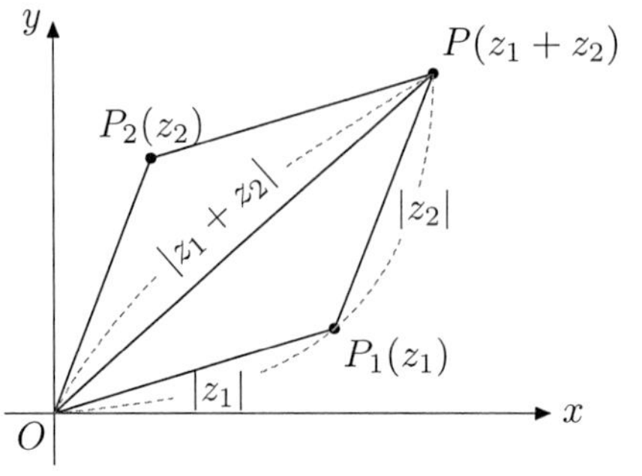

이 부등식은 절대값 $|z|$의 성질을 이용해서 증명할 수도 있다. 우선

$$|z_1+z_2|^2 = (z_1+z_2)(\overline{z}_1+\overline{z}_2) = z_1\overline{z}_1 + z_1\overline{z}_2 + \overline{z}_1 z_2 + z_2\overline{z}_2$$
$$(|z_1|+|z_2|)^2 = |z_1|^2 + 2|z_1 z_2| + |z_2|^2 = z_1\overline{z}_1 + 2|z_1 z_2| + z_2\overline{z}_2$$

이므로, 부등식 $z_1\overline{z}_2 + \overline{z}_1 z_2 \le 2|z_1 z_2|$을 증명하는 문제로 귀착되는데, 이는 일반적인 부등식 $z+\overline{z} \le 2|z|$에서 나온다. □

극형식

복소평면에서 복소수 $z = a+bi$를 나타내는 점을 P라고 할 때, OP와 x 축의 양의 방향이 이루는 각 θ를 z의 편각이라 하고

$$\arg z$$

로 나타낸다. 이 때 $\overline{OP} = r$이라고 하면

$$r = |z| = \sqrt{a^2+b^2}$$

이다. 또한 $a = r\cos\theta$, $b = r\sin\theta$이므로

$$z = a+bi = r(\cos\theta + i\sin\theta)$$

이다. 이와 같이 복소수 z를 절대값과 편각을 이용하여 나타낸 것을 복소수 z의 극형식이라 한다. 참고로, 편각 $\theta = \arg z$는 일반각으로서 하나로 정해지지 않으나, 보통 $0 \le \theta < 2\pi$의 범위에서 택한다. 또한, $z = 0$인 경우 절대값은 0이지만, 편각은 정하지 않는다.

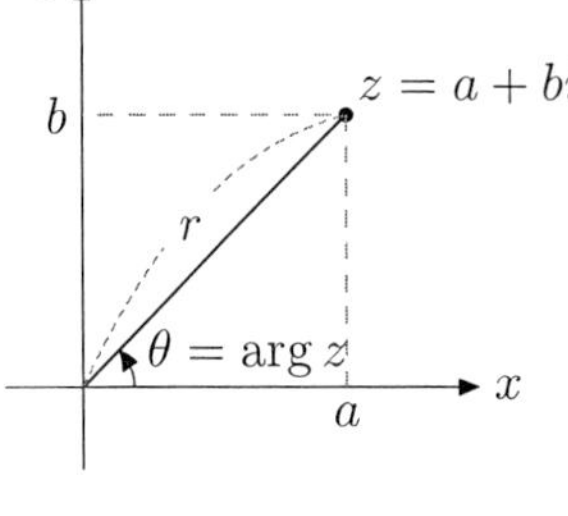

복소수의 극형식

복소수 $z = a + bi\ (z \neq 0)$의 극형식은

$$z = r(\cos\theta + i\ \sin\theta)$$

이다. 여기에서

$$r = |z| = \sqrt{a^2 + b^2}, \qquad \theta = \arg\ z$$

이다.

예제 3. 복소수 $z = 1 + i$를 극형식으로 나타내라.

풀이 : 먼저 $r = |z| = \sqrt{1^2 + 1^2} = \sqrt{2}$이다. 또한, $\tan\theta = \frac{1}{1} = 1$에서 $\theta = \frac{\pi}{4}$이다. 따라서

$$z = r(\cos\theta + i\sin\theta) = \sqrt{2}\left(\cos\frac{\pi}{4} + i\sin\frac{\pi}{4}\right)$$

를 얻는다. □

문제 4.4.5. 복소수 $z = \sqrt{3} + i$를 극형식으로 나타내라.

문제 4.4.6. 절대값 $r = 3$이고 편각 $\theta = -\frac{\pi}{4}$인 복소수를 구하라.

이제, 두 복소수 $z_1,\ z_2\ (z_1 \neq 0,\ z_2 \neq 0)$의 곱과 몫을 극형식으로 나타내어 보자. 두 복소수 $z_1,\ z_2$의 극형식을 각각

$$z_1 = r_1(\cos\theta_1 + i\ \sin\theta_1), \qquad z_2 = r_2(\cos\theta_2 + i\ \sin\theta_2)$$

라고 하면 삼각함수의 덧셈정리에 의하여

$$\begin{aligned} z_1 z_2 &= r_1(\cos\theta_1 + i\ \sin\theta_1) r_2(\cos\theta_2 + i\ \sin\theta_2) \\ &= r_1 r_2\{(\cos\theta_1\cos\theta_2 - \sin\theta_1\sin\theta_2) + i(\sin\theta_1\cos\theta_2 + \cos\theta_1\sin\theta_2)\} \\ &= r_1 r_2\{(\cos(\theta_1 + \theta_2) + i\sin(\theta_1 + \theta_2)\} \end{aligned}$$

이다. 따라서 $z_1 z_2$의 절대값은 $r_1 r_2$이고 편각은 $\theta_1 + \theta_2$이다. 즉

$$|z_1 z_2| = |z_1|\,|z_2|, \qquad \arg\ z_1 z_2 = \arg\ z_1 + \arg\ z_2$$

이다.

복소수의 곱

두 복소수의 곱의 절대값은 각 복소수의 절대값의 곱과 같고, 그 편각은 각 복소수의 편각의 합과 같다. 즉

$$|z_1 z_2| = |z_1|\,|z_2|$$
$$\arg z_1 z_2 = \arg z_1 + \arg z_2$$

이다.

또한, 복소수 $\frac{z_1}{z_2}$ 을 계산하면

$$\begin{aligned}\frac{z_1}{z_2} &= \frac{r_1(\cos\theta_1 + i\ \sin\theta_1)}{r_2(\cos\theta_2 + i\ \sin\theta_2)}\\ &= \frac{r_1}{r_2}\frac{(\cos\theta_1 + i\ \sin\theta_1)(\cos\theta_2 - i\ \sin\theta_2)}{(\cos\theta_2 + i\ \sin\theta_2)(\cos\theta_2 - i\ \sin\theta_2)}\\ &= \frac{r_1}{r_2}\frac{\cos(\theta_1-\theta_2) + i\ \sin(\theta_1-\theta_2)}{\cos^2\theta_2 + \sin^2\theta_2} = \frac{r_1}{r_2}\{\cos(\theta_1-\theta_2) + i\ \sin(\theta_1-\theta_2)\}\end{aligned}$$

이다. 따라서 $\frac{z_1}{z_2}$ 의 절대값은 $\frac{r_1}{r_2}$ 이고 편각은 $\theta_1 - \theta_2$ 이다. 즉

$$\left|\frac{z_1}{z_2}\right| = \frac{|z_1|}{|z_2|}, \qquad \arg\ \frac{z_1}{z_2} = \arg\ z_1 - \arg\ z_2$$

임을 알 수 있다. 이 등식을 다룰 때, 편각에서 2π 의 정수배를 무시한다는 것을 주의해야 한다.

복소수의 몫

두 복소수의 몫의 절대값은 각 복소수의 절대값의 몫과 같고, 그 편각은 분자의 편각에서 분모의 편각을 뺀 것과 같다. 즉

$$\left|\frac{z_1}{z_2}\right| = \frac{|z_1|}{|z_2|} \quad (z_2 \neq 0)$$
$$\arg\left(\frac{z_1}{z_2}\right) = \arg z_1 - \arg z_2$$

이다.

예제 4. 두 복소수 $z_1 = 1 + \sqrt{3}i,\ z_2 = 1 + i$ 에 대하여 $z_1, z_2,\ \frac{z_1}{z_2}$ 의 극형식을 구하라.

풀이 : 먼저

$$z_1 = 1 + \sqrt{3}i = 2(\cos\frac{\pi}{3} + i\sin\frac{\pi}{3})$$
$$z_2 = 1 + i = \sqrt{2}(\cos\frac{\pi}{4} + i\sin\frac{\pi}{4})$$

이므로

$$\begin{aligned} z_1 z_2 &= 2\cdot\sqrt{2}\left\{\cos\left(\frac{\pi}{3}+\frac{\pi}{4}\right) + i\sin\left(\frac{\pi}{3}+\frac{\pi}{4}\right)\right\} \\ &= 2\sqrt{2}\left(\cos\frac{7\pi}{12} + i\sin\frac{7\pi}{12}\right) \\ \frac{z_1}{z_2} &= \frac{2}{\sqrt{2}}\left\{\cos\left(\frac{\pi}{3}-\frac{\pi}{4}\right) + i\sin\left(\frac{\pi}{3}-\frac{\pi}{4}\right)\right\} \\ &= \sqrt{2}\left(\cos\frac{\pi}{12} + i\sin\frac{\pi}{12}\right) \end{aligned}$$

이다. □

두 복소수

$$w = \cos\alpha + i\sin\alpha, \qquad z = r(\cos\theta + i\sin\theta)$$

에 대하여

$$wz = r\{\cos(\theta+\alpha) + i\sin(\theta+\alpha)\}$$

이므로 wz의 절대값은 r이고 편각은 $\theta+\alpha$이다. 따라서 wz는 원점을 중심으로 점 z를 α 만큼 회전한 점이다.

지금까지의 결과들을 이용하여 두 복소수의 곱을 나타내는 점을 작도하여 보자. 아래 그림과 같이 두 복소수 z_1, z_2를 나타내는 점을 각각 P_1, P_2라 하고, 1을 나타내는 점을 E라고 하자. 이제 두 삼각형 $\triangle OEP_1$과 $\triangle OP_2P$가 닮은꼴이 되도록 점 P를 잡고, P가 나타내는 복소수를 z라고 하면

$$\arg z = \theta_1 + \theta_2 = \arg z_1 + \arg z_2$$
$$\overline{OP} : \overline{OP_1} = \overline{OP_2} : \overline{OE} = \overline{OP_2} : 1$$

이므로

$$|z| = \overline{OP} = \overline{OP_1}\cdot\overline{OP_2} = |z_1|\,|z_2|$$

이다. 그러므로 z의 편각은 z_1, z_2의 편각의 합과 같고, 그 절대값은 $|z_1|\,|z_2|$이다. 즉 $z = z_1z_2$ 이다. 따라서 두 복소수 z_1, z_2의 곱 z_1z_2를 나타내는 점은 원점을 중심으로 점 z_1을 arg z_2 만큼 회전한 다음, 원점과의 거리가 $|z_1|\,|z_2|$인 점을 작도하면 된다.

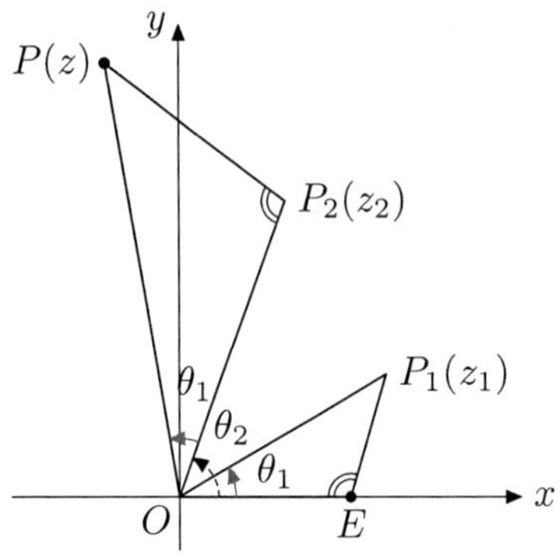

문제 4.4.7. $z_1 = r_1(\cos\theta_1 + i\sin\theta_1)$, $z_2 = r_2(\cos\theta_2 + i\sin\theta_2)$ 일 때, 다음 복소수를 극형식으로 나타내라.

(가) $z_1 z_2$ (나) $z_1^2 z_2$

(다) $\dfrac{\overline{z_2}}{z_1}$(단, $z_1 \neq 0$) (라) $\dfrac{z_1}{\overline{z_2}^2}$(단, $z_2 \neq 0$)

복소수의 거듭제곱

복소수의 극형식을 이용한 복소수의 곱셈에서 다음 등식

$$(\cos\theta_1 + i\sin\theta_1)(\cos\theta_2 + i\sin\theta_2) = \cos(\theta_1+\theta_2) + i\sin(\theta_1+\theta_2)$$

을 얻었는데, 이것을 이용하여 다음 정리를 증명하여 보자.

드 무아브르[8])의 정리

임의의 정수 $n = 0, \pm1, \pm2, \ldots$ 에 대하여 다음 등식

$$(\cos\theta + i\sin\theta)^n = \cos n\theta + i\sin n\theta$$

이 성립한다.

먼저, $n = 1$일 때 정리가 성립함은 당연하다. 수학적 귀납법으로 증명하기 위하여 $n = k$일 때 이 정리가 성립한다고 가정하면

$$(\cos\theta + i\sin\theta)^k = \cos k\theta + i\sin k\theta$$

8) Abraham de Moivre (1667∼1754), 프랑스 태생의 수학자. 그는 종교 문제로 런던으로 이주한 뒤 대학에 자리를 얻지 못하고 주로 가정교사로 어렵게 생활하였다.

이다. 양변에 $\cos\theta + i\sin\theta$를 곱하면

$$\begin{aligned}(\cos\theta + i\sin\theta)^{k+1} &= (\cos\theta + i\sin\theta)(\cos\theta + i\sin\theta)^k \\ &= (\cos\theta + i\sin\theta)(\cos k\theta + i\sin k\theta) \\ &= \cos(k+1)\theta + i\sin(k+1)\theta\end{aligned}$$

이므로, $n = k+1$일 때도 이 정리가 성립한다. 따라서 수학적귀납법에 의하여, 모든 자연수 $n = 1, 2, \ldots$ 에 대하여 이 정리가 성립한다.

이제, $n = 0$인 경우 정리가 성립함은 명백하다. 끝으로, $n < 0$인 경우 정리를 증명하기 위하여 $n = -m$으로 놓으면 (단, m은 자연수)

$$\begin{aligned}(\cos\theta + i\sin\theta)^n &= \frac{1}{(\cos\theta + i\sin\theta)^m} \\ &= \frac{1}{\cos m\theta + i\sin m\theta} \\ &= \cos m\theta - i\sin m\theta = \cos n\theta + i\sin n\theta\end{aligned}$$

이다. 따라서 모든 정수 n에 대하여 이 정리가 성립한다.

예제 5. 다음값을 구하라.

(가) $(\sqrt{3} + i)^6$ (나) $(1+i)^{-8}$

풀이 : (가) 먼저, $\sqrt{3} + i = 2(\cos\frac{\pi}{6} + i\sin\frac{\pi}{6})$ 이므로

$$\begin{aligned}(\sqrt{3} + i)^6 &= \left[2\left(\cos\frac{\pi}{6} + i\sin\frac{\pi}{6}\right)\right]^6 \\ &= 2^6\left(\cos\frac{6\pi}{6} + i\sin\frac{6\pi}{6}\right) \\ &= 2^6(\cos\pi + i\sin\pi) = 2^6 \cdot (-1) = -2^6\end{aligned}$$

를 얻는다.

(나) 마찬가지로, $1 + i = \sqrt{2}(\cos\frac{\pi}{4} + i\sin\frac{\pi}{4})$ 이므로

$$\begin{aligned}(1+i)^{-8} &= \left[\sqrt{2}\left(\cos\frac{\pi}{4} + i\sin\frac{\pi}{4}\right)\right]^{-8} \\ &= (\sqrt{2})^{-8}\left[\cos\left(-8\cdot\frac{\pi}{4}\right) + i\sin\left(-8\cdot\frac{\pi}{4}\right)\right] \\ &= \frac{1}{16}[\cos(-2\pi) + i\sin(-2\pi)] = \frac{1}{16}\end{aligned}$$

임을 알 수 있다. □

예제 6. 다음을 증명하라.

$$\cos 4\theta = \cos^4\theta + \sin^4\theta - 6\sin^2\theta\cos^2\theta$$
$$\sin 4\theta = 4(\cos^3\theta\sin\theta - \sin^3\theta\cos\theta)$$

풀이 : 드 무아브르의 정리로부터

$$\begin{aligned}\cos 4\theta + i\sin 4\theta &= (\cos\theta + i\sin\theta)^4\\ &= \{(\cos\theta + i\sin\theta)^2\}^2\\ &= (\cos^2\theta - \sin^2\theta + i\cdot 2\sin\theta\cos\theta)^2\\ &= \cos^4\theta + \sin^4\theta - 6\sin^2\theta\cos^2\theta + i\cdot 4(\cos^3\theta\sin\theta - \sin^3\theta\cos\theta)\end{aligned}$$

를 얻는다. 따라서

$$\cos 4\theta = \cos^4\theta + \sin^4\theta - 6\sin^2\theta\cos^2\theta$$
$$\sin 4\theta = 4(\cos^3\theta\sin\theta - \sin^3\theta\cos\theta)$$

가 성립함을 알 수 있다. □

문제 4.4.8. $\left(\cos\frac{\pi}{6} + i\sin\frac{\pi}{6}\right)^3$ 의 값을 구하라.

문제 4.4.9. 다음 식을 간단히 하라.

(가) $\left(\frac{1+\sqrt{3}i}{2}\right)^7$ (나) $\left(\frac{1-\sqrt{3}i}{2}\right)^6$

(다) $\left(\frac{\sqrt{2}}{1+i}\right)^{10}$ (라) $(\sqrt{2}+i)^4$

드 무아브르의 정리를 이용하면 방정식

$$z^n = 1$$

의 근을 구할 수 있다. 이를 위하여 $z = r(\cos\theta + i\sin\theta)$라 두면

$$z^n = r^n(\cos n\theta + i\sin n\theta)$$
$$1 = \cos 2k\pi + i\sin 2k\pi$$

이므로

$$r^n = 1,\ n\theta = 2k\pi \quad (r > 0,\ k \text{ 는 정수})$$

에서 $r = 1$, $\theta = \dfrac{2k\pi}{n}$ 을 얻는다 (단, $k = 0, 1, 2, \cdots, n-1$). 따라서

$$z_k = \cos\frac{2k\pi}{n} + i\sin\frac{2k\pi}{n}, \quad k = 0, 1, 2, \cdots, n-1$$

가 근이다.

예제 7. 방정식 $z^4 = 1$의 근을 구하라.

풀이 : 각 $k = 0, 1, 2, 3$에 대하여 $z_k = \cos\dfrac{2k\pi}{4} + i\sin\dfrac{2k\pi}{4}$ 를 계산하면 다음 네 복소수

$$\begin{aligned}
z_0 &= 1 \\
z_1 &= \cos\frac{\pi}{2} + i\sin\frac{\pi}{2} = i \\
z_2 &= \cos\pi + i\sin\pi = -1 \\
z_3 &= \cos\frac{6\pi}{4} + i\sin\frac{6\pi}{4} = -i
\end{aligned}$$

가 구하는 근이다. □

문제 4.4.10. 다음 방정식을 풀라.

(가) $z^3 = i$ (나) $z^3 = -2i$

문제 4.4.11. 제곱하면 $2i$가 되는 복소수를 모두 구하라.

르네상스 시대까지만 해도 방정식의 근은 양수만 생각하였다. 따라서 방정식 $x + 2 = 0$ 이나 $x^2 + 1 = 0$의 근은 없다고 간주되었다. 그런데 16세기 이탈리아 지역에서 삼차방정식과 사차방정식의 해법[9)]이 알려지면서 $\sqrt{-1}$의 존재는 회피할 수 없게 되었다. 허수 $\sqrt{-1}$의 활용을 적극적으로 제창한 사람은 한 세대 이후 봄벨리[10)]였다.

복소수를 평면의 한 점에 대응시키게 된 이후 복소수는 눈에 보이는 수로 인식되었으며, 복소함수의 미적분은 19세기 수학에서 가장 중요한 분야로 자리잡았다.

9) 삼차방정식과 사차방정식의 해법에 대해서는 여러 가지 재미있는 이야기가 전해지는데, 상세한 이야기는 참고문헌 [7]의 6 장이나 [22]의 제 16강을 참조하라.

10) Rafael Bombelli (1526∼1572), 이탈리아 수학자.

4.5 연습문제

4.5.1. 주어진 점 x에서 곡선에 접하는 접선의 방정식을 구하라.

(가) $y = \sin 3x, \quad x = \pi$

(나) $y = x \sin x, \quad x = \frac{\pi}{3}$

(다) $y = x^2 \cos x, \quad x = \frac{\pi}{6}$

(라) $y = \sin 2x + \cos 3x, \quad x = \frac{\pi}{4}$

4.5.2. 다음 함수들의 그래프를 그리라.

(가) $y = \cos x \sin(x - \frac{\pi}{2})$

(나) $y = \cos x \sin\left(x - \frac{2\pi}{3}\right)$

4.5.3. 함수 $f(x)$가

$$f(x) = \begin{cases} x^2 \sin \dfrac{1}{x} & (x \neq 0) \\ 0 & (x = 0) \end{cases}$$

로 정의될 때, $f(x)$는 $x = 0$에서 미분가능함을 증명하라. 또한, 그 도함수 $f'(x)$가 연속함수인지 살펴보라.

4.5.4. $f(x) = \arcsin x + \arccos x$의 도함수 $f'(x)$를 구하고, 항등식

$$\arcsin x + \arccos x = \frac{\pi}{2}$$

을 증명하라.

4.5.5. 적절한 구간 위에서 $y = \cot x$의 역함수를 $x = \operatorname{arccot} y$이라 정의하였을 때, $f(x) = \arctan x + \operatorname{arccot} x$의 도함수 $f'(x)$를 구하고, 다음 항등식

$$\arctan x + \operatorname{arccot} x = \frac{\pi}{2}$$

을 증명하라.

4.5.6. 연속함수 f가 다음

$$f(0) = 0, \qquad f(1) = 1, \qquad f'(x) > 0, \qquad \int_0^1 f(x)dx = \frac{1}{3}$$

을 만족시킬 때 $\int_0^1 f^{-1}(y)dy$를 구하라.

4.5.7. x축 위를 움직이는 물체의 속도가

$$v(t) = \sin\left(\frac{\pi}{4} t\right), \qquad x(0) = 1$$

으로 주어져 있다.

(가) $t = 5$일 때 가속도를 구하라.

(나) $t = 2$일 때 위치를 구하라.

(다) $t = 0$에서 $t = 6$ 사이에 움직인 거리를 구하라.

4.5.8. 어느 지방에서 하루의 온도($^\circ C$)가 시간 t에 대하여

$$C(t) = 30 - 24\cos\left(\frac{\pi t}{12}\right), \qquad 0 \le t \le 24$$

로 측정되었다.

(가) $6 \le t \le 24$ 사이의 평균온도를 구하라.
(나) 온도가 28도 이상이면 에어컨을 켤 수 있다고 한다. 에어컨을 켤 수 있는 시간대를 구하라.
(다) 28도와 1도 차이가 날 때 매시간 500원의 전기세가 든다고 할 때 하루 동안의 전기세는 얼마인가?

4.5.9. $x \ge 0$일 때, 함수 $f(x) = x + \cos x - \sin x$의 최소값을 구하라.

4.5.10. 구간 $0 \le x \le 2\pi$ 위에서 함수 $f(x) = x + \sin x + \sqrt{3}\cos x$의 최대값과 최소값을 구하라.

4.5.11. 서로 다른 임의의 두 실수 x, y에 대하여 다음 부등식

$$|\sin x - \sin y| < |x - y|$$

가 성립함을 증명하라.

4.5.12. 실수축의 원점을 중심으로 좌우로 진동하는 점의 위치가 시각 t일 때 $x(t)$로 주어지면 관계식 $x''(t) = -x(t)$를 만족한다고 한다. 이 관계식의 의미를 설명하라. 이런 관계식을 만족하는 서로 다른 함수를 세 개 찾아라.

4.5.13. 반지름의 길이가 10m인 원 안에 풀들이 자라고 있다. 이 풀밭의 경계에 말뚝을 박고 염소를 매어 놓았다. 염소가 전체 풀밭의 반을 먹을 수 있게 하려면 줄의 길이를 얼마로 해야 하는지 알고 싶다. 이 문제를 풀기 위한 방정식을 세우고, 가능한 한 근사값을 알아보라.

4.5.14. 아래 그림과 같이

$$\overline{OA} = 1, \qquad \angle OBA = \angle OCB = 90^\circ, \qquad \angle AOB = \alpha,\ \angle BOC = \beta$$

인 $\square OABC$에서

$$\overline{OC} = \overline{OP} + \overline{PC}, \qquad \overline{AP} = \overline{AQ} + \overline{QP}$$

임을 이용하여 사인과 코사인의 덧셈정리를 증명하라.

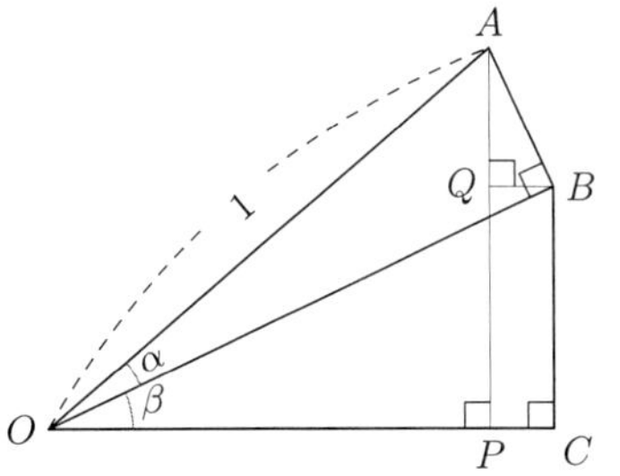

4.5.15. 등변의 길이가 r인 이등변 삼각형 중에서 최대의 넓이를 가지는 것을 구하라.

4.5.16. 광원에서 얼마만큼 떨어진 면의 한 점에서의 밝기는 그 점과 광원과의 거리의 제곱에 반비례하고, 광원과 그 점을 있는 직선이 면과 이루는 각의 sin값에 비례한다. 이제 지름의 길이가 1m인 둥근 식탁의 중심 위에 전등이 걸려 있다고 하자. 식탁의 가장자리의 밝기를 최대로 하려면 전등을 얼마나 높이 달아야 할까?

4.5.17. 어두운 밤에 지상에서 3m높이에 등이 켜져 있는 있는 가로등을 향하여 키가 170cm인 신사가 시속 4 km로 걸어가고 있다. 신사와 가로등의 거리가 1m가 되었을 때, 신사의 그림자 머리끝의 속력은 얼마인가? 또 신사가 가로등을 쳐다보는 각이 θ일 때, 1m전방에서 θ의 순간변화율을 구하라. 단, 신사의 눈높이는 160 cm이다.

4.5.18. 어떤 종이컵의 옆면이, 한 직원뿔을 그 중심축에 수직인 두 평면으로 잘라낸 부분처럼 생겼다. 사용된 종이의 넓이가 일정할 때, 컵의 용량을 최대로 하려면, 어떠한 모양이라야 하는가?

4.5.19. 복소평면에서 0, z_1, z_2가 정삼각형의 세 꼭지점일 때, $\dfrac{z_2}{z_1}$를 극형식으로 나타내라.

4.5.20. 세 복소수 z_1, z_2, z_3 사이에 다음

$$z_3 - z_1 = i(z_2 - z_1)$$

가 성립할 때, 복소평면에서 이 세 복소수가 나타내는 점이 직각이등변삼각형의 세 꼭지점이 됨을 보이라.

4.5.21. $|z| = 1$일 때 복소수 $w = \dfrac{1}{2}\left(z^2 + \dfrac{1}{z^2}\right)$이 그리는 도형의 길이를 구하라.

4.5.22. 복소수 $z = \cos\theta + i\sin\theta\ (0 \le \theta < 2\pi)$에 대하여 다음 물음에 답하라.

(가) $1 - z$를 극형식으로 나타내라.

(나) $z + z^2 + \cdots + z^n$의 실수부와 허수부를 구하라.

(다) 등식

$$z + z^2 + \cdots + z^n = \frac{z(1 - z^n)}{1 - z}$$

을 이용하여 $\displaystyle\sum_{k=1}^{n} \sin k\theta$를 구하라.

4.5.23. 복소평면 위의 세 점 $A(z_1)$, $B(z_2)$, $C(z_3)$가 일직선 위에 있을 필요충분조건은 $\dfrac{z_1 - z_3}{z_2 - z_3}$가 실수임을 보이라.

4.5.24. 일직선 위에 있지 않는 세 점 $A(z_1)$, $B(z_2)$, $C(z_3)$와 $A'(w_1)$, $B'(w_2)$, $C'(w_3)$는 $w_k = az_k + b$ $(k = 1, 2, 3$이고 a, b는 복소수$)$인 관계가 있다. 이 때 ΔABC와 $\Delta A'B'C'$는 닮은꼴임을 보이라.

4.5.25. 두 복소수 z_1, z_2의 편각이 각각 α, β이고 $z_1 = 2 + i$이다. 이 때,

$$\beta - \alpha = \frac{\pi}{4}, \qquad |z_2| = |z_2 - z_1|$$

이 되도록 z_2를 정하라.

제 **5** 장

지수함수와 로그함수

지수함수와 로그함수는 자연 현상이나 사회 현상을 이해하는 데에 필수적이다. 로그함수와 지수함수는 서로 역함수 관계이기 때문에 어느 하나를 정의하고 그 성질을 규명하면 나머지 하나는 자동적으로 이해할 수 있다. 여기에서는 적분을 이용하여 로그함수를 먼저 정의하는데, 미적분의 기본 정리를 이용하면 로그함수의 기본적인 성질들이 바로 나온다. 이를 이용하여 그 역함수로서 지수함수를 정의하고 이 함수가 기존에 알고 있던 지수함수와 같은 것임을 알게 된다.

로그함수와 지수함수가 등장하는 여러 가지 복잡한 함수들의 그래프를 그리려면, 그 도함수뿐 아니라 극한값을 구해야 하는 경우가 많은데 여기서는 간단한 경우와 함께 로피탈의 정리를 소개한다. 로피탈의 정리는 단순히 극한값을 계산하는 데에 그치는 것이 아니라 이론적인 측면에서도 중요한 역할을 한다. 또한, 지수함수를 이용하여 정의되는 쌍곡함수들의 정의와 간단한 성질들을 살펴본다.

끝으로, 몇 가지 간단한 미분방정식을 통하여 자연 현상과 사회 현상을 설명하는 데에 지수함수가 어떻게 이용되는지 알아본다.

로그 및 지수함수의 정의와 성질

- 로그함수
- 지수함수
- 자연로그의 밑
- 연속적 복리

로그 및 지수함수의 미분과 그래프

- 로그 및 지수함수의 미분
- 로피탈의 정리
- 쌍곡함수

간단한 미분방정식

- 변수분리 미분방정식
- 선형미분방정식
- 로그눈금과 경제학

5.1 로그 및 지수함수의 정의와 성질

곱하기를 더하기로 바꾸어 주는 함수가 바로 로그함수인데, 이는 로그함수가 생긴 이유이기도 하다. 곱하기에 비하여 더하기가 훨씬 쉽기 때문이다.

로그함수

이미 고등학교에서 $y = 2^x$ 와 같은 지수함수에 대하여 공부한 바 있다. 물론, x 가 유리수인 경우 2^x 이 뜻하는 바가 분명하지만, x 가 무리수인 경우 그 의미가 분명하지 못하다. 예를 들어 $2^{\sqrt{2}}$ 의 의미를 분명하게 말할 수 있으려면 극한에 관하여 훨씬 자세한 공부를 하여야 한다.

우리는 지수함수의 핵심적인 성질이

$$2^{x+y} = 2^x \cdot 2^y$$

임을 알고 있다. 그렇다면, 그 역함수가 되는 로그함수 L 의 핵심적인 성질은

$$L(xy) = L(x) + L(y)$$

이 되어야 할 것이다. 실제로 로그함수가 큰 수들의 어려운 곱셈을 손쉬운 덧셈으로 바꾸어 주기 위한 것이므로, 이 등식은 로그함수의 핵심적인 성질이다. 또한, 위 등식에 $x = y = 1$ 을 대입하면

$$L(1) = 0$$

임을 알 수 있다.

그런데 만일 어떤 함수 $L(x)$ 의 도함수가 $L'(x) = \dfrac{1}{x}$ 이고 $L(1) = 0$ 이면 이러한 성질이 자동적으로 성립된다. 실제로 $g(x) = L(ax)$ 라 두면

$$g'(x) = L'(ax)\, a = \frac{a}{ax} = \frac{1}{x}$$

이므로 $g(x) = L(x) + C$ 로 표현될 것이다. 여기에 $x = 1$ 을 대입하면

$$C = g(1) - L(1) = L(a) - L(1)$$

이 되고, 따라서

$$L(ax) = g(x) = L(x) + C = L(x) + L(a) - L(1)$$

이 된다. 그런데 처음부터 $L(1) = 0$ 이었다고 가정하였으므로 우리가 원하는 등식 $L(xy) = L(x) + L(y)$ 를 얻을 수 있다.

이제, 자연로그함수 $y = \ln x$는 다음 성질

$$L(1) = 0, \qquad L'(x) = \frac{1}{x}, \quad x > 0$$

을 만족하는 함수로 정의하고, 이 함수를 $L(x) = \ln x$로 표기한다. 자연로그함수는 그냥 로그함수라 부르기도 하는데, 앞으로 특별한 언급이 없으면 로그함수는 자연로그함수를 뜻한다. 따라서 이를 정적분으로 표시하면

$$\ln x = \int_1^x \frac{1}{t}\,dt, \qquad 0 < x < \infty$$

가 된다. 아래 그림에서 함수 $y = \dfrac{1}{t}\ (t > 0)$의 그래프를 보면

$$\ln x = \begin{cases} -(A \text{ 의 넓이}), & 0 < x < 1 \\ B \text{ 의 넓이}, & x \geq 1 \end{cases}$$

가 된다.

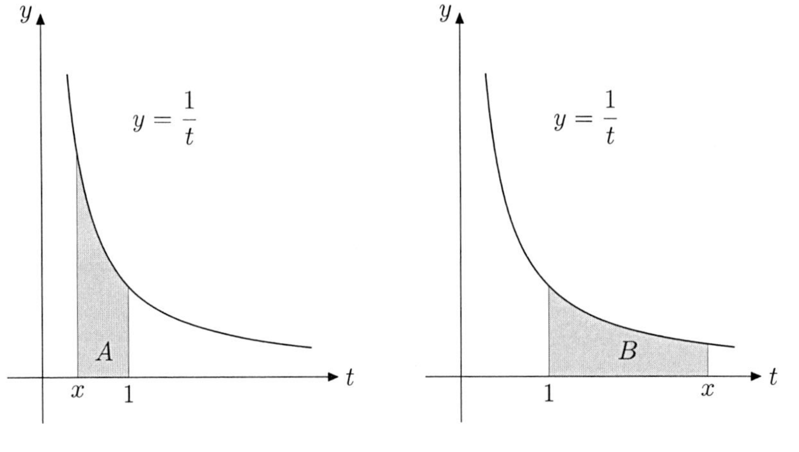

로그함수의 도함수

$$\frac{d}{dx} \ln x = \frac{1}{x}$$

특히, 정의에 의하여 $\ln 1 = 0$이다. 한편, $\ln x = 1$인 x의 값을 e라 표시하고 자연로그의 밑이라 한다. 즉,

$$\ln e = 1$$

이다. 아래 그림에서 보면 함수 $y = \dfrac{1}{t}$의 그래프에서 1에서 e까지의 넓이가 1이다.

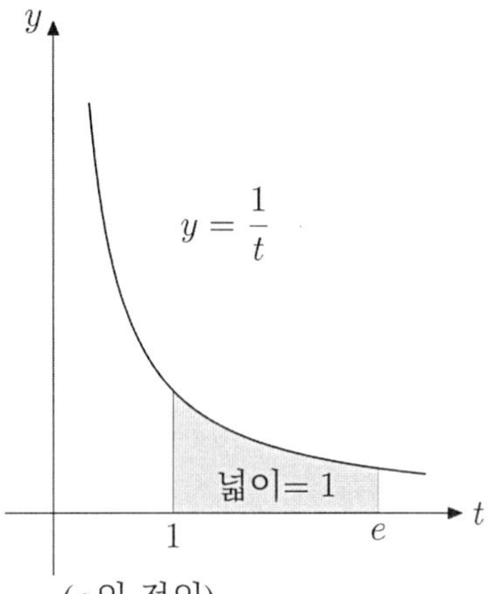

(e의 정의)

또한, 아래 그림에서 넓이를 비교하면

$$\ln 2 < \ln e = 1 = \frac{1}{2} + \frac{2}{4} < \ln 4$$

로부터 $2 < e < 4$임을 알 수 있다.

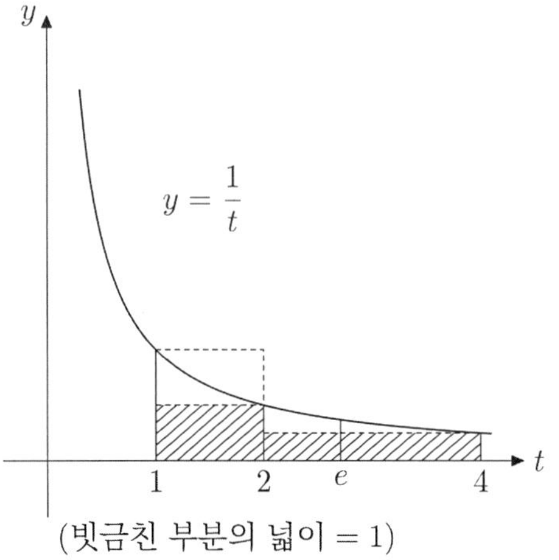

(빗금친 부분의 넓이 = 1)

로그함수의 정의역은 구간 $(0, \infty)$이고, 그 위에서 도함수가 양이므로 증가함수이다. 또한,

$$\frac{d^2}{dx^2} \ln x = -\frac{1}{x^2} < 0, \qquad x > 0$$

이므로 위로 볼록한 함수이다. 특히, 로그함수의 도함수가 $x \to +\infty$에 따라서 0에 가까이 가므로 로그함수는 $x \to +\infty$에 따라서 그 증가속도가 한없이 줄어든다.

이제 로그함수의 치역이 어떻게 되는지 알아보는데, 그 핵심은 다음 극한

$$\lim_{x\to+\infty} \ln x$$

이 유한값으로 수렴하는지 아니면 무한대로 발산하는지 알아보는 일이다. 로그함수의 정의에 의하면, 이 문제는 당연히

$$1,\ \frac{1}{2},\ \frac{1}{3},\ \cdots,\ \frac{1}{n},\ \cdots$$

를 계속 더해 나갔을 때, 그 값이 무한히 커질수 있는가 하는 문제와 직결된다. 실제로 다음 그림을 잘 살펴보면

$$\frac{1}{2}+\frac{1}{3}+\cdots+\frac{1}{n} < \ln n < 1+\frac{1}{2}+\frac{1}{3}+\cdots+\frac{1}{n-1}$$

이 성립함을 알 수 있다.

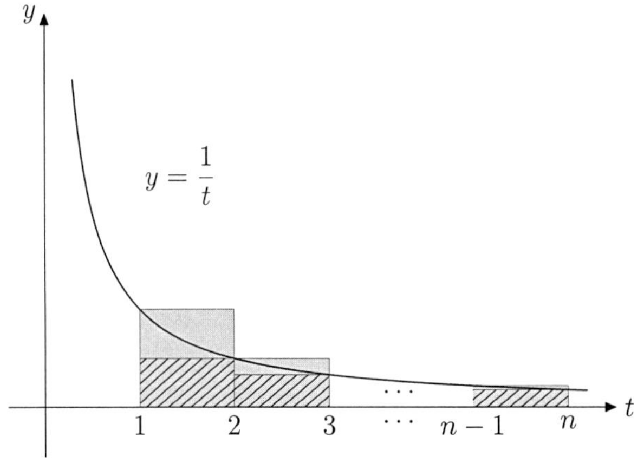

그런데

$$\begin{aligned}\frac{1}{2}+\frac{1}{3}+\frac{1}{4}+\cdots &> \frac{1}{2}+\left(\frac{1}{4}+\frac{1}{4}\right)+\left(\frac{1}{8}+\cdots+\frac{1}{8}\right)+\cdots \\ &= \frac{1}{2}+\frac{1}{2}+\frac{1}{2}+\cdots\end{aligned}$$

이므로 $\ln n$의 값이 한없이 커짐을 알 수 있다. 즉,

$$\lim_{x\to\infty}\int_1^x \frac{1}{t}\,dt = \infty$$

이다. 함수 $y=\dfrac{1}{x}$의 그래프는 $y=x$에 대칭이므로, 마찬가지로

$$\lim_{x\to0^+}\int_x^1 \frac{1}{t}\,dt = \infty$$

이다. 따라서

$$\lim_{x\to 0^+} \ln x = -\infty, \qquad \lim_{x\to\infty} \ln x = +\infty$$

이고, $y = \ln x$는 구간 $(0, \infty)$에서 $(-\infty, \infty)$로 가는 전단사함수이다. 이를 종합하면 $y = \ln x$의 그래프가 다음과 같은 모양임을 알 수 있다.

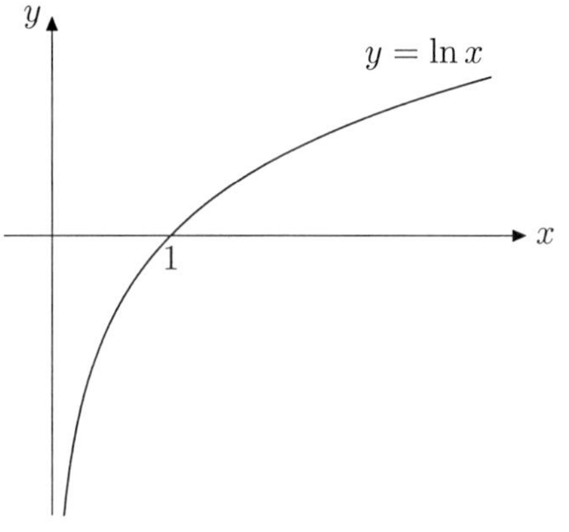

문제 5.1.1. 임의의 양수 $x > 0$에 대하여 다음 부등식

$$\ln x \le x - 1$$

이 성립함을 보이라.

문제 5.1.2. $0 \le x < 1$일 때 $x + \ln(1 - x) \le 0$이 성립함을 증명하라.

문제 5.1.3. 곡선 $y = \ln x$의 접선 중에서 직선 $y = -2x + 10$에 수직인 접선의 방정식을 구하라.

이미 로그함수 $y = \ln x$의 도함수가 $y = \dfrac{1}{x}$임을 알았다. 그런데 $x < 0$일 때, 합성함수 미분법에 의하여

$$\frac{d}{dx}\ln(-x) = \frac{1}{-x}\cdot(-x)' = \frac{-1}{-x} = \frac{1}{x}$$

이므로

$$\frac{d}{dx}\ln|x| = \frac{1}{x}$$

을 얻는다.

로그함수의 기본적인 성질은 그 도함수로부터 얻어짐을 이미 설명한 바 있지만, 다시 한번 살펴보자. 양수 a가 주어져 있을 때, 합성함수 미분법에 의하여

$$\frac{d}{dx}(\ln ax) = \frac{1}{ax}\frac{d}{dx}(ax) = \frac{1}{ax}\cdot a = \frac{1}{x}$$

이므로 $\ln x$와 $\ln ax$의 도함수가 $x > 0$일 때 같다. 따라서 적당한 상수 C에 대하여

$$\ln ax = \ln x + C$$

인데 양변에 $x = 1$을 대입하면 $\ln a = C$가 되어

$$\ln ax = \ln x + \ln a$$

를 얻고, $a = y$를 대입하면

$$\ln xy = \ln x + \ln y$$

를 얻는다. 또한

$$\ln \frac{1}{y} + \ln y = \ln \left(\frac{1}{y} \cdot y \right) = \ln 1 = 0$$

이므로 $\ln \dfrac{1}{y} = -\ln y$이고

$$\ln \left(\frac{x}{y} \right) = \ln \left(x \cdot \frac{1}{y} \right) = \ln x + \ln \frac{1}{y} = \ln x - \ln y$$

를 얻는다.

로그함수의 기본 성질

임의의 양수 $x, y > 0$에 대하여 등식

$$\ln xy = \ln x + \ln y, \qquad \ln \frac{x}{y} = \ln x - \ln y$$

가 성립한다.

문제 5.1.4. 임의의 자연수 $n = 1, 2, \ldots$ 와 $x > 0$에 대하여 등식

$$\ln x^n = n \ln x$$

가 성립함을 보이라.

이제, $\ln e^n = n$이므로 $\lim\limits_{x \to +\infty} \ln x = +\infty$임을 알 수 있고, 이로부터 거꾸로

$$1 + \frac{1}{2} + \frac{1}{3} + \frac{1}{4} + \cdots = \infty$$

임을 알 수 있다.

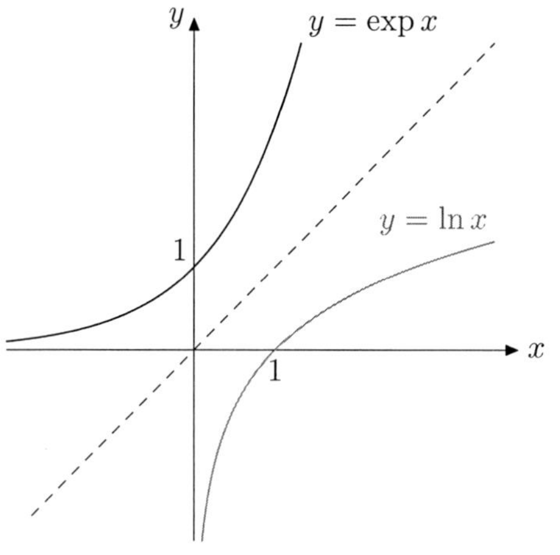

지수함수

자연로그함수 $y = \ln x$는 구간 $(0, \infty)$에서 $(-\infty, \infty)$로 가는 일대일 대응관계이므로 역함수가 존재하는데, 그 역함수를 지수함수라 하고 $x = \exp y$로 나타낸다. 그러면 역함수의 미분법에 의하여

$$\frac{d}{dy}\exp y = \frac{1}{\dfrac{d}{dx}\ln x} = \frac{1}{\dfrac{1}{x}} = \exp y$$

이므로

$$\frac{d}{dx}\exp x = \exp x$$

를 얻는다.

지수함수의 도함수

$$\frac{d}{dx}\exp x = \exp x$$

지수함수의 기본 성질 $\exp x \, \exp y = \exp(x+y)$은 로그함수의 기본성질

$$\ln(\exp x \, \exp y) = \ln \exp x + \ln \exp y = x + y$$

에서 바로 나온다.

지수함수의 기본 성질

임의의 실수 x, y에 대하여 등식

$$\exp(x+y) = \exp x \, \exp y$$

가 성립한다.

문제 5.1.5. $\exp(1) = e$임을 보이라.

문제 5.1.6. 곡선 $y = \exp x$의 접선 중에서 점 $(1,\ 0)$을 지나는 것의 방정식을 구하고, 또 접점의 좌표를 구하라.

문제 5.1.7. 임의의 x에 대하여 부등식 $x < \exp x$이 성립함을 보이라.

자연로그와 지수함수를 이용하여 임의의 실수에 대하여 지수를 정의할 수 있다. 임의의 실수 $a,\ b$ (단 $a > 0$) 에 대하여

$$a^b = \exp(b \ln a)$$

라 정의한다. 그러면 $\ln e = 1$이므로

$$e^x = \exp(x \ln e) = \exp x$$

가 성립한다. 또한, $n = 1, 2, \ldots$ 이 자연수이면

$$a^n = e^{n \ln a} = e^{\ln a + \cdots + \ln a} = e^{\ln a} \cdots e^{\ln a} = a \cdots a$$

가 되어, 이는 기존에 알고 있는 지수와 일치한다. 이미 r이 유리수이면 함수 $y = x^r$의 도함수는 $y' = rx^{r-1}$임을 알고 있다. 이제, 임의의 실수 c에 대하여 함수 $y = x^c$(단, $x > 0$)을 생각하면

$$\frac{dy}{dx} = \frac{d}{dx}\left(e^{c \ln x}\right) = e^{c \ln x} \cdot \frac{c}{x} = x^c \cdot \frac{c}{x} = cx^{c-1}$$

이다. 즉, 미분공식

$$\frac{d}{dx}x^c = cx^{c-1}, \qquad x > 0$$

을 얻는다.

함수 $y = x^c$의 도함수

각 실수 c에 대하여

$$\frac{d}{dx}x^c = cx^{c-1}, \qquad x > 0$$

이 성립한다.

만일 $y = a^x$ (단, $a > 0$)이면 $y = a^x = e^{x \ln a}$에서 $\ln y = x \ln a$의 양변을 미분하여 $\dfrac{y'}{y} = \ln a$, 즉 $y' = y \ln a = a^x \ln a$이므로

$$\frac{d}{dx}a^x = a^x \ln a, \qquad a > 0$$

임을 알 수 있다. 또한

$$\frac{d}{dx}(\ln x^r) = \frac{1}{x^r} \cdot rx^{r-1} = \frac{r}{x}, \qquad \frac{d}{dx}(r \ln x) = \frac{r}{x}$$

에서 $\ln x^r$과 $r \ln x$의 도함수가 $x > 0$일 때 같으므로, $\ln x^r = r \ln x + C$에 $x = 1$을 대입하면 $C = 0$이 되어 공식

$$\ln x^r = r \ln x$$

를 얻는다. 또한 a, $b > 0$일 때, 일반지수법칙

$$a^{x+y} = a^x a^y, \quad a^{x-y} = \frac{a^x}{a^y}$$

$$(a^x)^y = a^{xy}, \quad (ab)^x = a^x b^x$$

이 성립하는 것을 쉽게 보일 수 있다. 예를 들어

$$a^{x+y} = e^{(x+y)\ln a} = e^{x \ln a + y \ln a} = e^{x \ln a}e^{y \ln a} = a^x a^y$$

와 같이 보일 수 있다.

일반로그함수 $y = \log_a x$ (단, $a > 0$, $a \neq 1$, $x > 0$)은 지수함수 $x = a^y$의 역함수로 정의한다. 따라서 $\ln x = y \ln a$에서 $\dfrac{1}{x} = y' \ln a$이므로

$$\frac{d}{dx}(\log_a x) = \frac{1}{x \ln a}$$

임을 알 수 있다. 그런데 $\dfrac{d}{dx}\left(\dfrac{\ln x}{\ln a}\right) = \dfrac{1}{x \ln a}$이므로 $\log_a x = \dfrac{\ln x}{\ln a} + C$이고, 여기에 $x = 1$을 대입하면 $C = 0$임을 알 수 있다. 따라서 등식

$$\log_a x = \frac{\ln x}{\ln a}$$

을 얻는다. 그러므로

$$\frac{d}{dx}\log_a|x| = \frac{d}{dx}\left(\frac{\ln|x|}{\ln a}\right) = \frac{1}{x\ln a}$$

이다.

지수함수와 로그함수의 도함수

$$\frac{d}{dx}a^x = a^x \ln a \qquad \frac{d}{dx}\log_a|x| = \frac{1}{x\ln a}, \qquad a > 0$$

자연로그의 밑

만일 $f(x) = \ln x$로 두면

$$\begin{aligned}\lim_{h\to 0}\frac{\ln(1+h)}{h} &= \lim_{h\to 0}\frac{\ln(1+h)-\ln 1}{h} \\ &= \lim_{h\to 0}\frac{f(1+h)-f(1)}{h} = f'(1) = 1\end{aligned}$$

이므로 극한 공식

$$\lim_{h\to 0}(1+h)^{\frac{1}{h}} = \lim_{n\to\infty}\left(1+\frac{1}{n}\right)^n = e$$

를 얻는다.

자연로그의 밑

$$e = \lim_{h\to 0}(1+h)^{\frac{1}{h}} = \lim_{n\to\infty}\left(1+\frac{1}{n}\right)^n$$

자연로그의 밑 e의 값은

$$e \fallingdotseq 2.7182818\ldots$$

로 알려져 있는데, 제 7장 260쪽의 표를 보면 위 수열이 어떻게 수렴하는지 알 수 있다.

예제 1. 다음 극한값을 구하라.

(가) $\displaystyle\lim_{h\to 0}\left(1+\frac{h}{2}\right)^{\frac{1}{h}}$ (나) $\displaystyle\lim_{h\to 0}\frac{3^h-1}{h}$

풀이 : 먼저,

$$\lim_{h\to 0}\left(1+\frac{h}{2}\right)^{\frac{1}{h}} = \lim_{h\to 0}\left(1+\frac{h}{2}\right)^{\frac{2}{h}\cdot\frac{1}{2}}$$

$$= \lim_{h\to 0}\left\{\left(1+\frac{h}{2}\right)^{\frac{2}{h}}\right\}^{\frac{1}{2}} = e^{\frac{1}{2}} = \sqrt{e}$$

이다. 또한, $f(x) = 3^x$ 로 두면

$$\lim_{h\to 0}\frac{3^h-1}{h} = \lim_{h\to 0}\frac{f(h)-f(0)}{h} = f'(0) = \ln 3$$

을 얻는다. □

문제 5.1.8. 극한값 $\lim_{x\to\infty}\left(1+\frac{2}{x}\right)^x$ 을 구하라.

문제 5.1.9. $\lim_{x\to\infty}\left(\frac{x+a}{x-a}\right)^x = e^{-4}$ 인 실수 a 의 값을 구하라.

연속적 복리

원금 10,000 원을 연 10%의 이율로 1 년간 예금하였을 때 받을 수 있는 원리합계를 생각해 보자. 만일 1년에 한 번 이자 계산을 한다면

$$P_1 = 10000\cdot(1+0.1) = 11000$$

원이다. 그런데 만일 6개월 단위의 복리로 계산을 한다면

$$P_2 = 10000\cdot(1+0.05)^2 = 11025$$

원이 된다. 만일 1년을 4등분하여 세 달에 한번씩 복리로 계산을 한다면

$$P_4 = 10000\cdot\left(1+\frac{0.1}{4}\right)^4 = 11038.13$$

원이 된다. 이런 방식으로 계산해 보면, 매달 복리 계산을 하는 경우

$$P_{12} = 10000\cdot\left(1+\frac{0.1}{12}\right)^{12} = 11047.13$$

원이 되며, 매일 복리로 계산을 한다면

$$P_{365} = 10000\cdot\left(1+\frac{0.1}{365}\right)^{365} = 11051.56$$

원이 된다. 이와 같이, 같은 복리 이율을 적용하더라도 얼마나 자주 이자 계산을 하느냐에 따라서 원리합계는 달라진다.

원금 P_0 원을 연리 r 로 예금하였을 때, t 년후 받는 금액을 단리로 계산하면

$$P = P_0(1 + rt) \text{ 원}$$

이고, 1년 단위의 복리로 계산하면

$$P = P_0(1 + r)^t$$

이다. 또한 연복리를 매년 m 번씩 계산하면

$$P = P_0 \left(1 + \frac{r}{m}\right)^{mt}$$

가 된다. 여기서 $m \to \infty$ 일 때, 즉 연속적으로 하였을 때,

$$\begin{aligned} P(t) &= \lim_{m\to\infty} P_0 \left(1 + \frac{r}{m}\right)^{mt} \\ &= \lim_{m\to\infty} P_0 \left[\left(1 + \frac{1}{m/r}\right)^{m/r}\right]^{rt} = P_0 e^{rt} \end{aligned}$$

를 연속적 복리 r 로 계산한 금액이라 부른다. 예를 들어 원금 1원을 연속적 복리 100%로 예금하였을 때, t 년후 받는 금액을 계산하면

$$P(t) = e^t$$

이다. 같은 이율 r 에 대하여

$$P_0(1 + r)^t \neq P_0 e^{rt}$$

이므로, 연복리로 계산한 금액과 연속적 복리로 계산한 금액은 다르다.

예제 2. 매월말 10만원을 연리 3.6%로 적금을 들었다. 매월마다의 복리로 계산하여 2년 말에 받을 금액을 구하라.

풀이 : 2년은 24개월이고, 연리 3.6%는 월리 $\frac{3.6}{12}\% = 0.3\%$ 이므로, 첫 번째 달말에 예금한 10만원은 24개월 말에 $10(1 + 0.003)^{23}$ 만원을 받고, 두 번째 달말에 예금한 10만원은 23개월 말에 $10(1 + 0.003)^{22}$ 만원을 받는다. 이와 같이 계속하여, 24번째 달말에 예금한 10만원은 그달 말에 10만원을 받는다. 이를 모두 합하면 구하는 금액은

$$\begin{aligned} &10 + 10(1 + 0.003) + \cdots + 10(1 + 0.003)^{23} \\ &\quad = 10(1 + 1.003 + 1.003^2 + \cdots + 1.003^{23}) \end{aligned}$$

$$= 10\frac{1.003^{24}-1}{1.003-1}$$
$$= 10\frac{(1.003)^{24}-1}{0.003} \fallingdotseq 248.465 \ (\text{만원})$$
$$= 2,484,650 \ (\text{원})$$

이다. □

예제 3. 원금 1,000만원을 년리 9%로 연속적 복리로 예금하였다. 금액이 2배가 될 때까지의 기간을 구하라.

풀이 : t 년 후의 금액이

$$A(t) = 1000e^{0.09t} \ (\text{만원})$$

이므로 $2000 = 1000e^{0.09t}$ 에서 $\ln 2 = 0.09t$ 이고, 따라서

$$t = \frac{\ln 2}{0.09} \fallingdotseq 7.7 \ (\text{년})$$

이 걸린다. □

삼각법의 출현이 역사적으로 모호한 것과 달리 로그를 이용한 계산법은 1614년 네이피어[1]가 이에 관한 책을 출판하면서 알려졌으며, 그로 인한 계산의 편리함 때문에 전 유럽에 바로 전파되었다. 그 당시 네이피어는 알지 못하였으나 그의 로그는 상용로그보다는 자연로그에 가까운 것이었는데, 상용로그는 곧 이어 브리그스[2]에 의하여 사용되기 시작하였다. 당시는 아직까지 지수가 사용되기 전이었다.

로그가 미적분에서 중요한 위치를 차지하게 된 것은 쌍곡선과 x축 사이의 넓이가 로그함수에 의하여 주어진다는 것이 알려지면서 부터인데, 이는 1647년 출판된 빈센트[3]의 책에 실려 있다. 숫자 e를 처음 명시적으로 언급한 것은 호이겐스[4]로서, 그는 우리와 같은 방법으로 e를 정의하고 그 값을 소수 17자리까지 계산하였다. 한편, 야콥 베르누이[5]는 연속적 복리를

1) John Napier (1550~1617), 스코트랜드 수학자.

2) Henry Briggs (1561~1630), 영국 수학자.

3) Gregorius Saint-Vincent (1584~1667), 벨기에 신학자 겸 수학자.

4) Christiaan Huygens (1629~1695), 네덜란드 수학자, 천문학자 겸 물리학자.

5) Jacob Bernoulli (1654~1705), 스위스 수학자.

연구하는 과정에서 극한값

$$\lim_{n\to\infty}\left(1+\frac{1}{n}\right)^n$$

에 관심을 가지게 되었으나 이 값이 로그와 관련되는지는 몰랐다.

로그함수와 지수함수의 성질들은 오일러[6]에 의하여 체계적으로 확립되었다. 그는 자연로그의 밑에 e라는 기호를 처음 사용하였으며, 그 값을 소수점 이하 23자리

$$e = 2.71828182845904523536028...$$

까지 계산하였다. 미적분에 관한 오일러의 업적은 이루 헤아릴 수 없을 정도로 많지만, 중요한 것 중의 하나가 함수의 개념을 정립하였다는 것이다. 오일러 이전까지는 연구의 대상이 함수가 아니라 곡선이었는데, '함수' 라는 단어를 처음 쓴 사람은 라이프니츠였다. 오일러에 의하면 극한을 포함하여 수식으로 표현될 수 있는 것이 함수였는데, 현재 고등하교에서 배우는 바와 같이 집합을 이용한 함수의 정의가 확립된 것은 19세기 이후의 일이다.

이미 언급한 바 있지만 현재 대부분의 교과서가 택하고 있는 방식인

$$\text{집합과 함수} \implies \text{연속함수} \implies \text{미분법} \implies \text{적분법}$$

은 역사적인 발전의 순서와는 정반대인 셈이다. 이 책에서는 집합론적인 의미의 함수는 다루지 않는다. 연속함수의 성질을 체계적으로 다루는 일도 이 책의 범위를 벗어난다. 따라서 이 책에서 다루는 함수는 오일러가 생각한 함수이다.

5.2 로그 및 지수함수의 미분과 그래프

로그함수는 복잡한 지수와 관련된 함수를 미분하거나 극한값을 구할 때 매우 요긴하게 사용된다. 또한, 극한에 관한 로피탈의 정리는 기계적으로 극한값을 구할 수 있게 하여 준다.

로그 및 지수함수의 미분

로그함수는 $y = x^x$ (단, $x > 0$)과 같은 함수의 도함수를 구할 때 매우 유용하다. 함수 $y = x^x$의 양변에 자연로그를 취하면

$$\ln y = x \ln x$$

이고, 양변을 x에 관하여 미분하면

$$\frac{y'}{y} = \ln x + 1$$

---

6) Leonhard Euler (1707~1783), 스위스 태생의 수학자. 주로 상트페테르부르크와 베를린에서 활동하였다. 만년에 양쪽 눈을 모두 잃었다.

이므로

$$y' = x^x(\ln x + 1)$$

이다. 즉,

$$\frac{dx^x}{dx} = x^x(\ln x + 1)$$

을 얻는데, 이와 같은 방법을 로그미분법이라 한다. 물론, 지수의 정의를 이용하여 $y = e^{x \ln x}$로 바꾸어 미분해도 같은 결과를 얻는다.

예제 1. 함수 $y = x^{\sqrt{x}}$의 도함수를 구하라.

풀이 : 양변에 자연로그를 취하면

$$\ln y = \sqrt{x} \ln x$$

이고, 양변을 x에 관하여 미분하면

$$\frac{y'}{y} = \frac{1}{2\sqrt{x}} \ln x + \frac{\sqrt{x}}{x}$$

이므로

$$y' = x^{\sqrt{x}} \left(\frac{\ln x}{2\sqrt{x}} + \frac{\sqrt{x}}{x} \right)$$

이다. □

문제 5.2.1. 다음 함수의 도함수를 구하라.

(가) $y = (\cos x)^{\sin x}$ (나) $y = (x^2 - 1)^x$

문제 5.2.2. 음함수 $y^x = x^y$에서 도함수 $\dfrac{dy}{dx}$를 구하라.

문제 5.2.3. $y = x^x$의 도함수 $\dfrac{d^2y}{dx^2}$를 구하라.

이제부터 지수함수와 로그함수가 나오는 여러 가지 함수들을 미분하고 그 그래프를 그려 보기로 한다.

예제 2. 다음 함수의 이계도함수를 구하라.

(가) $y = e^x \sin x$ (나) $y = x^2 \ln x$

풀이 : 먼저 (가)는

$$\begin{aligned} y' &= (e^x)' \cdot \sin x + e^x \cdot (\sin x)' \\ &= e^x \sin x + e^x \cos x = e^x(\sin x + \cos x) \end{aligned}$$

이므로

$$\begin{aligned} y'' &= (e^x)' \cdot (\sin x + \cos x) + e^x \cdot (\sin x + \cos x)' \\ &= e^x(\sin x + \cos x) + e^x(\cos x - \sin x) = 2e^x \cos x \end{aligned}$$

이다. 마찬가지로 (나)는

$$\begin{aligned} y' &= (x^2)' \cdot \ln x + x^2 \cdot (\ln x)' \\ &= 2x \ln x + x^2 \cdot \frac{1}{x} = x(2\ln x + 1) \end{aligned}$$

이므로

$$\begin{aligned} y'' &= x' \cdot (2\ln x + 1) + x \cdot (2\ln x + 1)' \\ &= 2\ln x + 1 + x \cdot \frac{2}{x} = 2\ln x + 3 \end{aligned}$$

을 얻는다. □

예제 3. 이계도함수를 이용하여 함수 $f(x) = e^x + e^{-x}$의 극값을 구하라.

풀이 : 도함수를 구하면

$$f'(x) = e^x - e^{-x} = e^{-x}(e^{2x} - 1), \qquad f''(x) = e^x + e^{-x}$$

이다. 따라서 $f'(x) = 0$인 x의 값은 0이고, $f''(0) = 2 > 0$이다. 따라서 $f(x)$는 $x = 0$일 때 극소값 2를 가진다. □

문제 5.2.4. 함수 $y = e^x \ln x$의 이계도함수 $\dfrac{d^2y}{dx^2}$를 구하라.

문제 5.2.5. 이계도함수를 이용하여 다음 함수의 극값을 구하라.

(가) $y = \ln(x^2 + 1)$　　　　(나) $y = x^2 e^{-x}$

예제 4. 함수 $f(x) = xe^x$의 증감을 조사하라.

풀이 : 미분하면

$$f'(x) = e^x + xe^x = e^x(1 + x)$$

이므로, $f(x)$는 $x \le -1$의 범위에서 감소하고, $x \ge -1$의 범위에서 증가한다. □

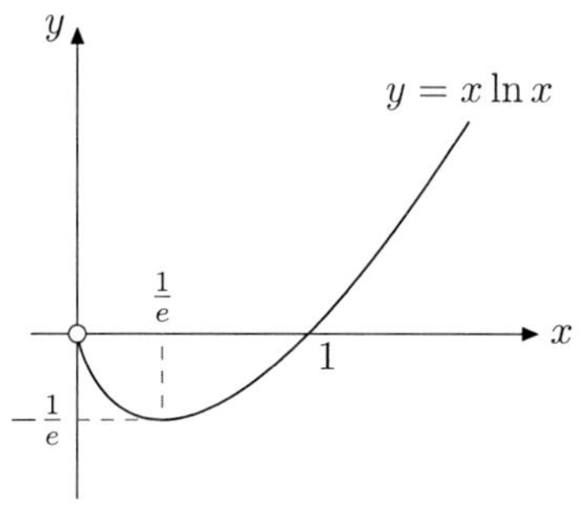

예제 5. 함수 $y = x \ln x \quad (x > 0)$의 극값을 구하라.

풀이 : y의 증감표는 다음과 같다.

x	$\cdots$	$\frac{1}{e}$	$\cdots$
y'	$-$	0	$+$
y	↘	극소	↗

따라서 y는 $x = \dfrac{1}{e}$일 때 극소값 $-\dfrac{1}{e}$을 가진다. □

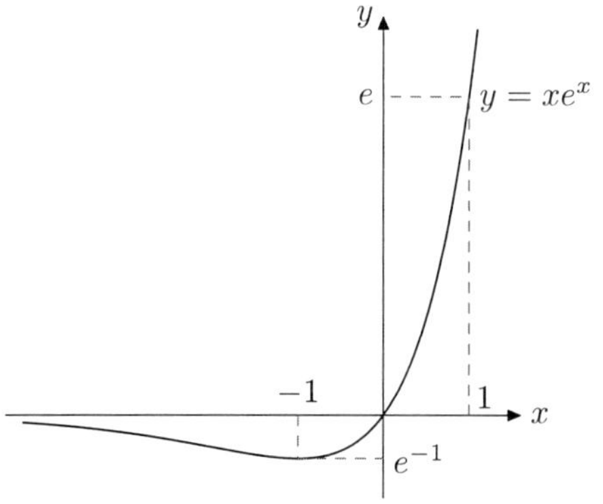

위 예제에 나오는 함수들의 그래프를 정확하게 그리려면 다음

$$\lim_{x\to-\infty} xe^x, \qquad \lim_{x\to 0^+} x\ln x$$

과 같은 부정형 극한을 계산해야 한다. 그런데 이 문제들은 $x = -t$와 $x = e^s$로 각각 치환하면 결국 $\displaystyle\lim_{x\to+\infty}\frac{x}{e^x}$의 극한을 계산하는 문제로 귀착된다. 함수 $f(x) = xe^{-x}$를 미분하면, $f'(x) = (1-x)e^{-x}$가 되고, 따라서 $f(x)$는 구간 $x > 1$에서 감소함수가 된다. 그러므로

$$\lim_{x\to\infty}\frac{x}{e^x} = 0$$

을 보이기 위해서는 x가 자연수일 때만 살펴보면 된다. 이제

$$e = 1 + a \qquad (a > 0)$$

로 두고, $x = k$가 자연수라고 하자. 그러면 이항정리로부터

$$e^k = (1+a)^k \geq 1 + ka + \frac{1}{2}k(k-1)a^2$$

이고, 따라서

$$\frac{e^k}{k} \geq \frac{1}{k} + a + \frac{k-1}{2}a^2$$

이 된다. 이로부터

$$\lim_{k\to\infty} \frac{e^k}{k} = \infty$$

를 얻고, 원하는 결론이 바로 나온다.

지수함수 e^x의 증가속도와 다항식의 증가속도를 비교해 보았을 때, 아무리 차수가 높은 다항식이라도 지수함수의 증가속도를 따르지 못한다. 이를 극한으로 나타내면

$$\lim_{x\to\infty} \frac{x^n}{e^x} = 0$$

으로 표시할 수 있다. 여기서 n은 물론 임의로 주어진 자연수이다. 이를 보이기 위하여

$$\frac{x^n}{e^x} = n^n \left(\frac{\frac{x}{n}}{e^{\frac{x}{n}}} \right)^n$$

으로부터

$$\begin{aligned} \lim_{x\to\infty} \frac{x^n}{e^x} &= n^n \lim_{x\to\infty} \left(\frac{x/n}{e^{x/n}} \right)^n \\ &= n^n \left(\lim_{x/n\to\infty} \frac{x/n}{e^{x/n}} \right)^n = n^n \left(\lim_{t\to\infty} \frac{t}{e^t} \right)^n = 0 \end{aligned}$$

과 같이 계산할 수 있다.

예제 6. 함수 $y = x^2e^{-x}$의 그래프를 그리라.

풀이 : 도함수와 이계도함수를 구하면

$$\begin{aligned} y' &= 2x\,e^{-x} - x^2e^{-x} = xe^{-x}(2-x) \\ y'' &= e^{-x}(2-x) - xe^{-x}(2-x) - xe^{-x} = e^{-x}(x^2-4x+2) \end{aligned}$$

이다. 그러므로 y의 증감표는 다음과 같다.

x	$\cdots$	0	$\cdots$	$2-\sqrt{2}$	$\cdots$	2	$\cdots$	$2+\sqrt{2}$	$\cdots$
y'	$-$	0	$+$	$+$	$+$	0	$-$	$-$	$-$
y''	$+$	$+$	$+$	0	$-$	$-$	$-$	0	$+$
y	↘	극소	↗	변곡점	↗	극대	↘	변곡점	↘

그런데 $x \to \infty$일 때 $y \to 0$이므로 $y = 0$은 점근선이다. 또 $x \to -\infty$일 때 $y \to \infty$이다. 위의 사실을 종합하여 그래프를 그리면 아래 그림

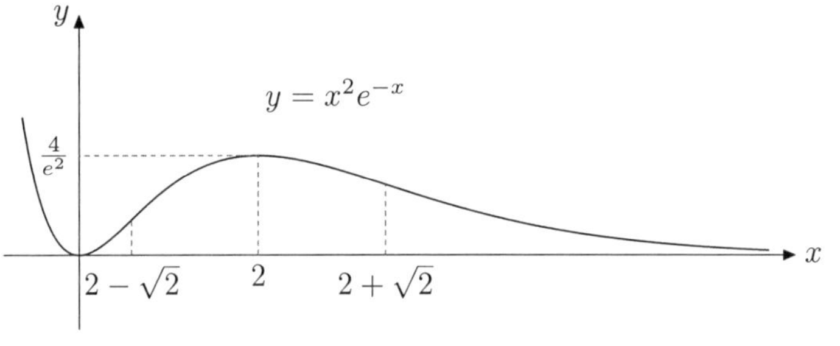

과 같다. □

문제 5.2.6. 다음 함수들의 극값과 변곡점을 조사하고, 그래프를 그리라.

(가) $y = x^2 + \ln(x+1)$ (나) $y = xe^{-x^2}$

문제 5.2.7. 실수 a가 변함에 따라서 방정식 $x\ln x = a$의 실근의 개수가 어떻게 되는지 조사하라.

이제, 함수 $f(x) = x^x$의 그래프를 그려보자. 이미 구한 바 있는 이 함수의 도함수

$$f'(x) = x^x(\ln x + 1)$$

로부터 구간 $\left(0, \frac{1}{e}\right)$에서 감소하고 $\left(\frac{1}{e}, \infty\right)$에서 증가함을 알고 있다. 따라서 극한값 $\lim_{x\to 0^+} x^x$를 구해야 하는데 이런 경우에도 로그함수가 유용하게 이용된다. 이를 위하여

$$A = \lim_{x\to 0^+} x^x$$

라 두고 양변에 로그를 취하면, 로그함수는 연속이므로 극한과 순서를 바꿀 수 있으므로

$$\ln A = \lim_{x\to 0^+} x\ln x = 0$$

이다. 이로부터 $\lim_{x\to 0^+} x^x = 1$임을 알 수 있다. 이를 이용하여 그래프를 그리면 다음과 같다.

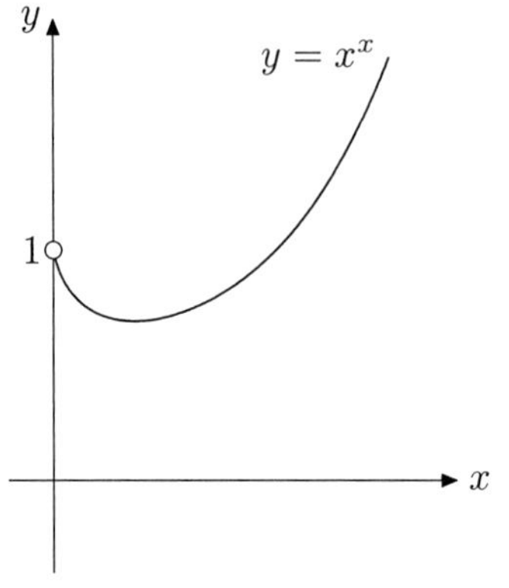

로피탈의 정리

이와 같이 지수함수나 로그함수가 나오는 함수의 그래프를 그리려면 극한값을 구하는 것이 필수적이다. 이제 극한값을 구하는 데에 매우 유용한 로피탈의 정리를 소개하는데, 이를 위하여 평균값정리를 보다 정교하게 다듬는 것이 필요하다.

평균값정리는 어떤 구간에서 정의된 미분가능한 함수의 평균변화율과 같은 순간변화율을 가지는 점이 존재한다는 것을 말해 준다. 그러나 두 개의 미분가능한 함수 $f(x)$, $g(x)$가 주어졌다면, 다음 그림에서 알 수 있듯이 $f(x)$의 평균변화율을 주는 점과 $g(x)$의 평균변화율을 주는 점이 같을 필요가 없다.

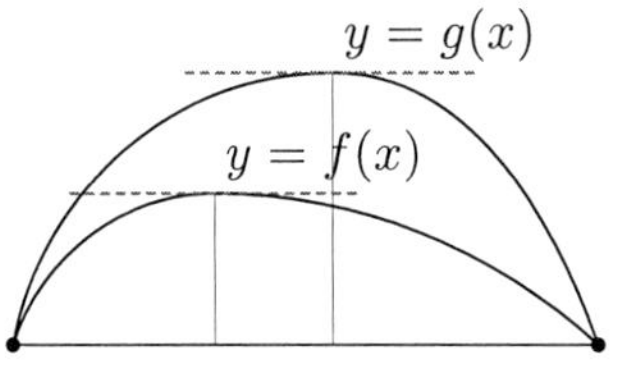

다음 정리는 두 평균변화율의 비와 두 순간변화율의 비가 같아지는 순간이 존재한다는 것을 말해 준다. 이제 공부할 코시의 평균값정리와 로피탈의 정리는 앞으로 이론적인 측면에서도 중요하게 쓰인다.

코시의 평균값정리

두 함수 $y = f(x)$, $y = g(x)$가 닫힌구간 $[a, b]$에서 연속이고, 열린구간 (a, b)에서 미분가능하다고 하자. 그러면

$$f'(c)\,[g(b) - g(a)] = g'(c)\,[f(b) - f(a)]$$

를 만족하는 점 $c \in (a, b)$가 존재한다.

증명을 위하여 새로운 함수 $y = h(x)$를

$$h(x) = [f(b) - f(a)]\ g(x) - [g(b) - g(a)]\ f(x), \qquad x \in [a, b]$$

라 정의하자. 그러면 이 함수에 롤의 정리를 적용하여 원하는 바를 이끌어 낼 수 있다.

문제 **5.2.8.** 코시의 평균값정리의 증명을 마무리하라.

로피탈[7]의 정리

구간 위에서 정의된 미분가능한 두 함수 $f(x)$와 $g(x)$가 구간의 점 a에 대하여 $f(a) = g(a) = 0$이고, 극한값 $\lim_{x \to a} \frac{f'(x)}{g'(x)}$이 존재한다고 하자. 그러면

$$\lim_{x \to a} \frac{f(x)}{g(x)} = \lim_{x \to a} \frac{f'(x)}{g'(x)}$$

이다.

코시의 평균값정리에 의하여

$$\frac{f(x)}{g(x)} = \frac{(f(x) - f(a))}{(g(x) - g(a))} = \frac{f'(c)}{g'(c)}$$

이 되는 점 c가 x와 a 사이에 존재한다. 따라서 x가 a에 가까워지면, c 도 a에 가까워지고, 그러므로 위 식의 극한이 같아진다. 로피탈의 정리는 $a = \infty$인 경우에도 성립한다. 또한, 위와 같이 $\frac{0}{0}$ 꼴뿐 아니라 $\frac{\infty}{\infty}$ 꼴인 경우에도 성립한다. 이 정리를 이용하면

$$\lim_{x \to \infty} \frac{e^x}{x^2} = \lim_{x \to \infty} \frac{e^x}{2x} = \lim_{x \to \infty} \frac{e^x}{2} = \infty$$

와 같이 간단하게 극한값을 구할 수 있다.

문제 **5.2.9.** 다음 극한값을 구하라.

(가) $\lim_{h \to 0} \frac{\ln(e + h) - 1}{h}$ (나) $\lim_{x \to \infty} x^{\frac{1}{x}}$

(다) $\lim_{x \to 1} \left(\frac{1}{\ln x} - \frac{1}{x - 1} \right)$ (라) $\lim_{x \to 1} \frac{(\ln x)^2}{x^3 - 3x + 2}$

(마) $\lim_{x \to 0} \frac{x}{\arctan 2x}$ (바) $\lim_{x \to 0} \frac{\arctan x}{x}$

---

7) Guillaume François Antoine Marquis de L'Hôpital (1661∼1704), 프랑스 수학자. 그는 1696년 미적분에 관한 첫 교과서를 출판하였다.

쌍곡함수

이제, 응용수학 특히 공학에서 자주 사용되는 쌍곡함수를 정의하고 이들의 성질을 조사해 보자. 쌍곡사인함수, 쌍곡코사인함수, 쌍곡탄젠트함수를 다음

$$\sinh x = \frac{e^x - e^{-x}}{2}, \qquad \cosh x = \frac{e^x + e^{-x}}{2}$$

$$\tanh x = \frac{\sinh x}{\cosh x} = \frac{e^x - e^{-x}}{e^x + e^{-x}}$$

과 같이 정의한다. 위 정의에 의하여

$$\cosh^2 x - \sinh^2 x = \left(\frac{e^x + e^{-x}}{2}\right)^2 - \left(\frac{e^x - e^{-x}}{2}\right)^2 = 1$$

을 얻고[8)], $\sinh(-x) = -\sinh x$, $\cosh(-x) = \cosh x$ 이다. 또한

$$\frac{d}{dx}\sinh x = \frac{e^x + e^{-x}}{2} = \cosh x$$

$$\frac{d}{dx}\cosh x = \frac{e^x - e^{-x}}{2} = \sinh x$$

이다. 그런데 $\cosh x > 0$ 이므로 $\sinh x$는 증가함수이고, $\dfrac{d^2}{dx^2}\cosh x > 0$ 이므로 $\cosh x$는 아래로 볼록하다. 참고로 쌍곡함수의 그래프는 다음과 같다.

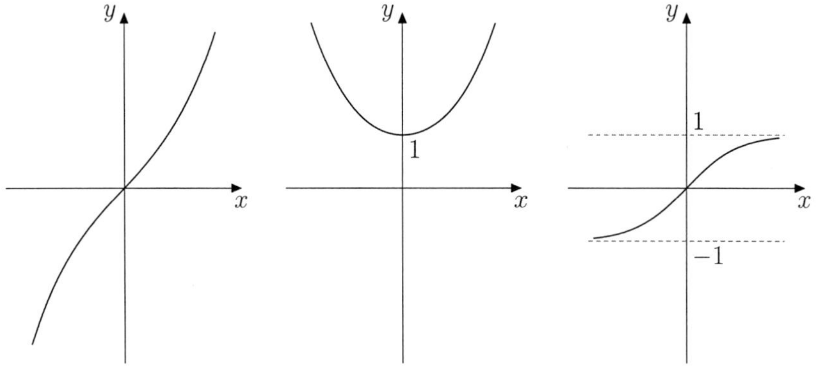

$y = \sinh x$ $y = \cosh x$ $y = \tanh x$

쌍곡함수에 대하여 삼각함수와 비슷한 다음 항등식을 쉽게 얻는데, 정의를 이용하여 바로 증명할 수 있다.

$$\sinh(x \pm y) = \sinh x \cosh y \pm \cosh x \sinh y$$

8) 이로부터, 쌍곡선 $x^2 - y^2 = 1$(단, $x > 0$)의 점 (x, y)가 $x = \cosh t$, $y = \sinh t$로 매개화됨을 알 수 있다. 쌍곡선을 비롯한 이차곡선에 대해서는 제 2권에서 자세하게 공부하게 된다.

$$\cosh(x \pm y) = \cosh x \cosh y \pm \sinh x \sinh y$$
$$\tanh(x \pm y) = \frac{\tanh x \pm \tanh y}{1 \pm \tanh x \tanh y}$$

문제 5.2.10. 위 항등식들을 증명하라.

문제 5.2.11. 다음 함수의 도함수를 구하라.

(가) $y = x \cosh x$ (나) $y = \sinh(1 - x^2)$

(다) $y = x \sinh x - \cosh x$ (라) $y = \arctan(\sinh x)$

쌍곡함수 $y = \sinh x$, $y = \tanh x$는 일대일대응이므로 역함수가 존재하여 그 역함수를 각각 $x = \sinh^{-1} y$, $x = \tanh^{-1} y$로 표현한다. 또한 $y = \cosh x$ 도 정의역을 $x > 0$로 제한하면 역함수가 존재하고 그 역함수를 $x = \cosh^{-1} y$ 로 표현한다. 역함수의 미분법과 위 항등식을 사용하면 다음을 확인할 수 있다.

$$\frac{d}{dx} \sinh^{-1} x = \frac{1}{\sqrt{x^2 + 1}}$$
$$\frac{d}{dx} \cosh^{-1} x = \frac{1}{\sqrt{x^2 - 1}}, \quad x > 1$$
$$\frac{d}{dx} \tanh^{-1} x = \frac{1}{1 - x^2}, \quad -1 < x < 1$$

예제 7. $\dfrac{d}{dx} \sinh^{-1} x = \dfrac{1}{\sqrt{x^2 + 1}}$ 임을 보이라.

풀이 : $y = \sinh^{-1} x$와 $x = \sinh y$는 같은 뜻이므로 $\dfrac{d}{dx}x = \dfrac{d}{dx} \sinh y$에서

$$1 = \cosh y \cdot \frac{dy}{dx} = \sqrt{1 + \sinh^2 y} \cdot \frac{dy}{dx} = \sqrt{1 + x^2} \cdot \frac{dy}{dx}$$

따라서

$$\frac{dy}{dx} = \frac{1}{\sqrt{x^2 + 1}}$$

이다. □

끝으로, 함수 $y = \sinh^{-1} x$를 다른 방식으로 표현해 보고 이 절을 마친다. 먼저

$$x = \sinh y = \frac{e^y - e^{-y}}{2}$$

이므로 $(e^y)^2 - 2xe^y - 1 = 0$ 이고, $e^y > 0$ 이므로

$$e^y = x + \sqrt{x^2 + 1}$$

이다. 따라서 $y = \ln(x + \sqrt{x^2 + 1})$ 이고, 이를 다시 쓰면

$$y = \sinh^{-1} x = \ln(x + \sqrt{x^2 + 1})$$

이다.

문제 5.2.12. 다음 관계식을 증명하라.

(가) $\cosh 2x = 2\cosh^2 x - 1$ (나) $\cosh \dfrac{x}{2} = \sqrt{\dfrac{\cosh x + 1}{2}}$

문제 5.2.13. $\lim_{x \to \infty} \dfrac{\sinh x}{e^x}$ 를 구하라.

5.3 간단한 미분방정식

여러 가지 자연현상은 많은 경우 미분방정식으로 표현할 수 있다. 그런데 미분방정식의 해는 지수함수를 포함하는 경우가 많다.

변수분리 미분방정식

영국의 경제학자 맬더스[9)]는 인구증가율이 현재의 인구에 비례한다는 가설을 제시하였다. 만일 시각 t 일 때 인구를 $y(t)$ 라 두면, 그 순간 인구증가율은 $y'(t)$ 가 될 것이다. 맬더스의 가설에 따르면 $y'(t)$ 와 $y(t)$ 가 비례해야 하므로 다음 등식

$$y'(t) = ky(t)$$

이 성립해야 한다. 여기에서 k 는 물론 비례상수이다. 이와 같이 함수의 미분이 포함된 방정식을 미분방정식이라 한다. 여러 가지 사회현상 및 자연현상은 미분방정식으로 표현할 수 있다.

이제, 위 방정식을 만족하는 함수를 찾아보자. 먼저

$$\frac{y'(t)}{y(t)} = k$$

9) Thomas Robert Malthus (1766∼1834), 영국의 경제학자.

의 양변을 적분하면

$$\ln y(t) = kt + c$$

이므로, $y(t) = e^c e^{kt}$를 얻는다. 또한, $C = e^c$로 두면

$$y(t) = Ce^{kt}$$

를 얻는다. 이 함수는 상수 C에 관계없이 모두 원래 방정식 $y' = ky$를 만족하는데, 이와 같이 주어진 미분방정식을 만족시키는 함수를 그 미분방정식의 해라 한다.

미분방정식의 해는 일반적으로 하나로 결정되지 않고, C의 값에 따라서 여러 가지 해를 가진다. 그런데 이 방정식의 해 $y(t) = Ce^{kt}$가 어느 특정한 점을 지난다고 한다면 그 해는 하나로 결정될 것이다. 이 경우, 방정식은

$$y'(t) = ky(t), \qquad y(0) = y_0$$

등으로 주어져 있었을 것이다. 이 때, 방정식의 해가 지나가야 하는 특정한 점을 지정해 주는 $y(0) = y_0$를 초기조건이라 부르고, 이러한 초기조건을 만족하는 방정식의 해를 특수해라 부른다. 이에 비하여 초기조건과 무관한 해 $y(t) = Ce^{kt}$를 일반해라 부른다.

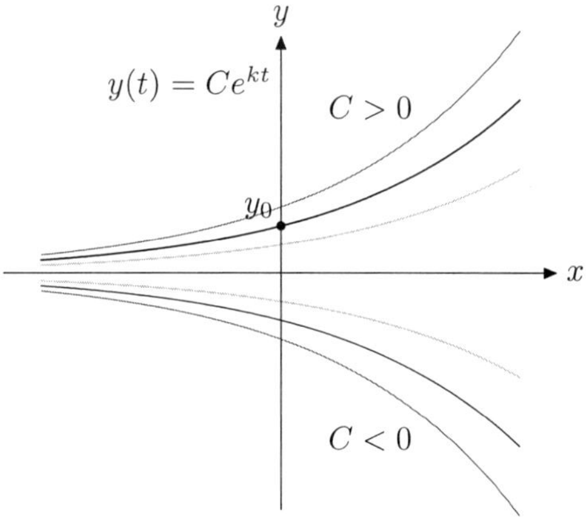

예제 1. 어느 시에서 10년 전 인구가 10,000명, 올해의 인구가 13,000명이라 한다. 맬더스의 인구모형에 의하면 10년 후의 대략적인 인구는 얼마일까?

풀이 : 10년 전을 $t = 0$으로 두면, 올해는 $t = 10$이고 10년 후는 $t = 20$이다. 일반해

$$y = Ce^{kt}$$

에서

$$10,000 = Ce^{k\cdot 0}, \qquad 13,000 = Ce^{k\cdot 10}$$

이므로, 이를 풀면 $C = 10,000$이고

$$k = \frac{1}{10}\ln 1 \cdot 3 \fallingdotseq 0.0262$$

이다. 따라서 10년 후의 인구는 약

$$y = 10,000e^{0.0262\times 20} \fallingdotseq 16,900(\text{명})$$

이다.

사실, 이 예제는 간단하게 풀 수도 있다. 가정에 의하면 10년 동안 인구가 130% 로 증가하므로 구하는 답은

$$13,000 \times 1.3 = 16,900(\text{명})$$

이다. □

원금 P_0를 연속적 복리 r로 예금하면 t년 후에 받는 금액은

$$P(t) = P_0 e^{rt}$$

임을 아는데, 이는 미분방정식

$$P'(t) = rP(t), \qquad P(0) = P_0$$

의 특수해이다. 즉, 연속적 복리의 의미는 금액의 증가율이 비례상수 r로 금액에 비례한다는 뜻이다. 현금 P_0를 연리 r의 연복리로 예금하면 t년 후에 받는 금액이

$$P = P_0(1+r)^t$$

이다. 예를 들어서 연속적 복리 5%로 예금하였을 때 1년 후의 금액은 $P_0e^{0.05}$인데, $e^{0.05} \fallingdotseq 1.0513$이므로 연리로 보면 5.13%이다.

연 인구증가율이 2%라면 현재 인구가 P_0일 때 t년 후 인구는

$$P = P_0(1+0.02)^t$$

인데, 연속적 증가율이 k라면 t년 후의 인구는

$$P = P_0e^{kt}$$

이다. 따라서

$$P_0(1.02)^t = P_0e^{kt}$$

가 되려면 $k = \ln(1.02) \fallingdotseq 0.0198$이므로, 연 인구증가율 2%는 연속적 증가율 1.98%에 해당된다.

예제 2. 원금 1,000만원을 연속적 복리 6%로 예금하여 3년 후 받는 금액은 얼마인가?

풀이 : 초기치 조건을 가지는 미분방정식

$$P'(t) = 0.06\,P(t), \qquad P(0) = 1000$$

에서

$$P(t) = 1000\,e^{0.06t}$$

이므로, 구하는 금액은

$$P(3) = 1000\,e^{0.06 \cdot 3} \risingdotseq 1197$$

만원이 된다. □

문제 5.3.1. $3,000$만원을 연리 5%의 복리로 예금하였을 때, 5년 후 받는 금액은 얼마인가? 또한, 연속적 복리로 예금하였을 때 5년 후 받는 금액은 얼마인가?

예제 3. 현금 P_0원을 연속적 복리 r로 투자하여 매월 W 원을 찾아쓰면 몇 개월간 찾아 쓸 수 있는가?

풀이 : 여기에서, $rP_0 \geq W$ 이면 잔액이 줄어들지 않으므로, 영원히 찾아쓸 수 있다. 따라서 $rP_0 < W$ 인 경우를 생각한다. 시각 t(개월)후에 남아 있는 잔액을 $P(t)$원이라 하면, 잔액의 변화율은

$$\frac{dP(t)}{dt} = rP(t) - W, \qquad P(0) = P_0$$

이다. 이를 풀기 위하여 양변을 적분하여,

$$\int \frac{dP(t)}{rP(t) - W} = \int dt$$

에서

$$\frac{1}{r} \ln |rP(t) - W| = t + C$$

이다. 그런데 $P(0) = P_0$이므로 $C = \frac{1}{r} \ln |rP_0 - W|$ 이다. 따라서

$$t = \frac{1}{r}(\ln |rP(t) - W| - \ln |rP_0 - W|) = \frac{1}{r} \ln \left| \frac{rP(t) - W}{rP_0 - W} \right|$$

이다. 그런데 $P(t) = 0$이 될 때까지 찾을 수 있으므로

$$t = \frac{1}{r} \ln \left| \frac{W}{rP_0 - W} \right|$$

이다. □

미분방정식 $\dfrac{dy}{dx} = g(x)f(y)$ 꼴의 미분방정식을 변수분리형 미분방정식이라 하는데 적분

$$\int \frac{1}{f(y)}\, dy = \int g(x) dx$$

을 구하여 해를 구하면 된다. 이는

$$\frac{1}{f(y)}\, dy = g(x) dx$$

의 양변을 적분하여 얻은 것이다. 처음 나온 방정식 $y' = ky$뿐 아니라 예제 3에서 이 방법을 이용하여 그 해를 구하였다. 방정식 $y' = ky$에 대하여 이 방법을 적용하면 $\dfrac{dy}{dt} = ky$에서

$$\int \frac{dy}{y} = \int k dt$$

를 거쳐서 $\ln|y| = kt + c$이므로 $y = Ce^{kt}$를 얻게 된다.

문제 5.3.2. 현금 5억원을 연속적 복리로 $\frac{3}{4}$%로 투자하여 매월 500만원을 찾아쓰면 약 몇 개월간 찾아쓸 수 있는가?

문제 5.3.3. 현 인구에 대한 연간 출생률이 α, 사망률이 β이고, 현 인구에 관계없이 고정적인 연간 이민자의 수가 m이라 하면 시각 t일 때 인구변화율은

$$\frac{dP(t)}{dt} = (\alpha - \beta)P(t) - m$$

을 만족시킨다. $P(0) = P_0$일 때, 이 미분방정식의 특수해를 구하라.

앞에서 예로 든 맬더스의 인구모형에서는 인구증가율이 인구에 비례한다는 것이었다. 그러나 매우 긴 기간 동안 이 원칙이 적용된다면 인구는 무한정 늘어나야 하지만 실제로는 그러하지 못하다. 많은 경우에 초기에는 그 증가율이 현재 인구수에 비례하여 증가하지만 전염병의 확산이나 제한된 식량자원 등으로 인해 그 전체 수가 넘어설 수 없는 한계가 있게 마련인데, 벨기에 수학자 베르헐스트[10]는 인구 증가가 다음 방정식

$$P'(t) = kP(t)\left(1 - \frac{P(t)}{M}\right)$$

을 따른다는 가설을 세웠다. 여기에서 M과 k는 상수이다. 만일 $P(t)$의 값이 매우 작으면 $P(t)$의 증가율 $P'(t)$은 $P(t)$의 크기에 거의 비례하지만 $P(t)$가 커질수록 그 증가율이 떨어진다.

10) Pierre Francois Verhulst (1804∼1849), 벨기에 수학자.

특히 $P(t)$의 값이 거의 M에 가까이 가면 증가율이 거의 0에 가까워지고 결국 평형 상태에 도달하게 된다. 따라서 이 방정식을 이용하면 인구 수용능력이 M으로 고정되어 있는 경우 인구의 증가를 적절하게 설명할 수 있다.

이 방정식 역시 변수분리형 방정식이다. 따라서 이를

$$\frac{dP}{dt} = kP\left(1 - \frac{P}{M}\right)$$

로 놓고 풀면

$$\int \frac{dP}{P\left(1 - \frac{P}{M}\right)} = \int kdt$$

이다. 그런데 좌변은

$$\begin{aligned}\int \frac{MdP}{P(M-P)} &= \int \left[\frac{1}{P} + \frac{1}{M-P}\right] dP \\ &= \ln|P| - \ln|M-P|\end{aligned}$$

이다[11]. 따라서 $\ln\left|\frac{P}{M-P}\right| = kt + \alpha$에서 상수 C를 $C = e^{\alpha}$로 두면

$$\frac{P}{M-P} = Ce^{kt}$$

를 얻는다. 이를 P에 관하여 정리하면

$$\frac{M}{P} - 1 = \frac{M-P}{P} = ce^{-kt}$$

에서 $\frac{M}{P} = 1 + ce^{-kt}$이므로, 원래 방정식의 일반해

$$P = \frac{M}{1 + ce^{-kt}}$$

를 얻는다. 여기에서, $c = \frac{1}{C}$는 물론 상수이다. 방정식의 해

$$P(t) = \frac{M}{1 + ce^{-kt}}$$

의 그래프를 그려보면 다음과 같다.

11) 분수함수의 적분은 6.2절에서 체계적으로 다룬다.

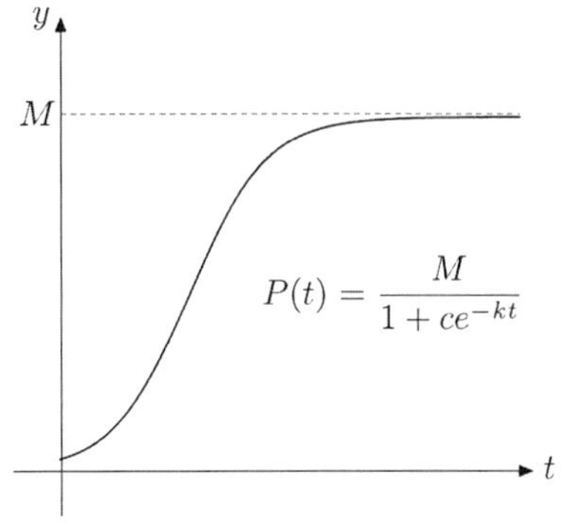

문제 5.3.4. 직접 계산에 의하여, 함수 $P(t) = \dfrac{M}{1+ce^{-kt}}$가 미분방정식

$$P'(t) = kP(t)\left(1 - \frac{P(t)}{M}\right)$$

의 해임을 보이라. (단, k, M, c는 상수)

문제 5.3.5. 어느 섬에 자연적인 개체증가율이 월 9%인 토끼 100마리를 풀어 놓았다. 그런데 이 섬이 부양할 수 있는 토끼의 총 개체 수가 10,000마리라면, t개월 후 이 섬의 토끼 수 $P(t)$는 어떻게 되겠는가?

미분방정식의 해는 때에 따라서 음함수 $G(x, y) = 0$으로 표현되는데 이와 같은 해를 음함수해라 한다. 예를 들어 미분방정식

$$y' = -\frac{x}{y}$$

의 일반해 $x^2 + y^2 - c = 0$은 음함수해이다.

예제 4. 다음 초기 조건을 가지는 미분방정식

$$y' = \frac{x}{y}, \qquad y(0) = 2$$

의 특수해를 구하라.

풀이 : 먼저 $\int y\,dy = \int x\,dx$에서

$$\frac{y^2}{2} = \frac{x^2}{2} + c$$

인데, $\dfrac{y(0)^2}{2} = \dfrac{2^2}{2} = \dfrac{0^2}{2} + c$이므로 $c = 2$이다. 따라서 구하는 해는

$$\frac{y^2}{2} = \frac{x^2}{2} + 2$$

에서 $y^2 - x^2 - 4 = 0$ 이다. □

예제 5. 미분방정식

$$y' = 2xy^2$$

을 풀라.

풀이 : $\displaystyle\int \frac{1}{y^2}\,dy = \int 2x\,dx$ 에서 $-\dfrac{1}{y} = x^2 + c$ 이므로 구하는 해는

$$y = -\frac{1}{x^2 + c}$$

이다. □

예제 6. 미분방정식

$$y' = x^2 y$$

을 풀라.

풀이 : $\displaystyle\int \frac{1}{y}\,dy = \int x^2 dx$ 에서 $\ln|y| = \dfrac{x^3}{3} + c$ 이므로

$$|y| = e^{\ln|y|} = e^{(\frac{x^3}{3}+c)} = e^c e^{\frac{x^3}{3}}$$

이다. 따라서 $y = \pm e^c e^{\frac{x^3}{3}}$ 이다. 그런데 $y = 0$ 도 주어진 미분방정식을 만족하므로 $C = \pm e^c$ 로 두면

$$y = Ce^{\frac{x^3}{3}}, \qquad C\text{는 상수}$$

이 구하는 해이다. □

문제 5.3.6. 다음 미분방정식의 일반해를 구하라.

(가) $y' = \dfrac{x^2}{y^2}$ (나) $y' = (1+x)(1+y)$

문제 5.3.7. 다음 초기치 조건을 가지는 미분방정식

$$y' = 3x^2 y, \quad y(0) = 2$$

의 특수해를 구하라.

문제 5.3.8. 다음 변수분리형 미분방정식의 일반해를 구하라.

(가) $y' = \dfrac{x}{y}$ (나) $y' = x^2 y^3$

선형미분방정식

다음과 같은 형태의 미분방정식

$$y' + P(x)y = Q(x)$$

을 선형미분방정식이라 한다. 예를 들어, 미분방정식

$$xy' + y = 2x$$

을 $x \neq 0$일 때 다시 쓰면

$$y' + \frac{y}{x} = 2$$

이 되어 선형미분방정식이다. 이 미분방정식은 곱의 미분법에 의하여

$$(xy)' = xy' + y = 2x$$

이므로 양변을 적분하여 $xy = x^2 + c$, 즉 일반해

$$y = x + \frac{c}{x}$$

를 얻는다.

일반적으로 선형미분방정식 $y' + P(x)y = Q(x)$이 주어졌을 때, 다음

$$I(x)P(x) = I'(x)$$

를 만족하는 함수 $I(x)$를 찾았다고 하자. 그러면 주어진 선형미분방정식의 양변에 함수 $I(x)$를 곱하여

$$I(x)y' + I(x)P(x)y = I(x)Q(x)$$

인데, 이로부터

$$(I(x)y)' = I(x)y' + I'(x)y = I(x)y' + I(x)P(x)y = I(x)Q(x)$$

가 된다. 따라서

$$I(x)y = \int I(x)Q(x)dx + c$$

에서 구하는 해는

$$y = \frac{1}{I(x)}\left[\int I(x)Q(x)dx + c\right]$$

이다. 함수 $I(x)$ 를 적분인자라 부르는데 처음에 가정한 조건 $I(x)P(x) = I'(x)$ 에서 $\int \frac{dI(x)}{I(x)} = \int P(x)dx$ 이다. 이로부터 $\ln|I(x)| = \int P(x)dx + c$ 이므로, 다음 함수

$$I(x) = Ae^{\int P(x)dx}, \qquad A = \pm e^c$$

가 모두 적분인자인데 편의상 $A = 1$ 이라 두면 적분인자 $I(x)$ 는

$$I(x) = e^{\int P(x)dx}$$

이다. 따라서 선형미분방정식

$$y' + P(x)y = Q(x)$$

를 풀려면 양변에 $I(x) = e^{\int P(x)dx}$ 를 곱하여 적분하여 풀면 된다.

선형미분방정식의 일반해

선형미분방정식

$$y' + P(x)y = Q(x)$$

의 일반해는

$$y = \frac{1}{I(x)}\left[\int I(x)Q(x)dx + c\right], \qquad I(x) = e^{\int P(x)dx}$$

이다.

선형미분방정식 $y' + P(x)y = Q(x)$ 에서 특히 $Q(x) = 0$ 인 경우를 생각하면, 미분방정식

$$y' + P(x)y = 0$$

의 일반해는

$$y = ce^{-\int P(x)dx}$$

이다.

예제 7. 미분방정식 $y' + 2xy = 0$ 의 일반해를 구하라.

풀이 : $P(x) = 2x$ 이므로 일반해는

$$y = ce^{-\int 2xdx} = ce^{-x^2}$$

이다. □

예제 8. 미분방정식

$$y' - 2xy = x$$

이 주어져 있다.

(가) 일반해를 구하라.
(나) 초기 조건 $y(1) = -\frac{1}{2} + e$ 을 만족시키는 특수해를 구하라.

풀이 : 먼저 $I(x) = e^{-\int 2x dx} = e^{-x^2}$ 이므로 일반해는

$$y = e^{x^2}\left(\int e^{-x^2} \cdot x\, dx + c\right) = e^{x^2}\left(-\frac{1}{2}e^{-x^2} + c\right) = -\frac{1}{2} + ce^{x^2}$$

이다. 초기 조건에서 $-\frac{1}{2}+e = y(1) = -\frac{1}{2}+ce$ 이므로 $c = 1$ 을 얻고, 따라서 구하는 특수해는

$$y = -\frac{1}{2} + e^{x^2}$$

이다. □

예제 9. 어느 회사의 이윤의 변화율이 (10 − 이윤) 억원에 비례한다고 한다. 설립 초기에는 이윤이 없었는데, 3 년 뒤 이윤은 4 억원이었다고 한다. 이윤이 8 억원이 되려면 설립 후 얼마나 많은 기간이 걸리겠는가?

풀이 : 설립 x 년이 경과한 뒤 이윤을 $\pi(x)$ 라 두면 이윤의 변화율이 $\pi'(x)$ 이므로 다음 관계식

$$\frac{d\pi(x)}{dx} = k(10 - \pi(x))$$

이 성립한다. 이를 정리하면

$$\frac{d\pi}{dx} + k\pi = 10k$$

이다. 적분인자는 $I(x) = e^{\int k dx} = e^{kx}$ 이므로, 구하는 일반해는

$$\pi(x) = e^{-kx}\left[\int e^{kx}\, 10k\, dx + c\right] = e^{-kx}[10e^{kx} + c] = 10 + ce^{-kx}$$

이다. 그런데 $\pi(0) = 0$ 에서 $c = -10$ 이므로

$$\pi(x) = 10(1 - e^{-kx})$$

이다. 또한, $\pi(3) = 4$ 이므로 $4 = 10(1 - e^{-3k})$ 이고, $e^{-3k} = 0.6$ 에서

$$-3k = \ln(0.6) \fallingdotseq -0.51$$

이므로 $k \fallingdotseq 0.17$을 얻는다. 따라서 이윤함수는 대략

$$\pi(x) = 10(1 - e^{-0.17x})$$

이다. 이 때, 8억원의 이윤을 얻으려면

$$8 = \pi(x) = 10(1 - e^{-0.17x})$$

에서 $x \fallingdotseq 9.5$를 얻는다. 따라서 설립 후 약 9년 반이 소요된다.

물론 굳이 k의 값을 구할 필요는 없다. 두 관계식

$$e^{-3k} = 0.6, \qquad 8 = 10(1 - e^{-kx})$$

에서 $(0.6)^{\frac{x}{3}} = (e^{-3k})^{\frac{x}{3}} = e^{-kx} = 0.2$이므로

$$x = 3 \cdot \frac{\log_{10} 0.2}{\log_{10} 0.6} = 3 \cdot \frac{1 - \log_{10} 2}{1 - \log_{10} 2 - \log_{10} 3} \fallingdotseq 9.5$$

를 얻는다. □

문제 5.3.9. 미분방정식 $y' + y = 0$의 일반해를 구하라.

문제 5.3.10. 미분방정식 $y' + (\sin x)y = 0$의 일반해를 구하라.

문제 5.3.11. 미분방정식 $y' + 3x^2 y = 6x^2$의 일반해를 구하라.

문제 5.3.12. 다음 선형미분방정식의 일반해를 구하라.

(가) $y' + 2y = 0$ (나) $y' + 2y = 1$

(다) $y' + 2y = 2e^x$ (라) $xy' + y = \sqrt{x}$

문제 5.3.13. 초기 조건을 가지는 미분방정식

$$y' + 2xy = x, \qquad y(1) = 2$$

을 풀라.

문제 5.3.14. 함수 $y = 2e^{\frac{x^3}{3}}$이 초기 조건을 가지는 미분방정식

$$y' = x^2 y, \quad y(0) = 2$$

의 특수해임을 보이라.

문제 5.3.15. 다음 미분방정식의 일반해를 구하라.

(가) $y^2 y' + x^2 = 0$ (나) $y' - y = e^{2x}$

(다) $xy' + y + 4 = 0$ (라) $xy' + y = x + x^3$

로그눈금과 경제학

일반적으로 상품에 대한 수요량은 그 상품의 가격이 상승하면 감소하고, 하락하면 증가한다. 가격의 변화에 대한 수요량의 변화 정도는 상품의 종류에 따라서 다를 수 있는데, 생활필수품보다는 사치품의 경우에 그 변화가 훨씬 클 것이라고 예상할 수 있다. 이러한 현상을 설명하기 위하여 경제학자들은 수요의 가격탄력성이라는 개념을 사용한다. 가격탄력성은 가격 p가 1 % 변화하였을 때 수요량 q가 몇 % 변화하는지를 나타낸 크기이다. 즉, 가격탄력성 β는

$$\beta = \frac{dq}{dp} \cdot \frac{p}{q}$$

로 정의한다.[12] 이 때 탄력성의 절대값이 1보다 큰 상품의 수요는 탄력적이라 하고, 1보다 작은 상품의 수요는 비탄력적이라 한다.

수요의 가격탄력성이 β [13]라고 할 때 가격에 대한 수요함수 $q = f(p)$를 구해 보자. 위 식을 변형하면 변수분리형 미분방정식

$$\frac{1}{q}\,dq = \beta\frac{1}{p}\,dp$$

이므로 이를 풀면

$$\ln|q| = \beta\ln|p| + C = \ln|p|^{\beta} + C$$

가 되고, 구하는 해는

$$q = \alpha p^{\beta} \qquad (\text{단}, \ \beta < 0,\ \alpha > 0)$$

가 된다.

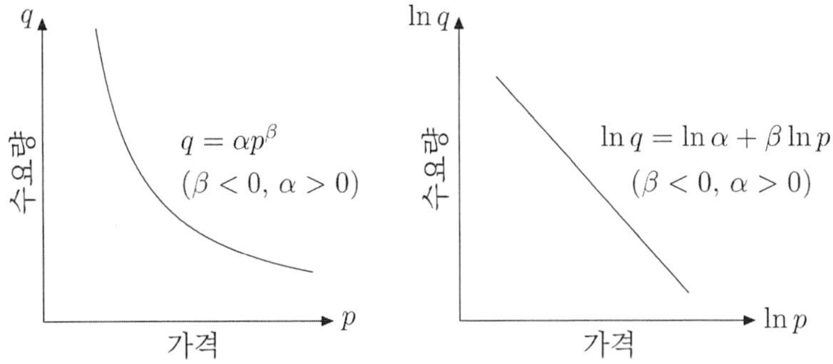

위 식의 양변에 로그를 취하면

$$\ln q = \ln\alpha + \beta\ln p$$

12) 전체 가격 p에 대해 1은 아주 작은 수이므로 가격탄력성은 $\dfrac{\Delta q/q}{1/p} \fallingdotseq \lim_{\Delta p\to 0}\dfrac{\Delta q/q}{\Delta p/p} = \dfrac{dq}{dp}\cdot\dfrac{p}{q}$ 가 된다.

13) 일반적으로 $\Delta p > 0$일 때, $\Delta q < 0$이므로 수요의 가격탄력성은 음수가 됨을 알 수 있다.

가 되므로 각 p에 대해서 점 $(\ln p, \ln q)$를 표시하면 위 그림과 같이 직선이 되고, 가격탄력성 β는 직선의 기울기가 된다.

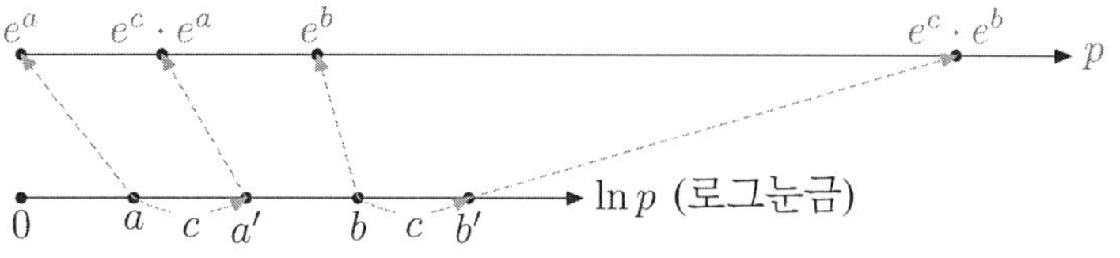

위 그림에서 보듯이 축의 눈금을 로그눈금으로 표시할 때, 로그눈금 $\ln p$에서 일정한 간격은 실제 값 p의 일정한 비를 의미한다. 따라서 우리가 생각하는 가격탄력성은 기준 가격에 무관하게 그 가격에서 가격이 1% 상승할 때 수요량이 몇 % 감소하는지를 알려주는 수치이다. 이러한 이유로 위와 같은 모델을 불변탄력성모델이라 부른다.[14] 그렇다면 어떤 상품에 대한 가격탄력성은 어떻게 결정하는 것일까? 실제로 계량경제학자들은 수집한 자료를 모아 그것을 각 축이 로그눈금인 좌표에 그린 다음 거기에 알맞은 직선을 구하고, 이로부터 α와 β를 추정하고 검정하는 과정을 거친다. 적절한 자료를 수집하고 이로부터 직선을 구하고 검정하는 일련의 과정에서 통계학을 이용하게 되는데 직선을 구하기 위해서 널리 이용되는 방법 중의 하나가 최소제곱법[15] 이다.

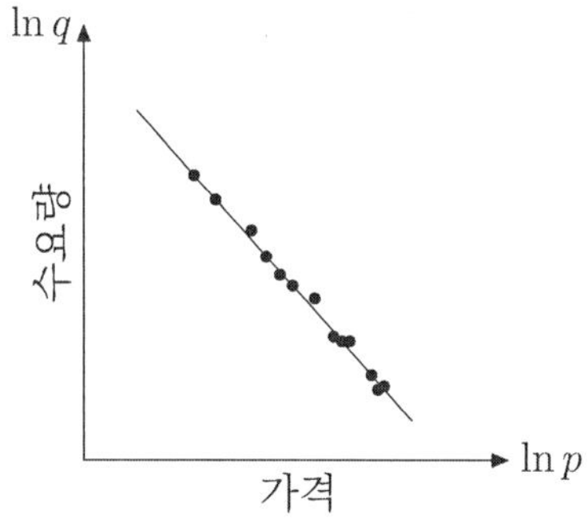

일반적으로 경제변수 A가 1% 변화할 때 B가 몇 % 변화하는가를 나타내는 수치를 B의 A에 대한 탄력성이라 한다. 앞에서 예로 든 수요의 가격탄력성 외에 가격변동에 따른 공급량의 변화를 공급의 가격탄력성이라 부른다. 또한 소득에 대한 탄력성도 많이 사용되는데 국민소득이 1% 변동할 때 고용량의 변화를 고용의 소득탄력성, 수입량의 변화를 수입의 소득탄력성이라 말한다.

14) 사회학자나 경제학자들은 불변탄력성모델과 같이 두 변수에 각각 로그를 취한 값이 일차식 관계를 만족할 때, 두 변수가 거듭제곱법칙을 만족한다 말하기도 한다.

15) 최소제곱법에 대해서는 제 2권에서 자세하게 공부한다.

예제 10. 2003년 1/4분기부터 2004년 3/4분기까지 소득계층별 가계수지에 관한 통계청 자료를 보면, 19단계의 소득계층으로 나누어진 전국 근로자가구의 가계수지항목별 통계를 알 수 있다.

월소득 I (만원)	x (천원)	y (천원)	월소득 I (만원)	x (천원)	y (천원)
$I < 55$	900	53	$235 \le I < 255$	$1,812$	77
$55 \le I < 75$	891	51	$255 \le I < 275$	$1,871$	87
$75 \le I < 95$	951	53	$275 \le I < 305$	$1,949$	84
$95 \le I < 115$	$1,066$	58	$305 \le I < 335$	$2,137$	97
$115 \le I < 135$	$1,186$	65	$335 \le I < 365$	$2,211$	98
$135 \le I < 155$	$1,289$	63	$365 \le I < 395$	$2,345$	91
$155 \le I < 175$	$1,387$	70	$395 \le I < 445$	$2,490$	112
$175 \le I < 195$	$1,515$	76	$445 \le I < 495$	$2,671$	115
$195 \le I < 215$	$1,625$	77	$495 \le I$	$3,430$	147
$215 \le I < 235$	$1,702$	82			

위 표는 이 기간 중 근로자가구의 월평균 소비지출액 x와 월평균 보건의료관련지출액 y를 소득계층별로 조사하여 만든 표이다. 이 자료로부터 보건의료관련지출액의 소비지출액에 대한 탄력성을 추정하라.

풀이 : 먼저 $\ln x$, $\ln y$를 계산하여 표를 구하면

$\ln x$	13.71	13.70	13.77	13.88	13.99	14.07	14.14
$\ln y$	10.88	10.84	10.88	10.97	11.08	11.05	11.16
$\ln x$	14.23	14.30	14.35	14.41	14.44	14.48	14.58
$\ln y$	11.24	11.25	11.31	11.25	11.37	11.34	11.48
$\ln x$	14.61	14.67	14.73	14.80	15.05		
$\ln y$	11.49	11.42	11.63	11.65	11.90		

가 되고, 이로부터 $(\ln x, \ln y)$를 로그눈금 좌표에 표시하면 다음 그림을 얻는다.

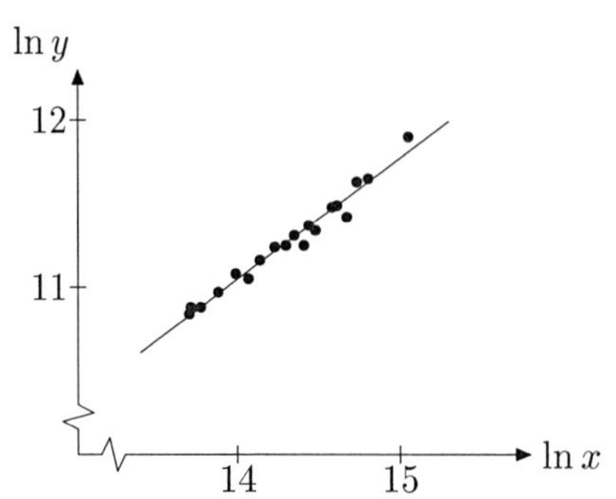

두 점 $(13.77, 10.88)$과 $(14.61, 11.49)$를 연결하는 직선을 그으면 적절한 직선이 됨을 확인할 수 있고, 이로부터 기울기를 계산하면

$$\frac{11.49 - 10.88}{14.61 - 13.77} = \frac{0.61}{0.84} \fallingdotseq 0.726$$

이 되므로 탄력성은 0.726이라고 추정할 수 있다.[16)] □

맬더스는 매 50년 마다 인구가 두 배로 늘어나는 당시 미국의 인구조사 결과를 보고 그 이론을 세웠다고 한다. 그의 이론은 진화론을 비롯하여 19세기 유럽의 사회 철학에 큰 영향을 끼쳤다. 실제로, 그의 이론은 특정 지역이나 특정 기간에 한정하는 경우 상당히 잘 들어맞는다.

베르헐스트가 세운 방정식

$$P'(t) = kP(t)\left(1 - \frac{P(t)}{M}\right)$$

을 보통 로지스틱 방정식이라 부른다. 그는 1840년대 말 이 방정식을 이용하여 유럽 여러 나라의 인구를 상당히 정확하게 예측하였다. 실제로, 그는 1921년 프랑스의 인구가 4천만에 이를 것으로 예측하였는데 그의 예측은 거의 정확하였다. 정작 자신의 나라인 벨기에 인구는 그의 예측보다 많이 늘어났는데, 이는 19세기 후반에 이루어진 벨기에의 급속한 산업화와 콩고의 식민화에 기인한 것으로 해석된다.

5.4 연습문제

5.4.1. 함수

$$f(x) = \begin{cases} e^{-\frac{1}{x^2}}, & x \neq 0 \\ 0, & x = 0 \end{cases}$$

에 대하여 $f'(0)$과 $f''(0)$ 을 구하라.

5.4.2. 지정된 구간에서 다음 부등식이 성립함을 증명하라.

(가) $e^x > 1 + x + \dfrac{x^2}{2} \quad (x > 0)$

(나) $x > \ln(1 + x) > x - \dfrac{x^2}{2} \quad (x > 0)$

16) 실제로 최소제곱법을 이용하여 직선을 구하면 $y = 0.7268x + 0.8713$가 된다.

5.4.3. $x > 0$일 때, 다음 부등식이 성립함을 증명하라.

(가) $\alpha > 0$이면 $(1+x)^\alpha > 1$이다.
(나) $\alpha > 1$이면 $(1+x)^\alpha > 1 + \alpha x$이다.
(다) $\alpha > 2$이면 $(1+x)^\alpha > 1 + \alpha x + \dfrac{\alpha(\alpha-1)}{2}x^2$이다.

5.4.4. $0 < x < 2$에서 부등식 $x^2 + 2x - 4 < 4x\ln x$이 성립함을 증명하라.

5.4.5. 방정식 $\ln x = x + a$가 서로 다른 두 실근을 가지도록 실수 a의 범위를 구하라.

5.4.6. $x \geq 0$일 때 함수 $y = e^{-x}\sin x$의 극대값의 합을 구하라.

5.4.7. $x > 0$일 때, 다음 부등식을 증명하라.

(가) $\dfrac{1}{x+1} < \ln\dfrac{x+1}{x} < \dfrac{1}{x}$ (나) $x \geq e^{\frac{x-1}{x}}$

5.4.8. 원점 O에서 곡선 $y = e^{ax}$ $(a > 0)$에 그은 접선의 접점 P를 지나고 이 접선에 수직인 직선이 x축과 만나는 점을 Q라고 할 때, $\triangle POQ$의 넓이를 최소로 하는 a의 값을 구하라.

5.4.9. 미분가능한 함수 f에 대하여 $F(x) = f(e^x)$, $G(x) = e^{f(x)}$라 정의할 때 $F'(x)$와 $G'(x)$를 구하라.

5.4.10. 다음 조건

$$f(x)f(y) = f(x+y)$$

을 만족하는 미분가능한 함수를 모두 찾아라.

5.4.11. $\displaystyle\lim_{x\to\infty}\left(\frac{x+a}{x-a}\right)^x = e$인 a의 값을 구하라.

5.4.12. 임의의 양수 a, b에 대하여 다음 등식

$$\int_0^1 x^a(1-x)^b dx = \int_0^1 x^b(1-x)^a dx$$

이 성립함을 보이라.

5.4.13. 음함수 $2e^{xy} - y = 0$로 표현된 곡선에 대하여

(가) $\dfrac{dy}{dx}$를 구하라.
(나) 곡선과 y축이 만나는 점에서 접선의 방정식을 구하라.

5.4.14. 미분가능한 함수 f, g가 조건

$$f(x+y) = f(x)g(y) + g(x)f(y),$$

$$\lim_{a\to 0} f(a) = 0, \quad \lim_{h\to 0}\frac{g(h)-1}{h} = 0, \quad f'(0) = 1$$

을 만족시킬 때

(가) $f'(x) = g(x)$임을 보이라.
(나) 로피탈의 정리를 써서 $\displaystyle\lim_{a\to 0}\frac{f(a)}{a} = 1$임을 보이라.
(다) 부정적분 $\displaystyle\int\frac{g(x)}{f(x)}dx$를 구하라.

5.4.15. 함수 $f(x) = e^{e^x}$ 의 도함수를 구하라.

5.4.16. 정규분포에 나오는 다음 함수

$$g(x) = \frac{1}{\sqrt{2\pi}} e^{-x^2/2}$$

의 증감 및 볼록을 조사하고 그 그래프의 개형을 그리라.

5.4.17. 다음 극한값을 구하라.

(가) $\lim_{x\to\infty} x(1 - e^{-\frac{1}{x}})$ (나) $\lim_{x\to\infty} x\sqrt{1 - e^{-\frac{1}{x}}}$

5.4.18. 함수 $f(x) = x^n e^{-x}$ 의 극값을 구하라 (단, n은 자연수). 또 f의 증감, 볼록을 조사하고, 그래프의 개형을 그리라.

5.4.19. 양수 x에 대하여 정의된 함수

$$f(x) = \left(1 + \frac{1}{x}\right)^{x+1}$$

은 감소함수임을 보이고, 극한값 $\lim_{x\to\infty} f(x)$를 구하라.

5.4.20. 로그함수가 위로 볼록한 함수임을 이용하여 기하평균이 산술평균을 넘지 않음을 보이라. 즉, 임의의 양수 $x_1, x_2, \ldots, x_n$ 에 대하여 다음 부등식

$$(x_1 x_2 \cdots x_n)^{1/n} \le \frac{x_1 + x_2 + \cdots + x_n}{n}$$

이 성립함을 보이라. (도움글: 제 2장 연습문제 2.3.16 번 참조)

5.4.21. 다음 미분방정식의 일반해를 구하라.

(가) $(1+x)y' = y$ (나) $y' + 3y = 0$

(다) $y' + 2xy = x$ (라) $2y' + 4y = 1$

5.4.22. 다음 초기치조건을 가지는 미분방정식의 특수해를 구하라.

(가) $(x+1)y' = 2y, \quad y(0) = 1$ (나) $2xy' = 3y, \quad y(1) = 4$

(다) $y' = 3x^2 e^{-y}, \quad y(-1) = 0$ (라) $xyy' = y + 2, \quad y(1) = 0$

5.4.23. 어떤 예금에서 1기간 후의 이자율이 R이면, 순간이자율은 $\ln(1+R)$로 주어짐을 보이라.

5.4.24. 뜨거운 여름날, 냉장고 속에서 찬 음료수를 꺼내어, 온도가 $30°C$인 방에 두었다. 뉴턴의 열법칙에 의하면, t분 후의 음료수의 온도는

$$f(t) = 30 - Ae^{-kt}$$

로 주어진다. 만약 냉장고에서 음료수를 꺼내었을 때 음료수의 온도가 $10°C$였고, 20분이 지난 후 온도가 $15°C$였다면, 40분이 지난 후 음료수의 온도는 얼마가 될까?

5.4.25. 주민의 수가 B인 어떤 마을에서 일어난 교통사고를 주민들의 $\frac{1}{10}$이 목격하였다고 하자. 사고 후 t시간 후에 이 소식을 듣게 된 주민의 수가

$$f(t) = \frac{B}{1 + Ce^{-kt}}$$

로 주어진다고 하자. 만약 사건 후 두시간 뒤에 주민의 $\frac{1}{4}$ 이 이 소식을 들었다면, 주민의 반이 이 소식을 듣는 데 시간이 얼마나 걸릴까?

5.4.26. 탄소동위원소 ^{14}C는 (오래된) 화석의 연대를 아는 데 중요한 도구로 쓰인다. 공기 중의 이산화탄소는 탄소 ^{12}C뿐만 아니라 ^{14}C도 포함한다. 과학자들은 ^{12}C에 대한 ^{14}C의 비가 역사를 통하여 대체적으로 일정하다는 것을 발견하였다. 살아있는 식물들은 공기 중에서 이산화탄소를 흡수하기 때문에 살아있는 식물들 속에서 ^{12}C에 대한 ^{14}C의 비는 공기 중에서의 비와 같게 된다. 그러나 식물이 죽고 나면, 이산화탄소의 흡수가 정지되고 ^{12}C는 그대로 있지만 ^{14}C가 붕괴하게 되어, ^{12}C에 대한 ^{14}C의 비가 지수적으로 감소하게 된다. 식물이 죽은 후 t해가 지난 후에 이 비는 대략적으로

$$R(t) = R_0 e^{-kt}$$

로 주어진다. 여기서 R_0는 공기 중에서 ^{12}C에 대한 ^{14}C의 비이고, $k = \frac{\ln 2}{5730}$ 이다. 고고학자들은 $R(t)$와 R_0를 비교함으로써 화석의 나이를 추측한다.

한 화석 속에 ^{12}C에 대한 ^{14}C의 비가 공기 중에서의 비의 $\frac{1}{5}$ 일 때, 이 화석의 나이를 추정하라.

제 **6** 장

여러 가지 적분법

앞의 3장에서 기본적인 다항함수와 몇 가지 분수함수의 부정적분을 구하였다. 또한, 4장과 5장에서 배운 미분법에 의하여 그 부정적분을 바로 알 수 있는 함수들도 있었다. 그러나 함수의 형태가 조금만 복잡해지면 부정적분을 구하는 것은 그리 간단한 일이 아니다.

이 장에서는 이를 극복하기 위한 방법으로서 치환적분과 부분적분을 공부하는데, 이는 원시함수를 구하는 기본적인 방법으로서 각각 합성함수 미분법과 곱의 미분법을 거꾸로 하는 것이다.

이미 앞에서 살펴본 바와 같이 로그함수와 역탄젠트함수의 미분은 분수함수이다. 특히, 두 함수의 미분은 그 분모가 각각 일차식과 이차식이다. 임의의 실계수 다항식이 이차식 이내로 인수분해된다는 대수학의 기본 정리를 적용하면 임의의 분수함수는 분수함수, 로그함수, 역탄젠트함수 등으로 원시함수를 구할 수 있다. 이러한 분수함수의 부정적분과 아울러, 몇몇 간단한 무리함수의 부정적분을 공부한다.

이 장에서는 또한 평면의 극좌표를 공부하고, 이와 관련하여 여러 가지 도형의 넓이와 길이 구하는 방법을 알아본다.

치환적분과 부분적분

간단한 부정적분

치환적분법

부분적분법

여러 가지 부정적분

분수함수의 적분

무리함수의 적분

적분의 응용 (II)

넓이와 부피

극좌표

곡선의 길이

6.1 치환적분과 부분적분

미분에서 가장 많이 쓰이는 공식이 합성함수 미분법과 곱의 미분법이라면, 이에 대응하는 적분공식이 치환적분법과 부분적분법이다.

간단한 부정적분

본격적으로 치환적분과 부분적분을 공부하기 앞서, 4장과 5 장에서 배운 미분법을 이용한 몇 가지 부정적분을 기억하자. 먼저 로그함수의 미분법에 의하여

$$\int \frac{1}{x}\,dx = \ln|x| + C$$

임을 알고 있다. 참고로 위 식에서 보통 절대값을 생략하기도 한다. 또한 삼각함수와 지수함수의 부정적분도 이미 알고 있다. 예를 들어서

$$\int \sin x\,dx = -\cos x + C, \qquad \int \cos x\,dx = \sin x + C$$
$$\int e^x\,dx = e^x + C, \qquad \int a^x\,dx = \frac{1}{\ln a}a^x + C \quad (a > 0,\ a \neq 1)$$

이다. 물론, 이 외에도 $\int \sec^2 x\,dx = \tan x + C$ 등 미분 공식에서 바로 알 수 있는 것들도 있다.

예제 1. 다음 부정적분을 구하라.

(가) $\displaystyle\int \frac{(x+1)^2}{x^2}\,dx$ (나) $\displaystyle\int (2\sin x + 3\cos x)dx$

풀이 : 먼저 (가)는

$$\int \frac{(x+1)^2}{x^2}\,dx = \int \frac{x^2+2x+1}{x^2}\,dx$$
$$= \int \left(1 + 2\cdot\frac{1}{x} + \frac{1}{x^2}\right)dx = x + 2\ln x - \frac{1}{x} + C$$

이다. (나) 역시 바로 계산하면

$$\int (2\sin x + 3\cos x)dx = 2\int \sin x\,dx + 3\int \cos x\,dx = -2\cos x + 3\sin x + C$$

이다. □

예제 2. 다음 부정적분을 구하라.

(가) $\displaystyle\int 2^{x+1}dx$ (나) $\displaystyle\int e^{-x}dx$

풀이 : (가) $\int 2^{x+1}dx = \int 2 \cdot 2^x dx = \frac{2}{\ln 2} 2^x + C.$

(나) $\int e^{-x}dx = \int \left(\frac{1}{e}\right)^x dx = \frac{1}{\ln \frac{1}{e}} \left(\frac{1}{e}\right)^x + C = -e^{-x} + C.$ □

문제 6.1.1. 다음 부정적분을 구하라.

(가) $\int \left(x + \frac{1}{x}\right)^2 dx$ (나) $\int \frac{(\sqrt{x} - 1)^2}{x} dx$

(다) $\int (2^x + 2^{-x})dx$ (라) $\int (3e^{x-1} + 4^{x+1})dx$

치환적분법

함수 $u = g(x)$가 미분가능하고 함수 $f(u)$의 한 부정적분이 $F(u)$라고 할 때, 합성함수 미분법에 의하여

$$\frac{d}{dx}F(g(x)) = \frac{d}{du}F(u) \cdot \frac{du}{dx} = f(u)\frac{du}{dx} = f(g(x))g'(x)$$

이다. 양변을 x에 관하여 적분하면

$$\int f(g(x))g'(x)dx = F(g(x)) = F(u)$$

이므로, 다음 공식

$$\int f(g(x))g'(x)dx = F(u) = \int f(u)du$$

을 얻는다. 이와 같이, 합성함수 $f(g(x))$의 $g(x)$를 u로 바꾸어 적분하는 방법을 치환적분법이라고 한다.

치환적분법

함수 $u = g(x)$가 미분가능할 때

$$\int f(g(x))g'(x)dx = \int f(u)du$$

이다.

위에서 우변은 $\int f(u)\frac{du}{dx} \cdot dx$로 나타낼 수 있다. 따라서 다음

$$\int f(u)\frac{du}{dx} \cdot dx = \int f(u)du$$

과 같이 쓸 수 있다.

예제 3. 다음 부정적분을 구하라. 여기에서 a, b, r은 상수이고 $a \neq 0$이다.

(가) $\displaystyle\int (ax+b)^r dx$ (나) $\displaystyle\int \sin(ax+b)dx$

풀이 : (가) 먼저 $ax+b=u$라고 하면 $\dfrac{du}{dx}=a$이다. 따라서

$$\int (ax+b)^r dx = \int u^r \frac{1}{a} \cdot \frac{du}{dx} dx = \frac{1}{a} \int u^r du$$

인데, $r=-1$일 때

$$\int (ax+b)^{-1} dx = \frac{1}{a} \ln u + C = \frac{1}{a} \ln(ax+b) + C$$

이고, $r \neq -1$일 때

$$\int (ax+b)^r dx = \frac{1}{a(r+1)} u^{r+1} + C = \frac{(ax+b)^{r+1}}{a(r+1)} + C$$

이다. (나)도 마찬가지로 계산하면

$$\begin{aligned}\int \sin(ax+b)dx &= \frac{1}{a}\int \sin u\, du = -\frac{1}{a}\cos u + C \\ &= -\frac{1}{a}\cos(ax+b) + C\end{aligned}$$

를 얻는다. □

일반적으로, $a \neq 0$일 때 $ax+b=u$라고 하면 다음

$$\int f(ax+b)\, dx = \frac{1}{a}\int f(u)\, du$$

이 성립한다.

예제 4. $\displaystyle\int \sin^2 x\, dx$를 구하라.

풀이 : $\displaystyle\int \sin^2 x\, dx = \int \frac{1-\cos 2x}{2} dx = \frac{1}{2}\left(x - \frac{1}{2}\sin 2x\right) + C.$ □

예제 5. 다음 부정적분을 구하라.

(가) $\displaystyle\int x^2(x^3+1)^4 dx$ (나) $\displaystyle\int x e^{x^2} dx$

풀이 : (가) 먼저 $x^3+1=u$라고 두면 $\dfrac{du}{dx}=3x^2$이므로 $x^2=\dfrac{1}{3}\dfrac{du}{dx}$이다. 따라서

$$\begin{aligned}\int x^2(x^3+1)^4dx &= \int (x^3+1)^4x^2\,dx = \int u^4\cdot\frac{1}{3}\,du\\ &= \frac{1}{3}\int u^4\,du = \frac{1}{3}\cdot\frac{1}{5}u^5+C = \frac{1}{15}(x^3+1)^5+C\end{aligned}$$

를 얻는다. (나)의 경우, $x^2=u$라고 두면 $\dfrac{du}{dx}=2x$에서 $x=\dfrac{1}{2}\dfrac{du}{dx}$이고, 따라서

$$\int xe^{x^2}dx = \frac{1}{2}\int e^u du = \frac{1}{2}e^u+C = \frac{1}{2}e^{x^2}+C$$

이다. □

일반적으로,

$$\int f(x^n+a)x^{n-1}dx \ (a\text{ 는 상수},\ n\geq 2)$$

꼴의 부정적분을 구할 때에는 $x^n+a=u$로 치환하면 편리하다.

예제 6. 다음 부정적분을 구하라.

(가) $\displaystyle\int (1+\sin x)^2\cos x\,dx$ (나) $\displaystyle\int \sin^3 x\,dx$

풀이 : (가) 먼저 $1+\sin x=u$라고 하면 $\dfrac{du}{dx}=\cos x$ 이다. 따라서

$$\begin{aligned}\int (1+\sin x)^2\cos x\,dx &= \int u^2du = \frac{u^3}{3}+C\\ &= \frac{1}{3}(1+\sin x)^3+C\end{aligned}$$

이다. (나)에서는 $\sin^3 x=\sin^2 x\cdot\sin x=(1-\cos^2 x)\sin x$이므로 $\cos x=u$라고 하면 $\dfrac{du}{dx}=-\sin x$이고, 따라서

$$\begin{aligned}\int \sin^3 x\,dx &= \int (1-\cos^2 x)\sin x\,dx\\ &= \int (1-u^2)(-1)du = \int (u^2-1)du\\ &= \frac{1}{3}u^3-u+C = \frac{1}{3}\cos^3 x-\cos x+C\end{aligned}$$

를 얻는다. □

일반적으로,

$$\int f(\sin x)\cos x\,dx, \qquad \int f(\cos x)\sin x\,dx$$

를 구할 때에는 각각 $\sin x = u$ 및 $\cos x = u$로 치환한다.

예제 7. 다음 부정적분을 구하라.

(가) $\displaystyle\int \frac{e^x}{(e^x+1)^2}\,dx$ (나) $\displaystyle\int \frac{\ln x}{x}\,dx$

풀이 : (가) $e^x + 1 = u$라 두면, $\dfrac{du}{dx} = e^x$이므로

$$\int \frac{e^x}{(e^x+1)^2}\,dx = \int \frac{1}{u^2}\,du = -\frac{1}{u} + C = -\frac{1}{e^x+1} + C$$

을 얻는다. (나) $\ln x = u$라 두면, $\dfrac{du}{dx} = \dfrac{1}{x}$이므로

$$\int \frac{\ln x}{x}\,dx = \int \ln x \cdot \frac{1}{x}\,dx = \int u\,du = \frac{1}{2}u^2 + C = \frac{1}{2}(\ln x)^2 + C$$

이다. □

분수함수 $\dfrac{f'(x)}{f(x)}$의 부정적분을 구하여 보자. (단, $f(x) \neq 0$) 이를 위하여 $u = f(x)$라고 하면, $\dfrac{du}{dx} = f'(x)$이므로

$$\int \frac{f'(x)}{f(x)}\,dx = \int \frac{1}{u}\,du = \ln|u| + C = \ln|f(x)| + C$$

를 얻는다.

예제 8. 다음 부정적분을 구하라.

(가) $\displaystyle\int \frac{2x}{x^2+1}\,dx$ (나) $\displaystyle\int \tan x\,dx$

풀이 : (가) $(x^2+1)' = 2x$이므로

$$\int \frac{2x}{x^2+1}\,dx = \int \frac{(x^2+1)'}{x^2+1}\,dx = \ln(x^2+1) + C$$

이다. (나) $\tan x = \dfrac{\sin x}{\cos x} = \dfrac{-(\cos x)'}{\cos x}$이므로

$$\int \tan x\,dx = \int \frac{-(\cos x)'}{\cos x}\,dx = -\ln|\cos x| + C$$

를 얻는다. □

문제 6.1.2. 다음 부정적분을 구하라.

(가) $\int \sin^4 x \cos x dx$ (나) $\int \frac{x}{x+1} dx$

(다) $\int \frac{1}{x(\ln x)^4} dx$ (라) $\int \frac{\arctan x}{1+x^2} dx$

(마) $\int \frac{e^x}{(e^x+1)^3} dx$ (바) $\int \frac{e^x \ln(e^x+1)}{e^x+1} dx$

문제 6.1.3. 치환적분법으로 다음 부정적분을 구하라.

(가) $\int \frac{x+1}{(x^2+2x-1)^n} dx$ (나) $\int e^{\cos x+2} \sin x\, dx$

문제 6.1.4. $\sec x = \frac{\sec x}{1}$로 보고 분모, 분자에 $\sec x + \tan x$를 곱하여

$$\int \sec x\, dx = \ln|\sec x + \tan x| + C$$

임을 증명하라.

문제 6.1.5. 다음 부정적분을 구하라.

(가) $\int \tan^3 x\, dx$ (나) $\int \left(\cos\frac{x}{2} - \sin\frac{x}{2}\right)^2 dx$

(다) $\int (1+\cos x)^2 dx$ (라) $\int (1+\cos x)\tan^2 \frac{x}{2}\, dx$

(마) $\int \frac{1}{\cos^2 x} dx$ (바) $\int \frac{e^x(e^x+1)}{(e^x+3)^2} dx$

부정적분의 치환적분법에 관한 정리로부터 다음을 알 수 있다.

정적분의 치환적분법

함수 $u = g(x)$가 구간 (a, b)에서 연속인 도함수를 가지고 함수 $f(u)$가 구간 $[\alpha, \beta]$에서 연속일 때, $g(a) = \alpha$, $g(b) = \beta$ 이면

$$\int_a^b f(g(x))g'(x)dx = \int_\alpha^\beta f(u)du$$

이 성립한다.

위 공식을 증명하여 보자. 이를 위하여 함수 $f(u)$의 한 부정적분을 $F(u)$라고 하면

$$\int_\alpha^\beta f(u)du = F(\beta) - F(\alpha)$$

이다. 또한

$$\int f(g(x))g'(x)dx = \int f(u)du = F(u) = F(g(x))$$

이다. 따라서

$$\int_a^b f(g(x))g'(x)dx = F(g(b)) - F(g(a))$$
$$= F(\beta) - F(\alpha) = \int_\alpha^\beta f(u)du$$

이 성립함을 알 수 있다.

예제 9. 다음 정적분의 값을 구하라.

(가) $\int_0^{\frac{\pi}{4}} \cos^3 x \sin x \, dx$ (나) $\int_0^1 \frac{e^x - e^{-x}}{(e^x + e^{-x})^2} dx$

풀이 : (가) $u = \cos x$ 라 두면 $\frac{du}{dx} = -\sin x$ 이고, $x = 0$ 일 때 $u = 1$, $x = \frac{\pi}{4}$ 일 때 $u = \frac{1}{\sqrt{2}}$ 이다. 따라서

$$\int_0^{\frac{\pi}{4}} \cos^3 x \sin x \, dx = \int_1^{\frac{1}{\sqrt{2}}} u^3(-1)du$$
$$= \int_{\frac{1}{\sqrt{2}}}^1 u^3 du = \left[\frac{1}{4}u^4\right]_{\frac{1}{\sqrt{2}}}^1 = \frac{1}{4} - \frac{1}{4} \cdot \left(\frac{1}{\sqrt{2}}\right)^4 = \frac{3}{16}$$

을 얻는다. 또한, (나)의 경우 $u = e^x + e^{-x}$ 라 두면 $\frac{du}{dx} = e^x - e^{-x}$ 이고, $x = 0$ 일 때 $u = 2$, $x = 1$ 일 때 $u = e + e^{-1}$ 이다. 따라서

$$\int_0^1 \frac{e^x - e^{-x}}{(e^x + e^{-x})^2} dx = \int_2^{e+e^{-1}} \frac{1}{u^2} du = \left[-\frac{1}{u}\right]_2^{e+e^{-1}}$$
$$= -\frac{1}{e + e^{-1}} + \frac{1}{2} = \frac{1}{2} - \frac{e}{e^2 + 1}$$

이다. □

부분적분법

두 함수 $f(x)$, $g(x)$ 에 관한 곱의 미분법

$$\{f(x)g(x)\}' = f'(x)g(x) + f(x)g'(x)$$

에서 다음 등식

$$f'(x)g(x) = \{f(x)g(x)\}' - f(x)g'(x)$$

을 얻고, 양변을 적분하면

$$\int f'(x)g(x)dx = \int \{f(x)g(x)\}'dx - \int f(x)g'(x)dx$$

$$= f(x)g(x) - \int f(x)g'(x)dx$$

를 얻는다. 이 공식에 의한 적분법을 부분적분법이라 한다.

부분적분법

$$\int f'(x)g(x)dx = f(x)g(x) - \int f(x)g'(x)dx$$

예제 10. 다음 부정적분을 구하라.

(가) $\int xe^x dx$ (나) $\int \ln x\, dx$ (다) $\int x \sin x\, dx$

풀이 : (가) $f'(x) = e^x$, $g(x) = x$라 두면 $f(x) = e^x$, $g'(x) = 1$이므로

$$\int xe^x dx = \int (e^x)' \cdot x\, dx = xe^x - \int e^x \cdot 1\, dx$$
$$= xe^x - \int e^x dx = xe^x - e^x + C = e^x(x-1) + C$$

이다. (나) $\ln x = 1 \cdot \ln x$라고 생각하여 $f'(x) = 1$, $g(x) = \ln x$라 두면

$$f(x) = x, \qquad g'(x) = \frac{1}{x}$$

이므로

$$\int \ln x\, dx = \int x' \ln x\, dx = x \ln x - \int x \cdot \frac{1}{x}\, dx$$
$$= x \ln x - \int 1\, dx = x \ln x - x + C$$

임을 알 수 있다. (다) $f'(x) = \sin x$, $g(x) = x$라 두면

$$f(x) = \int \sin x\, dx = -\cos x, \qquad g'(x) = 1$$

이므로 부분적분법을 이용하여

$$\int x \sin x\, dx = \int (-\cos x)' x\, dx = -x \cos x - \int (-\cos x) \cdot 1\, dx$$
$$= -x \cos x + \int \cos x\, dx = -x \cos x + \sin x + C$$

를 얻는다. □

문제 6.1.6. 부분적분법으로 다음 부정적분을 구하라.

(가) $\int \arcsin x\, dx$ (나) $\int (\ln x)^2 dx$

(다) $\int x^3 e^x dx$ (라) $\int x(10^x + 10^{-x})^2 dx$

(마) $\int x^2 \sin x\, dx$ (바) $\int x^2 \ln x\, dx$

예제 11. 다음 부정적분을 구하라.

$$A = \int e^x \sin x\, dx$$

풀이 : 부분적분법을 이용하기 위하여 $f'(x) = e^x,\ g(x) = \sin x$ 라 두자. 그러면 $f(x) = e^x$, $g'(x) = \cos x$ 이므로

$$A = \int e^x \sin x\, dx = e^x \sin x - \int e^x \cos x\, dx$$

이다. 여기서 A를 구하려면 $\int e^x \cos x\, dx$ 를 구해야 하므로, 다시 한 번 부분적분법을 이용하면

$$\begin{aligned} A &= e^x \sin x - \left[e^x \cos x - \int e^x (-\sin x) dx \right] \\ &= e^x (\sin x - \cos x) - \int e^x \sin x\, dx \\ &= e^x (\sin x - \cos x) - A \end{aligned}$$

이고, 따라서

$$A = \frac{1}{2} e^x (\sin x - \cos x) + C$$

임을 알 수 있다. □

예제 12. 다음 등식이 성립함을 증명하라. (단, n은 자연수)

$$\int x^n e^x dx = x^n e^x - n \int x^{n-1} e^x dx$$

풀이 : $f'(x) = e^x,\ g(x) = x^n$ 이라 두면

$$f(x) = e^x, \quad g'(x) = n x^{n-1}$$

이다. 따라서 다음

$$\begin{aligned}\int x^n e^x dx &= \int (e^x)' x^n dx \\ &= e^x \cdot x^n - \int e^x \cdot nx^{n-1} dx = x^n e^x - n \int x^{n-1} e^x \, dx\end{aligned}$$

이 성립한다. □

문제 6.1.7. 다음 등식이 성립함을 증명하라. (단, n은 자연수)

(가) $\displaystyle\int \sin^n x \, dx = -\frac{1}{n} \sin^{n-1} x \cos x + \frac{n-1}{n} \int \sin^{n-2} x \, dx$

(나) $\displaystyle\int \cos^n x \, dx = \frac{1}{n} \cos^{n-1} x \sin x + \frac{n-1}{n} \int \cos^{n-2} x \, dx$

부정적분의 부분적분법에 관한 정리로부터 다음을 바로 알 수 있다.

정적분의 부분적분법

$$\int_a^b f'(x)g(x)dx = [f(x)g(x)]_a^b - \int_a^b f(x)g'(x)dx$$

예제 13. 다음 정적분의 값을 구하라.

(가) $\displaystyle\int_0^1 x^2 e^x \, dx$ (나) $\displaystyle\int_1^2 \ln x \, dx$

풀이 : (가) 부분적분법을 이용하면

$$\begin{aligned}\int_0^1 x^2 e^x \, dx &= \int_0^1 x^2 (e^x)' dx \\ &= \left[x^2 e^x\right]_0^1 - \int_0^1 2xe^x dx = e - 2\int_0^1 xe^x \, dx\end{aligned}$$

이다. 다시 부분적분법을 이용하면

$$\int_0^1 xe^x \, dx = \int_0^1 x(e^x)' dx = [xe^x]_0^1 - \int_0^1 e^x \, dx = e - [e^x]_0^1 = 1$$

이므로,

$$\int_0^1 x^2 e^x \, dx = e - 2$$

이다. 또한, (나)의 경우

$$\int_1^2 \ln x \, dx = \int_1^2 (x)' \ln x \, dx$$

$$= [x\ln x]_1^2 - \int_1^2 x\cdot\frac{1}{x}\,dx = 2\ln 2 - [x]_1^2 = 2\ln 2 - 1$$

과 같이 계산하면 된다. □

예제 14. 다음 정적분의 값을 구하라.

(가) $\int_0^{\frac{\pi}{2}} x\sin x\,dx$ (나) $\int_0^{\frac{\pi}{2}} e^x \sin x\,dx$

풀이 : 먼저, (가)는 다음

$$\begin{aligned}\int_0^{\frac{\pi}{2}} x\sin x\,dx &= \int_0^{\frac{\pi}{2}} x(-\cos x)'dx\\ &= [-x\cos x]_0^{\frac{\pi}{2}} - \int_0^{\frac{\pi}{2}}(-\cos x)dx = \int_0^{\frac{\pi}{2}}\cos x\,dx = [\sin x]_0^{\frac{\pi}{2}} = 1\end{aligned}$$

과 같이 계산하면 된다. (나)의 경우, $A = \int_0^{\frac{\pi}{2}} e^x\sin x\,dx$ 라고 하면

$$\begin{aligned}A &= \int_0^{\frac{\pi}{2}} e^x\sin x\,dx = \int_0^{\frac{\pi}{2}}(e^x)'\sin x\,dx\\ &= [e^x\sin x]_0^{\frac{\pi}{2}} - \int_0^{\frac{\pi}{2}} e^x\cos x\,dx\\ &= [e^x\sin x]_0^{\frac{\pi}{2}} - \left([e^x\cos x]_0^{\frac{\pi}{2}} - \int_0^{\frac{\pi}{2}} e^x(-\sin x)dx\right) = e^{\frac{\pi}{2}} + 1 - A\end{aligned}$$

이다. 따라서

$$A = \frac{1}{2}(e^{\frac{\pi}{2}} + 1)$$

임을 알 수 있다. □

문제 6.1.8. 다음 정적분의 값을 구하라.

(가) $\int_0^{\frac{\pi}{4}} \sin^3 x\cos x\,dx$ (나) $\int_1^e x\ln x\,dx$

(다) $\int_{\ln 2}^{\ln 4} \frac{e^x}{e^{2x}-1}\,dx$ (라) $\int_0^{\frac{\pi}{2}} x\sin^2 x\,dx$

문제 6.1.9. 정적분 $\int_0^{\frac{\pi}{3}} \frac{\tan x\, e^{\sec x}}{\cos x}\,dx$ 의 값을 구하라.

문제 6.1.10. $n \geq 2$일 때 $A_n = \int_0^{\frac{\pi}{2}} \sin^n x\,dx$ 라고 하면, $A_n = \frac{n-1}{n}A_{n-2}$ 임을 증명하라.

문제 6.1.11. 정적분을 이용하여 다음 극한값을 구하라.

(가) $\lim_{n\to\infty} \frac{1}{n}\left(\frac{1}{\sqrt{n}}+\frac{\sqrt{2}}{\sqrt{n}}+\cdots+\frac{\sqrt{n-1}}{\sqrt{n}}+\frac{\sqrt{n}}{\sqrt{n}}\right)$

(나) $\lim_{n\to\infty} \frac{1}{n}\left(e^{\frac{1}{n}}+e^{\frac{2}{n}}+\cdots+e^{\frac{n-1}{n}}+e^{\frac{n}{n}}\right)$

(다) $\lim_{n\to\infty} \sum_{k=1}^{n} \frac{1}{n+k}$

(라) $\lim_{n\to\infty} \frac{1}{n} \sum_{k=1}^{n} \frac{k\pi}{n} \cos\frac{k\pi}{n}$

우리는 종종 '적분이 되지 않는다' 라는 말을 한다. 그런데 그 말의 뜻을 잘 새겨 들을 필요가 있다. 적분한다는 것을 단순히 원시함수를 찾는 것으로 이해한다면 그 답은

$$\int_0^x f(t)\,dt$$

이다. 이 함수를 미분하면 다시 $f(x)$가 되기 때문이다. 그런데 이 원시함수는 실제 정적분의 값을 구하는 데에 아무런 도움이 되지 못한다. 따라서 적분을 한다는 것의 핵심은 원시함수를 이미 그 값을 잘 아는 함수로 바꾸는 것이다.

고등학교 교과서에는 정규분포표가 나온다. 만일

$$\int_0^a e^{-x^2}\,dx$$

의 값을 부정적분으로 구할 수 있었다면 굳이 이러한 표는 필요 없었을 것이다. 정규분포표는 함수 $f(x)=e^{-x^2}$ 의 원시함수인

$$F(x)=\int_0^x e^{-t^2}\,dt$$

의 함수값을 알려 주는 표이다.

정적분의 값을 구하기 위하여 반드시 원시함수를 찾아야 하는 것은 아니다. 실제로 이중적분이나 복소적분의 방법을 이용하면, 원시함수를 구할 수 없더라도 그 정적분의 값을 구할 수 있는 경우가 많다. 예를 들어서 제 2권에서 이중적분을 배우게 되면

$$\lim_{A\to\infty}\int_0^A e^{-x^2}\,dx=\frac{\sqrt{\pi}}{2}$$

임을 알게 된다.

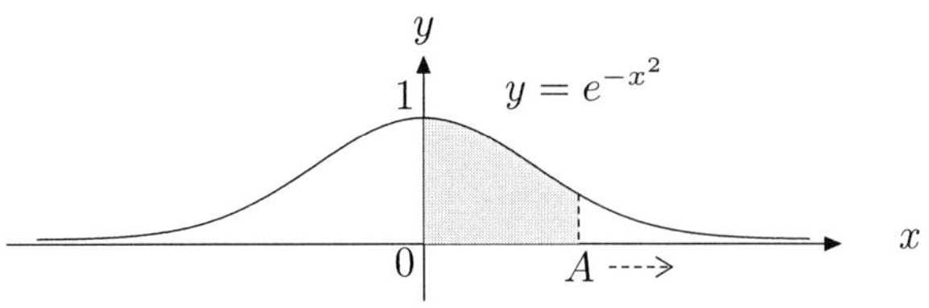

최근에는 원시함수를 찾아 주는 소프트웨어가 많이 보급되어 있으므로 원시함수를 구해야 하는 수고를 덜 수 있다. 그러나 컴퓨터를 이용하더라도 그 계산 원리는 알고 있어야 할 것이다.

몇몇 삼각함수의 적분, 예를 들어

$$\sin x, \qquad \sin^2 x, \qquad x \sin x$$

등의 적분은 뉴턴과 라이프니츠 이전에 이미 카발리에리, 로베르발 등에 의하여 알려져 있었다.

6.2 여러 가지 부정적분

분수함수를 적분하려면 먼저 분모를 인수분해하고 그 형태에 따라서 로그함수와 역탄젠트함수를 이용하면 된다. 무리함수의 경우 적절한 삼각함수로 치환하면 되는 경우가 많다.

분수함수의 적분

이 절에서는 먼저 분수함수의 부정적분을 체계적으로 공부한다. 주어진 분수식에서 분자의 차수가 분모보다 높은 경우, 나눗셈을 하여 몫과 나머지를 구하면 이를 다항식과 분자의 차수가 분모보다 낮은 분수식의 합으로 표시할 수 있다. 실제로,분수함수 $\dfrac{f(x)}{g(x)}$ 에서 $f(x)$ 의 차수가 $g(x)$ 의 차수보다 높으면 나눗셈을 하여

$$f(x) = g(x)Q(x) + R(x)$$

로 쓸 수 있다. 그러면 나머지 $R(x)$ 는 $g(x)$ 보다 차수가 낮으며

$$\frac{f(x)}{g(x)} = Q(x) + \frac{R(x)}{g(x)}$$

가 된다. 따라서 지금부터는 분자의 차수가 분모보다 낮은 경우만 생각하기로 한다. 만일 분모가 일차식으로 인수분해되면 간단하다.

예제 1. 부정적분 $\displaystyle\int \frac{1}{x(x-1)}\,dx$ 를 구하라.

풀이 : 만일 $\dfrac{1}{x(x-1)} = \dfrac{A}{x} + \dfrac{B}{x-1}$ 라고 하면

$$\frac{A}{x} + \frac{B}{x-1} = \frac{A(x-1)+Bx}{x(x-1)} = \frac{(A+B)x-A}{x(x-1)}$$

이므로 $A+B=0,\ -A=1$ 이고, 따라서 $A=-1,\ B=1$ 이다. 그러므로

$$\begin{aligned}\int \frac{1}{x(x-1)}\,dx &= \int \left(\frac{-1}{x} + \frac{1}{x-1}\right) dx \\ &= -\ln|x| + \ln|x-1| + C\end{aligned}$$

를 얻는다. □

분모를 일차식으로 인수분해하였을 때 $(x-a)^n$ 과 같은 항이 나오면 이는

$$\frac{A_1}{x-a} + \frac{A_2}{(x-a)^2} + \cdots + \frac{A_n}{(x-a)^n}$$

을 포함하여 분해할 수 있다.

예제 2. 부정적분 $\displaystyle\int \frac{1}{x^2(x-1)}\,dx$ 를 구하라.

풀이 : 이 경우, 주어진 식은 $\dfrac{A}{x-1} + \dfrac{B}{x} + \dfrac{C}{x^2}$ 로 분해할 수 있으며, 이를 풀면

$$\frac{1}{x^2(x-1)} = \frac{1}{x-1} - \frac{1}{x} - \frac{1}{x^2}$$

을 얻는다. 따라서

$$\int \frac{1}{x^2(x-1)}\,dx = \ln|x-1| - \ln|x| + \frac{1}{x} + C$$

를 얻는다. □

문제 6.2.1. 다음 부정적분을 구하라.

(가) $\displaystyle\int \frac{1}{x^2-3x+2}\,dx$ (나) $\displaystyle\int \frac{x-1}{x^2-5x+6}\,dx$

(다) $\displaystyle\int \frac{x^2-x-5}{x^2-x-2}\,dx$ (라) $\displaystyle\int \frac{1}{(x-1)(x-2)^2}\,dx$

이제 분모에 인수분해되지 않는 이차식이 있는 경우를 살펴보자. 인수분해가 되지 않는 이차식은 완전제곱의 합으로 표시할 수 있으므로 x^2+1 이 대표적인 형태인데, 이 경우

$\dfrac{d}{dx}\arctan x = \dfrac{1}{x^2+1}$ 이므로

$$\int \frac{1}{x^2+1} = \arctan x + C$$

이다. 물론, 약간의 변형은 치환적분을 이용하면 된다. 예를 들어서

$$\begin{aligned}\int \frac{dx}{(x+1)^2+2} &= \frac{1}{2}\int \frac{dx}{\left(\dfrac{x+1}{\sqrt{2}}\right)^2+1} \\ &= \frac{1}{2}\cdot\arctan\left(\frac{x+1}{\sqrt{2}}\right)\cdot\sqrt{2}+C = \frac{1}{\sqrt{2}}\arctan\frac{x+1}{\sqrt{2}}+C\end{aligned}$$

과 같이 계산하면 된다.

예제 3. 부정적분 $\displaystyle\int \frac{x}{(x^2+2x+2)(x+1)}\,dx$ 를 구하라.

풀이 : 우선 주어진 식을 변형하면 $\dfrac{Ax+B}{x^2+2x+2}+\dfrac{C}{x+1}$ 의 꼴인데, 우변을 통분하여 좌변과 비교하여 계산하면

$$\frac{x}{(x^2+2x+2)(x+1)} = \frac{x+2}{x^2+2x+2} - \frac{1}{x+1}$$

이다. 그런데 x^2+2x+2 의 도함수가 $2x+2$ 이므로 주어진 식을 다음

$$\begin{aligned}\frac{x}{(x^2+2x+2)(x+1)} &= \frac{x+1}{x^2+2x+2} + \frac{1}{x^2+2x+2} - \frac{1}{x+1} \\ &= \frac{1}{2}\,\frac{2x+2}{x^2+2x+2} + \frac{1}{(x+1)^2+1} - \frac{1}{x+1}\end{aligned}$$

과 같이 쓴다. 그러면 구하는 부정적분은

$$\frac{1}{2}\cdot\ln(x^2+2x+2) + \arctan(x+1) - \ln|x+1| + C$$

로 주어진다. □

문제 6.2.2. 다음 부정적분을 구하라.

(가) $\displaystyle\int \frac{1}{x^4-1}\,dx$ (나) $\displaystyle\int \frac{x}{x^4-1}\,dx$

(다) $\displaystyle\int \frac{1}{x(x^2+x+1)}\,dx$ (라) $\displaystyle\int \frac{x^2-2x-2}{x^3-1}\,dx$

만일 정적분의 값을 구하는 것이 목적이라면 굳이 arctan 를 이용하여 원시함수를 표시할 필요없이 바로 tan 를 이용하여 치환하는 것이 간단하다.

예제 4. 정적분 $\displaystyle\int_0^1 \frac{1}{x^2+1}\,dx$를 구하라.

풀이 : 만일 $x = \tan\theta$로 치환하면

$$dx = \sec^2\theta\, d\theta = (1+\tan^2\theta)\, d\theta = (1+x^2)d\theta$$

이므로

$$\int_0^1 \frac{dx}{x^2+1} = \int_0^{\frac{\pi}{4}} d\theta = \frac{\pi}{4}$$

를 얻는다. □

예제 5. 정적분 $\displaystyle\int_0^1 \frac{1}{x^2+3}\,dx$를 구하라.

풀이 : 만일 $x = \sqrt{3}\tan\theta$로 치환하면

$$dx = \sqrt{3}(\tan^2\theta+1)d\theta = \sqrt{3}\left(\frac{x^2}{3}+1\right)d\theta = \frac{1}{\sqrt{3}}(x^2+3)d\theta$$

이므로

$$\int_0^1 \frac{dx}{x^2+3} = \int_0^{\frac{\pi}{6}} \frac{d\theta}{\sqrt{3}} = \frac{\pi}{6\sqrt{3}}$$

를 얻는다. □

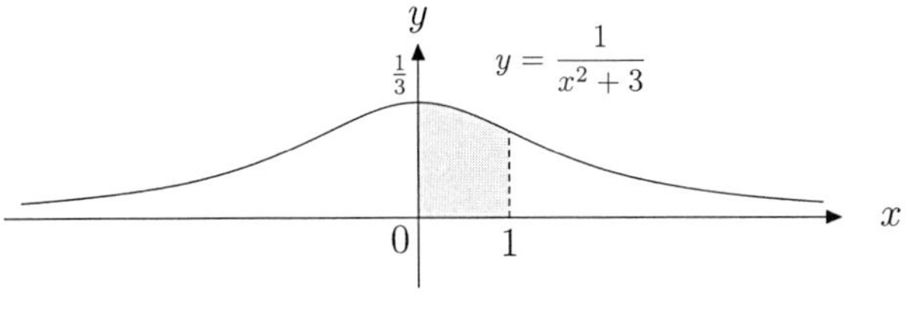

문제 6.2.3. 정적분 $\displaystyle\int_0^1 \frac{1}{x^2+2}\,dx$의 값을 구하라.

분모에서 더 이상 인수분해되지 않는 이차식의 제곱이나 세제곱이 있는 경우, 일차식에 제곱이나 세제곱이 붙어 있는 경우와 같이 계산하면 된다. 예를 들어서 분모가 $x^3(x^2+1)^2$로 인수분해되었다면 이 분수식은 다음

$$\frac{A}{x} + \frac{B}{x^2} + \frac{C}{x^3} + \frac{Dx+E}{x^2+1} + \frac{Fx+G}{(x^2+1)^2}$$

과 같이 바꿀 수 있다. 이제 다음 부정적분

$$I_n = \int \frac{1}{(x^2+1)^n}\,dx$$

을 계산하여 보자. 물론 $n=1$이면 답을 알고 있으므로 $n=2,3,4,\ldots$로 주어지는 자연수라 하자. 이를 위하여

$$I_{n-1} = \int \frac{1}{(x^2+1)^{n-1}}\,dx$$

에서 시작하여 부분적분을 이용한다.

이제, $u = \dfrac{1}{(x^2+1)^{n-1}}$, $dv = dx$라 두면

$$du = -(n-1)\frac{2x}{(x^2+1)^n}\,dx, \qquad v = x$$

이므로

$$\begin{aligned} I_{n-1} &= \frac{x}{(x^2+1)^{n-1}} + 2(n-1)\int \frac{x^2}{(x^2+1)^n}\,dx \\ &= \frac{x}{(x^2+1)^{n-1}} + 2(n-1)\int \frac{(x^2+1)-1}{(x^2+1)^n}\,dx \\ &= \frac{x}{(x^2+1)^{n-1}} + 2(n-1)I_{n-1} - 2(n-1)I_n \end{aligned}$$

을 얻는다. 이를 정리하면

$$I_n = \frac{1}{2(n-1)}\,\frac{x}{(x^2+1)^{n-1}} + \frac{2n-3}{2(n-1)}I_{n-1}$$

과 같이 점화식을 얻으므로, 이러한 분수식의 부정적분을 모두 구할 수 있다.

예제 6. 부정적분 $\displaystyle\int \frac{x^4-x^3-3x-1}{(x+1)(x^2+1)^2}\,dx$를 구하라.

풀이 : 먼저

$$\begin{aligned} \frac{x^4-x^3-3x-1}{(x+1)(x^2+1)^2} &= \frac{1}{x+1} - \frac{1}{x^2+1} - \frac{x+1}{(x^2+1)^2} \\ &= \frac{1}{x+1} - \frac{1}{x^2+1} - \frac{1}{2}\,\frac{2x}{(x^2+1)^2} - \frac{1}{(x^2+1)^2} \end{aligned}$$

이다. 따라서 부정적분은

$$\begin{aligned}\ln|x+1| - \arctan x + \frac{1}{2(x^2+1)} - \left[\frac{x}{2(x^2+1)} + \frac{1}{2}\int \frac{1}{x^2+1}\,dx\right] \\ = \ln|x+1| - \frac{3}{2}\arctan x - \frac{x-1}{2(x^2+1)} + C\end{aligned}$$

이다. □

문제 6.2.4. 다음 부정적분을 구하라.

(가) $\displaystyle\int \frac{x}{(x^2+1)^3}\,dx$ (나) $\displaystyle\int \frac{x+1}{(x^2+9)^2}\,dx$

그러면 일반적으로 분모에 있는 다항식을 어느 정도까지 인수분해할 수 있는가 하는 의문이 자연스레 제기된다. 이를 위하여 대수학의 기본 정리를 살펴볼 필요가 있다. 이 정리는 복소수를 계수로 하는 다항식은 항상 복소수를 계수로 하는 일차식으로 인수분해됨을 말해준다. 즉, 모든 다항식은

$$p(x) = a_n(x-\alpha_1)(x-\alpha_2)\cdots(x-\alpha_n)$$

의 꼴로 주어짐을 말한다.

만일 $p(x) = a_n x^n + a_{n-1}x^{n-1} + \cdots + a_1 x + a_0$의 모든 계수가 실수이고 $p(\alpha) = 0$이면

$$\begin{aligned}p(\overline{\alpha}) &= a_n\overline{\alpha}^n + \cdots + a_1\overline{\alpha} + a_0 \\ &= \overline{a_n\alpha^n + \cdots + a_1\alpha + a_0} = \overline{p(\alpha)} = 0\end{aligned}$$

이다. 즉, 실계수다항식의 경우, $x = \alpha$가 근이면 $x = \overline{\alpha}$도 근이다. 따라서 $p(x)$를 복소수 범위 안에서 인수분해했을 때 나오는 근 $\alpha_1, \alpha_2, \cdots, \alpha_n$ 가운데 복소수 α가 있으면 그 켤레복소수 $\overline{\alpha}$도 같이 들어 있어야 한다. 그런데

$$(x-\alpha)(x-\overline{\alpha}) = x^2 - (\alpha+\overline{\alpha})x + \alpha\overline{\alpha}$$

이고, $\alpha+\overline{\alpha}$와 $\alpha\overline{\alpha}$가 모두 실수이므로 주어진 다항식 $p(x)$는 실수의 범위 안에서 이차식 이내로 인수분해된다.

따라서 임의의 분수식은 지금까지 알아본 방식으로 항상 인수분해할 수 있으며, 그 부정적분은 분수함수, 로그함수, 그리고 역탄젠트함수를 이용하여 표시할 수 있다.

예제 7. 극한값 $\displaystyle\lim_{s\to\infty}\int_0^s \frac{2x}{(x+1)(x^2+1)}\,dx$ 를 구하라.

풀이 : 우선

$$\frac{2x}{(x+1)(x^2+1)} = \frac{-1}{x+1} + \frac{x}{x^2+1} + \frac{1}{x^2+1}$$

이다. 그런데

$$\int_0^s \left(\frac{-1}{x+1} + \frac{x}{x^2+1}\right) dx = \ln \frac{\sqrt{s^2+1}}{s+1}$$

이고, $\displaystyle\int_0^s \frac{1}{x^2+1}\, dx = \arctan s$ 이므로

$$\lim_{s\to\infty} \int_0^s \frac{2x}{(x+1)(x^2+1)}\, dx = \lim_{s\to\infty} \left(\ln \frac{\sqrt{s^2+1}}{s+1} + \arctan s\right) = \frac{\pi}{2}$$

임을 알 수 있다. □

문제 6.2.5. 구간 $[0,\infty)$ 위에서 함수 $y = \dfrac{2x}{(x+1)(x^2+1)}$ 의 그래프를 그려 보라.

문제 6.2.6. 방정식 $x^7 - 1 = 0$의 실수가 아닌 해 가운데 편각이 가장 작은 것을 α라 두었을 때, 이를 이용하여 다항식 $x^7 - 1$을 일차식의 곱으로 인수분해할 수 있다. 이를 이용하여 다항식 $x^7 - 1$을 실계수 일차식과 이차식의 곱으로 인수분해하라.

무리함수의 적분

이제, 몇 가지 무리함수의 적분법을 공부하고 이 절을 마친다. 일반적으로 무리함수의 적분은 매우 어렵고, 경우에 따라서는 이러한 함수의 적분법을 연구하는 일 자체가 수학의 새로운 분야로 이어지는 등 수학의 발전을 이끈 경우도 있었다. 여기에서는 삼각치환으로 적분을 할 수 있는 간단한 경우를 몇 가지 살펴본다.

예제 8. 정적분 $\displaystyle\int_{-1}^1 \sqrt{1-x^2}\, dx$ 의 값을 구하라.

풀이 : $x = \sin t$라고 하면, $\dfrac{dx}{dt} = \cos t$이다. 그리고 $x = -1$일 때 $t = -\dfrac{\pi}{2}$, $x = 1$일 때 $t = \dfrac{\pi}{2}$ 이므로

$$\begin{aligned}\int_{-1}^1 \sqrt{1-x^2}\, dx &= \int_{-\frac{\pi}{2}}^{\frac{\pi}{2}} \sqrt{1-\sin^2 t} \cdot \frac{dx}{dt}\, dt \\ &= \int_{-\frac{\pi}{2}}^{\frac{\pi}{2}} \cos t \cdot \cos t\, dt\end{aligned}$$

$$= \int_{-\frac{\pi}{2}}^{\frac{\pi}{2}} \frac{1+\cos 2t}{2}\,dt$$

$$= \left[\frac{1}{2}t + \frac{1}{4}\sin 2t\right]_{-\frac{\pi}{2}}^{\frac{\pi}{2}} = \frac{\pi}{2}$$

이다. □

예제 9. 정적분 $\int_0^{\frac{1}{2}} \frac{1}{\sqrt{1-x^2}}\,dx$ 의 값을 구하라.

풀이 : 역사인함수의 도함수가 $\frac{1}{\sqrt{1-x^2}}$ 이므로 $x = \sin t$ 로 치환하는 것이 자연스럽다. 그러면

$$\int_0^{\frac{1}{2}} \frac{1}{\sqrt{1-x^2}}\,dx = \int_0^{\frac{\pi}{6}} \frac{1}{\sqrt{1-\sin^2 t}}\cos t dt = \int_0^{\frac{\pi}{6}} dt = \frac{\pi}{6}$$

를 얻는다. □

예제 10. 부정적분 $\int x^3\sqrt{4-x^2}\,dx$ 를 구하라.

풀이 : 이 경우, $x = 2\sin t$ 로 치환하면 $dx = 2\cos t dt$ 이므로,

$$\int x^3\sqrt{4-x^2}\,dx = \int 8\sin^3 t\sqrt{4-4\sin^2 t}\,(2\cos t)\,dt$$

이다. 그런데

$$\begin{aligned} 8\sin^3 t\sqrt{4-4\sin^2 t}\,(2\cos t) &= 8\sin^3 t(4\cos^2 t) \\ &= 32\sin t(1-\cos^2 t)\cos^2 t \\ &= 32(\cos^2 t - \cos^4 t)\sin t \end{aligned}$$

이므로

$$\int x^3\sqrt{4-x^2}\,dx = 32\left(-\frac{\cos^3 t}{3} + \frac{\cos^5 t}{5}\right) + C$$

임을 알 수 있다. 이제

$$\cos t = \sqrt{1-\sin^2 t} = \frac{1}{2}\sqrt{4-x^2}$$

이므로 구하는 원시함수는

$$\int x^3\sqrt{4-x^2}\,dx = -\frac{4(4-x^2)^{\frac{3}{2}}}{3} + \frac{(4-x^2)^{\frac{5}{2}}}{5} + C$$

이다. □

문제 6.2.7. 양변을 미분함으로써 다음 공식이 성립함을 확인하라.

(가) $\displaystyle\int \frac{dx}{\sqrt{x^2+a^2}} = \ln(x+\sqrt{x^2+a^2})+C$

(나) $\displaystyle\int \frac{dx}{\sqrt{x^2-a^2}} = \ln(x+\sqrt{x^2-a^2})+C$

문제 6.2.8. 다음 정적분을 구하라.

(가) $\displaystyle\int_0^{\frac{1}{2}} \sqrt{1-x^2}\,dx$ (나) $\displaystyle\int_0^1 \frac{1}{\sqrt{4-x^2}}\,dx$

(다) $\displaystyle\int_0^1 \frac{x^2}{\sqrt{4-x^2}}\,dx$ (라) $\displaystyle\int_0^1 \frac{1}{\sqrt{1+x^2}}\,dx$

오일러는 6차 이내의 실계수 다항식이 항상 적어도 하나의 복소수근을 가진다는 것을 증명하였다. 오일러는 이를 임의의 실계수 다항식에 대하여 증명하려고 하였으나 실패하였다. 그 이후 여러 수학자들이 대수학의 기본 정리를 증명하려고 노력하였으나, 처음으로 나온 그럴듯한 증명은 1799년 가우스의 학위논문이었다. 그의 증명은 위상적인 논증을 하고 있는데, 현재의 관점에서 보면 만족스럽지 못한 점이 있다. 그는 이후 다섯 가지의 새로운 증명을 내 놓았다.[1)]

한 가지 유의할 사항이 있다. 대수학의 기본 정리가 말해 주는 것은 다항식의 근이 존재한다는 것이지 이 근을 어떻게 찾는지 말해 주지는 않는다. 대수학의 기본 정리는 모든 분수함수의 부정적분을 구할 수 있다는 이론적인 근거를 제시하는 것이지, 실제로 부정적분을 어떻게 구하는지 말해 주지는 않는다. 실제로 사차방정식까지는 그 근을 어떻게 찾는지 알려져 있지만, 오차 이상의 경우 가감승제와 근호를 이용한 근의 공식이 없다는 것이 알려져 있다.

무리함수의 적분은 19세기 유럽 수학에서 매우 중요한 과제였다. 이런 적분은 타원의 길이를 구하는 것과 관련되어 있기 때문에 보통 타원적분이라 불리운다. 이러한 타원적분을 구하려는 노력은 복소기하학이라는 새로운 분야를 낳게 되었다.

6.3 적분의 응용 (II)

적분을 이용한 넓이의 계산이나 부피의 계산은 그 대상 함수가 무엇인가에 구애받지 않고 그대로 적용된다. 복소수의 극형식 표시를 이용한 극좌표를 사용하면 훨씬 다양한 곡선의 방정식을 간단하게 나타낼 수 있고, 역시 적분을 이용하여 이러한 곡선들이 관련된 도형들의 넓이와 길이를 계산할 수 있다.

1) 학부 학생들이 접할 수 있는 가장 쉬운 증명 방법은 복소함수의 미적분을 이용하는 것이다. 예를 들어서, 참고문헌 [2]를 참조하라.

넓이와 부피

수직선 위에서 움직이는 물체의 운동거리를 구하거나, 넓이 및 부피를 구하는 문제에서 적분을 이용하는 원칙은 이미 3장에서 공부하였다. 이 장에서는 우선 이러한 원칙이 적용되는 예를 살펴본다.

예제 1. 수직선 위에서, $t=0$일 때 원점을 출발하여 주기 운동을 하고 있는 물체의 속도가 $v=\cos\frac{\pi}{4}t$로 주어져 있다. 시각 $t=6$일 때 위치를 구하라. 또한 $t=0$에서 $t=6$까지 이 물체의 운동거리를 구하라.

풀이 : 시각 t에서 이 물체의 위치를 $x(t)$라 하면, $x(0)=0$이므로 $t=6$에서 이 물체의 위치는

$$x(6)=\int_0^6 \cos\frac{\pi}{4}t\,dt=\left[\frac{4}{\pi}\sin\frac{\pi}{4}t\right]_0^6=\frac{4}{\pi}\sin\frac{6}{4}\pi=-\frac{4}{\pi}$$

이다. 또한, $t=0$에서 $t=6$까지 운동거리는

$$\int_0^6 \left|\cos\frac{\pi}{4}t\right|dt$$

로 주어지는데, 구간 $0\le t\le 2$에서 $\cos\frac{\pi}{4}t\ge 0$이고 구간 $2\le t\le 6$에서 $\cos\frac{\pi}{4}t\le 0$이므로, 다음

$$\begin{aligned}\int_0^6 \left|\cos\frac{\pi}{4}t\right|dt&=\int_0^2\cos\frac{\pi}{4}t\,dt-\int_2^6\cos\frac{\pi}{4}t\,dt\\&=\left[\frac{4}{\pi}\sin\frac{\pi}{4}t\right]_0^2-\left[\frac{4}{\pi}\sin\frac{\pi}{4}t\right]_2^6\\&=\frac{4}{\pi}-\left(-\frac{4}{\pi}-\frac{4}{\pi}\right)=\frac{12}{\pi}\end{aligned}$$

과 같이 계산하면 된다. □

예제 2. 곡선 $y=\sin x$ $(0\le x\le\pi)$와 x 축으로 둘러싸인 도형의 넓이를 구하라.

풀이 : 함수 $y=\sin x$의 그래프는 x 축과 두 점 $(0,\ 0)$, $(\pi,\ 0)$에서 만나고, $0\le x\le\pi$에서 $y\ge 0$이므로, 구하려는 도형의 넓이는

$$\int_0^\pi \sin x\,dx=-\left[\cos x\right]_0^\pi=2$$

이다. □

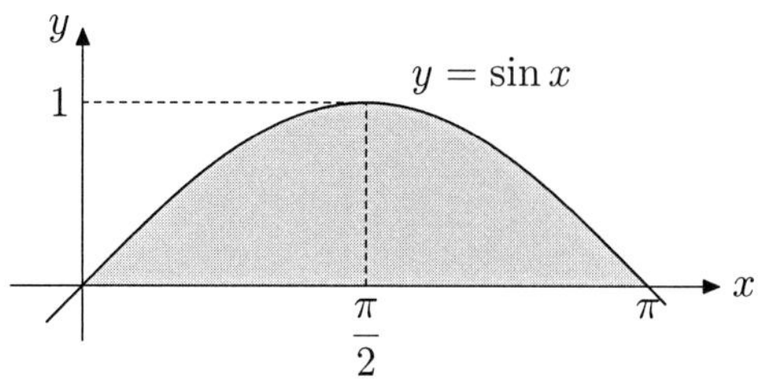

예제 3. 두 곡선 $y = \sin x$, $y = \cos x$와 두 직선 $x = 0$, $x = 2\pi$ 로 둘러싸인 도형의 넓이를 구하라.

풀이 : 구간 $0 \le x \le \frac{\pi}{4}$와 $\frac{5}{4}\pi \le x \le 2\pi$에서는 $\sin x \le \cos x$이고, 구간 $\frac{\pi}{4} \le x \le \frac{5}{4}\pi$에서는 $\sin x \ge \cos x$이므로, 구하는 넓이는

$$\begin{aligned}
&\int_0^{2\pi} |\sin x - \cos x|\, dx \\
&= \int_0^{\frac{\pi}{4}} (\cos x - \sin x)dx + \int_{\frac{\pi}{4}}^{\frac{5}{4}\pi} (\sin x - \cos x)dx + \int_{\frac{5}{4}\pi}^{2\pi} (\cos x - \sin x)dx \\
&= [\sin x + \cos x]_0^{\frac{\pi}{4}} + [-\cos x - \sin x]_{\frac{\pi}{4}}^{\frac{5}{4}\pi} + [\sin x + \cos x]_{\frac{5}{4}\pi}^{2\pi} \\
&= 4\sqrt{2}
\end{aligned}$$

이다. □

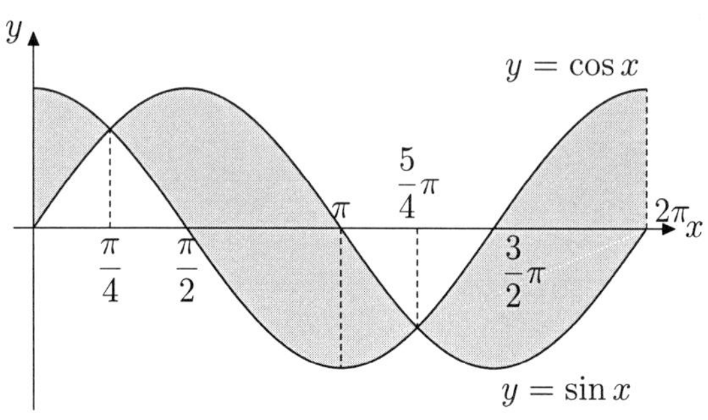

문제 6.3.1. 다음에 주어진 두 곡선과 두 직선으로 둘러싸인 도형의 넓이를 각각 구하라.

(가) $y = e^x$, $y = e^{-x}$, $x = -1$, $x = 1$

(나) $y = \sin 2x$, $y = \cos x$, $x = 0$, $x = \pi$

(다) $y = \ln x$, $y = x(1-x)$, $x = \frac{1}{2}$, $x = 2$

(라) $y = \cos 2x$, $y = x\left(x - \frac{\pi}{4}\right)$, $x = 0$, $x = \frac{\pi}{2}$

문제 6.3.2. 다음과 같이 주어진 곡선과 직선으로 둘러싸인 도형의 넓이를 구하라.

(가) $y = xe^{-x}$, $x = 1$, x축
(나) $y = \dfrac{2x}{1+x^2}$, $x = 1$, $x = -1$, x축

예제 4. 곡선 $y = \sin x + \cos x$와 x축, $x = 0$ 및 $x = \pi$로 둘러싸인 부분을 x축 둘레로 회전시켰을 때 생기는 입체의 부피를 구하라.

풀이 : 먼저

$$(\sin x + \cos x)^2 = 1 + \sin 2x$$

이므로, 구하는 회전체의 부피는

$$\pi \int_0^{\pi} (\sin x + \cos x)^2 dx = \pi \int_0^{\pi} (1 + \sin 2x) dx$$
$$= \pi \left[x - \frac{\cos 2x}{2} \right]_0^{\pi} = \pi^2$$

이다. □

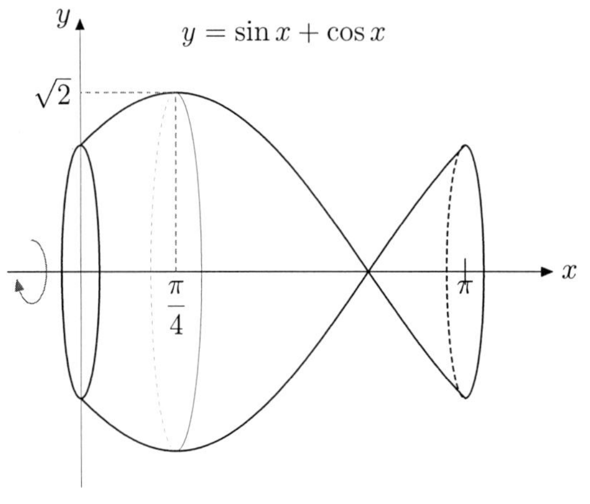

문제 6.3.3. 곡선 $y = \dfrac{e^x - e^{-x}}{2}$와 x축 및 직선 $x = \ln 3$으로 둘러싸인 부분을 x축 둘레로 회전시켰을 때 생기는 입체의 부피를 구하라.

문제 6.3.4. 다음 도형을 x축 둘레로 회전시켰을 때 생기는 입체의 부피를 구하라.

(가) $y = \sin x$, $0 \le x \le \pi$ (나) $y = \cos x$, $0 \le x \le \pi$

(다) $y = \dfrac{e^x - e^{-x}}{2}$, $0 \le x \le \ln 2$ (라) $y = \sqrt{\ln x}$, $1 \le x \le 3$

극좌표

평면 위에 있는 도형의 넓이를 구하기 위해서는 우선 그 도형을 적절한 함수의 그래프로 표시하여야 한다. 그런데 지금까지 사용한 xy 평면좌표를 이용하여 평면의 도형을 그래프로 나타내는 데에는 한계가 있다. 이를 극복하는 방법 가운데 하나가 극좌표계를 이용하는 것인데, 이는 기본적으로 복소평면에서 극형식을 이용하는 것이다.

좌표평면 위의 한 점 (x, y)를 복소수

$$x + yi$$

로 이해하고, 이를 다시 극형식

$$r(\cos\theta + i\sin\theta)$$

로 이해하면, 평면 위의 한 점을 (r, θ)로 표시할 수 있다. 이와 같은 표시 방법을 극좌표계라 한다. 지난 4장의 153쪽에서 정리한 복소수의 극형식을 다시 한번 상기하면 평면 위의 한 점을 평면좌표 (x, y) 와 극좌표 (r, θ)로 표시하였을 때, 다음

$$x = r\cos\theta, \qquad y = r\sin\theta$$
$$r = \sqrt{x^2 + y^2}, \qquad \theta = \arctan\frac{y}{x}$$

관계가 성립한다.

이제부터 함수 $r = f(\theta)$의 그래프를 직교좌표계에서 그려 보자. 예를 들어서, 함수

$$r = 1$$

의 그래프를 직교좌표계에서 그리면 이는 반지름이 1인 원 $x^2 + y^2 = 1$이 된다. 또한,

$$\theta = \frac{\pi}{4}$$

의 그래프는 반직선 $y = x \ (x \geq 0)$가 된다.

예제 5. 극좌표 $r = \sin\theta$로 주어지는 곡선의 그래프를 그리라.

풀이 : 먼저, θ가 0에서 $\frac{\pi}{2}$까지 가는 동안 r은 증가하는데, 특히

$$\theta = 0, \quad \theta = \frac{\pi}{6}, \quad \theta = \frac{\pi}{4}, \quad \theta = \frac{\pi}{3}, \quad \theta = \frac{\pi}{2}$$

일 때 각각

$$r = 0, \quad r = \frac{1}{2}, \quad r = \frac{1}{\sqrt{2}}, \quad r = \frac{3}{\sqrt{2}}, \quad r = 1$$

이 된다. 따라서 각 편각이 나타내는 직선 위에 원점에서 r 만큼 떨어진 곳에 점을 찍으면 우리가 찾는 그래프는 그 점을 지나가게 된다. 이제, $r = \sin\theta$ 의 그래프는 $\theta = \dfrac{\pi}{2}$ 를 중심으로 대칭이므로, 우리가 찾는 그래프도 마찬가지이다. 이 점들을 연결하여 그래프로 그리면 다음과 같으리라 짐작할 수 있다.

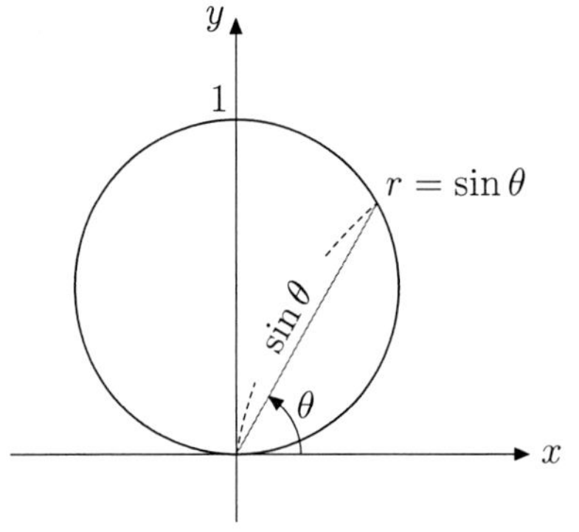

이제, 그래프가 실제로 원이 된다는것을 보이기 위하여, 주어진 식에 r 을 곱하면

$$r^2 = r\sin\theta$$

이다. 이 식을 직교좌표계로 바꾸면

$$x^2 + y^2 = y,$$

즉,

$$x^2 + \left(y - \frac{1}{2}\right)^2 = \frac{1}{4}$$

이 되어 원의 방정식임을 알 수 있다.

만일 $\pi < \theta < 2\pi$ 이면 $r = \sin\theta$ 는 음수가 된다. 그렇지만 원점을 중심으로 반대편에 점을 찍는 것으로 해석하여 그래프를 그리면 된다. 예를 들어서 $\theta = \dfrac{5\pi}{4}$ 인 경우, 극좌표 $(r,\theta) = \left(-\dfrac{1}{\sqrt{2}}, \dfrac{5\pi}{4}\right)$ 는 자연스럽게 $\left(\dfrac{1}{\sqrt{2}}, \dfrac{\pi}{4}\right)$ 로 해석한다. 그러면 $\pi < \theta < 2\pi$ 의 경우 이미 그린 부분과 겹치게 됨을 알 수 있다. □

또 다른 예로서, 극좌표

$$r = 1 + \cos\theta$$

로 주어진 곡선의 개형을 그리면 다음과 같이 된다.

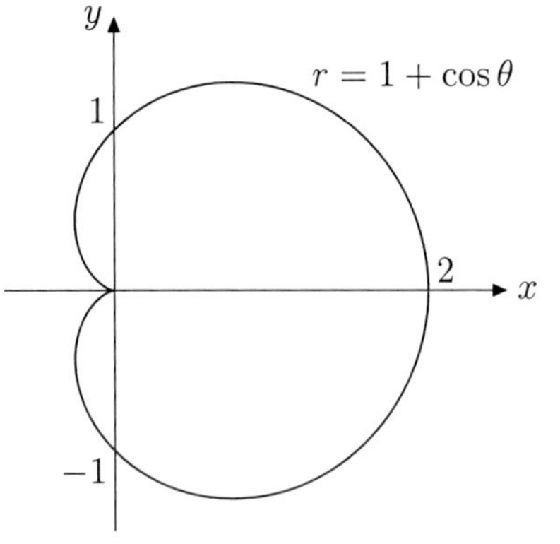

문제 6.3.5. 극좌표로 다음과 같이 주어진 곡선의 개형을 그리라.

(가) $r = \sin 2\theta$ (나) $r = \sin 3\theta$

(다) $r = 1 + \sin\theta$ (라) $r^2 = \sin\theta$

극좌표로 주어진 연속함수 $r = f(\theta)$ 의 그래프를 그리면 다음

$$0 \le r \le f(\theta), \qquad \alpha \le \theta \le \beta$$

과 같이 주어진 부분의 영역이 생기는데, 이 부분의 넓이를 구해 보기로 한다.

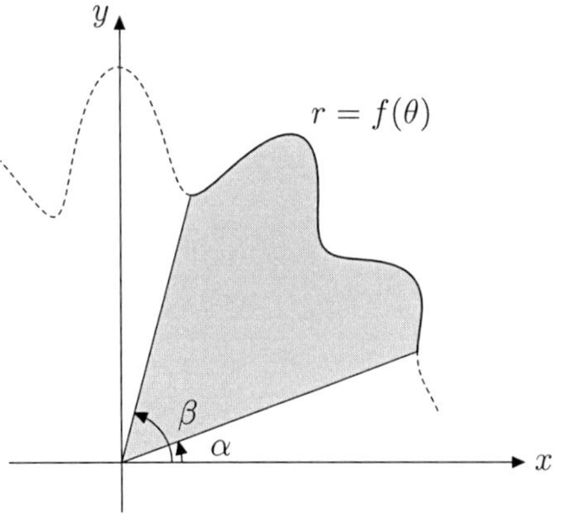

먼저, 구분구적법을 이용하여 좌표평면에서 넓이를 구할 때처럼 구간 $[\alpha, \beta]$ 를 n 등분하여

$$\theta_0 = \alpha,\ \theta_1 = \alpha + \frac{\beta - \alpha}{n}, \ldots,\ \theta_{n-1} = \alpha + \frac{\beta - \alpha}{n}(n-1),\ \theta_n = \beta$$

라 두자. 구간 $[\theta_{i-1}, \theta_i]$ 위에서 $f(\theta)$ 의 최대값을 $f(\sigma_i)$ 라 두고, 최소값을 $f(\tau_i)$ 라 두자. 그러면 다음 부분

$$0 \le r \le f(\theta), \qquad \theta_{i-1} \le \theta \le \theta_i$$

의 넓이 A_i 는 다음 부등식

$$\frac{1}{2}f(\tau_i)^2(\theta_{i+1}-\theta_i) \le A_i \le \frac{1}{2}f(\sigma_i)^2(\theta_{i+1}-\theta_i)$$

을 만족한다.

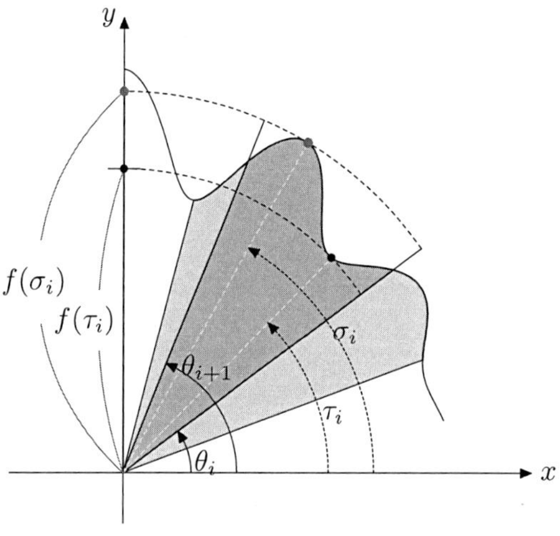

따라서 다음 부등식

$$\sum_{i=1}^{n} \frac{1}{2}[f(\tau_i)]^2 \frac{\beta-\alpha}{n} \le \sum_{i=1}^{n} A_i \le \sum_{i=1}^{n} \frac{1}{2}[f(\sigma_i)]^2 \frac{\beta-\alpha}{n}$$

을 얻는다. 그런데 $n \to \infty$ 에 따라서 $\tau_i \to \theta_i$ 이고 $\sigma_i \to \theta_i$ 이므로, 위 부등식의 처음과 마지막은 모두 적분값

$$\int_{\alpha}^{\beta} \frac{1}{2}[f(\theta)]^2\, d\theta$$

로 수렴하고, 따라서 이 값이 우리가 구하는 넓이이다.

극좌표로 주어진 부분의 넓이

극좌표로 다음과 같이 주어진 부분

$$0 \le r \le f(\theta), \qquad \alpha \le \theta \le \beta$$

의 넓이는

$$\int_{\alpha}^{\beta} \frac{1}{2}[f(\theta)]^2\, d\theta$$

이다.

예제 6. 극좌표로 주어진 곡선 $r = 1 + \cos\theta$로 둘러싸인 부분의 넓이를 구하라.

풀이 : 구하는 넓이는

$$\int_0^{2\pi} \frac{1}{2}(1+\cos\theta)^2\, d\theta = \frac{1}{2}\int_0^{2\pi}(1+2\cos\theta+\cos^2\theta)\, d\theta = \frac{3}{2}\pi$$

이다. □

문제 6.3.6. 극좌표로 주어진 다음 곡선들의 개형을 그리고 이 곡선으로 둘러싸인 부분의 넓이를 구하라.

(가) $r = \cos 3\theta$ (나) $r = 1 + \sin 2\theta$

(다) $r^2 = \sin^2 2\theta$ (라) $r = 2 + \cos\theta$

(마) $r = 1 + \sin\theta$ (바) $r^2 = 1 + \cos 2\theta$

곡선의 길이

이제, 미분가능한 곡선 $y = f(x)$의 길이를 구해 보자. 이를 위하여 구분구적법을 이용하여 넓이를 구할 때처럼 구간 $[a, b]$ 를 n등분하여

$$x_0 = a,\ x_1 = a + \frac{b-a}{n}, \ldots,\ x_{n-1} = a + \frac{b-a}{n}(n-1),\ x_n = b$$

라 두고, 곡선 위의 점

$$P_0(x_0, f(x_0)),\ P_1(x_1, f(x_1)),\ \ldots,\ P_{n-1}(x_{n-1}, f(x_{n-1})),\ P_n(x_n, f(x_n))$$

을 생각한다.

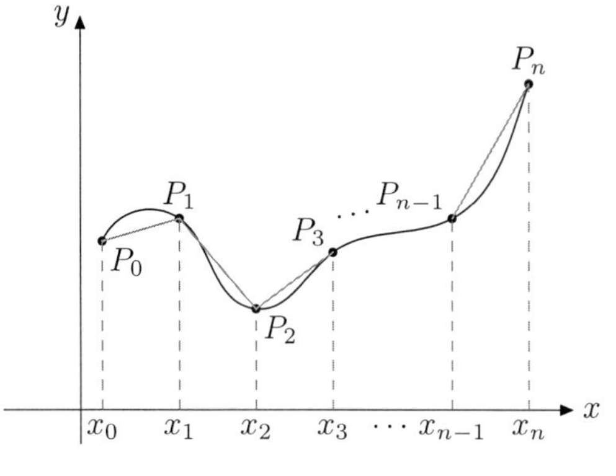

이 때 인접한 두 점 $P_i(x_i, f(x_i))$와 $P_{i+1}(x_{i+1}, f(x_{i+1}))$ 사이의 거리는

$$L_i = \sqrt{(x_{i+1} - x_i)^2 + (f(x_{i+1}) - f(x_i))^2}$$

인데, 평균값정리를 적용하면

$$f(x_{i+1}) - f(x_i) = f'(s_i)(x_{i+1} - x_i)$$

를 만족하는 s_i를 구간 (x_i, x_{i+1}) 안에서 잡을 수 있다. 따라서

$$\begin{aligned} L_i &= \sqrt{(x_{i+1} - x_i)^2 + [f'(s_i)(x_{i+1} - x_i)]^2} \\ &= \sqrt{1 + (f'(s_i))^2}\,(x_{i+1} - x_i) \\ &= \frac{b-a}{n}\sqrt{1 + (f'(s_i))^2} \end{aligned}$$

이다. 그러므로 $P_0, P_1, \ldots, P_n$을 차례로 선분으로 연결하면, 그 길이는

$$\Lambda_n = \sum_{i=1}^{n} \frac{b-a}{n}\sqrt{1 + (f'(s_i))^2}$$

이 된다. 만일 도함수 $y = f'(x)$가 연속이라면 $n \to \infty$ 일 때 $s_i \to x_i$ 이므로, $f'(s_i) \to f'(x_i)$ 이 된다. 따라서 구하는 길이 $\lim_{n\to\infty} \Lambda_n$은 바로 함수

$$y = \sqrt{1 + f'(x))^2}$$

의 적분값이다.

곡선 $y = f(x)$의 길이

미분가능한 함수 $y = f(x)$의 도함수가 연속일 때, 구간 $[a, b]$ 위에서 곡선 $y = f(x)$의 길이는

$$\int_a^b \sqrt{1 + (f'(x))^2}\, dx$$

이다.

예제 7. 다음 함수

$$f(x) = \cosh x$$

에 대하여 다음 물음에 답하라.

(가) 곡선 $y = f(x)$와 직선 $x = a$ 및 $x = b$, 그리고 x축으로 둘러싸인 부분의 넓이를 구하라.
(나) 구간 $[a, b]$ 위에서 곡선 $y = f(x)$의 길이를 구하라.

풀이 : 우선 넓이는

$$\int_a^b \cosh x dx = \int_a^b \frac{e^x + e^{-x}}{2} dx = \frac{1}{2}[(e^b - e^a) - (e^{-b} - e^{-a})]$$

이다. 그런데

$$1 + [f'(x)]^2 = 1 + \left(\frac{e^x - e^{-x}}{2}\right)^2 = \left(\frac{e^x + e^{-x}}{2}\right)^2$$

이므로

$$\sqrt{1 + [f'(x)]^2} = f(x)$$

이다. 따라서 그 길이가 넓이와 같다. □

문제 6.3.7. 구간 $[0, 1]$ 위에서 곡선 $y = e^x$의 길이를 구하라.

문제 6.3.8. 구간 $[1, 3]$ 위에서 곡선 $y = x\sqrt{x}$의 길이를 구하라.

적분의 근사계산

공학 등 여러 응용 분야에서 넓이나 부피를 계산할 때, 부정적분 즉, 원시함수를 구할 수 없는 함수의 정적분을 계산하여야 하는 경우가 있다. 이러한 경우에는 정적분 값에 대한 근사값을 구하여 사용한다. 양의 값을 가지는 함수 f에 대하여 정적분

$$\int_a^b f(x)\, dx$$

는 $a \le x \le b$에서 곡선 $y = f(x)$와 x축으로 둘러싸인 영역의 넓이를 나타내고, 정적분의 정의로부터 이 영역의 넓이는 영역을 분할하는 직사각형들의 넓이의 합의 극한으로 정의된다. 따라서 정적분의 정의에서 사각형들의 넓이의 합을 영역의 넓이에 대한 근사값으로 쓸 수 있다.

한편, 주어진 함수에 따라서는 아래 그림과 같이 사다리꼴을 이용하여 주어진 영역의 넓이에 대한 근사값을 구하는 것이 오차를 줄이는 방법이

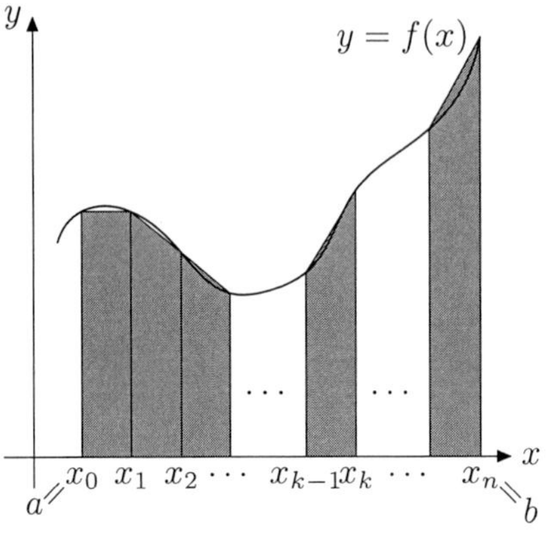

될 수 있다.

구간 $[a,b]$를 n등분하여

$$x_k = a + \frac{(b-a)}{n}k, \quad k = 0, 1, 2, \ldots, n$$

라 두면 k번째 사다리꼴의 넓이는

$$\frac{f(x_{k-1}) + f(x_k)}{2} \cdot \frac{b-a}{n}$$

이므로 n 개의 사다리꼴의 넓이의 합은

$$\begin{aligned} T_n &= \frac{b-a}{n} \sum_{k=1}^{n} \frac{f(x_{k-1}) + f(x_k)}{2} \\ &= \frac{b-a}{2n} [f(x_0) + 2f(x_1) + \cdots + 2f(x_{n-1}) + f(x_n)] \end{aligned}$$

이다. 이때,

$$\begin{aligned} \lim_{n\to\infty} T_n &= \lim_{n\to\infty} \frac{[f(a) - f(b)](b-a)}{2n} + \lim_{n\to\infty} \sum_{k=1}^{n} f(x_k) \cdot \frac{b-a}{n} \\ &= \int_a^b f(x)\,dx \end{aligned}$$

가 성립하여 T_n을 주어진 영역의 넓이에 대한 근사값으로 쓸 수 있다.

사다리꼴 방식

함수 $f(x)$가 닫힌구간 $[a,b]$에서 연속일 때 $x_k = a + \frac{(b-a)}{n}k$에 대하여

$$T_n = \frac{b-a}{2n}\left[f(x_0) + 2f(x_1) + \cdots + 2f(x_{n-1}) + f(x_n)\right]$$

으로 두면 $\int_a^b f(x)\,dx = \lim_{n\to\infty} T_n$이 성립하므로 T_n을 정적분 $\int_a^b f(x)\,dx$의 근사값으로 쓸 수 있다. 즉,

$$\int_a^b f(x)\,dx \fallingdotseq \frac{b-a}{2n}\left[f(x_0) + 2f(x_1) + \cdots + 2f(x_{n-1}) + f(x_n)\right]$$

이다.

예제 8. 사다리꼴 방식에서 정적분 $\int_0^\pi \sin x\,dx$의 근사값 T_4를 구하라.

풀이 : T_4를 계산하면

$$\begin{aligned} T_4 &= \frac{\pi}{8}\left(\sin 0 + 2\sin\frac{\pi}{4} + 2\sin\frac{\pi}{2} + 2\sin\frac{3\pi}{4} + \sin\pi\right) \\ &= \frac{\pi}{8}(0 + \sqrt{2} + 2 + \sqrt{2} + 0) = \frac{(1+\sqrt{2})\pi}{4} \fallingdotseq 1.896 \end{aligned}$$

이다. □

정적분의 정의

$$\int_a^b f(x)\,dx = \lim_{n\to\infty}\sum_{k=1}^{n} f(\bar{x}_k)\cdot\frac{b-a}{n}$$

에서 임의의 점 $\bar{x}_k \in [x_{k-1}, x_k]$을 중점 $\bar{x}_k = \frac{x_{k-1}+x_k}{2}$로 잡으면

$$\int_a^b f(x)\,dx = \lim_{n\to\infty}\sum_{k=1}^{n} f\left(\frac{x_{k-1}+x_k}{2}\right)\cdot\frac{b-a}{n}$$

가 되어 사다리꼴 방식에서 살펴본

$$\int_a^b f(x)\,dx = \lim_{n\to\infty}\sum_{k=1}^{n}\left[\frac{f(x_{k-1})+f(x_k)}{2}\right]\cdot\frac{b-a}{n}$$

와 비슷한 형태가 된다. 이 식에서 우변의 n항까지 합

$$M_n = \sum_{k=1}^{n} f\left(\frac{x_{k-1}+x_k}{2}\right)\cdot\frac{b-a}{n}$$

을 이용하여 정적분 값의 근사값을

$$\int_a^b f(x)\,dx \fallingdotseq \sum_{k=1}^{n} f\left(\frac{x_{k-1}+x_k}{2}\right)\cdot\frac{b-a}{n}$$

와 같이 구하는 방식을 중점방식이라 한다.

아래 그림에서 보듯이 사다리꼴 방식이나 중점 방식은 각 구간 $[x_k, x_{k+1}]$에서 곡선 $f(x)$를 일차함수로 근사시켜 정적분의 근사값을 구하는 방식이다. 반면에 세 점 $(x_{k-1}, f(x_{k-1}))$, $(x_k, f(x_k))$, $(x_{k+1}, f(x_{k+1}))$이 주어지면 이 세 점을 지나는 이차함수를 유일하게 결정할 수 있으므로 아래 마지막 그림과 같이 구간 $[x_{k-1}, x_{k+1}]$에서 곡선 $f(x)$를 포물선으로 근사시켜 정적분 값의 근사값을 구할 수도 있다.

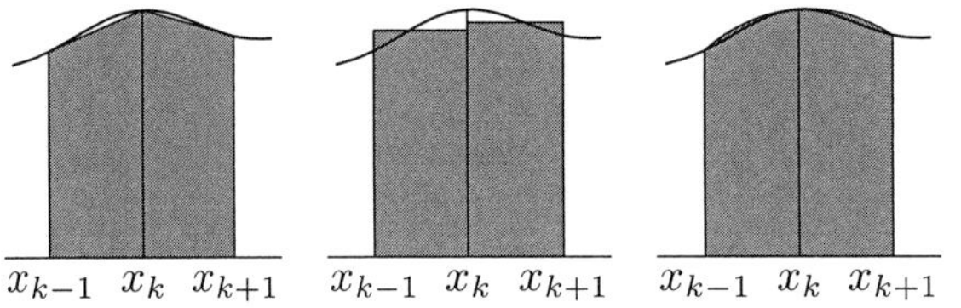

이와 같이 포물선을 이용하여 정적분의 근사값을 계산하는 방식을 심프슨[2)]의 방식이라 한다.

우선 이차함수 $P(x) = Ax^2 + Bx + C$에 대하여 정적분 값 $\displaystyle\int_a^b P(x)\,dx$의 값을 구하면

$$\begin{aligned}\int_a^b P(x)\,dx &= \int_a^b (Ax^2+Bx+C)\,dx\\ &= \left[\frac{Ax^3}{3}+\frac{Bx^2}{2}+Cx\right]_a^b\\ &= \frac{A(b^3-a^3)}{3}+\frac{B(b^2-a^2)}{2}+C(b-a)\\ &= \frac{(b-a)}{6}\left[2A(a^2+ab+b^2)+3B(b+a)+6C\right]\end{aligned}$$

2) Thomas Simpson (1710~1761), 영국 수학자.

에서

$$\begin{aligned}&2A(a^2+ab+b^2)+3B(b+a)+6C\\=&(Aa^2+Ba+C)+4\left[A\left(\frac{b+a}{2}\right)^2+B\left(\frac{b+a}{2}\right)+C\right]+Ab^2+Bb+C\\=&P(a)+4P\left(\frac{b+a}{2}\right)+P(b)\end{aligned}$$

이므로

$$\int_a^b P(x)\,dx=\frac{(b-a)}{6}\left[P(a)+4P\left(\frac{a+b}{2}\right)+P(b)\right]$$

를 얻는다.

이제 구간 $[a,b]$를 n등분하여

$$x_k=a+\frac{b-a}{n}k,\qquad k=0,1,2,\cdots,n\quad (\text{단, } n \text{ 은 짝수})$$

라 두면

$$\int_a^b f(x)\,dx=\int_{x_0}^{x_2} f(x)\,dx+\int_{x_2}^{x_4} f(x)\,dx+\cdots+\int_{x_{n-2}}^{x_n} f(x)\,dx$$

이다. 따라서 세 점 $(x_{k-1},f(x_{k-1}))$, $(x_k,f(x_k))$, $(x_{k+1},f(x_{k+1}))$을 지나는 포물선 $y=P_k(x)=A_kx^2+B_kx+C_k$에 대하여

$$\int_a^b f(x)\,dx \fallingdotseq S_n=\int_{x_0}^{x_2} P_1(x)\,dx+\int_{x_2}^{x_4} P_3(x)\,dx+\cdots+\int_{x_{n-2}}^{x_n} P_{n-1}(x)\,dx$$

를 기대할 수 있다.

실제로 S_n을 정적분 값에 대한 근사값으로 쓸 수 있음을 알아보자. 각 x_k는 구간 $[a,b]$를 n등분한 점이므로

$$\begin{aligned}\int_{x_{k-1}}^{x_{k+1}} P_k(x)\,dx&=\frac{(x_{k+1}-x_{k-1})}{6}[P_k(x_{k-1})+4P_k(x_k)+P_k(x_{k+1})]\\&=\frac{1}{6}\cdot\frac{2(b-a)}{n}[P_k(x_{k-1})+4P_k(x_k)+P_k(x_{k+1})]\\&=\frac{b-a}{3n}[f(x_{k-1})+4f(x_k)+f(x_{k+1})]\end{aligned}$$

이고, 이로부터

$$S_n=\frac{b-a}{3n}\left[f(x_0)+4f(x_1)+2f(x_2)+4f(x_3)+\cdots+4f(x_{n-1})+f(x_n)\right]$$

이다. 이때,

$$\begin{aligned}&f(x_0)+4f(x_1)+2f(x_2)+4f(x_3)+\cdots+2f(x_{n-2})+4f(x_{n-1})+f(x_n)\\&=3\sum_{k=1}^{n}f(x_k)+\left[\sum_{k=1}^{n}(-1)^{k+1}f(x_k)\right]+f(x_0)-f(x_n)\end{aligned}$$

와 같이 나타낼 수 있고, 함수 $f(x)$가 닫힌 구간 $[a,b]$ 에서 연속함수이면

$$\lim_{n\to\infty}\frac{b-a}{3n}\sum_{k=1}^{n}(-1)^{k+1}f(x_k)=0$$

이 성립함을 보일 수 있으므로

$$\begin{aligned}&\lim_{n\to\infty}S_n\\&=\lim_{n\to\infty}\frac{b-a}{n}\sum_{k=1}^{n}f(x_k)+\lim_{n\to\infty}\frac{(b-a)[f(a)-f(b)]}{3n}\\&=\int_a^b f(x)\,dx\end{aligned}$$

이다. 따라서 S_n을 근사값으로 쓸 수 있다.

심프슨[3]의 방식

함수 $f(x)$가 닫힌구간 $[a,b]$에서 연속일 때 짝수 n과 $x_k=a+\dfrac{(b-a)}{n}k$에 대하여

$$S_n=\frac{b-a}{3n}\left[f(x_0)+4f(x_1)+2f(x_2)+4f(x_3)+\cdots+4f(x_{n-1})+f(x_n)\right]$$

으로 두면 $\displaystyle\int_a^b f(x)\,dx=\lim_{n\to\infty}S_n$이 성립하므로 S_n을 정적분 $\displaystyle\int_a^b f(x)\,dx$의 근사값으로 쓸 수 있다. 즉,

$$\int_a^b f(x)\,dx\fallingdotseq\frac{b-a}{3n}\left[f(x_0)+4f(x_1)+2f(x_2)+\cdots+4f(x_{n-1})+f(x_n)\right]$$

이다.

예제 9. 심프슨의 방식에서 정적분 $\displaystyle\int_0^\pi \sin x\,dx$의 근사값 S_4를 구하라.

3) Thomas Simpson (1710~1761), 영국 수학자. 심프슨의 방식은 17세기에 카발리에와 그레고리가 발견하였지만 심프슨의 미적분학 교재에 의해 널리 알려지게 되었다.

풀이 : S_4를 계산하면

$$\begin{aligned} S_4 &= \frac{\pi}{12}(\sin 0 + 4\sin\frac{\pi}{4} + 2\sin\frac{\pi}{2} + 4\sin\frac{3\pi}{4} + \sin\pi) \\ &= \frac{\pi}{12}(0 + 2\sqrt{2} + 2 + 2\sqrt{2} + 0) = \frac{(1+2\sqrt{2})\pi}{6} \fallingdotseq 2.004 \end{aligned}$$

이다. □

회전체의 겉넓이

실수 t에 대하여

$$x = \cos t, \quad y = \sin t$$

로 두면 $x^2 + y^2 = 1$이므로 점 $(\cos t, \sin t)$는 단위원 위에 있다. 역으로 단위원 위의 점 $(1, 0)$에서 출발하여 반시계방향으로 거리 t만큼 떨어진 점의 좌표는 $(\cos t, \sin t)$로 표현된다. 이와 같이 변수 t를 이용하여 x, y 사이의 관계

$$x = f(t), \quad y = g(t)$$

를 정의하면 함수의 그래프로 나타낼 수 없는 평면 위의 곡선을 표현할 수 있다. 이때, 변수 t를 매개변수라 하고 매개변수 t가 변할 때 점 $(f(t), g(t))$가 움직이는 자취를 매개화된 곡선이라 한다. 예를 들어, 함수 $f(x)$의 그래프로 주어지는 곡선은 매개화된 곡선

$$x = t, \quad y = f(t)$$

로 나타낼 수 있다.

닫힌구간 $[a, b]$에서 연속이고 열린구간 (a, b)에서 도함수가 연속인 함수 f와 g로 주어지는 매개화된 곡선

$$x = f(t), \quad y = g(t) \geq 0 \quad (a \leq t \leq b)$$

을 C라고 하자.

닫힌구간 $[a, b]$를 n등분하여 각 분점을 차례로

$$a = t_0, t_1, t_2, \cdots, t_n = b$$

라 하고, 각 소구간의 길이 $\dfrac{b-a}{n}$을 Δt라고 하자. 이때, 곡선 C는 $(n+1)$개의 점

$$P_i(f(t_i), g(t_i)), \quad i = 0, 1, 2, \cdots, n$$

에 의하여 n개의 부분으로 나뉘어진다.

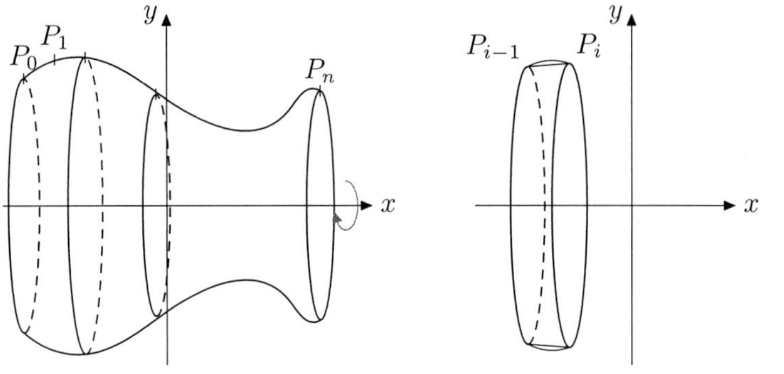

곡선 $P_{i-1}P_i$를 x축 둘레로 회전시켜 얻은 곡면의 넓이를 S_i, 선분 $\overline{P_{i-1}P_i}$를 x축 둘레로 회전시켜 얻은 곡면의 면적을 $\overline{S_i}$라고 하자. 선분 $\overline{P_{i-1}P_i}$의 길이를 l_i라고 하면

$$\begin{aligned}\overline{S_i} &= 2\pi\left(\frac{g(t_i)+g(t_{i-1})}{2}\right) l_i \\ &= 2\pi\left(\frac{g(t_i)+g(t_{i-1})}{2}\right)\sqrt{(\Delta x_i)^2+(\Delta y_i)^2}\end{aligned}$$

이다. 미분의 평균값 정리에 의하여

$$\begin{aligned}\Delta x_i &= f(t_i)-f(t_{i-1}) = f'(c_i)\Delta t_i \\ \Delta y_i &= g(t_i)-g(t_{i-1}) = g'(d_i)\Delta t_i\end{aligned}$$

인 $c_i,\ d_i \in [t_{i-1}, t_i]$가 존재한다.

따라서

$$\overline{S_i} = 2\pi\left(\frac{g(t_i)+g(t_{i-1})}{2}\right)\sqrt{\{f'(c_i)\}^2+\{g'(d_i)\}^2}\Delta t_i$$

이다. n을 크게 하여 구간을 더 잘게 나누면 (즉, $\Delta t \to 0$), $\overline{S_i}$를 S_i의 근사값으로 볼 수 있으므로 회전체의 겉넓이는

$$\sum_{i=1}^{n} S_i \fallingdotseq \sum_{i=1}^{n}\overline{S_i} = 2\pi\sum_{i=1}^{n}\left(\frac{g(t_i)+g(t_{i-1})}{2}\right)\sqrt{\{f'(c_i)\}^2+\{g'(d_i)\}^2}\Delta t_i$$

로부터

$$S = 2\pi\int_a^b g(t)\sqrt{\{f'(t)\}^2+\{g'(t)\}^2}\,dt$$

이다.

특히, 평면 위의 곡선이 함수 $y=f(x)$ $(a \le x \le b)$로 주어졌을 때는 매개화된 곡선

$$x = t,\quad y = f(t)\ (a \le t \le b)$$

로 나타낼 수 있으므로 x축 둘레로 회전시켜 얻는 곡면의 넓이 S는

$$S = 2\pi \int_a^b f(x)\sqrt{1+\{f'(x)\}^2}\,dx$$

이다.

x축 둘레로 회전시킨 회전체의 겉넓이

(가) 매개화된 곡선 $x = f(t), \quad y = g(t) \geq 0 \quad (a \leq t \leq b)$으로 표현된 곡선을 x축 둘레로 회전시켜 얻은 회전체의 겉넓이 S는

$$S = 2\pi \int_a^b g(t)\sqrt{\{f'(t)\}^2+\{g'(t)\}^2}\,dt$$

이다.

(나) 곡선 $y = f(x) \geq 0 \quad (a \leq x \leq b)$를 x축 둘레로 회전시켜 얻은 회전체의 겉넓이 S는

$$S = 2\pi \int_a^b f(x)\sqrt{1+\{f'(x)\}^2}\,dx$$

이다.

예제 10. $y = x\ (0 \leq x \leq 2)$를 x축 둘레로 회전시켜 얻은 회전체의 겉넓이를 구하라.

풀이 : $f(x) = x$이므로 $f'(x) = 1$이다. 따라서 겉넓이 S는

$$\begin{aligned} S &= 2\pi \int_0^2 x\sqrt{1+1}\,dx \\ &= 2\sqrt{2}\pi \left[\frac{x^2}{2}\right]_0^2 = 4\sqrt{2}\pi \end{aligned}$$

이 값은 밑면의 반지름이 2이고 높이가 2인 직원뿔의 겉넓이이다. □

마찬가지 방법으로 y축 둘레로 회전시켜 얻은 회전체의 겉넓이 S는 위의 결과에서 x와 y를 바꾸면 되므로 다음을 알 수 있다.

y축 둘레로 회전시킨 회전체의 겉넓이

(가) 매개화된 곡선 $x = f(t) \geq 0, \quad y = g(t) \quad (a \leq t \leq b)$으로 표현된 곡선을 y축 둘레로 회전시켜 얻은 회전체의 겉넓이 S는

$$S = 2\pi \int_a^b f(t)\sqrt{\{f'(t)\}^2 + \{g'(t)\}^2}\,dt$$

이다.

(나) 곡선 $x = g(y) \geq 0 \quad (a \leq y \leq b)$를 y축 둘레로 회전시켜 얻은 회전체의 겉넓이 S는

$$S = 2\pi \int_a^b g(y)\sqrt{1 + \{g'(y)\}^2}\,dy$$

이다.

6.4 연습문제

6.4.1. 각 자연수 $m, n = 1, 2, \ldots$ 에 대하여 다음

$$\int_{-\pi}^{\pi} \sin mx \sin nx\,dx = \begin{cases} 0, & m \neq n \text{ 일 때} \\ \pi, & m = n \text{ 일 때} \end{cases}$$

이 성립함을 보이라.

6.4.2. 다음 정적분의 값을 구하라.

(가) $\displaystyle\int_0^a \sqrt{a^2 - x^2}\,dx \ (a > 0)$ (나) $\displaystyle\int_0^1 \sqrt{1 + x^2}\,dx$

(다) $\displaystyle\int_0^2 \frac{1}{4 + x^2}\,dx$ (라) $\displaystyle\int_0^{\frac{1}{2}} \frac{1}{\sqrt{(1 - x^2)^3}}\,dx$

(마) $\displaystyle\int_0^{\frac{\sqrt{2}}{2}} \frac{x}{\sqrt{1 - x^2}}\,dx$ (바) $\displaystyle\int_0^1 \frac{x^2}{1 + x^2}\,dx$

6.4.3. 다음 정적분의 값을 구하라.

(가) $\displaystyle\int_0^{\frac{\pi}{4}} (\sec\theta + \tan\theta)^2 d\theta$ (나) $\displaystyle\int_1^e \frac{dx}{x(1 + \ln x)}$

(다) $\displaystyle\int_{-1}^1 \frac{1}{\sqrt{4 - x^2}}\,dx$ (라) $\displaystyle\int_0^{\pi} x^2 \cos 2x\,dx$

6.4.4. 다음 적분을 계산하라.

(가) $\displaystyle\int \sec^3\theta\,d\theta$ (나) $\displaystyle\int \frac{1}{e^x - e^{-x}}\,dx$

(다) $\displaystyle\int_0^{\frac{\pi}{4}} \frac{1}{1 - \sin\theta}\,d\theta$ (라) $\displaystyle\int_0^{\frac{\pi}{3}} \frac{\cos x - \sin x}{\cos x + \sin x}\,dx$

6.4.5. 연속함수 $f(x)$에 대하여 다음을 증명하라.

(가) $\displaystyle\int_0^{\frac{\pi}{2}} f(\sin x)dx = \int_0^{\frac{\pi}{2}} f(\cos x)dx$

(나) $\displaystyle\int_0^{\pi} f(\sin x)dx = 2\int_0^{\frac{\pi}{2}} f(\sin x)dx$

6.4.6. 곡선 $y = e^{-x}\sin x\ (0 \le x \le \pi)$와 x 축으로 둘러싸인 도형의 넓이를 구하라.

6.4.7. 곡선 $y = e^x$에 대하여 원점에서 이 곡선에 그은 접선 및 y 축으로 둘러싸인 도형의 넓이를 구하라. 또 이 도형을 y 축 둘레로 회전시켰을 때 생기는 입체의 부피를 구하라.

6.4.8. 0이상의 각 정수 n에 대하여, 구간 $n\pi \le x \le (n+1)\pi$에서 곡선 $y = e^{-x}\sin x$와 x 축으로 둘러싸인 부분의 넓이를 I_n이라고 한다.

(가) I_n을 구하라.

(나) $\displaystyle\lim_{n\to\infty}(I_0 + I_1 + I_2 + \cdots + I_n)$을 계산하라.

6.4.9. 함수 $f(x) = \displaystyle\int_0^{\pi} |x - \sin t|\, dt$의 최소값을 구하라.

6.4.10. $0 \le x \le \dfrac{\pi}{2}$에서 곡선 $y = \tan x$와 직선 $y = \dfrac{4}{\pi}x$에 의해서 둘러싸인 부분의 넓이를 구하라.

6.4.11. $\displaystyle\int_0^{\frac{\pi}{6}} \sec^2 2x\, dx = \frac{1}{2}\sqrt{3}$임을 먼저 보이고, 이를 이용하여 다음 정적분의 값을 구하라.

(가) $\displaystyle\int_0^{\frac{\pi}{6}} \tan^2 2x\, dx$　　(나) $\displaystyle\int_0^{\frac{\pi}{6}} \frac{1}{1+\cos 4x}\, dx$

6.4.12. 극한 $\displaystyle\lim_{x\to1} \frac{1}{x^3-1}\int_1^x e^{t^2} dt$의 값을 구하라.

6.4.13. 곡선 $y = 2^5 - x^{\frac{5}{2}}$, x 축, y 축으로 둘러싸인 부분을 R이라 할 때

(가) R의 넓이를 구하라.

(나) R을 x축 둘레로 회전시킨 회전체의 부피를 구하라.

6.4.14. 등식 $6 + \displaystyle\int_a^x \frac{f(t)}{t^2}\, dt = \sqrt{x},\ x > 0$을 만족시키는 함수 f와 상수 a를 구하라.

6.4.15. 극한 $\displaystyle\lim_{h\to0} \frac{1}{h}\int_2^{2+h} \sqrt{1+t^3}\, dt$를 구하라.

6.4.16. 다음에 주어진 구간 위에서 곡선 $y = f(x)$의 길이를 구하라.

(가) $f(x) = \dfrac{x^3}{6} + \dfrac{1}{2x},\ \left[\dfrac{1}{2}, 2\right]$　　(나) $f(x) = \ln(\cos x),\ \left[0, \dfrac{\pi}{4}\right]$

(다) $f(x) = \dfrac{3}{2}x^{\frac{2}{3}},\ [1, 8]$　　(라) $f(x) = \ln(1 - x^2),\ [-\dfrac{1}{2}, \dfrac{1}{2}]$

6.4.17. 수직선 위를 움직이는 물체의 속도 v가 다음 식으로 주어져 있을 때, 지정된 시간 동안의 그 물체의 운동거리를 구하라.

(가) $v = e^{-t}$ ($t = 0$ 에서 $t = 3$ 까지)

(나) $v = 2\sin \pi t$ ($t = 2$ 에서 $t = 6.5$ 까지)

(다) $v = \dfrac{t}{t^2+1}$ ($t = 0$ 에서 $t = 1$ 까지)

(라) $v = e^{-t}\cos t$ ($t = 0$ 에서 $t = \pi$ 까지)

6.4.18. 극좌표를 이용하여

$$y^2(1+x^2) = x^2(3-x^2)$$

으로 주어진 곡선의 개형을 그리고 이 곡선으로 둘러싸인 부분의 넓이를 구하라.

제 7 장

테일러전개

다항함수와 분수함수들을 정의하는 데에는 사칙연산만을 사용하였다. 무리함수는 이보다 복잡한 제곱근을 이용하여 정의하였으며, 나아가서 삼각함수나 로그함수와 지수함수는 훨씬 복잡한 과정을 거쳐서 정의되었다. 따라서 이러한 함수들의 함수값을 구하려면 사칙연산을 이용한 근사값을 알 필요가 있는데 이를 위한 것이 근사다항식이다.

이 근사다항식은 여러 가지 의미에서 원래 함수와 유사한데 일차 근사다항식은 다름아닌 접선의 방정식이다. 이 장에서는 n차 근사다항식의 의미를 알아보고, 삼각함수와 지수함수 및 로그함수, 그리고 역탄젠트 함수 등에 대하여 근사다항식이 어떻게 주어지는지 알아본다.

또한, 이러한 근사다항식과 원래 함수 사이의 오차가 어떻게 되는지 따져 봄으로써, 어느 경우에 이 근사다항식의 값이 원래 함수값으로 수렴하는지 살펴본다. 이러한 과정을 거쳐서, 자연로그의 밑 e, 그리고 원주율 π의 근사값을 어떻게 구하는지 알아본다. 근사다항식에 의한 원주율의 계산은 원과 다각형에 의한 아르키메데스의 고전적인 방법과는 비교할 수 없을 정도로 정확한 π의 계산을 가능하게 해 주었다.

7.1 근사다항식

다항함수의 값은 덧셈과 곱셈만으로 구할 수 있지만 삼각함수, 지수함수 및 로그함수들의 값을 구하려면 극한에 의존할 수 밖에 없다.

고차미분계수와 근사다항식

미분가능한 함수 $y = f(x)$와 정의역의 한 점 $x = 0$에서, 주어진 함수와 가장 가까운 일차함수는 접선의 방정식

$$p(x) = f(0) + f'(0)x$$

이다. 여기에서 가깝다는 말이 무슨 뜻인지 살펴보기 위하여 원래 함수와 접선 방정식의 차이

$$f(x) - p(x) = f(x) - f(0) - f'(0)x$$

를 생각해 보면, 함수 $y = f(x)$의 미분가능성으로부터 다음 관계식

$$\lim_{x\to 0} \frac{f(x) - p(x)}{x} = \lim_{x\to 0} \frac{f(x) - f(0)}{x} - f'(0) = 0$$

이 성립함을 알 수 있다. 이는 $y = f(x) - p(x)$가 $y = x$보다 0에 더 빨리 수렴한다는 뜻이다.

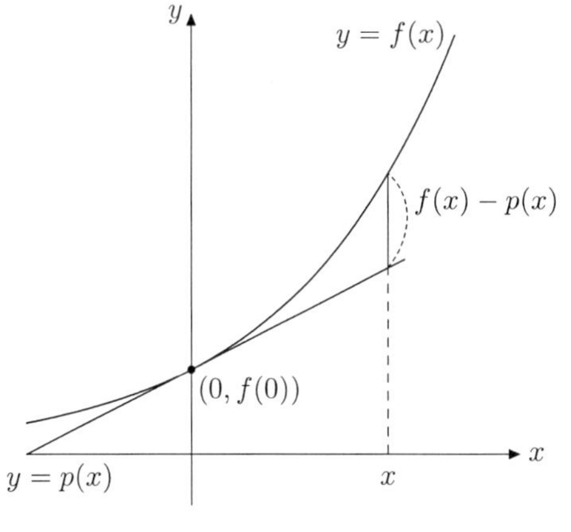

이제, 이차함수 $p(x) = a_0 + a_1x + a_2x^2$ 가운데 $y = f(x)$에 가장 가까운 함수를 찾으려면 다음 등식

$$\lim_{x\to 0} \frac{f(x) - (a_0 + a_1x + a_2x^2)}{x^2} = 0$$

이 성립하도록 해야 할 것이다. 그런데 이 식에서 분자가 0으로 수렴해야 하므로 $a_0 = f(0)$을 얻는다. 또한, 로피탈의 정리를 적용하면

$$\lim_{x\to 0} \frac{f'(x) - (a_1 + 2a_2x)}{2x} = 0$$

인데, 역시 분자가 0으로 수렴해야 하므로 $a_1 = f'(0)$이 됨을 알 수 있다. 다시 로피탈의 정리를 적용하면

$$\lim_{x\to 0} \frac{f''(x) - 2a_2}{2} = 0$$

에서 $a_2 = \dfrac{f''(0)}{2}$을 얻는다.

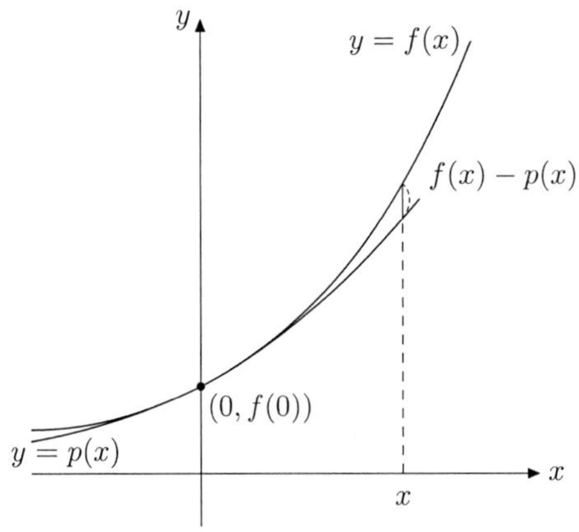

함수의 증감을 알기 위하여 미분계수를 사용하였는데, 이는 본질적으로 일차 근사다항식의 성질로부터 원래 함수의 성질을 알아낸 것이다. 마찬가지로 함수의 볼록오목을 알기 위하여 이차 근사다항식을 이용하는데, 이를 위하여 이계미분계수가 필요했던 것이다.

문제 7.1.1. 다음 함수들의 이차 근사다항식을 구하라.

(가) $f(x) = x^3 + 2x^2 - 3x + 1$ (나) $f(x) = e^{2x}$

일반적으로 함수 $y = f(x)$와 n차 다항함수

$$p_n(x) = a_0 + a_1 x + \cdots + a_{n-1}x^{n-1} + a_n x^n$$

가 다음 조건

$$\lim_{x\to 0} \frac{f(x) - p_n(x)}{x^n} = 0$$

을 만족할 때, $p_n(x)$를 $f(x)$의 n차 근사다항식이라 부르고

$$f(x) \sim p_n(x)$$

라 쓴다. 이 조건으로부터 $p_n(x)$의 계수들을 구하려면 이차 근사다항식의 경우와 마찬가지로 로피탈의 정리를 사용하면 된다. 이를 위하여 $p_n(x)$의 도함수들을 먼저 계산하면

$$\begin{aligned}
p_n'(x) &= a_1 + 2a_2x + 3a_3x^2 + \cdots + na_nx^{n-1} \\
p_n''(x) &= 2a_2 + 3\cdot 2a_3x + \cdots + n(n-1)a_nx^{n-2} \\
&\cdots \\
p_n^{(k)}(x) &= k!a_k + (k+1)k\cdots 2a_{k+1}x + \cdots \\
&\qquad\qquad + n(n-1)\cdots(n-k+1)a_nx^{n-k}
\end{aligned}$$

를 얻는다. 따라서 로피탈의 정리를 k번 적용하면

$$\lim_{x\to 0}\frac{f^{(k)}(x) - p_n^{(k)}(x)}{n(n-1)\cdots(n-k+1)x^{n-k}} = 0$$

이고, 분자가 0으로 수렴하므로

$$0 = f^{(k)}(0) - p_n^{(k)}(0) = f^{(k)}(0) - k!a_k$$

를 얻는다.

이로부터 $p_n(x)$의 계수가 다음

$$a_k = \frac{f^{(k)}(0)}{k!}, \qquad k = 0, 1, 2, \ldots, n$$

과 같이 주어짐을 알게 된다. 여기에서 물론 $y = f(x)$는 n 번 미분가능한 것으로 간주하고 계산하였다. 따라서 n번 미분가능한 함수의 n차 근사다항식은 유일하게 주어지고 그 계수가 위와 같음을 알았다. 역으로, 지금까지와 같은 방식으로 로피탈의 정리를 이용하면 다음 다항식

$$p_n(x) = f(0) + f'(0)x + \frac{f''(0)}{2}x^2 + \cdots + \frac{f^{(k)}(0)}{k!}x^k + \cdots + \frac{f^{(n)}(0)}{n!}x^n$$

이 실제로 n차 근사다항식이 됨을 바로 보일 수 있다.

문제 7.1.2. 위 다항식 $y = p_n(x)$가 함수 $f(x)$의 n차 근사다항식임을 보이라.

n차 근사다항식

n번 미분가능한 함수 $f(x)$의 n차 근사다항식은

$$f(x) \sim f(0) + f'(0)x + \frac{f''(0)}{2}x^2 + \cdots + \frac{f^{(k)}(0)}{k!}x^k + \cdots + \frac{f^{(n)}(0)}{n!}x^n$$

이다.

함수 $y = f(x)$가 처음부터 다항식

$$f(x) = a_0 + a_1 x + \cdots + a_n x^n$$

으로 주어지면 근사다항식은 바로 자기자신이다. 실제로, 위 등식을 k번 미분하고 $x = 0$을 대입하면 $a_k = \dfrac{f^{(k)}(0)}{k!}$를 얻는다. 이는 다항식의 미정계수를 정하는 방법이기도 하다.

삼각함수의 근사다항식

이제부터 다항식이 아닌 여러 가지 함수들의 근사다항식을 구해 보는데, 먼저 사인함수 $y = \sin x$의 근사다항식을 구해 보자. 이를 위하여 물론 도함수를 먼저 구해야 하는데,

$$y' = \cos x, \qquad y'' = -\sin x, \qquad y''' = -\cos x, \qquad y^{(4)} = \sin x$$

이므로 근사다항식의 계수는 다음

$$0,\ 1,\ 0,\ -\frac{1}{3!},\ 0,\ \frac{1}{5!},\ 0,\ -\frac{1}{7!}, \cdots$$

과 같이 주어짐을 알 수 있다. 따라서 $y = \sin x$의 $(2n+1)$차 근사다항식은

$$\sin x \sim x - \frac{1}{3!}x^3 + \frac{1}{5!}x^5 - \frac{1}{7!}x^7 + \cdots + \frac{(-1)^n}{(2n+1)!}x^{2n+1}$$

로 주어진다. 실제로 위에 나오는 근사다항식을 $p_{2n+1}(x)$라 두고, 다항식

$$p_3(x), \ldots, p_9(x), \ldots, p_{19}(x), \ldots, p_{29}(x), \ldots, p_{39}(x), \ldots, p_{49}(x), \ldots$$

의 그래프를 그려보면 $y = \sin x$ 의 그래프에 점점 가까이 간다는 것을 확인할 수 있다.

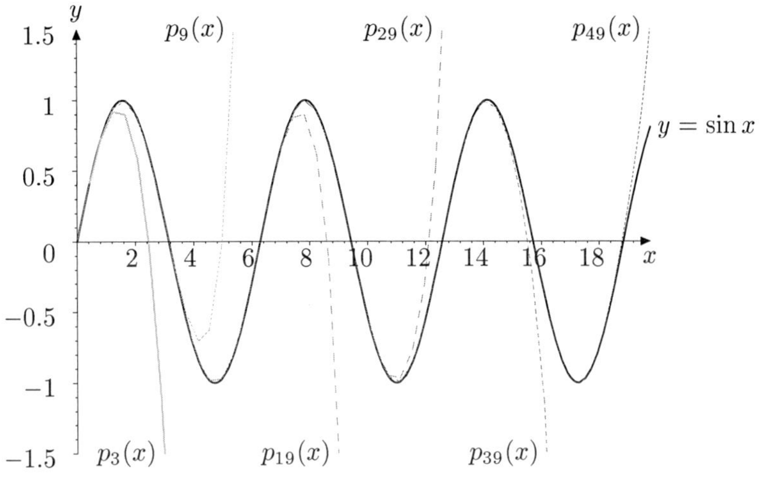

함수 $y = \cos x$ 의 근사다항식도 물론 마찬가지로 구할 수 있다.

문제 7.1.3. 함수 $y = \cos x$ 의 근사다항식이

$$\cos x \sim 1 - \frac{1}{2!}x^2 + \frac{1}{4!}x^4 - \frac{1}{6!}x^6 + \cdots + \frac{(-1)^n}{(2n)!}x^{2n}$$

임을 보이라.

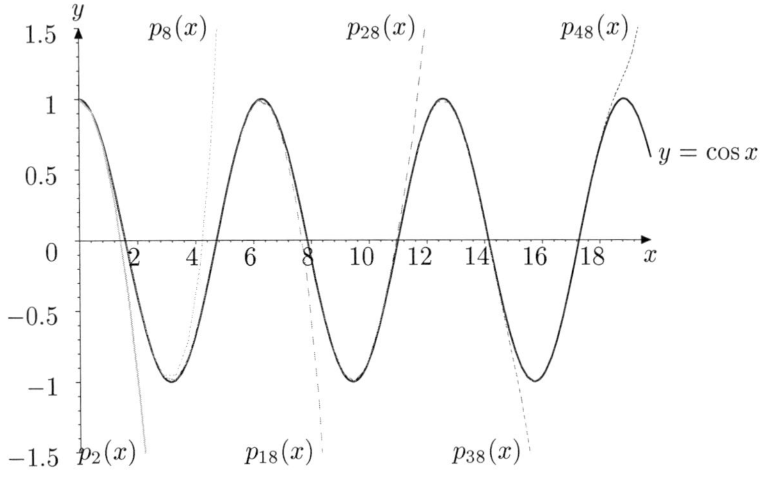

지수함수와 로그함수의 근사다항식

이제, 지수함수 $y = e^x$ 의 근사다항식을 알아보는데, 지수함수는 아무리 미분을 해도

변하지 않기 때문에

$$e^x \sim 1 + x + \frac{1}{2!}x^2 + \frac{1}{3!}x^3 + \cdots + \frac{1}{n!}x^n$$

임을 바로 알 수 있다.

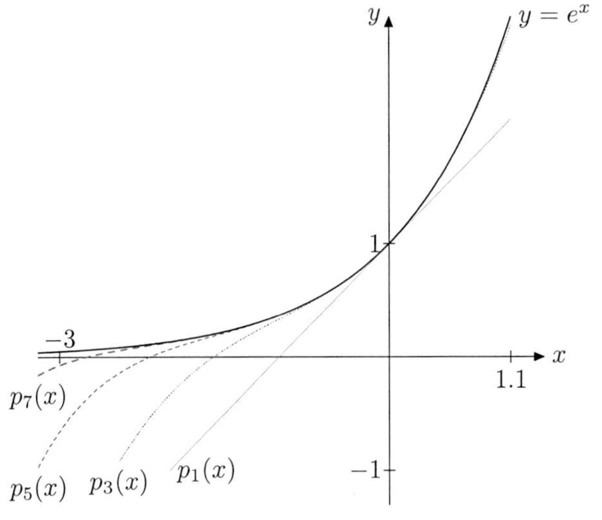

문제 7.1.4. 함수 $f(x) = xe^x$ 의 n차 근사다항식을 구하라.

여기에서 이미 공부한 자연로그의 밑

$$e = \lim_{n\to\infty}\left(1 + \frac{1}{n}\right)^n$$

과 위 근사다항식에 $x = 1$을 대입하여 얻는 극한값

$$\lim_{n\to\infty}\left(1 + 1 + \frac{1}{2!} + \frac{1}{3!} + \cdots + \frac{1}{n!}\right)$$

이 일치하는지 알아보자. 이를 위하여

$$t_n = \left(1 + \frac{1}{n}\right)^n, \qquad s_n = \sum_{k=0}^{n}\frac{1}{k!}$$

이라 두자. 그러면 이항정리에 의하여

$$\begin{aligned} t_n &= 1 + \frac{n}{1}\frac{1}{n} + \frac{n(n-1)}{2!}\left(\frac{1}{n}\right)^2 + \cdots + \frac{n(n-1)\cdots 2\cdot 1}{n!}\left(\frac{1}{n}\right)^n \\ &= 1 + 1 + \frac{1}{2!}\left(1 - \frac{1}{n}\right) + \cdots \\ &\qquad + \frac{1}{n!}\left(1 - \frac{1}{n}\right)\left(1 - \frac{2}{n}\right)\cdots\left(1 - \frac{n-1}{n}\right) \end{aligned}$$

이 성립한다. 따라서 각 $n = 1, 2, \ldots$ 에 대하여 부등식 $t_n \le s_n$ 이 성립함을 알 수 있고, 이로부터 다음 부등식

$$\lim_{n\to\infty} t_n \le \lim_{n\to\infty} s_n$$

을 얻는다.

이제, 반대 방향의 부등식을 보이자. 만일 $n \ge m$ 이면, 앞에서 얻은 t_n 에 관한 등식의 우변에서 m 번째 항까지만 써서 다음 부등식

$$\begin{aligned} t_n \ge 1 + 1 + \frac{1}{2!}\left(1 - \frac{1}{n}\right) + \ldots \\ + \frac{1}{m!}\left(1 - \frac{1}{n}\right)\left(1 - \frac{2}{n}\right)\cdots\left(1 - \frac{m-1}{n}\right) \end{aligned}$$

을 얻는다. 위 부등식의 우변에서 m 을 고정시키고, 양변에서 n 을 무한히 크게 하면

$$\lim_{n\to\infty} t_n \ge s_m$$

이 된다.

그런데 위 부등식의 좌변은 고정된 값이고, 부등호가 임의의 $m = 1, 2, \ldots$ 에 대하여 성립하므로

$$\lim_{n\to\infty} t_n \ge \lim_{m\to\infty} s_m$$

을 얻는다. 따라서 다음 등식

$$e = \lim_{n\to\infty}\left(1 + \frac{1}{n}\right)^n = \lim_{n\to\infty}\sum_{k=0}^{n}\frac{1}{k!}$$

을 얻는다. 지금까지 두 수열 $\langle s_m\rangle$ 과 $\langle t_n\rangle$ 이 수렴한다는 것은 인정하고 그 논증을 진행하였다. 수열 $\langle t_n\rangle$ 과 $\langle s_n\rangle$ 을 실제로 비교해 보면 다음 쪽에 있는 표를 얻을 수 있다. 이 표를 보면, 근사 다항식에 의하여 얻는 수열이 더 빨리 수렴함을 알 수 있다.

n	$t_n = \left(1 + \frac{1}{n}\right)^n$	$s_n = \sum_{k=0}^{n} \frac{1}{k!}$
1	2.00000000000000	2.00000000000000
2	2.25000000000000	2.50000000000000
3	2.37037037037037	2.66666666666667
4	2.44140625000000	2.70833333333333
5	2.48832000000000	2.71666666666667
6	2.52162637174211	2.71805555555556
7	2.54649969704071	2.71825396825397
8	2.56578451395035	2.71827876984127
9	2.58117479171320	2.71828152557319
10	2.59374246010000	2.71828180114638
11	2.60419901189753	2.71828182619849
12	2.61303529022468	2.71828182828617
13	2.62060088788573	2.71828182844676
14	2.62715155630087	2.71828182845823
15	2.63287871772792	2.71828182845899
16	2.63792849736660	2.71828182845904
17	2.64241437518311	2.71828182845905
18	2.64642582109769	2.71828182845905
19	2.65003432664044	2.71828182845905
20	2.65329770514442	2.71828182845905
100	2.70481382942153	2.71828182845905
1000	2.71692393223589	2.71828182845905
10000	2.71814592682522	2.71828182845905
100000	2.71826823717449	2.71828182845905
1000000	2.71828046931938	2.71828182845905
10000000	2.71828169254497	2.71828182845905
100000000	2.71828181486764	2.71828182845905
1000000000	2.71828182709996	2.71828182845905
10000000000	2.71828182832312	2.71828182845905

로그함수의 경우 0이 정의역에 속하지 않으므로, -1만큼 평행이동하여 다음 함수

$$f(x) = \ln(1 + x)$$

에 대하여 알아본다. 이 경우,

$$f'(x) = (1 + x)^{-1},\ f''(x) = -(1 + x)^{-2},\ f^{(3)}(x) = 2(1 + x)^{-3},\ \cdots,$$
$$f^{(k)}(x) = (-1)^{k-1}(k - 1)!(1 + x)^{-k},\ \cdots$$

이 되므로 구하는 근사다항식은

$$\ln(1 + x) \sim x - \frac{1}{2}x^2 + \frac{1}{3}x^3 - \cdots + (-1)^{n-1}\frac{1}{n}x^n$$

이다.

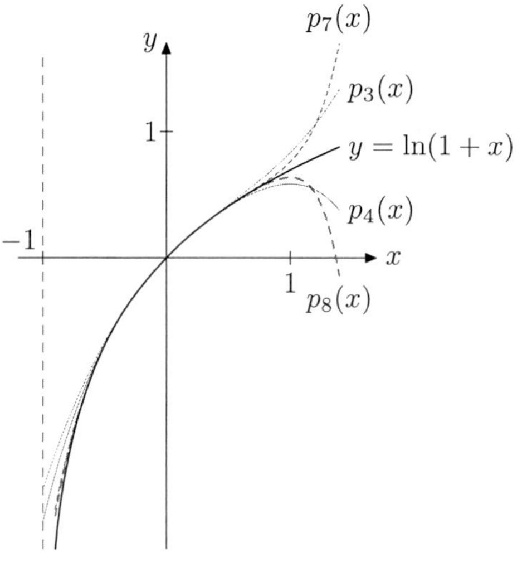

분수함수 $y = \dfrac{1}{1+x}$ 의 경우 $y = \ln(1+x)$ 의 도함수이므로 위에서 계산한 도함수들을 그대로 이용할 수 있고, 따라서 다음 $(n-1)$차 근사다항식

$$\frac{1}{1+x} \sim 1 - x + x^2 - x^3 + \cdots + (-1)^{n-1}x^{n-1}$$

을 얻는데, 이는 바로 공비가 $-x$ 인 등비수열이다. 따라서 $|x| < 1$ 이면 근사다항식 자체가 실제로 원래 함수에 수렴함을 알고 있다. 이렇게 근사다항식이 어느 범위에서 원래 함수값에 수렴하는지 알아보는 것이 다음 절의 주요 내용이다.

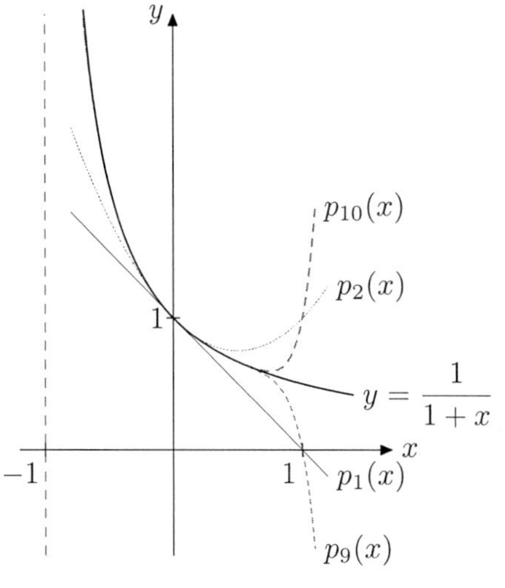

근사다항식의 미분과 적분

일반적으로 n 근사다항식

$$f(x) \sim a_0 + a_1x + a_2x^2 + a_3x^3 + \cdots + a_kx^k + \cdots + a_nx^n$$

이 주어지면, 그 도함수 $f'(x)$의 근사다항식에서 $(k-1)$번째 계수는

$$\frac{1}{(k-1)!}(f')^{(k-1)}(0) = \frac{1}{(k-1)!}f^{(k)}(0) = ka_k$$

가 된다. 따라서 도함수 $f'(x)$의 $(n-1)$차 근사다항식은

$$f'(x) \sim a_1 + a_2x + 3a_3x^2 + \cdots + ka_kx^{k-1} + \cdots + na_nx^{n-1}$$

이 된다. 즉, n차 근사다항식을 미분하면 원래 함수의 도함수의 $(n-1)$차 근사다항식이 되는 것이다. 실제로 $y = \sin x$, $y = \cos x$ 및 $y = e^x$의 근사다항식을 보면 이런 관계를 바로 확인할 수 있다. 한편, $F'(x) = f(x)$인 경우에도 $f(x)$의 근사다항식을 이용하여 $F(x)$의 근사다항식을 바로 구할 수 있다. 실제로$(k+1)$번째 계수는

$$\frac{1}{(k+1)!}F^{(k+1)}(0) = \frac{1}{(k+1)!}(F')^{(k)}(0) = \frac{1}{(k+1)!}f^{(k)}(0) = \frac{1}{k+1}a_k$$

이므로, 다음 $(n+1)$차 근사다항식

$$F(x) \sim F(0) + a_0x + \frac{a_1}{2}x^2 + \cdots + \frac{a_k}{k+1}x^{k+1} + \cdots + \frac{a_n}{n+1}x^{n+1}$$

을 얻는다. 요는 n차 근사다항식을 적분하면 원래 함수의 원시함수의 $(n+1)$차 근사다항식을 얻을 수 있다는 말이다.

근사다항식의 미분과 적분

함수 $y = f(x)$의 근사다항식이

$$f(x) \sim a_0 + a_1x + a_2x^2 + a_3x^3 + \cdots + a_kx^k + \cdots + a_nx^n$$

일 때, 그 도함수 $f'(x)$와 원시함수 $F(x)$의 근사다항식은 각각 $f(x)$의 근사다항식의 미분과 적분으로 주어진다.

분수함수 $y = \dfrac{1}{1+x^2}$의 경우 미분을 하면 할수록 복잡해지기 때문에 n계 도함수의 일반식을 찾기는 간단한 일이 아니다. 이 경우, 함수 $\dfrac{1}{1+x}$의 근사다항식을 염두에 두고

$$\frac{1}{1+x^2} \sim 1 - x^2 + x^4 - x^6 + \cdots + (-1)^{n-1}x^{2n-2}$$

이 되지 않을까 생각해 볼 수 있다. 실제로

$$\frac{\frac{1}{1+x^2} - \left[1 - x^2 + x^4 - x^6 + \cdots + (-1)^{n-1}x^{2n-2}\right]}{x^{2n-2}}$$

을 계산하면

$$\frac{1-(1+(-1)^{n-1}x^{2n})}{x^{2n-2}(1+x^2)} = (-1)^n \frac{x^2}{1+x^2}$$

이므로 $x \to 0$일 때 0으로 수렴한다. 따라서 위 $(2n-2)$차 근사다항식이 옳음을 알 수 있다.

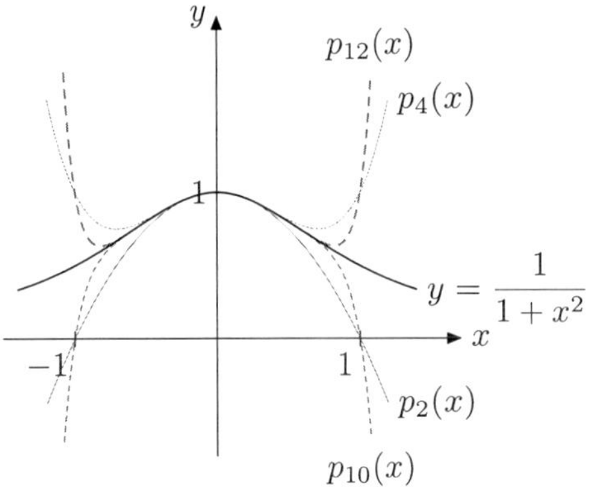

한편, $\frac{1}{1+x^2}$의 원시함수가 $\arctan x$이므로 역탄젠트함수의 $(2n-1)$차 근사다항식

$$\arctan x \sim x - \frac{1}{3}x^3 + \frac{1}{5}x^5 + \cdots + \frac{(-1)^{n-1}}{2n-1}x^{2n-1}$$

을 얻는다.

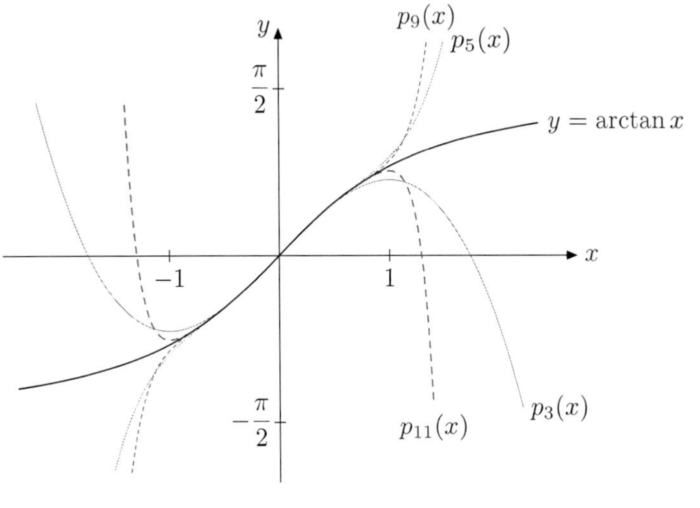

지금까지 얻은 몇몇 주요 함수의 근사다항식은 다음과 같이 정리할 수 있다.

주요 함수의 근사다항식

$$\begin{aligned}
\sin x &\sim x - \frac{1}{3!}x^3 + \frac{1}{5!}x^5 - \cdots + \frac{(-1)^n}{(2n+1)!}x^{2n+1} \\
\cos x &\sim 1 - \frac{1}{2!}x^2 + \frac{1}{4!}x^4 - \cdots + \frac{(-1)^n}{(2n)!}x^{2n} \\
e^x &\sim 1 + x + \frac{1}{2!}x^2 + \frac{1}{3!}x^3 + \cdots + \frac{1}{n!}x^n \\
\ln(1+x) &\sim x - \frac{1}{2}x^2 + \frac{1}{3}x^3 - \cdots + (-1)^{n-1}\frac{1}{n}x^n \\
\frac{1}{1+x} &\sim 1 - x + x^2 - x^3 + \cdots + (-1)^{n-1}x^{n-1} \\
\arctan x &\sim x - \frac{1}{3}x^3 + \frac{1}{5}x^5 + \cdots + \frac{(-1)^{n-1}}{2n-1}x^{2n-1}
\end{aligned}$$

일반적으로 함수 $y = f(x)$의 n차 근사다항식이 $p_n(x)$로 주어지면

$$0 = \lim_{x\to 0}\frac{f(x) - p_n(x)}{x^n} = \lim_{x\to 0}\frac{f(ax^m) - p_n(ax^m)}{(ax^m)^n} = \lim_{x\to 0}\frac{f(ax^m) - p_n(ax^m)}{x^{mn}}$$

이므로 $y = f(ax^m)$의 mn차 근사다항식은 $p_n(ax^m)$ 으로 주어진다.

한편 근사다항식끼리 곱하기를 할 수도 있다. 이를 알아보기 위하여, 다른 함수 $y = g(x)$의 n차 근사다항식이 $q_n(x)$로 주어졌다고 하자. 그러면 등식

$$\frac{f(x)g(x) - p_n(x)q_n(x)}{x^n} = f(x)\cdot\frac{g(x) - q_n(x)}{x^n} + q_n(x)\cdot\frac{f(x) - p_n(x)}{x^n}$$

으로부터

$$\lim_{x\to 0}\frac{f(x)g(x) - p_n(x)q_n(x)}{x^n} = 0$$

임을 알 수 있다. 이제 $2n$차 다항식 $p_n(x)q_n(x)$에서 n차 항 이하만 취한 것을 $r_n(x)$라 두자. 그러면 $p_n(x)q_n(x) - r_n(x)$의 최소차 항은 $(n+1)$차이므로

$$\lim_{x\to 0}\frac{p_n(x)q_n(x) - r_n(x)}{x^n} = 0$$

이고, 따라서

$$\begin{aligned}
&\lim_{x\to 0}\frac{f(x)g(x) - r_n(x)}{x^n} \\
&= \lim_{x\to 0}\frac{f(x)g(x) - p_n(x)q_n(x)}{x^n} + \lim_{x\to 0}\frac{p_n(x)q_n(x) - r_n(x)}{x^n} = 0
\end{aligned}$$

임을 알 수 있다.

근사다항식의 합성과 곱

두 함수 $y = f(x)$와 $y = g(x)$의 n차 근사다항식이 각각 $p_n(x)$와 $q_n(x)$로 주어진다고 하자.

(가) 함수 $y = f(ax^m)$의 mn차 근사다항식은 $p_n(ax^m)$이다.
(나) 함수 $y = f(x)g(x)$의 n차 근사다항식은 $p_n(x)q_n(x)$의 n차 이하의 항을 취한 다항식이다.

한 가지 유의할 점은, 근사다항식을 곱할 때 n차 근사다항식을 그대로 곱한다고 해서 $2n$차 근사다항식이 얻어지는 것은 아니라는 점이다. 지수함수 $y = e^x$의 이차 근사다항식은 $1 + x + \frac{1}{2}x^2$ 이다. 그런데

$$\left(1 + x + \frac{1}{2}x^2\right)\left(1 + x + \frac{1}{2}x^2\right) = 1 + 2x + 2x^2 + x^3 + \frac{1}{4}x^4$$

이지만 $y = e^x e^x = e^{2x}$의 4차 근사다항식은

$$\begin{aligned} 1 + (2x) + \frac{1}{2!}(2x)^2 + \frac{1}{3!}(2x)^3 + \frac{1}{4!}(2x)^4 \\ = 1 + 2x + 2x^2 + \frac{4}{3}x^3 + \frac{2}{3}x^4 \end{aligned}$$

이므로, 2차 근사다항식끼리 곱했을 때에는 2차항까지만 유효하다는 것을 알 수 있다.

문제 7.1.5. 두 함수 $y = f(x)$와 $y = g(x)$의 n차 근사다항식이 각각 $p_n(x)$와 $q_n(x)$일 때, 함수 $y = f(x) + g(x)$의 n차 근사다항식은 $p_n(x) + q_n(x)$임을 보이라.

예제 1. 함수 $y = \sin x \cos x$의 근사다항식을 구하라.

풀이 : 사인함수와 코사인함수의 근사다항식을 직접 곱하면

$$\begin{aligned} &\left(x - \frac{1}{3!}x^3 + \frac{1}{5!}x^5 - \cdots\right) \cdot \left(1 - \frac{1}{2!}x^2 + \frac{1}{4!}x^4 - \cdots\right) \\ &= x + \left(-\frac{1}{3!} - \frac{1}{2!}\right)x^3 + \left(\frac{1}{5!} + \frac{1}{3!}\cdot\frac{1}{2!} + \frac{1}{4!}\right)x^5 + \cdots \\ &= x - \frac{4}{3!}x^3 + \frac{16}{5!}x^5 - \cdots \end{aligned}$$

와 같이 주어진다. 한편 $\sin x \cos x = \frac{1}{2}\sin 2x$ 이므로 근사다항식은

$$\sin 2x \sim \frac{1}{2}\left[(2x) - \frac{1}{3!}(2x)^3 + \frac{1}{5!}(2x)^5 - \cdots\right]$$

와 같이 계산할 수도 있다. □

문제 7.1.6. 다음 함수의 n차 근사다항식을 구하라.

(가) $y = x^2 e^x$ (나) $y = x\ln(1+x)$

(다) $y = \sin x^2$ (라) $y = \sin^2 x$

예제 2. 함수 $y = \tan x$ 의 5차 근사다항식을 구하라.

풀이 : 만일 $y = \tan x$ 의 근사다항식을

$$\tan x = a_0 + a_1 x + a_2 x^2 + \cdots + a_n x^n$$

이라 두면 $\tan x \cos x = \sin x$ 로부터

$$\left(1 - \frac{1}{2!}x^2 + \frac{1}{4!}x^4 - \cdots\right)(a_0 + a_1 x + a_2 x^2 + a_3 x^3 + a_4 x^4 + a_5 x^5 + \cdots)$$
$$= x - \frac{1}{3!}x^3 + \frac{1}{5!}x^5 - \cdots$$

를 얻는다. 따라서

$$a_0 = 0, \quad a_1 = 1, \quad a_2 - \frac{a_0}{2!} = 0, \quad a_3 - \frac{a_1}{2!} = -\frac{1}{3!}$$
$$a_4 - \frac{a_2}{2!} + \frac{a_0}{4!} = 0, \quad a_5 - \frac{a_3}{2!} + \frac{a_1}{4!} = \frac{1}{5!}$$

을 풀면

$$a_0 = 0,\ a_1 = 1,\ a_2 = 0,\ a_3 = \frac{1}{3},\ a_4 = 0,\ a_5 = \frac{16}{5!}, \ldots$$

을 얻고, 따라서

$$\tan x \sim x + \frac{2}{3!}x^3 + \frac{16}{5!}x^5$$

임을 알 수 있다. □

문제 7.1.7. 다음 함수의 근사다항식을 구하라.

(가) $y = \dfrac{\sin x}{1+x}$ (나) $y = \dfrac{e^x}{1+x^2}$

지금까지 모든 근사다항식은 0 근방에서 원래 함수와 비슷해지도록 하였다. 그러나 실제로는 정의역에 들어가는 어떤 점 근처에서도 마찬가지 이야기를 할 수 있다. 만일 $x = a$가 n번 미분가능한 함수 $y = f(x)$의 정의역에 들어가면 $x = 0$이 새로운 함수 $g(x) = f(x+a)$의 정의역에 들어가고, 근사다항식

$$g(x) \sim g(0) + g'(0)x + \frac{g''(0)}{2!}x^2 + \cdots + \frac{g^{(n)}(0)}{n!}x^n$$

을 얻는다. 여기에서 x 대신에 $x - a$를 대입하면 다음 근사다항식

$$f(x) \sim f(a) + f'(a)(x-a) + \frac{f''(a)}{2!}(x-a)^2 + \cdots + \frac{f^{(n)}(a)}{n!}(x-a)^n$$

을 얻는다. 이를 $x = a$에서 함수 $f(x)$의 n차 근사다항식이라 부른다.

7.2 테일러급수

근사다항식이 실제로 원래 함수값에 수렴하는지 확인하려면 그 오차를 확인해야 한다. 이러한 방법으로 원주율을 비롯한 여러 가지 함수값의 근사값을 구한다.

테일러 전개와 오차

이 절에서는 지금까지 구한 n차 근사다항식이 $n \to \infty$에 따라서 과연 원래 함수값으로 수렴하는지 생각해 본다. 이를 위해서 오차가 얼마나 작아지는지 알아야 한다. 우선, 구간 $[0, x]$ 위에서 평균값정리를 살펴보면

$$f(x) - f(0) = f'(c)x$$

로 쓸 수 있다는 말인데, 이는 원래 함수와 0차 근사다항식 $y = f(0)$의 오차가 $f'(c)x$로 주어진다는 것으로 이해할 수 있다. 만일 두 함수

$$y = f(x) - f(0), \qquad y = x$$

와 구간 $[0, x]$ 위에서 코시의 평균값정리를 적용하면

$$\frac{f(x) - f(0)}{x - 0} = \frac{f'(c)}{1}$$

이 되어 같은 결과를 얻는다.

이제, 일차 근사다항식과의 오차와 이차함수

$$y = f(x) - [f(0) + f'(0)x], \qquad y = x^2$$

에 대하여 같은 정리를 구간 $[0, x]$ 위에서 사용하면

$$\frac{f(x) - [f(0) + f'(0)x]}{x^2} = \frac{f'(c_1) - f'(0)}{2c_1}$$

을 만족하는 $c_1 \in (0, x)$를 찾을 수 있다. 위 식의 오른쪽 항에 대하여 구간 $[0, c_1]$ 위에서 다시 코시의 평균값정리를 적용하면

$$\frac{f'(c_1) - f'(0)}{2c_1} = \frac{f''(c_2)}{2}$$

를 만족하는 $c_2 \in (0, c_1)$를 찾을 수 있다. 따라서

$$\frac{f(x) - [f(0) + f'(0)x]}{x^2} = \frac{f''(c_2)}{2}$$

에서 일차 근사다항식과의 오차가

$$f(x) - [f(0) + f'(0)x] = \frac{f''(c_2)}{2}\, x^2$$

으로 주어짐을 알 수 있다.

일반적으로 n차 근사다항식

$$p_n(x) = f(0) + f'(0)x + \frac{f''(0)}{2!}\, x^2 + \cdots + \frac{f^{(n)}(0)}{n!}\, x^n$$

과의 오차도 마찬가지로 코시의 평균값정리를 반복적으로 사용하여

$$\begin{aligned}\frac{f(x) - p_n(x)}{x^{n+1}} &= \frac{f'(c_1) - p_n'(c_1)}{(n+1)c_1^n} = \cdots \\ &= \frac{f^{(n)}(c_n) - p_n^{(n)}(c_n)}{(n+1)!c_n} = \frac{f^{(n+1)}(c_{n+1})}{(n+1)!}\end{aligned}$$

를 얻는다. 따라서 다음 정리가 증명되었다.

테일러[1]전개

원점 0을 포함하는 열린구간에서 정의된 $(n+1)$번 미분가능한 함수 $y = f(x)$와 구간 위의 임의의 점 x에 대하여

$$f(x) = f(0) + f'(0)x + \frac{f''(0)}{2!}x^2 + \cdots + \frac{f^{(n)}(0)}{n!}x^n + \frac{f^{(n+1)}(c)}{(n+1)!}x^{n+1}$$

을 만족하는 c가 0과 x 사이에 존재한다.

이런 의미에서 근사다항식을 테일러 다항식이라 부르기도 한다. 또한, 원래 함수와 n차 근사다항식의 차이

$$R_n(x) = f(x) - \left[f(0) + f'(0)x + \frac{f''(0)}{2!}x^2 + \cdots + \frac{f^{(n)}(0)}{n!}x^n\right]$$

를 n차 잉여항이라 부른다. 이 정리는 잉여항이

$$R_n(x) = \frac{f^{(n+1)}(c)}{(n+1)!}x^{n+1}$$

의 형태로 쓰여질 수 있음을 말해 주고 있다. 이제 구간 $[0, x]$ 위에서 절대값 함수 $y = |f^{(n+1)}(t)|$의 최대값을 $M_n(x)$라 두면, 부등식

$$|R_n(x)| \le M_n(x)\frac{|x|^{n+1}}{(n+1)!}$$

을 얻는다. 그런데 $N > 2r$이면

$$\frac{r^n}{n!} = \left(\frac{r}{1}\cdot\frac{r}{2}\cdots\frac{r}{N}\right)\cdot\left(\frac{r}{N+1}\cdot\frac{r}{N+2}\cdots\frac{r}{n}\right) \le \frac{r^N}{N!}\left(\frac{1}{2}\right)^{n-N}$$

이 성립하므로

$$\lim_{n\to\infty}\frac{r^n}{n!} = 0$$

임을 알 수 있다.

이제 $y = \sin x$나 $y = \cos x$의 경우 x와 n의 값에 관계없이 항상 $M_n(x) \le 1$이므로 잉여항이 항상 0으로 수렴함을 알 수 있다. 따라서 이러한 함수의 근사다항식은 임의의 x에

---

1) Brook Taylor (1685~1731), 영국 수학자. 그는 테일러 전개에 관한 것 외에도 부분적분법을 발견하였다.

대하여 원래 함수에 수렴한다. 즉, 다음 등식

$$\sin x = \lim_{n\to\infty} \sum_{k=0}^{n} \frac{(-1)^k}{(2k+1)!}\, x^{2k+1}, \qquad \cos x = \lim_{n\to\infty} \sum_{k=0}^{n} \frac{(-1)^k}{(2k)!}\, x^{2k}$$

이 임의의 실수 x에 대하여 성립한다는 뜻이다.

예제 1. 사인 함수의 삼차 근사다항식을 이용하여 $\sin(0.1)$의 근사값을 구하고, 소수 몇째 자리까지 정확한지 살펴보라.

풀이 : 먼저 $x = 0.1$에서 삼차 근사다항식을 계산하면

$$0.1 - \frac{1}{3!}\,(0.1)^3 = 0.0998333333\ldots$$

을 얻는다. 그런데 이 경우 오차의 한계는

$$R_3(0.1) \le \frac{(0.1)^4}{4!} = 0.000004166\ldots$$

이다. 따라서 $\sin(0.1) = 0.0998$까지 정확하다. 그런데 위에서 구한 값은 사실 사차 근사다항식의 값이기도 하다. 이 경우, 오차의 한계는

$$R_4(0.1) \le \frac{(0.1)^5}{5!} = 0.000000083333\ldots$$

이므로, $\sin(0.1) = 0.099833$까지 정확하다. 실제 값은 $0.099833417\ldots$ 이다. □

문제 7.2.1. 코사인 함수의 사차 근사다항식을 이용하여 $\cos(0.1)$의 값을 되도록 정확하게 구하라.

지수함수의 경우에는 $M_n(x)$의 값을 x에 상관없이 잡을 수는 없다. 그러나 x의 값이 고정되면

$$R_n(x) \le \max\{e^x, 1\}\frac{|x|^{n+1}}{(n+1)!}$$

에서

$$\lim_{n\to\infty} R_n(x) = 0$$

임을 알 수 있다. 따라서 등식

$$e^x = \lim_{n\to\infty}\left(1 + \frac{1}{1!}\,x + \frac{1}{2!}\,x^2 + \cdots + \frac{1}{n!}\,x^n\right)$$

이 임의의 x에 대하여 성립함을 알 수 있다.

예제 2. 자연로그의 밑 e의 값을 소수 둘째 자리까지 정확하게 구하라.

풀이 : 먼저 $e \leq 4$ 임을 알고 있으므로,

$$R_n(1) \leq \frac{4}{(n+1)!}$$

임을 알 수 있다. 우선 $n = 5$ 인 경우

$$R_5(1) \leq \frac{4}{6!} \leq 4 \times 0.0014 = 0.0056$$

이므로 아직 소수 둘째 자리를 확신할 수 없다. 다음으로 $n = 6$ 이면

$$R_6(1) \leq \frac{4}{7!} \leq 4 \times 0.0002 = 0.0008$$

이다. 그런데 $\displaystyle\sum_{k=0}^{6} \frac{1}{k!} = \frac{1957}{720} = 2.718055\ldots$ 이므로, e 의 값은

$$2.71$$

이 소수 둘째 자리까지 맞음을 확인할 수 있다. □

문제 7.2.2. 자연로그의 밑 e 의 값을 소수 세째 자리까지 정확하게 구하라.

원주율

역탄젠트함수의 근사식이 어떤 범위에서 원래 함수에 수렴하는지 알아보자. 이 경우, 근사다항식을 구할 때와 마찬가지로 등식

$$\frac{1}{1+t^2} = 1 - t^2 + t^4 - \cdots + (-1)^{n-1} t^{2n-2} + \frac{(-1)^n t^{2n}}{1+t^2}$$

에서 출발하는 것이 편리하다. 그러면

$$\arctan x = x - \frac{1}{3} x^3 + \cdots + \frac{(-1)^{n-1}}{2n-1} x^{2n-1} + (-1)^n \int_0^x \frac{t^{2n}}{1+t^2}\, dt$$

을 얻는다. 만일 $-1 \leq x \leq 1$ 이라면

$$|R_{2n}(x)| \leq \int_0^1 t^{2n}\, dt \leq \frac{1}{2n+1}$$

이 되어 $\lim_{n\to\infty} R_{2n}(x) = 0$이다. 따라서 임의의 $x \in [-1, 1]$에 대하여 등식

$$\arctan x = \lim_{n\to\infty}\left(x - \frac{1}{3}x^3 + \frac{1}{5}x^5 - \cdots + \frac{(-1)^{n-1}}{2n-1}x^{2n-1}\right)$$

이 성립한다. 특히, $x = 1$이면 다음 등식

$$\frac{\pi}{4} = \lim_{n\to\infty}\left(1 - \frac{1}{3} + \frac{1}{5} - \cdots + \frac{(-1)^{n-1}}{2n-1}\right)$$

을 얻는다.

문제 7.2.3. 위 식을 이용하여 $\frac{\pi}{4}$의 값을 오차의 한계 0.0001 이내로 정확하게 구하려면 더하기, 빼기를 몇 번 해야 하는지 살펴보라.

예제 3. 다음 등식

$$\frac{\pi}{4} = \arctan\frac{1}{2} + \arctan\frac{1}{3}$$

을 증명하고, 이를 이용하여 원주율 π의 값을 소수 둘째 자리가지 정확하게 구하라.

풀이 : 탄젠트 함수의 덧셈정리에 의하면

$$\tan\left(\arctan\frac{1}{2} + \arctan\frac{1}{3}\right) = \frac{\frac{1}{2}+\frac{1}{3}}{1-\frac{1}{2}\cdot\frac{1}{3}} = 1$$

이므로 원하는 등식을 얻는다. 이제,

$$|R_{2n}(x)| \le \int_0^x t^{2n}\,dt = \frac{x^{2n+1}}{2n+1}$$

이므로, 우리가 구하는 π와의 오차는

$$R_{2n} \le 4\left(\left|R_{2n}\left(\frac{1}{2}\right)\right| + \left|R_{2n}\left(\frac{1}{3}\right)\right|\right)$$

이다. 이제, $n = 3$인 경우

$$R_6 \le 4\left(\frac{1}{7\cdot 2^7} + \frac{1}{7\cdot 3^7}\right) \fallingdotseq 0.0047\ldots$$

이고 우리가 구하는 π의 값은

$$4\left(\frac{1}{2} + \frac{1}{3} - \frac{1}{3\cdot 2^3} - \frac{1}{3\cdot 3^3} + \frac{1}{5\cdot 2^5} + \frac{1}{5\cdot 3^5}\right) \fallingdotseq 3.14557\ldots$$

이므로 보통 경우라면 둘째 자리를 신뢰할 수 없다. 그러나 이번 경우에는 조금 더 생각해 보면 이를 신뢰할 수 있음을 알 수 있다. 실제로,

$$a_n = 4\left(\frac{1}{(2n+1)\cdot 2^{2n+1}} + \frac{1}{(2n+1)\cdot 3^{2n+1}}\right)$$

$$s_n = a_0 - a_1 + a_2 - a_3 + \cdots + (-1)^n a_n$$

이라 두고, 수열 $\langle s_n \rangle$을 수직선 위에 그려보면 다음과 같다.

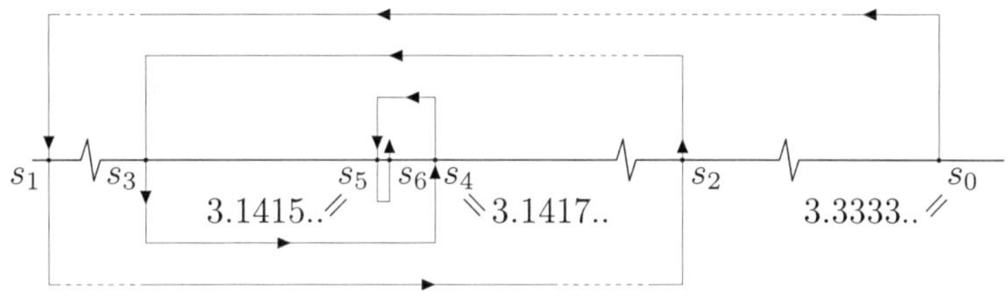

우리가 구하는 값 π는 $s_2 = 3.145\ldots$ 와 $s_3 = 3.145\cdots - 0.0047\ldots$ 사이에 들어가야 하고, 따라서

$$\pi \fallingdotseq 3.14$$

는 둘째 자리까지 신뢰할 수 있다. □

위 예제에서 정의한 수열 $\langle s_n \rangle$ 과

$$t_n = 4\left(1 - \frac{1}{3} + \frac{1}{5} - \cdots + \frac{(-1)^n}{2n+1}\right)$$

의 값들을 비교하면 다음과 같다.

n	t_n	s_n	n	t_n	s_n
0	4.00000000000000	3.33333333333333	17	3.08607980112383	3.14159265358916
1	2.66666666666667	3.11728395061728	18	3.19418790923194	3.14159265358994
2	3.46666666666667	3.14557613168724	19	3.09162380666784	3.14159265358976
3	2.89523809523810	3.14085056176106	20	3.18918478227759	3.14159265358980
4	3.33968253968254	3.14174119743369	25	3.10314531288601	3.14159265358979
5	2.97604617604618	3.14156158787759	50	3.16119861298705	3.14159265358979
6	3.28373848373848	3.14159934096620	100	3.15149340107099	3.14159265358979
7	3.01707181707182	3.14159118436091	201	3.13664218887030	3.14159265358979
8	3.25236593471888	3.14159298133457	300	3.14491490355885	3.14159265358979
9	3.04183961892940	3.14159257960635	401	3.13910509524895	3.14159265358979
10	3.23231580940559	3.14159267045069	500	3.14358865958579	3.14159265358979
11	3.05840276592733	3.14159264971679	601	3.13993152516759	3.14159265358979
12	3.21840276592733	3.14159265448535	700	3.14301918638758	3.14159265358979
13	3.07025461777918	3.14159265338154	801	3.14034577128141	3.14159265358979
14	3.20818565226194	3.14159265363846	900	3.14270253116143	3.14159265358979
15	3.07915339419743	3.14159265357837	1001	3.14059464984628	3.14159265358979
16	3.20036551540955	3.14159265359248			

문제 7.2.4. 등식

$$\frac{\pi}{4} = 4\arctan\frac{1}{5} - \arctan\frac{1}{239}$$

를 증명하고, 이를 이용하여 원주율 π의 값을 소수 다섯 번째 자리까지 정확하게 구하라.

예제 4. 가파른 언덕을 오르다 보니, 도로 표시판에 10%라고 쓰여 있었다. 이 뜻은 수평방향으로 100m이동하면, 수직방향으로 10m상승한다는 뜻이다. 즉, 언덕의 기울기가 $\frac{1}{10}$이라는 말이다. 이러한 언덕은 수평면에 대하여 몇 도의 기울기를 가지는가? 오차가 1% 이내가 되도록 구하라. 단, 1라디안은

$$\frac{180}{\pi} \fallingdotseq 57.30 \pm 5 \cdot 10^{-3}\ (\,^\circ\,)$$

이다.

풀이 : 우선 구하는 각의 크기를 호도법으로 θ라디안으로 두면,

$$\tan\theta = \frac{1}{10}$$

이 된다. 따라서

$$\theta = \arctan 0.1 \fallingdotseq 0.1 - \frac{1}{3}\cdot 10^{-3}\ (\,\mathrm{rad}\,)$$

이다. 그러므로 60분법으로 답하면,

$$\begin{aligned}
& (57.30 \pm \epsilon_1)\cdot(0.1-\epsilon_2) \qquad\qquad (\epsilon_1 = 5\cdot 10^{-3},\ \epsilon_2 = \frac{1}{3}\cdot 10^{-3}) \\
= \ & 57.30\times 0.1 \pm (0.1\times\epsilon_1) - 57.30\times\epsilon_2 \mp \epsilon_1\epsilon_2 \\
\fallingdotseq \ & 5.730 \pm 2\times 10^{-2}
\end{aligned}$$

이 된다. 근사값을

$$5.73\ (\,^\circ\,)$$

으로 두면 오차의 범위가 2×10^{-2} 이하이고,

$$\frac{2\times 10^{-2}}{5.73} = \frac{2}{5.73}\times 10^{-2} < 1\,\%$$

이므로 원하는 값을 얻는다. □

이항정리

근사다항식을 이용하면 이항정리를 쉽게 증명할 수 있는데, 다항함수

$$f(x) = (1+x)^n$$

의 근사다항식은 자기자신이므로 이 함수의 근사다항식을 구하는 것은 이 다항식을 전개하는 것과 마찬가지이다. 이 함수의 도함수들이

$$\begin{aligned} f'(x) &= n(1+x)^{n-1}, \\ f''(x) &= n(n-1)(1+x)^{n-2}, \\ &\cdots \\ f^{(k)}(x) &= n(n-1)\cdots(n-k+1)(1+x)^{n-k}, \\ &\cdots \\ f^{(n)}(x) &= n! \\ f^{(n+1)}(x) &= 0 \end{aligned}$$

이다. 따라서 각 $n = 1, 2, \ldots$ 와 $k = 0, 1, 2, \ldots, n$ 에 대하여

$$\binom{n}{k} = \frac{n!}{k!(n-k)!}$$

라 두면, 다음 등식

$$(1+x)^n = \binom{n}{0} + \binom{n}{1}x + \binom{n}{2}x^2 + \cdots + \binom{n}{n-1}x^{n-1} + \binom{n}{n}x^n$$

을 얻는다.

문제 7.2.5. 위 등식을 이용하여 $(a+b)^n$ 의 전개에 관한 이항정리를 쓰고 증명하라.

함수 $f(x) = (1+x)^a$(단 , a는 실수)는 $x > -1$ 일 때 한없이 계속 미분가능하므로 그 근사다항식을 원하는 차수만큼 구할 수 있는데, 이는 제곱근이나 세제곱근의 근사값을 구하는 데에 이용된다.

문제 7.2.6. 함수 $f(x) = \sqrt{1+x}$ 의 삼차 근사다항식을 구하고, 이를 이용하여 $\sqrt{1.1}$ 의 값과 오차 한계를 구하라.

문제 7.2.7. 함수 $f(x) = \sqrt{1+x}$ 의 근사다항식을 이용하여 $\sqrt{3.8}$ 의 근사값의 오차가 10^{-3} 이내가 되도록 구하라.

로그함수와 근사다항식의 오차

이제 로그함수의 근사다항식이 어떤 x 에 대하여 원래 함수값에 수렴하는지 살펴보자. 함수 $f(x) = \ln(1+x)$ 의 $(n+1)$ 계 도함수가

$$f^{(n+1)}(x) = \frac{(-1)^n n!}{(1+x)^{n+1}}, \qquad n = 1, 2, \ldots$$

이므로, 만일 $x > 0$ 이면 구간 $[0, x]$ 위에서 이 함수의 절대값의 최대값은

$$M_n(x) \le n!, \qquad n = 1, 2, \ldots$$

이다. 따라서

$$|R_n(x)| \le \frac{|x|^{n+1}}{n+1}$$

임을 알 수 있고, 임의의 $x \in [0, 1]$ 에 대하여 $\lim_{n\to\infty} R_n(x) = 0$ 이다. 특히, $x = 1$ 인 경우를 생각하면 다음 등식

$$\ln 2 = \lim_{n\to 0}\left(1 - \frac{1}{2} + \frac{1}{3} - \cdots + \frac{(-1)^{n-1}}{n}\right)$$

이 성립함을 알게 된다. 그런데 $x < 0$ 이면 구간 $[x, 0]$ 위에서 $f^{(n+1)}$ 의 절대값의 최대값은 x 에서 가지게 되어 $M_n(x) = \dfrac{n!}{|1+x|^{n+1}}$ 이다. 따라서 잉여항에 관한 부등식

$$|R_n(x)| \le \frac{1}{n+1} \cdot \left|\frac{x}{1+x}\right|^{n+1}$$

에서, $x < -\dfrac{1}{2}$ 인 경우 $\left|\dfrac{x}{1+x}\right| > 1$ 이 되어 이 부등식이 아무런 역할을 할 수 없게 된다.

이를 극복하기 위하여 다음 등식

$$\frac{1}{1+t} = 1 - t + t^2 - \cdots + (-1)^{n-1}t^{n-1} + \frac{(-1)^n t^n}{1+t}$$

에서 출발하자. 이제부터 $-1 < x \le 1$ 이라 가정하고 위 식을 0부터 x 까지 적분하면

$$\ln(1+x) = x - \frac{1}{2}x^2 + \frac{1}{3}x^3 - \cdots + \frac{(-1)^{n-1}}{n}x^n + (-1)^n \int_0^x \frac{t^n}{1+t}\,dt$$

를 얻는다. 이제부터 $-1 < x < 0$인 경우만 생각하는데, 먼저 $-1 < a < x$인 a를 잡는다. 그러면 $x \le t < 0$ 을 만족하는 t에 대해서

$$\left|\frac{t^n}{1+t}\right| = \frac{|t|^n}{1+t} \le \frac{(-t)^n}{1+a}$$

이므로

$$\begin{aligned} |R_n(x)| &= \left|(-1)^n \int_0^x \frac{t^n}{1+t}\,dt\right| \\ &\le \int_x^0 \frac{(-t)^n}{1+a}\,dt \\ &= \frac{(-x)^{n+1}}{(1+a)(n+1)} \le \frac{|a|^{n+1}}{(1+a)(n+1)} \end{aligned}$$

를 얻고, 이로부터 $\lim_{n\to\infty} R_n(x) = 0$임을 알게 된다. 결국, 자연로그함수의 근사다항식은 $-1 < x \le 1$에 대하여 원래 함수로 수렴한다.

테일러급수

지금까지 주어진 값의 근사값을 구하기 위하여 어떤 수열을 생각하고, 그 수열의 값들을 계속 더해 나감으로써 근사값을 구하였다. 일반적으로 수열 $\langle a_n \rangle$이 주어졌을 때, 다음

$$s_n = a_1 + a_2 + a_3 + \cdots + a_n, \qquad n = 1, 2, \ldots$$

과 같이 정의된 수열 $\langle s_n \rangle$에 대하여 $\lim_{n\to\infty} s_n$을 $\sum_{n=1}^{\infty} a_n$ 이라 쓰고 이를 급수라 한다. 수열 $\langle s_n \rangle$이 α로 수렴할 때, 급수 $\sum_{n=1}^{\infty} a_n$ 이 s로 수렴한다 말하고 이를

$$\sum_{n=1}^{\infty} a_n = s$$

혹은

$$a_1 + a_2 + \cdots + a_n + \cdots = s$$

라 쓴다. 물론, 수열 $\langle s_n \rangle$이 발산하면 급수 $\sum_{n=1}^{\infty} a_n$ 이 발산한다 말한다. 급수의 수렴과 발산을 판정하는 일은 많은 경우 그리 간단한 일이 아니며, 이론적으로도 매우 중요한 역할을 한다. 다음 장에서 급수의 수렴과 발산을 판정하는 초보적인 방법을 공부하게 된다.

주요 함수의 테일러급수

$$\sin x = x - \frac{1}{3!}x^3 + \cdots + \frac{(-1)^n}{(2n+1)!}x^{2n+1} + \cdots, \qquad -\infty < x < \infty$$
$$\cos x = 1 - \frac{1}{2!}x^2 + \cdots + \frac{(-1)^n}{(2n)!}x^{2n} + \cdots, \qquad -\infty < x < \infty$$
$$e^x = 1 + x + \frac{1}{2!}x^2 + \cdots + \frac{1}{n!}x^n + \cdots, \qquad -\infty < x < \infty$$
$$\ln(1+x) = x - \frac{1}{2}x^2 + \cdots + (-1)^{n-1}\frac{1}{n}x^n + \cdots, \qquad -1 < x \le 1$$
$$\frac{1}{1+x} = 1 - x + x^2 - \cdots + (-1)^{n-1}x^{n-1} + \cdots, \qquad -1 < x < 1$$
$$\arctan x = x - \frac{1}{3}x^3 + \cdots \frac{(-1)^{n-1}}{2n-1}x^{2n-1} + \cdots, \qquad -1 \le x \le 1$$

만일 함수 $y = f(x)$가 한없이 미분가능하다면, n차 근사다항식을 계속 얻어나갈 수 있다. 이런 의미에서 함수 $f(x)$의 n차 근사다항식에서 얻어지는 급수

$$\sum_{n=0}^{\infty} \frac{f^{(n)}(0)}{n!}x^n = f(0) + f'(0)x + \frac{f''(0)}{n!}x^n + \cdots + \frac{f^{(n)}(0)}{n!}x^n + \cdots$$

를 함수 $f(x)$의 테일러급수라 부른다. 이 테일러급수가 $f(x)$로 수렴할 필요충분조건은 지금까지 살펴본 바와 같이 잉여항이 0으로 수렴함이다.

함수 $y = f(x)$가 한없이 미분가능하면 테일러급수를 항상 얻을 수 있다. 그리고 이 급수는 $x = 0$에서 물론 $f(0)$과 일치한다. 그러나 경우에 따라서는 $x = 0$이외에는 이 급수가 $f(x)$로 수렴하지 않는 경우가 있는데 이런 경우에는 테일러급수를 생각하는 것이 무의미하다. 예를 들어서, 다음 예제에 나오는 함수의 테일러급수는 각 점에서 0이다. 그러나 함수 $y = f(x)$는 $x \neq 0$일 때 $f(x) \neq 0$이므로, 테일러급수는 원래 함수로 수렴하지 않는다.

예제 5. 함수

$$f(x) = \begin{cases} e^{-1/x^2} & (x \neq 0) \\ 0 & (x = 0) \end{cases}$$

에서, 각 $n = 1, 2, \ldots$ 에 대하여 $f^{(n)}(0) = 0$임을 보이라.

풀이 : 우선 $f'(0)$을 구해 보면,

$$f'(0) = \lim_{h \to 0} \frac{e^{-\frac{1}{h^2}}}{h} = \lim_{t \to \infty} \frac{t}{e^{t^2}} = 0$$

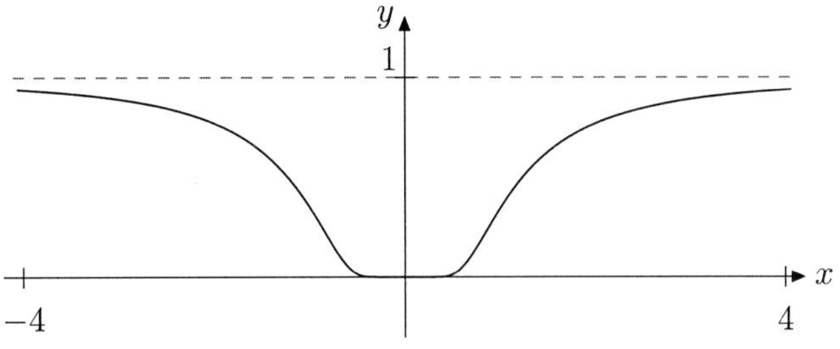

이다. 이제 이계미분계수 $f''(0)$을 구하려면 $f'(x)$를 알아야 한다. 이를 구하면

$$f'(x) = \frac{2}{x^3}\, e^{-\frac{1}{x^2}}$$

이다. 마찬가지로 $f'''(0)$을 구하려면 $f''(x)$를 알아야 한다. 이를 구하면

$$f''(x) = \left(-\frac{6}{x^4} - \frac{4}{x^6}\right) e^{-\frac{1}{x^2}}$$

인데, 이러한 계산을 아무리 계속해도 적절한 다항식 $P_n(x)$에 대하여

$$f^{(n)}(x) = P_n\left(\frac{1}{x}\right) e^{-\frac{1}{x^2}}, \qquad x \neq 0$$

임을 바로 확인할 수 있다. 이제 귀납법을 적용하기 위하여 $f^{(n)}(0) = 0$임을 가정하고 $f^{(n+1)}(0) = 0$임을 보이자. 그러면,

$$\begin{aligned} f^{(n+1)}(0) &= \lim_{h\to 0} \frac{f^{(n)}(h) - f^{(n)}(0)}{h} \\ &= \lim_{h\to 0} \frac{1}{h} P_n\left(\frac{1}{x}\right) e^{-\frac{1}{x^2}} \\ &= \lim_{t\to\infty} \frac{tP_n(t)}{e^{t^2}} = 0 \end{aligned}$$

이 성립함을 알 수 있다. □

지금까지 모든 이야기를 $x = 0$ 근방에서 하였다. 그러나 임의의 실수 a에 대하여 $x = a$ 근방에서 같은 이야기를 할 수 있다.

임의의 점을 기준으로 한 테일러 전개

원점 a를 포함하는 열린구간에서 정의된 $(n+1)$번 미분가능한 함수 $y = f(x)$와 구간 위의 임의의 점 x에 대하여

$$f(x) = f(a) + f'(a)(x-a) + \frac{f''(a)}{2!}(x-a)^2 + \cdots + \frac{f^{(n)}(a)}{n!}(x-a)^n + \frac{f^{(n+1)}(c)}{(n+1)!}(x-a)^{n+1}$$

을 만족하는 c가 a와 x 사이에 존재한다.

예제 6. $x = 1$에서 함수 $f(x) = \dfrac{1}{x}$의 테일러급수를 구하라.

풀이 : 먼저 도함수를 구하면

$$f'(x) = -\frac{1}{x^2},\ f''(x) = \frac{2}{x^3},\ f'''(x) = -\frac{2\cdot 3}{x^4}, \cdots$$

이므로, 구하는 테일러급수는

$$1 - (x-1) + (x-1)^2 - (x-1)^3 + \cdots + (-1)^n(x-1)^n + \cdots$$

로 주어진다. 등비급수를 생각하면, 이 급수는 물론 $|x-1| < 1$일 때 수렴한다. 한편, 원래 함수를 다음

$$\frac{1}{x} = \frac{1}{1 - [-(x-1)]}$$

과 같이 고친 후, $-(x-1)$을 공비로 하는 등비급수를 이용하면 같은 급수를 얻을 수 있다. □

문제 7.2.8. $x = 2$에서 다음 함수의 테일러 급수를 구하라.

(가) $f(x) = x^4$ (나) $f(x) = \dfrac{1}{x-1}$

역탄젠트함수와 로그함수의 근사다항식은 1660년대 후반 거의 같은 시기에 그레고리[2)]와 메르카토르[3)]에 의해서 각각 알려졌는데, 이는 뉴턴과 라이프니츠의 미적분이 세상에 알려지기 이전이었다.

2) James Gregory (1638∼1675), 스코트랜드 수학자.

3) Nicolaus Mercator (1620∼1687), 덴마크 천문학자 겸 수학자.

테일러급수에 관한 테일러의 논문은 1715년 발표되었다. 그러나 실은 그 이전에 그레고리나 요한 베르누이[4)]도 이미 그 본질적인 내용을 알고 있었다. 특히, 269쪽에 있는 바와 같이 원점을 중심으로 하는 테일러급수는 매크로린[5)]급수라 불리운다.

아르키메데스는 원과 다각형의 관계를 이용하여 원주율을 계산하였는데, 원주율을 계산하는 방법에 관한 한 역탄젠트와 관련된 급수가 알려지기까지 더 이상 이론적인 발전이 없었다. 다만 아랍과 유럽에서는 보다 힘든 계산을 통하여 상세한 값을 얻을 수 있었다. 예를 들어서 톨레미와 알콰리즈미는 3.1416을 얻었으며, 알카쉬[6)]는 15세기초에 소수 14자리까지 계산하였다. 유럽에서는 16세기 말에 이르러서 소수 15 자리에 이르렀으며, 17세기 중반에는 소수 39자리까지 계산되었다.

한편 중국에서는 5세기에 조충지[7)]가

$$3.1415926 < \pi < 3.1415927$$

임을 보이고, π에 가까운 유리수로서 $\dfrac{355}{113}$을 제시하였는데 이 역시 소수 여섯자리까지 정확한 것이다.

원주율을 계산하는 데에 핵심적인 역할을 하는 역탄젠트함수의 근사다항식이 그레고리에 의하여 만들어진 것과 비슷한 시기에 라이프니츠도 원주율에 관한 최초의 무한급수

$$\frac{\pi}{4} = \lim_{n\to\infty}\left(1 - \frac{1}{3} + \frac{1}{5} - \cdots + \frac{(-1)^{n-1}}{2n-1}\right)$$

를 발견하였다.[8)] 이후, 여러 사람들이 역탄젠트함수의 근사식에 $\dfrac{1}{\sqrt{3}}$을 대입하거나 아니면 예제 3이나 문제 7.2.4에 나오는 등식, 혹은 이보다 더 정교한 등식을 이용하여, 원주율을 소수점 이하 수백자리까지 계산하였다. 컴퓨터가 나온 이후 1949년에는 소수점 이하 2000 자리까지 계산되었다.

---

4) Johann Bernoulli (1677∼1748), 스위스 수학자. 그는 야콥 베르누이의 동생이다. 베르누이 일가는 여러 명의 수학자를 배출한 것으로 유명한데, 참고문헌 [7]을 참조하라.

5) Colin Maclaurin (1698∼1746), 스코트랜드 수학자. 다음 장에서 배울 적분판정법은 그가 알아낸 것이다.

6) Ghiyath al-Din Jamshid Mas'ud al-Kashi (1380∼1429), 중앙아시아 사마르칸트 천문학자 겸 수학자.

7) 祖沖之, Zu Chongzhi (429∼501), 중국 천문학자 겸 수학자. 그는 정확한 달력을 만들기 위하여 일년을 365.24281481일로 계산하였는데, 이는 실제와 겨우 50초 밖에 차이나지 않는다.

8) 이러한 무한급수가 발견되기 이전에 비에트는 1579년 다음

$$\frac{2}{\pi} = \frac{\sqrt{2}}{2}\frac{\sqrt{2+\sqrt{2}}}{2}\frac{\sqrt{2+\sqrt{2+\sqrt{2}}}}{2}\cdots$$

과 같은 무한곱을 발견한 바 있다.

원주율은 1761년 람베르트[9]에 의하여 무리수임이 증명되었으며, 그로부터 120년 후인 1882년에는 린덴만[10]이 π가 유리계수 다항식의 근이 될 수 없다는 것을 증명하였다.[11] 이로부터 우리는 자와 컴파스만으로는 원과 같은 넓이를 가지는 정사각형을 작도할 수 없다는 것을 알게 되었다.

현재까지도 원주율을 더욱 정확하게 계산하려는 노력은 끊이지 않는다. 예를 들어서 1999년에는 206158430000자리까지 계산되었다. 그 이유는 실용적인 것보다는 오히려 이론적인 데에 있다. 예를 들어서 과연 π를 십진법으로 표시하였을 때 각 수들이 꼭같은 빈도로 나오는지는 아직도 알려지지 않고 있다.

한편 자연로그의 밑 e가 유리계수 방정식의 근이 될 수 없다는 것은 1873년 에르미트[12]에 의하여 증명되었다. 자연로그의 밑이 무리수라는 것은 오일러 시대에 이미 알려져 있었는데, 등식

$$e = 1 + \frac{1}{1!} + \frac{1}{2!} + \frac{1}{3!} + \cdots + \frac{1}{n!} + \cdots$$

를 이용하면 그 증명은 그리 어렵지 않다.

만약 e가 유리수라고 하면, 어떤 자연수 p를 e에 곱하면 자연수가 된다. 따라서

$$\begin{aligned} e \cdot p! = p! + p! + \frac{p!}{2!} + \cdots + \frac{p!}{p!} \\ + \left(\frac{p!}{(p+1)!} + \frac{p!}{(p+2)!} + \frac{p!}{(p+3)!} + \cdots \right) \end{aligned}$$

도 자연수이다. 그러므로

$$\frac{p!}{(p+1)!} + \frac{p!}{(p+2)!} + \frac{p!}{(p+3)!} + \cdots$$

도 자연수이라야 한다. 그런데 이 수는 다음 부등식

$$\begin{aligned} &\frac{p!}{(p+1)!} + \frac{p!}{(p+2)!} + \frac{p!}{(p+3)!} + \cdots \\ &\qquad < \frac{1}{p+1} + \frac{1}{(p+1)^2} + \frac{1}{(p+1)^3} + \cdots = \frac{1}{p} \le 1 \end{aligned}$$

로부터 1보다 작은 수임을 알 수 있다. 이러한 모순은 자연상수 e가 유리수라고 가정하여서 생긴 것이다. 그러므로 e는 유리수가 아니다.

---

9) Johann Heinrich Lambert (1728∼1777), 스위스 태생의 수학자.

10) Carl Louis Ferdinand von Lindemann (1852∼1939), 독일 수학자.

11) 이와 같이 유리계수 다항식의 근이 될 수 없는 수를 초월수라 부른다.

12) Charles Hermite (1822∼1901), 프랑스 수학자.

7.3 연습문제

7.3.1. $e^{0.1}$의 근사값을 오차가 10^{-3} 이내가 되도록 구하라.

7.3.2. 원점에서 함수 $f(x) = \dfrac{x}{1+3x^2}$의 테일러급수가 수렴하는 x의 범위를 구하라.

7.3.3. 다음 함수의 테일러급수의 일반항을 구하라.

(가) $f(x) = \cosh x$ (나) $f(x) = \sinh x$

(다) $f(x) = \sin x^2$ (라) $f(x) = \dfrac{x^2}{1+x^2}$

7.3.4. 다음 함수의 삼차 근사다항식을 구하라.

(가) $f(x) = e^x \sin x$ (나) $f(x) = x\ln(1+x)$

(다) $f(x) = e^{-x^2}$ (라) $f(x) = \sin(e^x)$

7.3.5. $x = \dfrac{\pi}{2}$에서 함수 $\sin x$와 $\cos x$의 테일러급수를 구하라.

7.3.6. 다음 함수에 대하여, 점 $x = 3$에서 테일러급수를 구하라.

(가) $f(x) = x^4$ (나) $f(x) = \dfrac{1}{x}$

7.3.7. 한없이 미분가능한 함수 f가 $f'(x) = f''(x) = 0$이고 $f'''(x) \neq 0$이면 x는 극소점도 아니고 극대점도 아님을 보이라. 만약 삼차 미분이 정보를 주지 못하면 (즉, $f'''(x) = 0$이 되면) 어떠한 조사를 하면 될까?

7.3.8. 테일러 전개를 이용하여 다음 극한을 구하라.

(가) $\displaystyle\lim_{x\to 0} \frac{\arctan x}{x}$ (나) $\displaystyle\lim_{x\to 0} \frac{\cos x - 1}{x^2}$

(다) $\displaystyle\lim_{x\to 0} \frac{e^x - (1+x)}{x^2}$ (라) $\displaystyle\lim_{x\to 0} \frac{\tan(x^2)}{(\sin x)^2}$

7.3.9. 다음 등식

$$\ln 2 = \lim_{n\to\infty} \left(1 - \frac{1}{2} + \frac{1}{3} - \cdots + \frac{(-1)^{n-1}}{n}\right)$$

을 이용하여 $\ln 2$의 값을 소수 둘째 자리까지 정확하게 계산하려면 어느 정도까지 계산을 하여야 하는지 살펴보라. 다음

$$\ln 2 = -7\ln\left(1 - \frac{1}{10}\right) + 2\ln\left(1 - \frac{1}{25}\right) + 3\ln\left(1 + \frac{1}{80}\right)$$

을 증명하고, $\ln 2$의 값을 소수 네째 자리까지 구하라.

7.3.10. 다음 정적분의 값을 소수 세째 자리까지 정확하게 구하라.

(가) $\displaystyle\int_0^1 \frac{\sin x}{x}\, dx$ (나) $\displaystyle\int_0^{0.1} e^{-x^2}\, dx$

7.3.11. 정육면체의 모서리의 길이를 각각 1%증가시키면, 부피는 3%정도 증가함을 보이라.

7.3.12. 수박의 지름이 1% 작으면, 부피는 3% 정도 작음을 보이라.

7.3.13. 아주 작은 양수 ϵ 에 대하여 두 닮은 입체의 닮음비가 $1+\epsilon$ 이면, 두 입체의 부피의 비는 $1+3\epsilon$ 정도임을 보이라.

7.3.14. 만득이가 부지런히 다이어트를 하여 허리띠의 길이가 1% 줄어들었다. 몸무게는 얼마 정도 줄었다고 볼 수 있나? 단, 몸무게는 허리 둘레의 제곱에 비례한다고 가정한다.

제 **8** 장

거듭제곱급수

한없이 미분가능한 함수의 테일러급수는 원래 함수에 의하여 정해지는 특별한 값을 계수로 가지는 다항식들의 극한, 혹은 무한차 다항식이라 이해할 수 있다. 이 장에서는 이미 주어진 계수 $\langle a_n \rangle$ 들에 의하여 정의된 무한급수

$$a_0 + a_1 x + a_2 x^2 + \cdots + a_n x^n + \cdots$$

에 관하여 공부한다.

첫 관심사는 당연히 어떤 x 들에 대하여 이 급수가 수렴할 것인지 살피는 일인데, 이를 위하여 보다 일반적인 무한급수의 수렴에 대하여 미리 공부한다.

위 급수가 수렴하는 집합은 항상 구간이 된다. 따라서 이 급수를 이 구간에서 정의된 함수로 이해할 수 있는데, 이 함수의 여러 가지 성질을 알아본다. 특히, 이 함수의 도함수를 이용하면 여러 가지 미분방정식을 풀 수 있다.

8.1 급수의 수렴과 발산

일반적으로 급수의 합을 구하는 것은 매우 어렵다. 그러나 급수의 수렴 여부를 판정하는 것은 이론적으로 매우 중요한 일인데, 이는 새로운 실수를 정의하는 근거가 되기도 한다.

급수의 수렴

수열 $\langle a_n \rangle$이 주어졌을 때, 다음

$$s_n = a_0 + a_1 + a_2 + \cdots + a_n, \qquad n = 0, 1, 2, \ldots$$

과 같이 정의된 새로운 수열 $\langle s_n \rangle$이 s로 수렴할 때, 급수 $\displaystyle\sum_{n=0}^{\infty} a_n$ 이 s로 수렴한다고 앞에서 정의하였다. 이 경우, s를 급수 $\sum_n a_n$의 합이라 부르기도 한다. 위에서 정의한 수열 $\langle s_n \rangle$을 부분합수열이라 부른다.

예를 들어서 다음 급수

$$1 + 1 + 1 + \cdots + 1 + \cdots$$

의 경우, 부분합수열이 $\langle n \rangle$이므로 발산한다. 다음 급수

$$\frac{1}{1 \cdot 2} + \frac{1}{2 \cdot 3} + \frac{1}{3 \cdot 4} + \cdots + \frac{1}{n(n+1)} + \cdots$$

에서는 $\dfrac{1}{k(k+1)} = \dfrac{1}{k} - \dfrac{1}{k+1}$이므로 부분합은

$$s_n = \sum_{k=1}^{n} \frac{1}{k(k+1)} = \sum_{k=1}^{n} \left(\frac{1}{k} - \frac{1}{k+1} \right) = 1 - \frac{1}{n+1}$$

이다. 그런데

$$\lim_{n \to \infty} s_n = \lim_{n \to \infty} \left(1 - \frac{1}{n+1} \right) = 1$$

이므로, $\displaystyle\sum_{n=1}^{\infty} \frac{1}{n(n+1)} = 1$이다.

무한급수 $\displaystyle\sum_{n=0}^{\infty} a_n$이 s로 수렴하면 $\displaystyle\lim_{n \to \infty} s_n = \lim_{n \to \infty} s_{n-1} = s$ 이므로

$$\lim_{n \to \infty} a_n = \lim_{n \to \infty} (s_n - s_{n-1}) = \lim_{n \to \infty} s_n - \lim_{n \to \infty} s_{n-1} = 0$$

임을 알 수 있다.

수렴하는 급수의 성질

급수 $\sum_{n=0}^{\infty} a_n$ 이 수렴하면 $\lim_{n\to\infty} a_n = 0$ 이다.

첫째 항이 $a(\neq 0)$ 이고 공비가 r 인 등비수열 $\langle ar^{n-1}\rangle$ 에서 얻어지는 급수, 즉

$$\sum_{n=0}^{\infty} ar^n = a + ar + ar^2 + \cdots + ar^{n-1} + \cdots$$

을 무한등비급수, 혹은 등비급수라 부른다. 이 급수는 우선 $r = \pm 1$ 일 때 살펴보면 $\lim_{n\to\infty} ar^{n-1} = \pm a \neq 0$ 이므로 발산함을 안다. 또한, $r \neq \pm 1$ 일 때에는

$$s_n = a + ar + \cdots + ar^{n-1}$$

의 양변에 r 을 곱하여

$$rs_n = ar + ar^2 + \cdots + ar^n$$

을 얻고, 두 식의 각 변을 빼면

$$(1-r)s_n = s_n - rs_n = a(1-r^n)$$

에서

$$s_n = \frac{a(1-r^n)}{1-r}$$

을 얻는다. 만일 $|r| < 1$ 이면 $\lim_{n\to\infty} r^n = 0$ 이므로

$$\sum_{n=0}^{\infty} ar^n = \lim_{n\to\infty} s_n = \frac{a}{1-r}$$

이고, $|r| > 1$ 이면 $\lim_{n\to\infty} a_n \neq 0$ 이므로 발산한다.

무한등비급수의 합

첫째 항이 $a \neq 0$ 이고 공비가 r 인 무한등비급수 $\sum_{n=0}^{\infty} ar^n$ 은

(가) $|r| < 1$ 일 때 수렴하고, 그 합은 $\frac{a}{1-r}$ 이다.

(나) $|r| \geq 1$ 일 때 발산한다.

예제 1. 순환소수 $0.\dot{0}\dot{8}$을 등비급수로 표현하고 그 값을 구하라.

풀이 : 다음

$$\begin{aligned} 0.0808\dot{0}\dot{8} &= \frac{8}{10^2} + \frac{8}{10^4} + \frac{8}{10^6} + \cdots \\ &= \sum_{n=0}^{\infty} \left(\frac{8}{10^2}\right)\left(\frac{1}{10^2}\right)^n = \frac{8}{10^2}\frac{1}{1-\dfrac{1}{10^2}} = \frac{8}{99} \end{aligned}$$

과 같이 계산하면 된다. □

문제 8.1.1. 다음 순환소수를 분수로 고쳐라.

(가) $2.4\dot{0}2\dot{3}$ (나) $0.5\dot{1}\dot{0}$ (다) $0.\dot{0}0\dot{9}$

예제 2. 6m 높이에서 공을 바닥에 떨어뜨릴 때 수직으로 튀어오른다고 한다. 튀어오르는 높이는 전 높이의 $\dfrac{3}{4}$이라 한다. 이 공이 움직인 수직거리를 구하라.

풀이 : 구하는 거리는

$$\begin{aligned} &6 + 2\cdot 6\cdot\frac{3}{4} + 2\cdot 6\cdot\left(\frac{3}{4}\right)^2 + 2\cdot 6\cdot\left(\frac{3}{4}\right)^3 + \cdots \\ &= 6 + 12\cdot\frac{3}{4}\sum_{n=0}^{\infty}\left(\frac{3}{4}\right)^n = 6 + \frac{9}{1-\dfrac{3}{4}} = 6 + 9\cdot 4 = 42\ (\mathrm{m}) \end{aligned}$$

이다. □

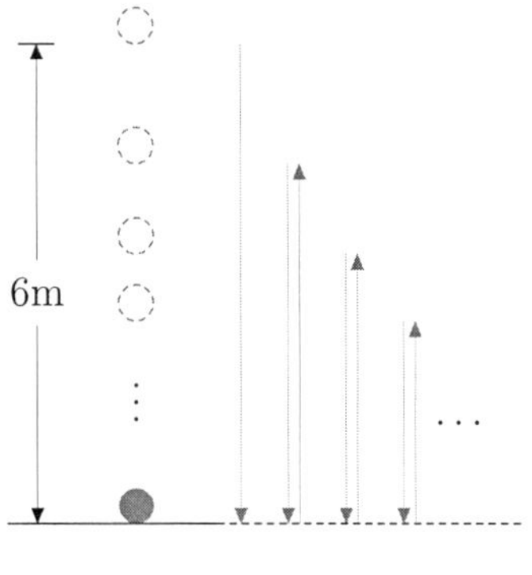

문제 8.1.2. 한 변의 길이가 1인 정사각형이 있다. 이 사각형의 각 변의 중점을 연결하여 두 번째 정사각형을 만들고, 같은 과정을 반복하여 세 번째 정사각형을 만든다. 이런 과정을 계속 반복하여 얻은 정사각형들의 둘레의 길이의 총합을 구하라.

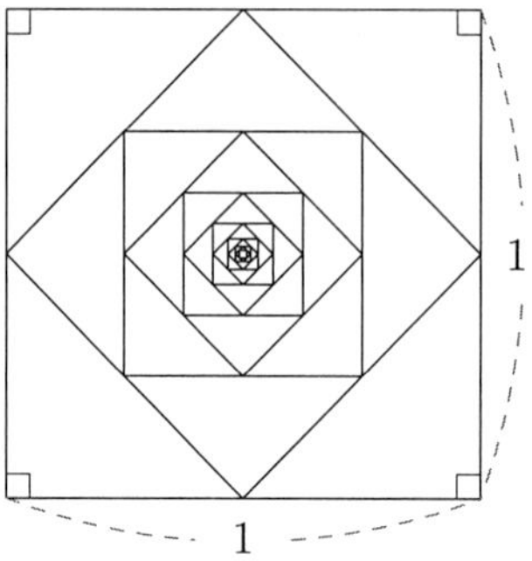

수렴하는 두 무한급수 $\sum_n a_n$, $\sum_n b_n$ 의 부분합수열을 각각 $\langle s_n \rangle$, $\langle t_n \rangle$ 이라고 하면, 수열의 극한값의 성질에 의하여

$$\begin{aligned}\sum_{n=0}^{\infty}(a_n \pm b_n) &= \lim_{n\to\infty}(s_n \pm t_n)\\ &= \lim_{n\to\infty} s_n \pm \lim_{n\to\infty} t_n\\ &= \sum_{n=0}^{\infty} a_n \pm \sum_{n=0}^{\infty} b_n\end{aligned}$$

이다. 또한

$$\sum_{n=0}^{\infty} ca_n = \lim_{n\to\infty} cs_n = c\lim_{n\to\infty} s_n = c\sum_{n=1}^{\infty} a_n$$

이므로 다음을 얻는다.

무한급수의 성질

급수 $\sum_{n=0}^{\infty} a_n$, $\sum_{n=0}^{\infty} b_n$ 이 수렴하면

$$\sum_{n=0}^{\infty}(a_n \pm b_n) = \sum_{n=0}^{\infty} a_n \pm \sum_{n=0}^{\infty} b_n, \qquad \sum_{n=0}^{\infty} ca_n = c\sum_{n=0}^{\infty} a_n$$

이 성립한다. (단, c는 상수)

여러 가지 판정법

지난 5.1절에서 $\lim_{x\to+\infty} \ln x = +\infty$ 임을 보이기 위하여, $\sum_{n=1}^{\infty} \frac{1}{n} = \infty$ 임을 보인 바 있다. 따라서 $\lim_{n\to\infty} a_n = 0$이더라도 $\sum_n a_n$ 이 수렴할 필요는 없다. 이제, $\sum_n \frac{1}{n} = \infty$ 임을 보이기

위하여 5.1절의 168쪽에서 했던 다음 계산

$$\begin{aligned}1+\frac{1}{2}+\frac{1}{3}+\frac{1}{4}+\cdots &> 1+\frac{1}{2}+\left(\frac{1}{4}+\frac{1}{4}\right)+\left(\frac{1}{8}+\cdots+\frac{1}{8}\right)+\cdots \\ &= 1+\frac{1}{2}+\frac{1}{2}+\frac{1}{2}+\cdots\end{aligned}$$

을 잘 살펴보면, 결국 위 급수의 부분합수열을 $\langle s_n \rangle$이라 두었을 때

$$s_{2^m} \geq 1+\frac{m}{2}$$

임을 보인 것이다. 그런데 $m \to \infty$일 때 $1+\frac{m}{2} \to +\infty$이므로 당연히 $s_{2^m} \to +\infty$이다. 여기에서 $n \to \infty$에 따라서 $\langle s_n \rangle$은 그 값이 계속 커지므로 $s_n \to +\infty$이라는 논증을 한 것이었다. 이를 다음과 같이 설명할 수도 있다: 다음 두 수열

$$\langle a_n \rangle = \left\langle 1,\ \frac{1}{2},\ \frac{1}{3},\ \frac{1}{4},\ \frac{1}{5},\ \frac{1}{6},\ \frac{1}{7},\ \frac{1}{8},\ \frac{1}{9},\ \cdots \right\rangle$$

$$\langle b_n \rangle = \left\langle 1,\ \frac{1}{2},\ \frac{1}{4},\ \frac{1}{4},\ \frac{1}{8},\ \frac{1}{8},\ \frac{1}{8},\ \frac{1}{8},\ \frac{1}{16},\ \cdots \right\rangle$$

을 비교할 때 $b_n \leq a_n$인데, $\sum_n b_n = \infty$이므로 $\sum_n a_n = \infty$이다, 혹은 $\sum_n b_n$이 발산하므로 $\sum_n a_n$도 발산한다. 실제로, 다음이 일반적으로 성립한다.

비교판정법

모든 n에 대하여 $0 \leq b_n \leq a_n$ 일 때

(가) $\displaystyle\sum_{n=1}^{\infty} a_n$이 수렴하면 $\displaystyle\sum_{n=1}^{\infty} b_n$ 도 수렴한다.

(나) $\displaystyle\sum_{n=1}^{\infty} b_n$이 발산하면 $\displaystyle\sum_{n=1}^{\infty} a_n$ 도 발산한다.

양수의 수열 $\langle a_n \rangle$에서 모든 n에 대하여 $\frac{a_{n+1}}{a_n} \leq r < 1$ 이면

$$a_n \leq r a_{n-1} \leq r^2 a_{n-2} \leq \cdots \leq r^{n-1} a_1$$

인데 $\displaystyle\sum_{n=1}^{\infty} r^{n-1} a_1$이 수렴하므로비교판정법에 의하여 $\displaystyle\sum_{n=1}^{\infty} a_n$ 도 수렴한다. 또한 모든 n에 대하여 $\frac{a_{n+1}}{a_n} \geq 1$이면,

$$a_n \geq a_{n-1} \geq \cdots \geq a_1$$

에서 $\lim_{n\to\infty} a_n \neq 0$ 이므로 $\sum_n a_n$은 발산한다.

급수의 수렴과 발산은 유한개의 항을 제외해도 변하지 않으므로 위 결론은 적당한 항 이후에 대하여 조건 $\frac{a_{n+1}}{a_n} \leq r < 1$을 만족해도 성립한다. 양수의 수열 $\langle a_n \rangle$에서 $r = \lim_{n\to\infty} \frac{a_{n+1}}{a_n}$이 존재하여 $r < 1$이라 하자. 이 경우, $r < \rho < 1$인 ρ를 택하면 적당한 항 이후부터

$$\frac{a_{n+1}}{a_n} \leq \rho < 1$$

이므로 위에서 한 이야기에 의하여 $\sum_n a_n$은 수렴한다. 또한 $r > 1$이면 적당한 항 이후부터

$$\frac{a_{n+1}}{a_n} \geq 1$$

이므로 $\sum_n a_n$은 발산한다. 따라서 다음 비율판정법을 얻는다.

비율판정법

양수의 수열 $\langle a_n \rangle$에서 $r = \lim_{n\to\infty} \frac{a_{n+1}}{a_n}$이 존재할 때

(가) $r < 1$이면 $\sum_{n=1}^{\infty} a_n$은 수렴한다.

(나) $r > 1$이면 $\sum_{n=1}^{\infty} a_n$은 발산한다.

예제 3. 다음 급수의 수렴 발산을 판정하라.

(가) $\sum_{n=1}^{\infty} \frac{n}{2^n}$ (나) $\sum_{n=1}^{\infty} \frac{n!}{n^n}$

풀이 : 먼저 (가)는

$$\lim_{n\to\infty} \frac{\frac{n+1}{2^{n+1}}}{\frac{n}{2^n}} = \lim_{n\to\infty} \frac{1}{2} \cdot \frac{n+1}{n} = \frac{1}{2} < 1$$

이므로 수렴한다. 한편, (나) 역시

$$\lim_{n\to\infty} \frac{\frac{(n+1)!}{(n+1)^{(n+1)}}}{\frac{n!}{n^n}} = \lim_{n\to\infty} \frac{1}{\left(1+\frac{1}{n}\right)^n} = \frac{1}{e} < 1$$

이므로 수렴한다. □

문제 8.1.3. 다음 급수의 수렴 여부를 판정하라.

(가) $\sum_{n=1}^{\infty} \frac{n!}{2n!+1}$ (나) $\sum_{n=1}^{\infty} \frac{4}{2^n}$

(다) $\sum_{n=1}^{\infty} \frac{4}{2^n+1}$ (라) $\sum_{n=1}^{\infty} \frac{2^n+1}{2^{n+1}}$

(마) $\sum_{n=1}^{\infty} \frac{n^2 2^{n+1}}{3^n}$ (바) $\sum_{n=1}^{\infty} \frac{n+1}{2^n}$

만일 구간 $[1,\infty)$ 위에서 정의된 함수가 있으면 수열 $\langle f(n)\rangle_{n=1}^{\infty}$ 을 얻을 수 있는데, 함수 $y=f(x)$가 감소함수이고, $f \geq 0$이라 가정하자. 그러면 그림에서 보다시피, 다음 부등식

$$f(2)+f(3)+\cdots+f(n) \leq \int_1^n f(x)dx \leq f(1)+f(2)+\cdots+f(n-1)$$

을 얻는다.

이제, 비교판정법을 이용하면 급수 $\sum_{n=1}^{\infty} f(n)$이 수렴할 필요충분조건은 $\lim_{n\to\infty}\int_1^n f(x)dx$ 가 수렴함이다.

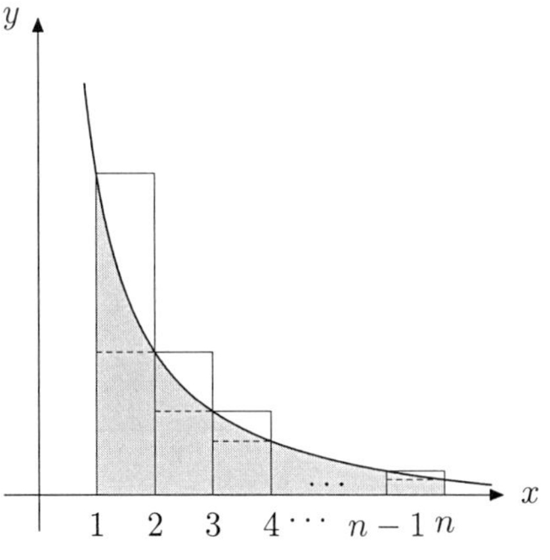

적분판정법

구간 $[1,\infty)$ 위에서 연속함수 $y=f(x)$가 감소하고 $f(x) \geq 0$이라 하자. 그러면 급수 $\sum_{n=1}^{\infty} f(n)$이 수렴할 필요충분조건은 극한 $\lim_{n\to\infty}\int_1^n f(x)dx$이 수렴함이다.

예제 4. 고정된 양수 $p>0$에 대하여 급수 $\sum_{n=1}^{\infty} \frac{1}{n^p}$의 수렴 여부를 판정하라.

풀이 : 먼저 $p = 1$이면 적분값 $\displaystyle\int_1^n \frac{1}{x}\,dx = \ln n$은 $n \to \infty$일 때 발산함을 알고 있다. 이제 $p \neq 1$이면

$$\int_1^n \frac{1}{x^p}\,dx = \frac{1}{-p+1}\left[x^{-p+1}\right]_1^n$$

이다. 만일 $0 < p < 1$이면 $\displaystyle\lim_{n\to\infty} n^{-p+1} = \infty$이므로 주어진 급수는 발산한다. 만일 $p > 1$ 이면

$$\lim_{n\to\infty} n^{-p+1} = \lim_{n\to\infty} \frac{1}{n^{p-1}} = 0$$

이다. 따라서 $\displaystyle\lim_{n\to\infty}\int_1^n \frac{1}{x^p}\,dx = \frac{1}{p-1}$로서 수렴하므로, 주어진 급수는 수렴한다. 결국, 급수 $\displaystyle\sum_{n=1}^{\infty}\frac{1}{n^p}$는 $0 < p \leq 1$일 때 발산하고, $p > 1$일 때 수렴한다. □

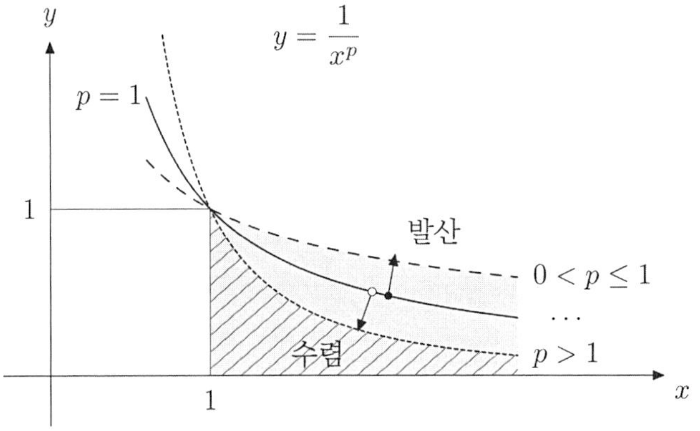

문제 **8.1.4.** 고정된 양수 $p > 0$에 대하여 급수 $\displaystyle\sum_{n=2}^{\infty}\frac{1}{n(\ln n)^p}$의 수렴 여부를 판정하라.

예를 들어서, $\displaystyle\sum_{n=1}^{\infty}\frac{1}{n^2}$은 수렴한다. 수렴하는 이 급수나 발산하는 급수 $\displaystyle\sum_{n=1}^{\infty}\frac{1}{n}$의 경우 비율판정법에 나오는 극한을 계산하면 모두 1이다. 따라서 비율판정법에서 $\displaystyle\lim_{n\to\infty}\frac{a_{n+1}}{a_n} = 1$인 경우, 다른 방법을 이용하여 수렴 여부를 판정해야 한다.

교대급수와 절대수렴

급수 $\sum_{n=1}^{\infty} |a_n|$이 수렴할 때, 급수 $\sum_{n=1}^{\infty} a_n$은 절대수렴한다 한다. 실수 a에 대하여

$$a^+ = \max\{a, 0\}, \qquad a^- = \max\{-a, 0\}$$

라 두면

$$|a| = a^+ + a^-, \qquad a = a^+ - a^-$$

이다. 급수 $\sum_n a_n$으로부터 두 개의 급수 $\sum_n a_n^+$와 $\sum_n a_n^-$를 생각하면, 다음 부등식

$$0 \le a_n^+ \le |a_n|, \qquad 0 \le a_n^- \le |a_n|$$

이 성립하므로, $\sum_n |a_n|$가 수렴하면 비교판정법에 의하여 두 급수 $\sum_n a_n^+$와 $\sum_n a_n^-$ 도 수렴한다. 따라서

$$\sum_{n=1}^{\infty} a_n^+ - \sum_{n=1}^{\infty} a_n^- = \sum_{n=1}^{\infty} (a_n^+ - a_n^-) = \sum_{n=1}^{\infty} a_n$$

도 수렴한다. 즉, 급수 $\sum_n a_n$이 절대수렴하면 $\sum_n a_n$은 수렴함을 알 수 있다.

급수 $\sum_{n=1}^{\infty} a_n$에서 양수, 음수가 교대로 나오는 경우 이 급수를 교대급수라 부른다. 교대급수에서 $\lim_{n\to\infty} a_n = 0$이고 $|a_{n+1}| \le |a_n|$이면 이 교대급수는 수렴한다. 이를 알아보기 위하여 교대급수를

$$b_1 - c_1 + b_2 - c_2 + b_3 - c_3 + \cdots, \qquad (\text{단, } b_n,\ c_n \ge 0)$$

으로 나타내고, 부분합을

$$s_n = b_1 - c_1 + b_2 - c_2 + \cdots + b_n$$
$$t_n = b_1 - c_1 + b_2 - c_2 + \cdots + b_n - c_n$$

이라 놓자. 가정에 의하여 각 항의 절대값이 감소하므로

$$t_1 \le t_2 \le \cdots \le t_n \cdots \le s_n \cdots \le s_2 \le s_1$$

이 된다. 그런데 $\lim_{n\to\infty} (s_n - t_n) = \lim_{n\to\infty} c_n = 0$이므로 수열 $\langle t_n \rangle$과 $\langle s_n \rangle$은 같은 값으로 수렴해야 한다.

교대급수의 수렴

교대급수 $\sum_{n=1}^{\infty} a_n$에서 $\lim_{n\to\infty} a_n = 0$이고, 모든 n에 대하여 $|a_{n+1}| \le |a_n|$이면 $\sum_{n=1}^{\infty} a_n$은 수렴한다.

급수 $\sum_{n=1}^{\infty}(-1)^{n-1}\frac{1}{n}$은 수렴하지만 절대수렴하지는 않는다. 수렴하지만 절대수렴하지 않는 급수를 조건수렴한다 말한다.

예제 5. 급수 $\sum_{n=1}^{\infty} \frac{(-1)^n}{\sqrt{n}}$은 조건수렴함을 보이라.

풀이 : 급수 $\sum_{n=1}^{\infty} \frac{(-1)^n}{\sqrt{n}}$은 교대급수의 수렴정리에 의하여 수렴하고

$$\left|\frac{(-1)^n}{\sqrt{n}}\right| = \frac{1}{\sqrt{n}} \ge \frac{1}{n}$$

인데, $\sum_{n=1}^{\infty} \frac{1}{n}$이 발산하므로 $\sum_{n=1}^{\infty} \frac{1}{\sqrt{n}}$도 발산한다. □

문제 8.1.5. 다음 급수들이 절대수렴하는지, 또한 조건수렴하는지 각각 판정하라.

(가) $\sum_{n=1}^{\infty} \frac{(-1)^n}{n\sqrt{n}}$ (나) $\sum_{n=2}^{\infty} \frac{(-1)^n}{\ln\sqrt{n}}$

(다) $\sum_{n=2}^{\infty} \frac{(-1)^n}{n\ln n}$ (라) $\sum_{n=2}^{\infty} \frac{(-1)^n}{n\sqrt{\ln n}}$

제 1 장에서 알아본 중간값정리와 최대최소정리의 공통점은 특정 성질을 만족하는 실수의 존재성을 주장하는 것이었다. 그런데 급수가 수렴한다는 말을 하려면 그 수렴값에 해당하는 실수의 존재를 알아야 하므로, 비교판정법 역시 같은 공통점을 가지는 정리이다. 따라서 비교판정법 역시 실수의 정의가 확립되어야 그 증명을 할 수 있다.

무한급수의 합을 구하는 문제는 일반적으로 매우 어렵다. 역사적으로 유명한 급수들도 있는데, 여기에서는 무한급수

$$\frac{1}{1^2} + \frac{1}{2^2} + \frac{1}{3^2} + \cdots + \frac{1}{n^2} + \cdots$$

의 값에 대하여 알아보자.[1] 오일러는 이 급수의 합을 다음과 같이 구하였다.

우선, n 차 방정식 $a_0 + a_1 x + \cdots + a_n x^n = 0$의 근이 $\alpha_1, \ldots, \alpha_n$일 때

$$\frac{1}{\alpha_1} + \frac{1}{\alpha_2} + \cdots + \frac{1}{\alpha_n} = -\frac{a_1}{a_0}$$

임을 쉽게 알 수 있다. 사인함수의 테일러급수에서

$$\frac{\sin x}{x} = 1 - \frac{x^2}{3!} + \frac{x^4}{5!} - \cdots$$

이므로 급수 $1 - \frac{x}{3!} + \frac{x^2}{5!} - \cdots$ 으로 정의된 방정식 $\frac{\sin\sqrt{x}}{\sqrt{x}} = 0$의 근은

$$\{n^2\pi^2 : n = 1, 2, \ldots\}$$

이다. 이 급수를 다항식인 것처럼 취급하여 위 관계식을 이용하면

$$\sum_{n=1}^{\infty} \frac{1}{n^2} = \frac{\pi^2}{6} \tag{8.1}$$

임을 추측할 수 있다. 이 등식의 보다 엄밀한 증명은 복소함수나 삼각급수에 대하여 본격적인 연구가 진행된 19세기까지 기다려야 했다.[2]

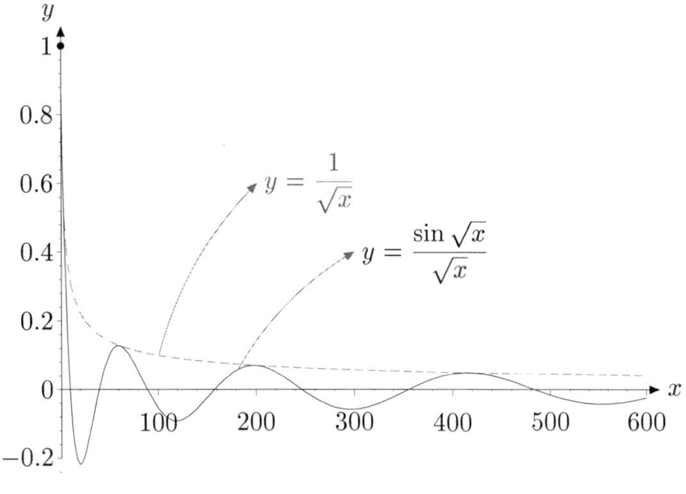

1) 야콥 베르누이는 이 급수가 수렴한다는 사실을 알아내었으나 그 합을 구하지는 못하였다.

2) 참고문헌 [2]의 5.4절 및 [4]의 9.4절을 참조하라.

8.2 거듭제곱급수

거듭제곱급수를 이용하면 새로운 함수를 무궁무진하게 정의할 수 있다. 이러한 함수들은 여러 가지 미분방정식의 해가 되기도 한다.

거듭제곱급수의 수렴반경

수열 $\langle a_n \rangle_{n=0}^{\infty}$에 대하여 다음

$$\sum_{n=0}^{\infty} a_n x^n = a_0 + a_1 x + a_2 x^2 + \cdots + a_n x^n + \cdots$$

과 같은 형태의 급수를 거듭제곱급수 또는 멱급수라 부른다. 한없이 미분가능한 함수들의 테일러급수는 대표적인 형태의 거듭제곱급수이다. 이러한 거듭제곱급수가 주어지면 첫째 관심사는 어떤 x에 대하여 위 급수가 수렴하느냐 하는 것이다. 예를 들어서

$$\sum_{n=0}^{\infty} x^n = 1 + x + x^2 + \cdots + x^n + \cdots$$

이 수렴할 필요충분조건은 $|x| < 1$이다.

예제 1. 거듭제곱급수 $\displaystyle\sum_{n=1}^{\infty} \frac{1}{n} x^n$가 수렴하는 x의 범위를 구하라.

풀이 : 비율판정법을 적용하면

$$\lim_{n \to \infty} \left| \frac{\dfrac{1}{n+1} x^{n+1}}{\dfrac{1}{n} x^n} \right| = |x|$$

이므로, $|x| < 1$이면 이 급수가 절대수렴한다. 물론, $x = 1$ 에서 이 급수가 발산하고, $x = -1$ 에서 이 급수가 수렴함을 알고 있다. 따라서 이 급수가 수렴하는 x의 범위는 $-1 \le x < 1$ 이다. □

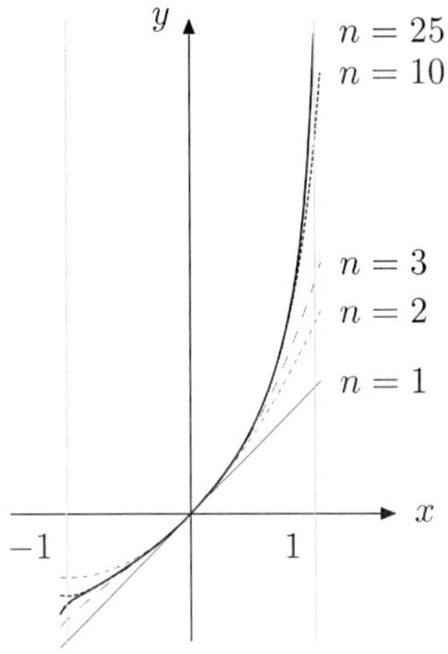

$$\left[n\text{에 따른 } \sum_{k=1}^{n} \frac{1}{k} x^k \right]$$

예제 2. 다음 거듭제곱급수

$$\sum_{n=0}^{\infty} \frac{1}{n!} x^n = 1 + x + \frac{1}{2!} x^2 + \frac{1}{3!} x^3 + \cdots + \frac{1}{n!} x^n + \cdots$$

는 임의의 x에 대하여 수렴함을 보이라.

풀이 : 비율판정법을 적용하면

$$\lim_{n\to\infty} \frac{\dfrac{x^{n+1}}{(n+1)!}}{\dfrac{x^n}{n!}} = \lim_{n\to\infty} \frac{x}{n+1} = 0$$

이다. 따라서 임의의 고정된 x에 대하여 이 급수는 수렴한다. □

문제 8.2.1. 거듭제곱급수 $\sum_{n=1}^{\infty} \frac{n!}{n^n} x^n$ 이 수렴하는 x의 범위를 구하라.

이제, 거듭제곱급수 $\sum_{n=0}^{\infty} a_n x^n$ 이 $x = x_0$ 에서 수렴한다고 가정하자. 그러면 $\lim_{n\to\infty} a_n x_0^n = 0$ 이므로 n이 아주 커지면 $|a_n x_0^n| < 1$ 이 된다. 이 경우, $|x| < |x_0|$이면

$$|a_n x^n| = |a_n x_0^n| \left| \frac{x}{x_0} \right|^n < \left| \frac{x}{x_0} \right|^n$$

이 된다. 그런데 $\sum_{n=0}^{\infty}\left|\frac{x}{x_0}\right|^n$ 이 수렴하므로 $\sum_{n=0}^{\infty}|a_n x^n|$ 도 수렴한다. 다시 정리하면, 만일 $x = x_0$ 일 때 거듭제곱급수 $\sum_n a_n x_0^n$ 이 수렴하면 구간 $-|x_0| < x < |x_0|$ 위에서 $\sum_n a_n x^n$ 은 절대수렴하게 된다. 이러한 관계를 따져보면 다음을 알게 된다.

거듭제곱급수의 수렴반경

거듭제곱급수 $\sum_{n=0}^{\infty} a_n x^n$ 이 수렴하는 x 들의 집합은 다음

$$\{0\},\quad (-R,R),\quad (-R,R],\quad [-R,R),\quad [-R,R],\quad (-\infty,\infty)$$

중 하나이다. 이 때, R 을 이 거듭제곱급수의 수렴반경이라 한다.

만일 수렴구간이 $\{0\}$ 이거나 $(-\infty,\infty)$ 이면 수렴반경이 각각 0 혹은 ∞ 라 한다.

문제 8.2.2. 거듭제곱급수 $\sum_{n=0}^{\infty} n!x^n$ 의 수렴반경이 0임을 보이라.

예제 2에서 수렴반경을 알기 위하여 비율판정법을 썼는데, 이는 매우 일반적인 방법이다. 일반적인 거듭제곱급수 $\sum_n a_n x^n$ 의 수렴여부를 알기 위해서 비율판정법을 사용하면

$$\lim_{n\to\infty}\left|\frac{a_{n+1}x^{n+1}}{a_n x^n}\right| = |x|\lim_{n\to\infty}\left|\frac{a_{n+1}}{a_n}\right|$$

이다. 이제 $\lim_{n\to\infty}\left|\frac{a_n}{a_{n+1}}\right| = R$ 이라 하자. 만일 $|x| < R$ 이면, 위 극한값이 1보다 작아지므로 비율판정법에 의하여 거듭제곱급수가 수렴하고, $|x| > R$ 이면 거듭제곱급수가 발산한다. 따라서

$$\lim_{n\to\infty}\left|\frac{a_n}{a_{n+1}}\right| = R$$

이 수렴하면 거듭제곱급수 $\sum_n a_n x^n$ 의 수렴반경은 R 이다.

예제 3. 다음 거듭제곱급수들이 수렴하는 구간을 찾아라.

(가) $\sum_{n=1}^{\infty}\frac{1}{\sqrt{n}}x^n$ (나) $\sum_{n=1}^{\infty}\frac{1}{n^2}x^n$

풀이 : 두 경우 수렴반경이 1인 것은 극한값을 구하여 쉽게 알 수 있다. 그런데 $\sum_{n=1}^{\infty}\frac{1}{\sqrt{n}}$ 은

발산하지만 $\sum_{n=1}^{\infty} \frac{(-1)^n}{\sqrt{n}}$ 은 교대급수의 수렴성질에 의하여 수렴함을 안다. 따라서 (가)의 경우 수렴하는 구간은 $[-1, 1)$ 이다. 그런데 $\sum_{n=1}^{\infty} \frac{1}{n^2}$ 은 수렴하므로 (나)가 수렴하는 구간은 $[-1, 1]$ 이다. □

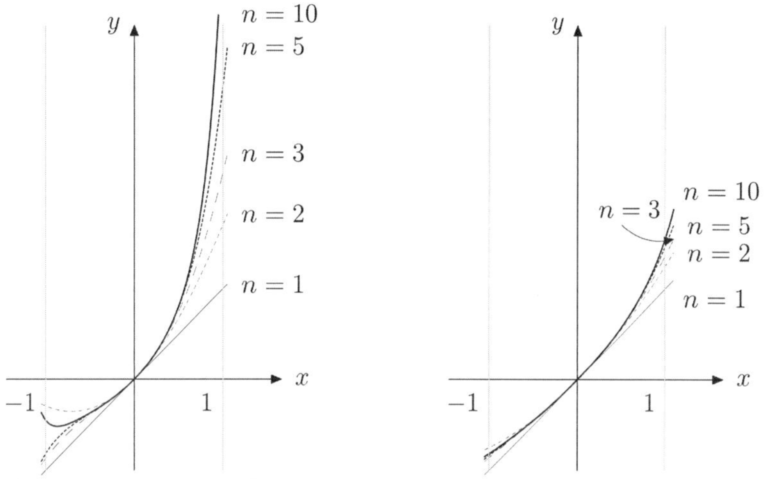

$\left[n\text{에 따른 } \sum_{k=1}^{n} \frac{1}{\sqrt{k}} x^k \right]$ $\left[n\text{에 따른 } \sum_{k=1}^{n} \frac{1}{k^2} x^k \right]$

문제 8.2.3. 다음 거듭제곱급수가 수렴하는 구간을 찾아라.

(가) $\sum_{n=1}^{\infty} \frac{1}{2^n} x^n$ (나) $\sum_{n=1}^{\infty} \frac{n}{2^n} x^n$

(다) $\sum_{n=1}^{\infty} \frac{(-1)^n}{n} x^n$ (라) $\sum_{n=2}^{\infty} \frac{1}{n \ln n} x^n$

거듭제곱급수의 미분과 적분

수렴반경이 0인 거듭제곱급수는 별 의미가 없다. 만일 수렴반경이 $R > 0$이면 구간 $(-R, R)$ 위에서 정의된 다음 함수

$$f(x) = \sum_{n=0}^{\infty} a_n x^n$$

을 생각할 수 있다. 이 함수의 핵심 성질은 미분가능성인데, 그 도함수를 마치 다항식 미분하듯이 각 항별로 미분하여 구할 수 있다.

거듭제곱급수의 미분법

수렴반경이 $R>0$인 거듭제곱급수 $\sum_{n=0}^{\infty} a_n x^n$에 대하여

(가) 거듭제곱급수 $\sum_{n=1}^{\infty} na_n x^{n-1}$의 수렴반경도 R이다.

(나) 각 $x \in (-R, R)$에 대하여 $f(x) = \sum_{n=0}^{\infty} a_n x^n$으로 두면, $y = f(x)$는 미분가능하고,

$$f'(x) = \sum_{n=1}^{\infty} na_n x^{n-1} \qquad (-r < x < r)$$

이다.

먼저 거듭제곱급수 $\sum_{n=1}^{\infty} na_n x^{n-1}$의 수렴반경이 R이상임을 보이기 위하여 $|x| < R$이라 하자. 우선 $\lim_{n\to\infty} n^{\frac{1}{n}} = 1$이므로 $0 < |x| < c < R$이 되도록 c를 잡으면, 아주 큰 n에 대하여 $n^{\frac{1}{n}}|x| < c$가 되고, 따라서

$$|na_n x^{n-1}| = |a_n| \frac{|n^{\frac{1}{n}} x|^n}{|x|} \le \frac{1}{|x|} |a_n| c^n$$

를 얻는다. 그런데 $c < R$이므로 $\sum_n |a_n| c^n$이 수렴하고, 비교판정법에 의하여 급수 $\sum_n na_n x^{n-1}$이 절대수렴함을 알 수 있다. 따라서 이 급수의 수렴반경이 R이상이다. 한편, $\sum_n |na_n x^{n-1}|$이 수렴하면 비교판정법에 의하여 $\sum_n |a_n x^{n-1}|$이 수렴하고, 따라서

$$\sum_{n=0}^{\infty} a_n x^n = a_0 + x \sum_{n=1}^{\infty} a_n x^{n-1}$$

이 수렴한다. 그러므로 $\sum_n na_n x^{n-1}$의 수렴반경은 R이하가 된다. 이로부터 거듭제곱급수 $\sum_{n=0}^{\infty} a_n x^n$과 $\sum_{n=1}^{\infty} na_n x^{n-1}$은 같은 수렴반경을 가짐을 알 수 있다.

이제 도함수를 구하기 위하여, 절대값의 크기가 작은 h에 대하여

$$[x, x+h] \subset [-c, c] \subset [-R, R]$$

이 되도록 $c > 0$를 잡고, 평균값정리를 이용하여

$$(x+h)^n - x^n = hny_n^{n-1}$$

이 되도록 x와 $x+h$ 사이의 값 y_n을 잡는다. 그러면

$$f(x+h)-f(x)=\sum_{n=0}^{\infty}a_n\left((x+h)^n-x^n\right)=\sum_{n=1}^{\infty}a_nhny_n^{n-1}$$

이 되고, 따라서

$$y_n^{n-1}-x^{n-1}=(y_n-x)(n-1)z_n^{n-2}$$

가 되도록 z_n을 y_n과 x 사이에서 취하면,

$$\begin{aligned}&\left|\frac{f(x+h)-f(x)}{h}-\sum_{n=1}^{\infty}na_nx^{n-1}\right|\\&\qquad\le\sum_{n=1}^{\infty}\left|a_nn\big(y_n^{n-1}-x^{n-1}\big)\right|\\&\qquad\le\sum_{n=2}^{\infty}|a_n||h|n(n-1)|z_n|^{n-2}\qquad(\,|y_n-x|\le|h|\text{ 이므로 })\\&\qquad\le|h|\sum_{n=2}^{\infty}n(n-1)|a_n|c^{n-2}\end{aligned}$$

를 얻는다. 이제 (가)를 두번 적용하면, $\sum_{n=2}^{\infty}n(n-1)|a_n|c^{n-2}<\infty$이고 따라서

$$\lim_{h\to0}\frac{f(x+h)-f(x)}{h}=\sum_{n=1}^{\infty}na_nx^{n-1}$$

을 얻는다.

이 정리를 반복하여 적용하면 수렴반경이 $R>0$인 거듭제곱급수에 의하여 정의된 함수

$$f(x)=\sum_{n=0}^{\infty}a_nx^n=a_0+a_1x+\cdots+a_nx^n+\cdots,\qquad -R<x<R$$

는 한없이 미분가능하고,

$$f^{(n)}(x)=\sum_{k=n}^{\infty}k(k-1)\cdots(k-n+1)a_kx^{k-n},\qquad -R<x<R$$

임을 알 수 있다. 특히,

$$\frac{f^{(n)}(0)}{n!}=a_n,\qquad n=1,2,\ldots$$

이므로, 거듭제곱급수에 의하여 정의된 함수의 테일러급수는 원래의 거듭제곱급수와 일치함을 알 수 있다.

이와 같이 거듭제곱급수로 표시되는 함수의 각 계수들은 미분계수로 주어지는데, 미분계수는 0근방에서 함수값들이 어떻게 움직이는지에 의하여 결정된다. 만일 수렴반경이 양수인 두 급수

$$f(x) = \sum_n a_n x^n, \qquad g(x) = \sum_n b_n x^n$$

의 함수값이 0근방에서 일치한다면, 각 $n = 0, 1, 2, \ldots$ 에 대하여

$$a_n = \frac{f^{(n)}(0)}{n!} = \frac{g^{(n)}(0)}{n!} = b_n$$

이 되어야 하고, 따라서 $f(x) = g(x)$이다. 즉, 거듭제곱급수로 정의된 두 함수의 함수값이 0의 근방에서 일치한다면 전체 정의역에서 일치해야 함을 알 수 있다. 실제로 n차 다항식의 경우, $n+1$개의 점에서 함수값을 알고 있으면 전체 함수값이 결정된다는 것을 생각하면 그리 놀라운 일도 아니다.

거듭제곱으로 정의된 함수의 적분에 대해서도 같은 이야기를 할 수 있다. 수렴반경이 $R > 0$인 거듭제곱급수

$$f(x) = \sum_{n=0}^{\infty} a_n x^n$$

가 주어지면 새로운 거듭제곱급수

$$\sum_{n=0}^{\infty} \frac{a_n}{n+1} x^{n+1}$$

의 수렴반경도 R이 됨은 이미 알고 있다. 이제 미적분의 기본 정리를 이용하면

$$\int_0^x f(t)\,dt = \sum_{n=0}^{\infty} \frac{a_n}{n+1} x^{n+1} \qquad (-r < x < r)$$

이 성립한다.

거듭제곱급수의 적분법

수렴반경이 $R > 0$인 거듭제곱급수 $\sum_{n=0}^{\infty} a_n x^n$에 대하여

(가) 거듭제곱급수 $\sum_{n=0}^{\infty} \frac{a_n}{n+1} x^{n+1}$의 수렴반경도 R이 된다.

(나) 각 $x \in (-R, R)$에 대하여

$$\int_0^x f(t)\,dt = \sum_{n=0}^{\infty} \frac{a_n}{n+1} x^{n+1}$$

이 성립한다.

예제 4. 거듭제곱급수

$$f(x) = \frac{1}{1-x} = \sum_{n=0}^{\infty} x^n$$

의 도함수와 이계도함수를 거듭제곱급수로 표현하라. 또한, 이 함수의 부정적분을 거듭제곱급수로 표현하고, 이를 이용하여 $\ln 2$를 유리수들의 극한으로 표현하라.

풀이 : 우선 주어진 거듭제곱급수의 수렴반경은 1이므로 구간 $-1 < x < 1$에서 다음 등식

$$f'(x) = \frac{1}{(1-x)^2} = \sum_{n=1}^{\infty} n x^{n-1}, \qquad |x| < 1$$

을 얻는다. 위 식을 다시 미분하면,

$$f''(x) = \frac{2}{(1-x)^3} = \sum_{n=2}^{\infty} n(n-1) x^{n-2}, \qquad |x| < 1$$

이다. 한편, f의 원시함수를 생각하면

$$-\ln(1-x) = \sum_{n=0}^{\infty} \frac{x^{n+1}}{n+1}, \qquad |x| < 1,$$

또는

$$\ln(1+x) = \sum_{n=1}^{\infty} \frac{(-1)^{n-1} x^n}{n}, \qquad |x| < 1$$

을 얻는다. 여기에 $x = -\dfrac{1}{2}$ 을 대입하면,

$$\ln 2 = \sum_{n=1}^{\infty} \frac{1}{n\,2^n}$$

을 얻는다. □

위에서 얻은 도함수와 이계도함수에서 $x = \dfrac{1}{2}$ 을 대입하면,

$$2 = \sum_{n=1}^{\infty} \frac{n}{2^n}, \qquad 4 = \sum_{n=2}^{\infty} \frac{n(n-1)}{2^n}$$

등의 등식을 얻을 수 있다.

문제 **8.2.4.** $\ln \dfrac{3}{2}$ 을 유리수들의 극한으로 표시하라.

거듭제곱급수와 미분방정식

거듭제곱급수는 미분방정식을 푸는 데에도 매우 유용하다. 예를 들어서 미분방정식

$$y'(x) = y(x)$$

의 해가

$$y(x) = a_0 + a_1x + a_2x^2 + \cdots + a_nx^n + \cdots$$

의 형태라 가정하고 이를 풀어보자. 그러면

$$y'(x) = a_1 + 2a_2x + 3a_3x^2 + \cdots (n+1)a_{n+1}x^n + \cdots$$

이므로, 다음 점화식

$$a_n = (n+1)a_{n+1}, \qquad n = 0, 1, 2, \ldots$$

이 성립해야 한다. 따라서

$$a_1 = a_0, \quad a_2 = \frac{a_1}{2} = \frac{a_0}{2}, \quad a_3 = \frac{a_2}{3} = \frac{a_0}{3!}, \ldots$$

와 같이 되어 $a_n = \dfrac{a_0}{n!}$ 임을 알 수 있다. 따라서 위 방정식의 해는

$$y = a_0e^x$$

로 주어진다.

예제 5. 미분방정식

$$y''(x)+y(x)=0$$

을 풀라.

풀이 : 미분방정식의 해가

$$y(x)=a_0+a_1x+a_2x^2+\cdots+a_nx^n+\cdots$$

라고 한다면

$$y''(x)=2a_2+2\cdot 3a_3x+3\cdot 4a_4x^2+\cdots+(n+1)(n+2)a_{n+2}x^n+\cdots$$

이다. 따라서 수열 $\langle a_n\rangle$ 에 관하여 다음 점화식

$$a_{n+2}=-\frac{1}{(n+1)(n+2)}\,a_n,\qquad n=0,1,2,3,\ldots$$

을 얻는다. 이를 풀면, 우선

$$a_2=-\frac{a_0}{2!},\qquad a_3=-\frac{a_1}{3!}$$

을 얻는다. 또한,

$$a_4=-\frac{a_2}{3\cdot 4}=\frac{a_0}{4!},\qquad a_5=-\frac{a_3}{4\cdot 5}=\frac{a_1}{5!}$$

를 얻는다. 이를 계속하면

$$a_{2n}=(-1)^n\frac{a_0}{(2n)!},\qquad a_{2n+1}=(-1)^n\frac{a_1}{(2n+1)!}$$

이 됨을 알 수 있다. 따라서 우리가 구하는 해는

$$\begin{aligned}y(x)&=a_0+a_1x-\frac{a_0}{2!}\,x^2-\frac{a_1}{3!}\,x^3+\frac{a_0}{4!}\,x^4+\frac{a_1}{5!}\,x^5-\cdots\\&=a_0\left(1-\frac{1}{2!}\,x^2+\frac{1}{4!}\,x^4-\cdots\right)+a_1\left(x-\frac{1}{3!}\,x^3+\frac{1}{5!}\,x^5-\cdots\right)\\&=a_0\cos x+a_1\sin x\end{aligned}$$

로 주어진다. □

위에서 살펴본 미분방정식의 경우 $a_0=y(0)$ 이고, $a_1=y'(0)$ 이므로, 이 경우 초기조건으로 $y(0)$ 의 값뿐 아니라 $y'(0)$ 의 값도 같이 주어져야 그 특수해가 결정된다.

문제 8.2.5. 미분방정식 $y''(x) = y(x)$를 풀라.

거듭제곱급수를 미분하는 과정에는 지금까지 우리가 공부한 내용과는 근본적으로 다른 과정이 숨어 있다. 그 핵심은 무한급수와 미분이 모두 극한을 다루고 있다는 점이다. 다항식을 미분하는 핵심적인 방법론은 각 항을 더하여 미분하는 것이나 각 항을 미분하여 더하는 것이 마찬가지라는 것이다. 그런데 거듭제곱급수의 경우 항이 무한히 많이 있으므로 더하는 과정이 극한을 포함한다. 따라서 거듭제곱급수 미분법의 핵심은 무한급수에서 나오는 극한과 미분과정에서 나오는 극한의 순서를 바꾸어도 좋은가 하는 점이다.

우리가 증명한 거듭제곱급수의 미분법은 이 두 가지 극한의 순서를 바꿀 수 있다는 것이다. 그런데 이렇게 극한의 순서를 바꾸어도 좋은 경우는 매우 제한적이다. 간단한 수열의 경우만 해도 그 극한의 순서를 함부로 바꿀 수 없다. 예를 들어서

$$\lim_{n\to\infty}\left(\lim_{m\to\infty}\frac{n}{m}\right) = \lim_{n\to\infty} 0 = 0$$

이다. 그런데 극한의 순서를 바꾸어

$$\lim_{m\to\infty}\left(\lim_{n\to\infty}\frac{n}{m}\right)$$

을 구하려고 보면, 처음 극한값 $\displaystyle\lim_{n\to\infty}\frac{n}{m}$부터 존재하지 않는다. 극한의 순서를 언제 바꾸어도 좋은지 체계적으로 알아보기 위해서는 극한의 엄밀한 정의가 필수적인데, 이는 이 책의 범위를 넘는다.[3)]

8.3 연습문제

8.3.1. 십진수 $0.2\dot{5}$을 분수로 바꾸어라.

8.3.2. 어느 회사원의 초봉이 연 3000만원이라 한다. 매년 연봉이 전년도 연봉의 5%씩 증가한다고 한다. 이 사람이 40년 말까지 근속했을 때 이 회사로 부터 받은 총급여액은 약 얼마인가? (단, $(1.05)^{40} \fallingdotseq 7.03$으로 계산하라)

8.3.3. 매년 8000개의 장난감을 생산하는 어느 회사의 제품이 매년말 10%씩 사용할 수 없다고 한다. n년 말에 사용할 수 있는 제품의 총 장난감의 수를 구하라.

8.3.4. 양수의 수열 $\langle a_n\rangle$에서 $r = \displaystyle\lim_{n\to\infty}\sqrt[n]{a_n}$일 때 다음을 증명하라.

---

3) 참고도서 [4]를 참조하라.

(가) $r < 1$ 이면 $\sum_{n=1}^{\infty} a_n$ 은 수렴한다,

(나) $r > 1$ 이면 $\sum_{n=1}^{\infty} a_n$ 은 발산한다.

8.3.5. 다음 급수의 수렴여부를 판정하라.

(가) $\sum_{k=1}^{\infty} \frac{3k^2+4k+5}{k^3+1}$ (나) $\sum_{k=1}^{\infty} \frac{1}{\ln(k+1)}$

(다) $\sum_{n=1}^{\infty} \sin^2\left(\frac{\pi}{n}\right)$ (라) $\sum_{n=1}^{\infty} \frac{10^n}{n!}$

(마) $\sum_{n=1}^{\infty} \frac{n^2}{e^n}$ (바) $\sum_{n=2}^{\infty} \frac{(-1)^n}{n \ln n}$

8.3.6. 다음 급수의 극한값을 구하라.

(가) $\sum_{n=1}^{\infty} \frac{n}{3^n}$ (나) $\sum_{n=1}^{\infty} \frac{n(n-1)}{5^n}$

8.3.7. 다음 급수가 수렴하는 x 의 범위를 구하라.

(가) $\sum_{n=1}^{\infty} x^n/n^n$ (나) $\sum_{n=1}^{\infty} x^n/\ln(n+2)$

(다) $\sum_{n=1}^{\infty} nx^n/6^n$ (라) $\sum_{n=1}^{\infty} n^2x^n/(1+n^2)$

(마) $\sum_{n=1}^{\infty} 7^n x^n/n!$ (바) $\sum_{n=1}^{\infty} (-1)^n(x-2)^n/n^n$

(사) $\sum_{n=2}^{\infty} x^n \ln n$ (아) $\sum_{n=1}^{\infty} (x-1)^n/(\ln(n+1))^n$

8.3.8. 임의의 실수 α 와 자연수 k 에 대하여 다음

$$\binom{\alpha}{k} = \frac{\alpha(\alpha-1)\cdots(\alpha-k+1)}{k!}$$

과 같이 정의하자.

(가) 급수 $\sum_{k=0}^{\infty} \binom{\alpha}{k} x^k$ 의 수렴반경을 구하라.

(나) 위 급수로 정의된 함수 $y = \sum_{k=0}^{\infty} \binom{\alpha}{k} x^n$ 는 수렴반경 내에서 미분방정식

$$(1+x)y' = \alpha y$$

를 만족함을 보이라.

(다) 이를 이용하여 함수 $f(x) = (1+x)^\alpha$ 에 대하여 다음 등식

$$(1+x)^\alpha = \sum_{n=0}^{\infty} \binom{\alpha}{n} x^n$$

이 성립함을 예측할 수 있다. 이를 참이라 가정하여 함수 $f(x) = \sqrt{1+x^2}$ 의 6차 근사식을 구하라.

8.3.9. 어떤 환자가 하루에 한알씩 약을 먹고 있다고 하자. 이 약 한알이 t일 후에 몸 속에 남아 있는 양은 e^{-t} 라 한다. 이 환자가 영원히 투약한다면, 몸 속에 남아 있는 약의 양이 $\dfrac{1}{e-1}$ 이 됨을 보이라.

8.3.10. 길동과 동길이 서로 번갈아 가며 주사위를 던져서 먼저 1이 나온 사람이 이기는 놀이를 한다. 길동이 먼저 던졌을 때 이길 확률은 $\dfrac{6}{11}$ 임을 보이라.

8.3.11. 어떤 부부가「가위바위보」를 하여 신랑이 이기면 ♂ 표를 하나 만들고, 신부가 이기면 ♀ 표를 하나 만든다고 하자. 만약 이 놀이를 신랑이 이기면 종료한다고 할 때, 만들어진 ♀ 표의 개수의 기대값을 구하라.

8.3.12. 다음과 같이 정의된 함수

$$f(x) = \begin{cases} \dfrac{e^x - 1}{x}, & x \neq 0, \\ 1, & x = 0 \end{cases}$$

의 테일러 급수를 구하고, 이 급수의 수렴반경을 구하라. 또한, 다음 등식

$$\sum_{n=1}^{\infty} \frac{n}{(n+1)!} = 1$$

이 성립함을 보이라.

8.3.13. 어떤 과일에 들어 있는 농약 성분은 몸속에 10mg 이하로 들어 있으면 안전하다고 하자. 매일 이 과일을 하나씩 섭취하는 사람이 안전하려면 과일 하나에 잔류하는 농약의 허용치는 최대

$$5(2 - 2^{2/3}) \fallingdotseq 5 \cdot (2 - 1.6) = 2 \text{ (mg)}$$

임을 보이라. 단, 이 농약의 반감기는 3일이다. 참고로, 어떤 농약이 몸안에 들어간 뒤에 조금씩 배설되어 50%가 몸안에 남게 되는 데 걸리는 시간을 이 농약의 반감기라 한다.

8.3.14. 연간 은행이율이 10%일 때 은행에서 100만원 빌린 것을 매년 일정금액씩 납입하여 5년만에 다 갚으려면 얼마씩 납입하여야 하는가? 영원히 계속하여 갚아 나가려면 매년 얼마씩 납입하여야 하는가? 단, 물가 변동은 없다고 가정한다.

참고 문헌

[1] 계승혁, 수와 집합, 강의록, 2002,
`http://www.math.snu.ac.kr/~kye/lecture/02_1_set_theory/`.

[2] 계승혁·김영원, 기초복소해석, 서울대학교 출판부, 2003.

[3] 김성기·계승혁, 기초미적분학, 교우사, 2002.

[4] 김성기·김도한·계승혁, 해석개론 (개정판), 서울대학교 출판부, 2002.

[5] 김용운·김용국, 수학사대전, 도서출판 성우, 1986.

[6] 김홍종, 미적분학 I·II, 서울대학교 출판부, 1999.

[7] 오승재, 수학의 천재들, 경문사, 1995.

[8] 이현구·김홍종, 인문·사회계 미적분학, 서울대학교 출판부, 1995.

[9] 정재명·김명환·김홍종, 미적분학을 위한 벡터와 행렬, 서울대학교 출판부, 1995.

[10] R. A. Barnett, M. R. Ziegler and K. E. Byleen, *Calculus for Business, Economics, Life Science, and Social Sciences, 9/e*, Prentice Hall, 2002,

[11] B. Belhoste, *Augustin-Louis Cauchy, A Biography*, Springer-Verlag, 1991.

[12] C. B. Boyer, 미적분학사 – 그 개념의 발달, 김경화 옮김, 교우사, 2004, [*The History of the Calculus and its Conceptional Development*, 1959].

[13] C. B. Boyer and U. C. Merzbach, 수학의 역사 (상·하), 양영오·조윤동 옮김, 경문사, 2000, [*A History of Mathematics*, 1968].

[14] U. Bottazzinni, *The Higher Calculus: A History of Real and Complex Analysis from Euler to Weierstrass*, Springer-Verlag, 1986.

[15] J. A. Burgmeier, M. B. Boisen Jr., M. D. Larsen, *Calculus with Applications*, McGraw-Hill, 1990.

[16] J. Callahan and K. Hoffman, 상황 속의 미적분학, 강현배 대표 번역, 경문사, 2004, [*Calculus in Context*, 1995].

[17] G. Cantor, *Contributions to the Founding of the Theory of Transfinite Numbers*, Dover, 1955.

[18] J. L. Coolidge, *The Mathematics of Great Amateurs*, Oxford University Press, 1990.

[19] J. W. Dauben, *Georg Cantor. His Mathematics and Philosophy of the Infinity*, Harvard University Press, 1979.

[20] C. H. Edwards, Jr., *The Historical Development of the Calculus*, Springer-Verlag, 1979.

[21] H. Eves, 수학사, 이우영· 신항균 옮김, 경문사, 1995, [*An Introduction to the History of Mathematics*, 1953].

[22] H. Eves, 수학의 위대한 순간들, 허민· 오혜영 옮김, 경문사, 2003, [*Great Moments in Mathematics*, 1982].

[23] D. Hughes-Hallett and A. M. Gleason et al., *Calculus*, John Wiley & Sons, 1992.

[24] S. Lang, *Calculus*, Addison-Wesley, 1968.

[25] E. Maor, 사인 코사인의 즐거움, 조윤정 옮김, 파스칼북스, 2003, [*Trigonometric Delights*, Princeton Univ. Press, 1998].

[26] P. Tannenbaum, *Excursions in Modern Mathematics, 5/e*, Pearson Education, 2004.

[27] S. Waner and S. R. Constenoble, *Finite Mathematics and Applied Calculus, 3/e*, Thomson, 2004.

[28] The MacTutor History of Mathematics archive,
`http://www-gap.dcs.st-and.ac.uk/~history/`

부록

그리스 문자

대문자	소문자	명칭	대문자	소문자	명칭
A	α	alpha	N	ν	nu
B	β	beta	Ξ	ξ	xi
Γ	γ	gamma	O	o	omicron
Δ	δ	delta	Π	π, ϖ	pi
E	ϵ, ε	epsilon	P	ρ	rho
Z	ζ	zeta	Σ	σ, ς	sigma
H	η	eta	T	τ	tau
Θ	θ, ϑ	theta	Υ	υ	upsilon
I	ι	iota	Φ	ϕ, φ	phi
K	κ	kappa	X	χ	chi
Λ	λ	lambda	Ψ	ψ	psi
M	μ	mu	Ω	ω	omega

문제 풀이

제 1 장

1.1.1. (가) 12 (나) $\frac{7}{10}$ (다) $\frac{3}{5}$ (라) 0

1.1.2. (가) $\frac{1}{6}$ (나) 6 (다) 0 (라) $\frac{1}{2}$

1.1.3. (가) na^{n-1} (나) $\frac{1}{2\sqrt{3}}$ (다) 2 (라) $-\frac{1}{2}$

1.1.4. (가) $a = 4, b = -12$ (나) $a = 9, b = 3$

1.1.5. $\lim_{x\to 0} f(g(x)) = 0$, $\lim_{x\to 0} g(f(x)) = 1$

1.1.6. $a = 4$

1.1.7. $f(-2) = -7 < 0$이고 $f(0) = 3 > 0$이다.

1.1.8. 함수 $g(x) = f(x) - x$에 대하여 중간값정리를 적용한다.

1.1.9. 최대값 2, 최소값 1

1.1.10. (가) $\frac{1}{3}$ (나) 1 (다) 발산 (라) 0

1.1.11. (가) $-\frac{1}{2}$ (나) $\frac{1}{2}$

1.2.1. (가) 1 (나) $\sqrt{2} - 1$ (다) $-\frac{3}{10}$ (라) 7

1.2.2. 6

1.2.3. $f(x) = x^2 - 2x + 1$이라 할 때, $f'(1) = 0$이고 $f(1) = 0$ 이다.

1.2.4. (가) 2 (나) a (다) 4 (라) 1

1.2.5. 미분가능하고 $f'(0) = 0$이다.

1.2.6. (가) 불연속 (나) 연속

1.2.7. $a = -14, b = -24$

1.2.8. $a = -\frac{11}{4}$, $b = \frac{1}{4}$

1.3.1. (가) $3x^2+1$ (나) $3x^2+20x+17$ (다) $\dfrac{1-2x^3}{(x^3+1)^2}$

(라) $\dfrac{-x^2-2x+1}{((x+2)(x+3))^2}$

1.3.2. (가) $y'=\dfrac{2}{y}, \pm 1$ (나) $y'=\dfrac{y-1}{2-x}, 1$ (다) $y'=-\dfrac{2y^2}{3x^2}, -6$

(라) $y'=-\dfrac{16x}{9y}, \pm\dfrac{\sqrt{2}}{3}$

1.3.3. (가) $-\dfrac{x}{\sqrt{(x^2+1)^3}}$ (나) $\dfrac{x+1+2\sqrt{x+1}}{2\sqrt{x+1}(\sqrt{x+1}+1)^2}$

1.3.4. (가) $2x\cdot g'(x^2+2)$ (나) $(1+g'(x))\cdot g'(x+g(x))$

1.3.6. (가) $\dfrac{dx}{dy}=-\sqrt[3]{\dfrac{y}{x}}$ (나) $\dfrac{dx}{dy}=-\dfrac{3x^2+2xy}{x^2-15y^2}$

1.3.7. (가) 12 (나) $-\dfrac{1}{3\sqrt{3}}$

1.3.8. (가) 4 (나) $20x^3+24x^2-18x-4$ (다) $\dfrac{4(3x^2+1)}{(x^2-1)^3}$

(라) $\dfrac{2}{x^3}+\dfrac{2}{(x+1)^3}-2$

1.3.9. $3\cdot\dfrac{x^2-2xy+4y^2}{(x-4y)^3}$

1.4.1. $a=0, b=1, c=-2, d=1$

1.4.2. b

1.4.3. 1

1.4.4. 2

1.4.5. 2

1.4.6. $\lim_{h\to 0} f(x+h)=\lim_{h\to 0}(f(x)+f(h))=f(x)+\lim_{h\to 0} f(h)=f(x)$

1.4.7. $a=d, b=c=0$ 이거나 $a=-d$

1.4.8. 12개

1.4.9. $0<b<1$

1.4.11. $f(x+h)-f(x-h)=f(x+h)-f(x)+f(x)-f(x-h)$

1.4.12. $f(x)=\sqrt[3]{1+4x}$라 두면 $f'(0)=\dfrac{4}{3}$

1.4.13. $1+x^2$

1.4.14. $-\dfrac{9}{4}$

1.4.15. $-\dfrac{x^2+y^2}{y^3}$

1.4.16. $2x=t$로 치환하고 합성함수 미분법을 사용하여, $f'(x)=\dfrac{x^2}{8}$

1.4.17. $(455-425)/3=10$ (만명/년)

1.4.18. $13.5\,\text{cm}$

1.4.19. 평균 속력 = $\frac{431.9}{4.5} = \frac{863.8}{9} \fallingdotseq 96$ Km/h

1.4.20. $f'(10) = 0$이므로 10초 후에 교통법규대로 정지하였다가 출발하였다.

1.4.21. $V'(10) = 1$

1.4.22. $P'(30) = 900$

제 2 장

2.1.1. $y = 2x - 4$

2.1.2. $\frac{\sqrt{21}}{3}$

2.1.4. $y = \frac{2}{3}x - \frac{7}{3}$

2.1.5. (가) $x \le -1,\ x \ge 5$일 때 증가, $-1 \le x \le 5$일 때 감소

(나) $x \le \frac{3}{2}$일 때 증가, $x \ge \frac{3}{2}$일 때 감소

(다) $x \le -3$일 때 감소, $x \ge -3$일 때 증가

(라) $x \le 0,\ 1 \le x \le 2$일 때 감소, $0 \le x \le 1, x \ge 2$일 때 증가

2.1.6. (가) 극소점 $(-1,\ 2)$, 극대점 없음

(나) 극대점 $(-1,\ 2)$, 극소점 $(1,\ -2)$

(다) 극대점 $(1,\ 2)$, 극소점 $(2,\ 1)$

(라) 극소점 $(1,\ -3)$, 극대점 없음

2.1.7. 극대점 $(-1,\ 0)$, 극소점 $(1,\ -4)$, $x = \pm\frac{1}{\sqrt{3}}$

2.1.8. $a = b = 4$

2.1.9. (가) 극대점 $(0,\ 2)$, 극소점 $(\pm 1,\ 0)$

(나) 극대점 $(1,\ 2)$, 극소점 $(2,\ 1)$

(다) 극대점 $(0,\ 1)$, 극소점 $(\pm\sqrt{2},\ -3)$

(라) 극대점 $(-1,\ -2)$, 극소점 $(1,\ 2)$

2.1.10. (가) 변곡점 $(0,\ 2)$, 극대점 $(-1,\ 4)$, 극소점 $(1,\ 0)$

(나) 변곡점 $(0,\ 0)$, $(1,\ -1)$, 극대점 없음, 극소점 $\left(\frac{3}{2},\ -\frac{27}{16}\right)$

(다) 변곡점 $(\pm 1,\ 0)$, 극대점 $(0,\ 5)$, 극소점 $(\pm\sqrt{3},\ -4)$

(라) 변곡점 $\left(\frac{3}{2},\ -\frac{73}{8}\right)$, 극대점 $(0,\ 1)$, 극소점 $(2,\ -15)$

2.1.11. (가) 극소점 $(0,\ 1)$, 극대점과 변곡점은 없음

$\lim_{x\to\pm\infty}(\sqrt{x^2+1} - |x|) = 0$이므로, $y = |x|$가 점근선

(나) 변곡점 $(0,\ 1)$ $(-1,\ 1)$, 극대점 $(-\frac{1}{2},\ \frac{4}{3})$, 극소점은 없음

(다) 변곡점 $\left(\pm\frac{1}{\sqrt{2}},\ \frac{\sqrt{6}}{3}\right)$, 극대점 $(0,1)$ 극소점은 없음

(라) 변곡점 $(0,\ 0)$ 극대점 $(-2\sqrt{3},\ -3\sqrt{3})$ 극소점 $(2\sqrt{3},\ 3\sqrt{3})$

$y=x$와 $x=\pm 2$가 점근선

2.1.12. (나) $y=x+1,\ x=1$이 점근선

(다) $x=\pm 1,\ y=0$이 점근선

(라) $x\to\pm\infty$일 때 $f(x)\to 0$이므로 $y=1$이 점근선

2.1.13. 변곡점의 x좌표는 $x=0,\ -\frac{1}{2}$

2.2.1. 32

2.2.2. 높이 $\frac{2\sqrt{3}a}{3}$, 반지름 $\frac{\sqrt{6}a}{3}$

2.2.3. 윗변의 길이 2cm일 때 최대넓이 $3\sqrt{3}$

2.2.4. (가) 최대 1, 최소 -4 (나) 최대 $\frac{5}{3}$, 최소 -1

2.2.5. $\frac{1000}{49}$m

2.2.6. $\frac{9}{5\pi}$cm/min

2.2.7. $20\pi\text{cm}^3/\text{sec}$

2.2.8. 2개

2.2.9. 서로 다른 세 개의 실근을 가질 k의 범위는 $0<k<4$ 이고, 한 개의 실근을 가질 k의 범위는 $k<0,\ k>4$이다.

2.2.10. 더 드는 비용은 10이고, 이 값은 한계비용함수와 같다.

2.2.11. 310원, $C'(x)=2x+10$

2.2.12. 300.1원, 300원

2.2.13. $\pi(x)=-0.03x^2+960x-1,000$,

$x=16,000$일 때 $\pi(16,000)=7,679,000$

2.2.14. 200개

2.2.15. 650개

2.2.16. (가) 396개 (나) 394개

2.3.2. $(2^{\frac{4}{3}},\ 2^{\frac{5}{3}})$

2.3.3. $f'(x)=3x^2-2ax+a^2=3\left(x-\frac{a}{3}\right)^2+\frac{2a^2}{3}\geq 0$

2.3.5. $k<0,\ 0<k<\frac{1}{4}$일 때 2개, $k=0,\ \frac{1}{4}$일 때 1개, $k>\frac{1}{4}$일 때 없음

2.3.6. $a\leq 6$

2.3.7. $c=4$

2.3.8. 예제 2.1.3.을 이용하면 $f(x)-g(x)$는 상수함수

2.3.9. 평균값정리에 의해서 $\dfrac{f(x+1)-f(x-1)}{(x+1)-(x-1)} = f'(c)$ 인 c가 열린 구간 $(x-1, x+1)$에서 존재함을 이용하면 $2\lim_{c\to\infty} f'(c) = 4$

2.3.13. 구간 $[27, 28]$에서 $f(x) = \sqrt[3]{x}$에 대하여 평균값정리를 적용한다.

2.3.14. 평균값정리를 적용하면 된다.

2.3.15. 구간 $[-1, 1]$의 점 t_0에 대하여 $f(t_0) > t_0$ 라 가정하고, 구간 $[-1, t_0]$ 위에서 평균값정리를 적용하면 모순을 얻는다.

2.3.16. $f\left(\dfrac{x_1+\cdots+x_n}{n}\right) = f\left(\dfrac{n-1}{n}\cdot\dfrac{x_1+\cdots+x_{n-1}}{n-1} + \dfrac{x_n}{n}\right)$ $\geq \dfrac{n-1}{n}\cdot f\left(\dfrac{x_1+\cdots+x_{n-1}}{n-1}\right) + \dfrac{1}{n}\cdot f(x_n)$ 을 얻고 수학적귀납법을 적용하면 원하는 결과를 얻는다.

2.3.17. $(f\circ g)'(x) = f'(g(x))\cdot g'(x)$에서 $(f\circ g)''(x) = f''(g(x))\cdot g'(x)^2 + f'(g(x))\cdot g''(x)$을 얻는데, f가 증가함수이고 f, g가 아래로 볼록이므로 $f' \geq 0$, $f'' \geq 0$, $g'' \geq 0$에서 원하는 결과를 얻는다.

2.3.18. 높이 $\dfrac{\sqrt{3}a}{3}$, 반지름 $\dfrac{\sqrt{6}a}{3}$

2.3.19. $2:1$

2.3.20. $4:9$

2.3.21. $\left(-\dfrac{1}{3}, \pm\dfrac{4\sqrt{2}}{3}\right)$

2.3.22. $f(x) = a(x-\alpha)(x-\beta)(x-\gamma)$라 두면 $f''(x) = 6ax - 2a(\alpha+\beta+\gamma)$ 이므로 세 근의 합은 6이다.

2.3.23. $x \leq 0, 0 < x < a, x \geq a$의 세 경우로 나누어서 생각하면 $x = 0, a$일 때 극대값 $\dfrac{2+a}{1+a}$을 가지고, $x = \dfrac{a}{2}$일 때 극소값 $\dfrac{4}{2+a}$을 가진다.

2.3.26. 높이를 hcm, 밑변의 반지름을 rcm라 하면, 원뿔의 옆넓이 $S = \pi\sqrt{r^4 + \dfrac{6561}{\pi^2 r^2}}$ 을 미분하여 $r = \left(\dfrac{3^8}{2\pi^2}\right)^{\frac{1}{6}}$ 이고, $h = 3\left(\dfrac{6}{\pi}\right)^{\frac{1}{3}}$ 일 때, S가 최소값을 가진다.

2.3.27. $\pi(x) = -c$

2.3.29. $\pi(x) = -1.01x^2 + (90-P)x - 100$을 미분하여 $x = \dfrac{90-P}{2.02}$

2.3.30. $2,000$원

2.3.31. 전선을 남쪽 강변을 따라 뭍에서 $1,800$m를 깔고 거기서부터 발전소까지의 직선거리 $1,500$m를 강물아래로 깐다.

제 3 장

3.1.1. $\displaystyle\int_0^1 x^3\,dx$

3.1.2. $\int_0^1 x^3 dx$

3.1.3. (가) $\lim_{n\to\infty}\sum_{k=1}^{n}\left\{\left(\frac{k}{n}\right)^2+\frac{k}{n}\right\}\cdot\frac{1}{n}$ (나) $\lim_{n\to\infty}\sum_{k=1}^{n}\left(3\cdot\frac{2k}{n}+2\right)\cdot\frac{2}{n}$

(다) $\lim_{n\to\infty}\sum_{k=1}^{n}\left(1+\frac{k}{n}\right)^2\cdot\frac{1}{n}$ (라) $\lim_{n\to\infty}\sum_{k=1}^{n}\left(-1+\frac{2k}{n}\right)\cdot\frac{2}{n}$

3.1.4. (가) $\frac{1}{8}x^8+C$ (나) $-\frac{1}{2x^2}+C$ (다) $\frac{5}{4}x^4-x^3+x+C$

(라) $\frac{1}{3}x^3+\frac{3}{x}+C$

(마) $\frac{2}{5}x^{\frac{5}{2}}-\frac{4}{7}x^{\frac{7}{2}}+C$ (바) $2\sqrt{x}-\frac{x^2}{2}+C$

3.1.5. (가) $\frac{15}{2}$ (나) 0 (다) $\frac{1}{3}$ (라) $\frac{164}{9}$ (마) $\frac{4-2\sqrt{2}}{3}$ (바) $\frac{1}{2}$

3.1.6. 극대점 $\left(1,\ \frac{1}{4}\right)$, 극소점 $(0,\ 0)$ $(2,\ 0)$

3.1.7. 극대점 $(-1,\ 32)$, 극소점 $(3,\ 0)$

3.1.8. $f(t)$의 부정적분을 $F(t)$라 하면

$$\lim_{x\to0}\frac{1}{x}\int_0^x f(t)dt=\lim_{x\to0}\frac{F(x)-F(0)}{x}=F'(0)=f(0)$$

3.1.9. (가) $-f(x)$ (나) $f(x+1)-f(x)$ (다) $2f(2x)-f(x)$ (라) $\frac{f'(x)}{f(x)}$

3.2.1. (가) $\frac{1}{2}$ (나) $\frac{27}{4}$ (다) $\frac{32}{3}$ (라) $\frac{1}{6}$

3.2.2. $\frac{8}{3}$

3.2.3. (가) $\frac{4}{3}$ (나) $\frac{2}{3}$ (다) $\frac{1}{4}$ (라) $\frac{3}{10}$

3.2.4. $\frac{245}{4}$

3.2.5. $\frac{32}{3}$

3.2.6. $\frac{\pi}{2}$

3.2.7. $\frac{81\pi}{10}$

3.2.8. $\frac{5\pi}{6}$

3.2.9. $\frac{\pi}{6}$

3.2.10. π

3.2.11. $\frac{20}{3}$

3.2.12. $1,100$

3.2.13. 소비자잉여는 200, 생산자잉여는 $\frac{2900}{3}$

3.3.1. $\lim_{n\to\infty} a_n = \int_0^1 \frac{dx}{\sqrt{1+x}} = 2\sqrt{2}-2$

3.3.2. $\int_{-a}^0 f(x)dx = \int_0^a f(-x)dx$를 이용하면 $\int_{-a}^a f(x)dx = \int_0^a f(x)dx + \int_{-a}^0 f(x)dx$
$= \int_0^a f(x)dx + \int_0^a f(-x)dx = \int_0^a (f(x)+f(-x))\,dx$로부터 원하는 결과를 얻는다.

3.3.3. $F'(x) = f(x) + xf'(x) = f(x)$에서 f는 상수함수

3.3.4. $x = 0$을 대입하면 $f(0) = 0$을 얻고 양변을 x로 미분하면 $f(x) = 2f(x)f'(x)$를 얻는데 이로부터 $f(x) = 0$ 또는 $f'(x) = \frac{1}{2}$을 얻는다. 후자의 경우는 $f(0) = 0$ 이므로 $f(x) = \frac{1}{2}x$를 얻는다.

3.3.6. (가) $g'(-2) = 0,\ g''(-2) = 2$
(나)

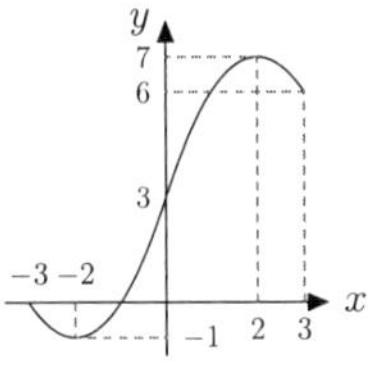

3.3.7. $(xf'(x) - f(x))' = xf''(x) + f'(x) - f'(x) = xf''(x)$로부터
$xf'(x) - f(x) = \int xf''(x)dx$

3.3.8. (가) $x = 3$ (나) $0 < x < 4.2$

3.3.9. f의 부정적분을 F라 하면
$\lim_{h\to 0} \frac{1}{h}\int_a^{a+h} f(x)dx = \lim_{h\to 0} \frac{F(a+h)-F(a)}{h} = F'(a) = f(a)$

3.3.12. $\int_0^t v(t)dt = 0$을 만족하는 양수 t를 구하면 $t = \frac{3+3\sqrt{5}}{4}$이다.

3.3.13. 157.5m

3.3.14. (가) $v(t) = 6t^2 - 18t + 12$
(나) $x(t) = 2t^3 - 9t^2 + 12t + 4$
(다) 176.5m

3.3.15. $c = \pm 6$

3.3.16. (가) $\frac{71}{6}$ (나) $\frac{\pi}{4} - \frac{1}{3}$

3.3.17. (가) 8π (나) $\frac{32}{15}\pi$ (다) $\frac{4}{3}ab^2\pi$

3.3.18. $\frac{2}{3}r^3$

3.3.20. (가) $2-\alpha$ (나) $m = 2-\sqrt[3]{4}$

3.3.21. $\frac{3}{10}\pi$

3.3.22. 18.7 $(°C)$

3.3.23. $R(x) = (1{,}000 - 4x)x$인데, $\int_{10}^{30} \pi'(x)dx = \int_{10}^{30} (R'(x) - C'(x))dx$를 계산하면 $16{,}000$.

3.3.24. 공급함수와 수요함수가 $(10, 70)$을 지나므로 $S(q) = 7q$ 이고 $m = 0.02$이다. 이로부터 계산하면 소비자잉여는 150, 생산자잉여는 350이다.

제 4 장

4.1.2. $\frac{5}{8}$

4.1.3. $\frac{7}{9}$

4.1.4. (가) $\frac{48+25\sqrt{3}}{11}$ (나) $-\frac{7}{25}$

4.1.6. $\frac{\sqrt{6}-\sqrt{2}}{4}$

4.1.8. $-\frac{1}{2}$

4.1.9. 사인함수, 코사인함수의 배각공식과 $\cos^2\theta = \frac{1}{1+\tan^2\theta}$을 이용하면 원하는 결과를 얻을 수 있다.

4.1.10. (가) 우변을 전개하고 분자, 분모를 $\cos A \cos B$로 나누면 좌변을 얻는다.

(나) $\tan\frac{A}{2} = \frac{\sin\frac{A}{2}}{\cos\frac{A}{2}}$의 분자, 분모에 $2\sin\frac{A}{2}$를 곱하여 정리한다.

4.1.11. $\frac{\pi}{2}$

4.1.12. $|\sin x - \cos x| = \sqrt{2}\,|\sin(x - \frac{\pi}{4})| \le \sqrt{2}$

4.2.1. (가) 0 (나) 8 (다) $\frac{a}{b}$ (라) 2

4.2.2. 0

4.2.3. 8

4.2.6. $f(x) = (x^2-1)\cos\frac{\pi}{2}x + \sqrt{2}\sin\frac{\pi}{2}x - 1$ 이라 하면 $f(0) = -2 < 0$, $f(1) = \sqrt{2} - 1 > 0$을 얻고 여기에 중간값정리를 적용

4.2.7. (가) $-\sin x \cdot \cos(\cos x)$ (나) $-\frac{\sin 2x}{\sqrt{\cos 2x}}$ (다) $6x^2 \sin x^3 \cos x^3$

(라) $-\frac{3\csc^2 3x}{2\sqrt{\cot 3x}}$

4.2.8. (가) $4x\sin x^2 \cos x^2$ (나) $4\tan 2x \sec^2 2x$ (다) $2x\sec^2(x^2+1)$

(라) $-\frac{\csc^2 x \sec x + \csc^2 x + \sec x}{(1+\sec x)^2}$ (마) $-7\sin 7x \sin 5x + 5\cos 7x \cos 5x$

(바) $\frac{\sin^3 x - \cos^3 x + 2\cos x}{\{(\sin x + \cos x)\cos x\}^2}$

4.2.9. (가) $\frac{4\cos 2x}{3\sqrt[3]{(1-\sin 2x)^4(1+\sin 2x)^2}}$ (나) $\frac{4\sin 4x}{\sqrt{(1-\cos 4x)(1+\cos 4x)^3}}$

4.2.10. $f(x) = \tan x - x$, $g(x) = \sin x - x + \dfrac{x^3}{6}$을 미분하여 순증가함수임을 보이고 $f(0) = 0$, $g(0) = 0$을 이용

4.2.11. $(n + \dfrac{4}{\pi}, 0)$

4.2.12. $a \geq 3$ 또는 $a \leq -6$

4.2.13. (가) 극값 없음, 변곡점 $(n\pi, 0)$

(나) 극대점 $\left((2n - \frac{1}{4})\pi, \sqrt{2}\right)$, 극소점 $\left((2n + \frac{3}{4})\pi, -\sqrt{2}\right)$, 변곡점 $\left((n + \frac{1}{4})\pi, 0\right)$

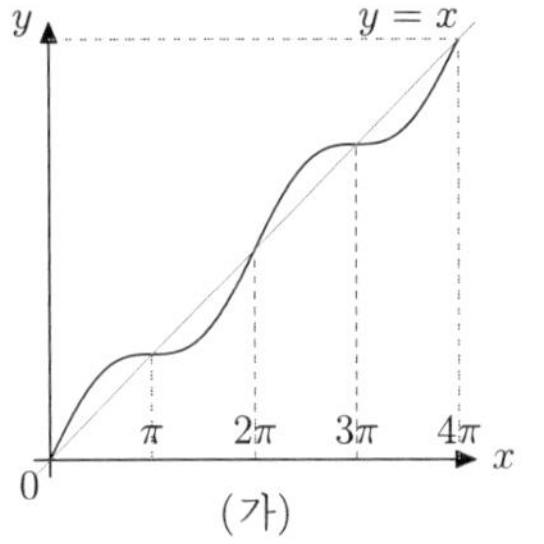

(가)

4.3.1. $f^{-1}(x) = x^{\frac{1}{3}}$, $(f^{-1})'(x) = \dfrac{1}{3}x^{-\frac{2}{3}}$

4.3.2. $g(x) = \sqrt{\dfrac{x}{2}}$

4.3.3. $\dfrac{1}{13}$

4.3.4. (가) $\dfrac{2x}{\sqrt{2x^2 - x^4}}$ (나) $-\dfrac{\sqrt{2}}{\sqrt{-x(1+2x)}}$ (다) $\dfrac{2\{(1+x^2)\arctan x - x\}}{(1+x^2)\arctan^2 x}$

(라) $-\dfrac{1}{x^2 + 2x + 2}$

4.3.5. (가) $\dfrac{2x}{1+x^4}$ (나) $-\dfrac{3}{\sqrt{4-x^2}}$ (다) $\dfrac{1}{2\sqrt{x}(1+x)}$

(라) $\arcsin x + \dfrac{x}{\sqrt{1-x^2}}$

4.4.2. y축에 대하여 대칭

4.4.3. 직선 $y = -x$

4.4.4. (가) 중심이 $\left(-\frac{1}{3}, \frac{8}{3}\right)$, 반지름이 $\dfrac{2\sqrt{5}}{3}$인 원

(나) 중심이 $(0, 3)$, 반지름이 3인 원

4.4.5. $2\left(\cos\dfrac{\pi}{6} + i\sin\dfrac{\pi}{6}\right)$

4.4.6. $\dfrac{3\sqrt{2}}{2}(1 - i)$

4.4.7. (가) $r_1r_2\{\cos(\theta_1 + \theta_2) + i\sin(\theta_1 + \theta_2)\}$

(나) ${r_1}^2r_2\{\cos(2\theta_1 + \theta_2) + i\sin(2\theta_1 + \theta_2)\}$

(다) $\frac{r_2}{r_1}\{\cos(-\theta_1-\theta_2)+i\sin(-\theta_1-\theta_2)\}$

(라) $\frac{r_1}{{r_2}^2}\{\cos(\theta_1+2\theta_2)+i\sin(\theta_1+2\theta_2)\}$

4.4.8. $\cos\frac{3\pi}{6}+i\sin\frac{3\pi}{6}=\cos\frac{\pi}{2}+i\sin\frac{\pi}{2}=i$

4.4.9. (가) $\frac{1+\sqrt{3}i}{2}$ (나) 1 (다) $-i$ (라) $-7+4\sqrt{2}i$

4.4.10. (가) $z=\frac{\sqrt{3}}{2}+\frac{1}{2}i,\quad -\frac{\sqrt{3}}{2}+\frac{1}{2}i,\quad -i$

(나) $z=-\sqrt[3]{2}(\frac{\sqrt{3}}{2}+\frac{1}{2}i),\quad \sqrt[3]{2}(\frac{\sqrt{3}}{2}-\frac{1}{2}i),\quad \sqrt[3]{2}i$

4.4.11. $\pm(1+i)$

4.5.1. (가) $y=-3x+3\pi$ (나) $y=(\frac{\sqrt{3}}{2}+\frac{\pi}{6})x-\frac{\pi^2}{18}$

(다) $y=(\frac{\sqrt{3}}{6}\pi-\frac{\pi^2}{72})x-\frac{\pi^2(6\sqrt{3}-\pi)}{432}$ (라) $y=-\frac{3}{2}\sqrt{2}x+\frac{3\sqrt{2}\pi+8-4\sqrt{2}}{8}$

4.5.3. f'은 $x=0$에서 불연속이다.

4.5.6. $\frac{2}{3}$

4.5.7. (가) $-\frac{\sqrt{2}}{8}\pi$ (나) $\frac{4}{\pi}+1$ (다) $\frac{12}{\pi}$

4.5.8. (가) 평균온도는 $\frac{1}{24-6}\int_6^{24}C(t)dt=30+\frac{16}{\pi}$이다.

(나) $\frac{12}{\pi}\arccos(\frac{1}{12})\le t\le 24-\frac{12}{\pi}\arccos(\frac{1}{12})$에서 $5.7\le t\le 18.3$을 얻는다.

(다) $500\times\frac{48}{\pi}\left(\pi-\arccos(\frac{1}{12})+\sqrt{143}\right)\fallingdotseq 104,000$(원)

4.5.9. $f(x)=x+\cos x-\sin x=x+\sqrt{2}\cos\left(x+\frac{\pi}{4}\right)$으로 고쳐서 미분하면 $x=\frac{\pi}{2}$일 때 최소값 $f\left(\frac{\pi}{2}\right)=\frac{\pi}{2}-1$을 가진다.

4.5.10. $x=\pi$일 때 최소값 $\pi-\sqrt{3}$, $x=2\pi$일 때 최대값 $2\pi+\sqrt{3}$

4.5.11. $|\sin t|\le|t|$에서 등호가 성립하는 경우는 $t=0$일 때 뿐임을 염두에 두면 $x\ne y$이므로

$$|\sin x-\sin y|=2\left|\cos\frac{x+y}{2}\ \sin\frac{x-y}{2}\right|\le 2\left|\sin\frac{x-y}{2}\right|<2\frac{|x-y|}{2}=|x-y|$$

4.5.13. 원의 중심을 원점, 염소가 있는 위치를 $(10,\ 0)$이라 하고 밧줄의 길이를 $20x$라 하자. 그러면 염소가 먹을 수 있는 풀밭의 넓이

$$\begin{aligned} f(x)&=2\times\{\frac{1}{2}(20x)^2\arccos x+\frac{10^2}{2}(\pi-2\arccos x)-10^2x\sqrt{1-x^2}\}\\ &=100\left(4x^2\arccos x+\pi-2\arccos x-2x\sqrt{1-x^2}\right)\end{aligned}$$

는 증가함수이고 원하는 값은 $f(a)=50\pi$를 만족하는 a에 20을 곱한 값이다. 근사값을 구하면 $20a\fallingdotseq 11.6$

4.5.15. 직각이등변삼각형일 때의 넓이가 $\frac{r^2}{2}$ 으로 최대

4.5.16. $\frac{1}{2\sqrt{2}}$m 위에 달아야 한다

4.5.17. 그림자 머리끝의 속력은 시속 $\frac{120}{13}$km이고, 올려다보는 각도의 속력은 약 초속 0.5rad이다.

4.5.18. 원뿔의 모선과 중심축이 이루는 각을 θ라 하고 x, y를 아래 그림과 같이 두면 종이컵의 넓이= 옆면의 넓이+ 밑면의 넓이= $\pi\sin\theta(y^2-x^2)+\pi x^2\sin^2\theta$이다.

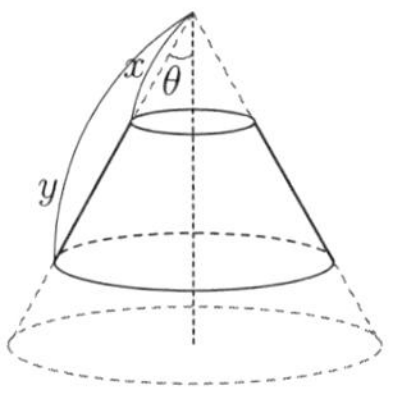

종이컵의 넓이가 일정하다는 조건에서 y^2을 x에 관한 식으로 바꾸고 이를 종이컵의 부피식 $\frac{1}{3}(y\sin\theta)^2\pi\cdot y\cos\theta-\frac{1}{3}(x\sin\theta)^2\pi\cdot x\cos\theta=\frac{\pi}{3}\sin^2\theta\cos\theta(y^3-x^3)$에 대입하면 x에 관한 부피식 $V(x)$를 얻는다. $V'(x)=0$에서 부피가 최대가 되는 x를 구하고 이로부터 y를 구하면 $\frac{x}{y}=1-\sin\theta$가 된다. 즉, 부피가 최대가 되는 컵의 모양은 원뿔의 꼭지점에서 가까운 평면까지의 수직거리가 먼 평면까지의 수직거리의 $(1-\sin\theta)$배가 되는 모양이다.

4.5.19. $\frac{1}{2}\pm\frac{\sqrt{3}}{2}i$

4.5.20. z_1, z_2, z_3가 나타내는 점을 각각 A, B, C 라 하면 $\frac{z_3-z_1}{z_2-z_1}=i$로부터 $\overline{AC}=\overline{AB}$, $\angle BAC=\frac{\pi}{2}$임을 알 수 있다.

4.5.21. $z=\cos\theta+i\sin\theta$라 두면 $w=\frac{1}{2}\left(z^2+\frac{1}{z^2}\right)=\cos 2\theta$에서 w 가 그리는 도형의 길이는 $(-1,0)$에서 $(1,0)$를 잇는 선분의 길이이므로 2이다.

4.5.22. (가) $1-z=1-\cos\theta-i\sin\theta=2\sin^2\frac{\theta}{2}-i\cdot 2\sin\frac{\theta}{2}\cos\frac{\theta}{2}$

$=2\sin\frac{\theta}{2}(\sin\frac{\theta}{2}-i\cos\frac{\theta}{2})=2\sin\frac{\theta}{2}(\cos\frac{\theta-\pi}{2}+i\sin\frac{\theta-\pi}{2})$

(나) $z+z^2+\cdots+z^n=\cos\theta+i\sin\theta+\cos 2\theta+i\sin 2\theta+\cdots+\cos n\theta+i\sin n\theta$

$=\sum_{k=1}^{n}\cos k\theta+i\sum_{k=1}^{n}\sin k\theta$에서 실수부는 $\sum_{k=1}^{n}\cos k\theta$, 허수부는 $\sum_{k=1}^{n}\sin k\theta$

(다) $\sum_{k=1}^{n}\sin k\theta=\frac{\sin\frac{n\theta}{2}\cdot\sin\frac{(n+1)\theta}{2}}{\sin\frac{\theta}{2}}$ 를 얻는다.

4.5.23. AC, BC가 이루는 각이 0, π이어야 하므로 $\arg\frac{z_1-z_3}{z_2-z_3}=0,\ \pi$ 인데 $\sin 0=\sin\pi=0$ 이므로 $\frac{z_1-z_3}{z_2-z_3}$에는 허수부가 없다.

4.5.24. $\frac{w_3-w_1}{w_2-w_1}=\frac{(az_3+b)-(az_1+b)}{(az_2+b)-(az_1+b)}=\frac{z_3-z_1}{z_2-z_1}$

4.5.25. z_1, z_2가 나타내는 점을 각각 A, B 라 하면 $|z_2|=|z_2-z_1|$에서 $\overline{OB}=\overline{AB}$를 얻고 $\beta-\alpha=\frac{\pi}{4}$로부터 얻은 $\angle AOB=\frac{\pi}{4}$를 이용하면 B는 A를 $\frac{\pi}{4}$만큼 회전한 뒤에 길이를 $\frac{1}{\sqrt{2}}$배 하면 된다.

$$z_2 = z_1(\cos\frac{\pi}{4} + i\sin\frac{\pi}{4})\cdot\frac{1}{\sqrt{2}} = \frac{(2+i)(1+i)}{2} = \frac{1+3i}{2}$$

제 5 장

5.1.2. $1-x=t$라 하고 5.1.1. 적용

5.1.3. $y = \frac{1}{2}x - 1 + \ln 2$

5.1.6. 접선은 $y = e^2(x-1)$이고 접점은 $(2,\ e^2)$이다.

5.1.8. e^2

5.1.9. $a=-2$

5.2.1. (가) $y' = (\cos x)^{\sin x}\left\{\cos x\ \ln(\cos x) - \frac{\sin^2 x}{\cos x}\right\}$

(나) $y' = (x^2-1)^x\left\{\ln(x^2-1) + \frac{2x^2}{x^2-1}\right\}$

5.2.2. $y' = \frac{y(y - x\ln y)}{x(x - y\ln x)}$

5.2.3. $y'' = x^x\{(\ln x + 1)^2 + \frac{1}{x}\}$

5.2.4. $y'' = e^x(\ln x + \frac{2}{x} - \frac{1}{x^2})$

5.2.5. (가) $x=0$일 때 극소값 0, 극대값 없음

(나) $x=0$일 때 극소값 0, $x=2$일 때 극대값 $\frac{4}{e^2}$

5.2.6. (가) 극점 없음, 변곡점 $(-1+\frac{\sqrt{2}}{2},\ \frac{3}{2} - \sqrt{2} - \frac{1}{2}\ln 2)$

(나) 극소점 $(-\frac{\sqrt{2}}{2},\ -\frac{\sqrt{2}}{2}e^{\frac{1}{2}})$, 극대점 $(\frac{\sqrt{2}}{2},\ \frac{\sqrt{2}}{2}e^{\frac{1}{2}})$,

변곡점 $(0,\ 0)$, $(\pm\frac{\sqrt{6}}{2}, \pm\frac{\sqrt{6}}{2}e^{-\frac{3}{2}})$

5.2.7. $-\frac{1}{e} < a < 0$일 때 2개, $a = -\frac{1}{e}, a \geq 0$일 때 1개, $a < -\frac{1}{e}$일 때 없음

5.2.9. (가) $\frac{1}{e}$ (나) 1 (다) $\frac{1}{2}$ (라) $\frac{1}{3}$ (마) $\frac{1}{2}$ (바) 1

5.2.11. (가) $y' = \cosh x + x\sinh x$ (나) $y' = -2x\cosh(1-x^2)$

(다) $y' = x\cosh x$ (라) $y' = \frac{1}{\cosh x}$

5.2.13. $\frac{1}{2}$

5.3.1. 약 $3,829$만원, 약 $3,852$만원

5.3.2. $\frac{400}{3}\ln 4 \fallingdotseq 185$개월

5.3.3. $P(t) = \begin{cases} \frac{m}{\alpha-\beta} + \left(P_0 - \frac{m}{\alpha-\beta}\right)e^{(\alpha-\beta)t}, & \alpha\neq\beta \\ P_0 - mt, & \alpha=\beta \end{cases}$

5.3.5. $P(t) = \frac{10,000}{1+99e^{-0.09t}}$

5.3.6. (가) $y^3 = x^3 + C$ (나) $y = -1 + Ce^{\frac{x^2}{2}+x}$

5.3.7. $y = 2e^{x^3}$

5.3.8. (가) $y^2 = x^2 + C$ (나) $-\dfrac{1}{2y^2} = \dfrac{1}{3}x^3 + C$

5.3.9. $y = Ce^{-x}$

5.3.10. $y = Ce^{\cos x}$

5.3.11. $y = 2 + Ce^{-x^3}$

5.3.12. (가) $y = Ce^{-2x}$ (나) $y = \dfrac{1}{2} + Ce^{-2x}$ (다) $y = \dfrac{2}{3}e^x + Ce^{-2x}$

(라) $y = \dfrac{2}{3}\sqrt{x} + \dfrac{C}{x}$

5.3.13. $y = \dfrac{1}{2}(1 + 3e^{1-x^2})$

5.3.15. (가) $y^3 = -x^3 + C$ (나) $I(x) = e^{-x}$, $y = e^{2x} + Ce^x$

(다) $I(x) = x$, $y = -4 + \dfrac{C}{x}$ (라) $I(x) = x$, $y = \dfrac{x}{2} + \dfrac{x^3}{4} + \dfrac{C}{x}$

5.4.1. $f'(0) = f''(0) = 0$

5.4.4. $f(x) = 4x\ln x - x^2 - 2x + 4$라 두면 $0 < x < 2$의 범위에서 f는 $x = 1$일 때 최소값 1을 가진다.

5.4.5. $a < -1$

5.4.6. $\dfrac{1}{\sqrt{2}}\left(\dfrac{e^{\frac{7}{4}\pi}}{e^{2\pi} - 1}\right)$

5.4.7. (가) $\ln\dfrac{t+1}{t} = \ln(t+1) - \ln t$는 $y = \dfrac{1}{x}$과 x축, $x = t+1$, $x = t$로 둘러싸인 부분의 넓이이므로 $\dfrac{1}{t+1} < \ln\dfrac{t+1}{t} < \dfrac{1}{t}$이다.

5.4.8. $a = \dfrac{1}{e}$

5.4.9. $F'(x) = f'(e^x)\cdot e^x$, $G'(x) = e^{f(x)}\cdot f'(x)$

5.4.10. $f(x) = ce^{ax}$, 단 a는 상수, $c = 0$또는 $c = 1$

5.4.11. $a = \dfrac{1}{2}$

5.4.12. 두 함수는 $x = \dfrac{1}{2}$에 대하여 대칭이다.

5.4.13. (가) $y' = -\dfrac{2ye^{xy}}{2xe^{xy} - 1}$ (나) $y = 4x + 2$

5.4.14. (나) $\lim\limits_{a\to 0}\dfrac{f(a)}{a} = \lim\limits_{a\to 0}\dfrac{f'(a)}{1} = \lim\limits_{a\to 0} g(a) = 1$

(다) $\ln|f(x)| + C$, 단 C는 상수

5.4.15. $f'(x) = e^{e^x}\cdot e^x$

5.4.16. $x \le 0$일 때 증가, $x \ge 0$일 때 감소

$x < -1$, $x > 1$일 때 아래로 볼록, $-1 < x < 1$일 때 위로 볼록

5.4.17. (가) 1 (나) ∞

5.4.18. 극대점 $(n,\ n^n e^{-n})$, 극소점= $\begin{cases} \text{없음,} & n \text{ 이 홀수} \\ (0,\ 0), & n \text{ 이 짝수} \end{cases}$

5.4.19. $\lim_{x\to\infty} f(x) = e$

5.4.21. (가) $y = C(1+x)$ (나) $y = Ce^{-3x}$ (다) $y = \frac{1}{2} + Ce^{-x^2}$

(라) $y = \frac{1}{4} + Ce^{-2x}$

5.4.22. (가) $y = (x+1)^2$ (나) $y = 4|x|^{\frac{3}{2}}$ (다) $e^y = x^3 + 2$ (라) $e^y = \frac{2}{9}x(y+2)^2$

5.4.24. $18.75°C$

5.4.25. 4시간

5.4.26. 약 13,300년

제 6 장

6.1.1. (가) $\frac{1}{3}x^3 + 2x - \frac{1}{x} + C$ (나) $x - 4\sqrt{x} + \ln|x| + C$ (다) $\frac{1}{\ln 2}2^x - \frac{1}{\ln 2}2^{-x} + C$ (라) $3e^{x-1} + \frac{4}{\ln 4}4^x + C$

6.1.2. (가) $\frac{1}{5}\sin^5 x + C$ (나) $x - \ln|x+1| + C$ (다) $-\frac{1}{3(\ln x)^3} + C$

(라) $\frac{1}{2}\arctan^2 x + C$ (마) $-\frac{1}{2(e^x+1)^2} + C$ (바) $\frac{1}{2}\{\ln(e^x+1)\}^2 + C$

6.1.3. (가)$n = 1$일 때 $\frac{1}{2}\ln|x^2+2x-1| + C$이고, $n \neq 1$일 때 $\frac{1}{2(1-n)}(x^2+2x-1)^{1-n} + C$이다. (나) $-e^{\cos x+2} + C$

6.1.5. (가) $\tan^2 x = \sec^2 x - 1$과 치환적분을 이용하면 $\int \tan^3 x\,dx = \frac{1}{2}\tan^2 x + \ln|\cos x| + C$

(나) $x + \cos x + C$ (다) $\frac{3}{2}x + 2\sin x + \frac{1}{4}\sin 2x + C$ (라) $x - \sin x + C$ (마) $\tan x + C$

(바) $\frac{e^x(e^x+1)}{(e^x+3)^2} = \frac{e^x\{(e^x+3)-2\}}{(e^x+3)^2} = \frac{e^x}{e^x+3} - 2\frac{e^x}{(e^x+3)^2}$ 으로 변형한 뒤 치환적분을 이용하면 $\ln(e^x+3) + \frac{2}{e^x+3} + C$를 얻는다.

6.1.6. (가) $x\arcsin x + \sqrt{1-x^2} + C$ (나) $x(\ln x)^2 - 2x\ln x + 2x + C$

(다) $(x^3 - 3x^2 + 6x - 6)e^x + C$

(라) $x^2 + \frac{2x}{\ln 100}\sinh(x\ln 100) - \frac{2}{(\ln 100)^2}\cosh(x\ln 100) + C$

(마) $2x\sin x + (2-x^2)\cos x + C$ (바) $\frac{1}{9}x^3(3\ln x - 1) + C$

6.1.8. (가) $\frac{1}{16}$ (나) $\frac{1}{4}(e^2+1)$ (다) $\frac{1}{2}\ln\frac{9}{5}$ (라) $\frac{\pi^2}{16} + \frac{1}{4}$

6.1.9. $e^2 - e$

6.1.11. (가) $\frac{2}{3}$ (나) $e - 1$ (다) $\ln 2$ (라) $-\frac{2}{\pi}$

6.2.1. (가) $\ln|x-2| - \ln|x-1| + C$ (나) $2\ln|x-3| - \ln|x-2| + C$
(다) $x + \ln|x+1| - \ln|x-2| + C$ (라) $\ln|x-1| - \ln|x-2| - \dfrac{1}{x-2} + C$

6.2.2. (가) $\dfrac{1}{4}(\ln|x-1| - \ln|x+1| - 2\arctan x) + C$
(나) $\dfrac{1}{4}\ln\left|\dfrac{x^2-1}{x^2+1}\right| + C$
(다) $\ln|x| - \dfrac{1}{2}\ln(x^2+x+1) - \dfrac{1}{\sqrt{3}}\arctan\left(\dfrac{2x+1}{\sqrt{3}}\right) + C$
(라) $\ln(x^2+x+1) - \ln|x-1| + C$

6.2.3. $\dfrac{1}{\sqrt{2}}\arctan(\dfrac{1}{\sqrt{2}})$

6.2.4. (가) $-\dfrac{1}{4(x^2+1)^2} + C$ (나) $\dfrac{1}{18}\left(\dfrac{x-9}{x^2+9} + \dfrac{1}{3}\arctan\dfrac{x}{3}\right) + C$

6.2.8. (가) $\dfrac{\pi}{12} + \dfrac{\sqrt{3}}{8}$ (나) $\dfrac{\pi}{6}$ (다) $\dfrac{\pi}{3} - \dfrac{\sqrt{3}}{2}$ (라) $\ln(\sqrt{2}+1)$

6.3.1. (가) $2(e + \dfrac{1}{e} - 2)$ (나) 1 (다) $\dfrac{5}{12} + \dfrac{3}{2}\ln 2$ (라) $1 + \dfrac{\pi^3}{64}$

6.3.2. (가) $1 - \dfrac{2}{e}$ (나) $2\ln 2$

6.3.3. $\dfrac{10}{9}\pi - \dfrac{1}{2}\pi\ln 3$

6.3.4. (가) $\dfrac{1}{2}\pi^2$ (나) $\dfrac{1}{2}\pi^2$ (다) $\dfrac{15}{32}\pi - \dfrac{\pi}{2}\ln 2$ (라) $(3\ln 3 - 2)\pi$

6.3.5.

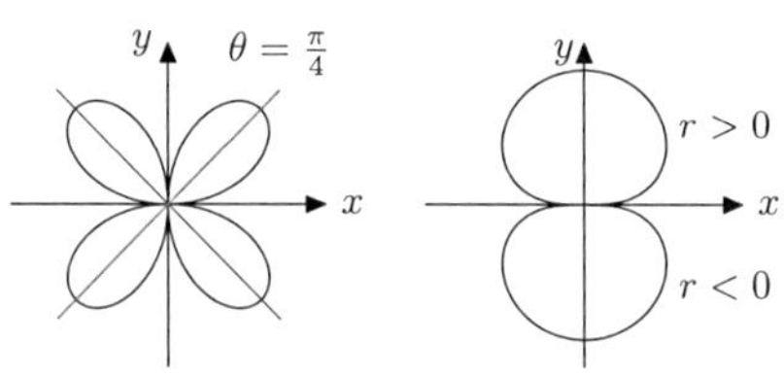

(가) $r = \sin 2\theta$ (라) $r^2 = \sin\theta$

6.3.6. (가) $\dfrac{\pi}{4}$ (나) $\dfrac{3}{2}\pi$ (다) $\dfrac{\pi}{2}$ (라) $\dfrac{9}{2}\pi$ (마) $\dfrac{3}{2}\pi$ (바) π

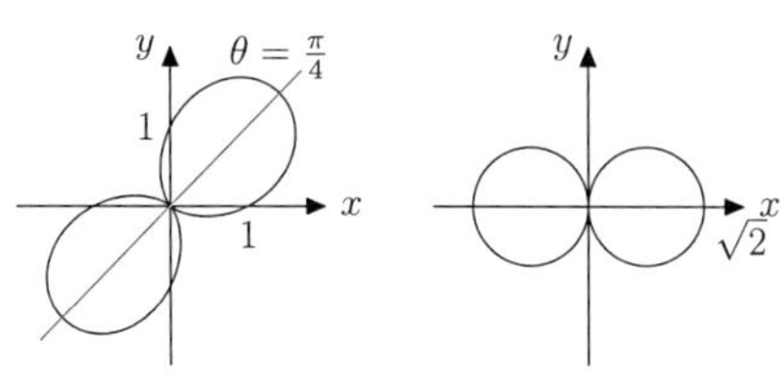

(나) $r = 1 + \sin 2\theta$ (바) $r^2 = 1 + \cos 2\theta$

6.3.7. $\ln(\sqrt{1+e^2} - 1) + \sqrt{1+e^2} - \ln(\sqrt{2} - 1) - \sqrt{2} - 1$

6.3.8. $\dfrac{1}{27}(31\sqrt{31} - 13\sqrt{13})$

6.4.2. (가) $\frac{\pi}{4}a^2$

(나) $x = \tan t$ 또는 $x = \sinh t$로 치환하면 $\frac{1}{2}\ln(1+\sqrt{2}) + \frac{\sqrt{2}}{2}$

(다) $\frac{\pi}{8}$ (라) $\frac{1}{\sqrt{3}}$ (마) $1 - \frac{1}{\sqrt{2}}$ (바) $1 - \frac{\pi}{4}$

6.4.3. (가) $2\sqrt{2} - \frac{\pi}{4}$ (나) $\ln 2$ (다) $\frac{\pi}{3}$ (라) $\frac{\pi}{2}$

6.4.4. (가) $\frac{1}{4}\ln\left(\frac{1+\sin\theta}{1-\sin\theta}\right) + \frac{\sin\theta}{2\cos^2\theta} + C$ (나) $\ln\left(\frac{\cosh x - 1}{\cosh x + 1}\right) + C$

(다) $\sqrt{2}$ (라) $\ln\left(\frac{1+\sqrt{3}}{2}\right)$

6.4.5. (가) $f(\cos x) = f(\sin(\frac{\pi}{2} - x))$와 $f(\sin x)$는 $x = \frac{\pi}{4}$에 대해 대칭이므로

$\int_a^{2\cdot\frac{\pi}{4}-a} f(\sin x)dx = \int_a^{2\cdot\frac{\pi}{4}-a} f(\cos x)dx$를 얻고 $a = 0$을 대입

(나) $\int_{\frac{\pi}{2}}^{\pi} f(\sin x)dx = \int_0^{\frac{\pi}{2}} f(\sin(x+\frac{\pi}{2}))dx = \int_0^{\frac{\pi}{2}} f(\cos x)dx$에 (가)를 적용

6.4.6. $\frac{1}{2}e^{-\pi} + \frac{1}{2}$

6.4.7. $\frac{1}{2}e - 1$, $2\pi(1 - \frac{e}{3})$

6.4.8. (가) $\int_{n\pi}^{(n+1)\pi} e^{-x}\sin x dx = (-1)^n\frac{1}{2}(e^{-n\pi} + e^{-(n+1)\pi})$ 로부터

$I_n = \frac{1}{2}(e^{-n\pi} + e^{-(n+1)\pi})$를 얻는다.

(나) $\frac{e^{\pi}+1}{2(e^{\pi}-1)}$

6.4.9. 함수 $f(x)$는 $0 \le x \le 1$에서 최소값을 가지므로, 구간 $0 \le \theta \le \frac{\pi}{2}$ 위에서 함수 $g(\theta) = f(\sin\theta) = 4\theta\sin\theta + 4\cos\theta - \pi\sin\theta - 2$ 의 최소값을 구하면 $2\sqrt{2} - 2$이다.

6.4.10. $\frac{\pi}{8} - \frac{1}{2}\ln 2$

6.4.11. $\int_0^{\frac{\pi}{6}} \sec^2 2x\, dx = \left[\frac{1}{2}\tan 2x\right]_0^{\frac{\pi}{6}} = \frac{\sqrt{3}}{2}$

(가) $\frac{\sqrt{3}}{2} - \frac{\pi}{6}$ (나) $\frac{\sqrt{3}}{4}$

6.4.12. e^{t^2} 의 부정적분을 $F(t)$라고 하면

$\lim_{x\to1}\frac{1}{x^3-1}\int_1^x e^{t^2}dt = \lim_{x\to1}\frac{F(x)-F(1)}{(x-1)(x^2+x+1)} = \frac{1}{3}F'(1) = \frac{1}{3}e$

6.4.13. (가) $\frac{640}{7}$ (나) $\frac{51200}{21}\pi$

6.4.14. $f(x) = \frac{1}{2}x^{\frac{3}{2}}$, $a = 36$

6.4.15. $f(t) = \sqrt{1+x^3}$이라 하면 준식 $= f(2) = 3$

6.4.16. (가) $\frac{33}{16}$ (나) $\ln(\sqrt{2}+1)$ (다) $5\sqrt{5} - 2\sqrt{2}$ (라) $-1 + 2\ln 3$

6.4.17. (가) $1-e^{-3}$ (나) $\frac{18}{\pi}$ (다) $\frac{1}{2}\ln 2$ (라) $\frac{1}{2}+e^{-\frac{\pi}{2}}-\frac{1}{2}e^{-\pi}$

6.4.18. 극좌표를 이용하여 식을 변형하면 $r^2 = 3 - \tan^2\theta$를 얻는데 이를 이용하면 넓이는 $4\int_0^{\frac{\pi}{3}} \frac{1}{2}r^2 d\theta = 4\int_0^{\frac{\pi}{3}} \frac{3-\tan^2\theta}{2}d\theta = \frac{8}{3}\pi - 2\sqrt{3}$

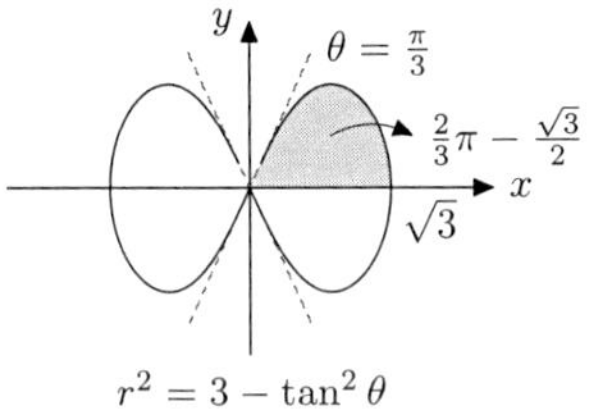

제 7 장

7.1.1. (가) $1-3x+2x^2$ (나) $1+2x+2x^2$

7.1.4. $f^{(k)}(x) = (x+k)e^x$ 이므로 $\frac{f^{(k)}(0)}{k!} = \frac{k}{k!} = \frac{1}{(k-1)!}$ $(k \geq 1)$을 이용하면

$xe^x \sim x + x^2 + \frac{1}{2!}x^3 + \frac{1}{3!}x^4 + \cdots + \frac{1}{(n-1)!}x^n$

7.1.6. (가) $x^2e^x \sim x^2 + x^3 + \frac{x^4}{2!} + \cdots + \frac{x^n}{(n-2)!}$

(나) $x\ln(1+x) \sim x^2 - \frac{x^3}{2} + \frac{x^4}{3} - \frac{x^5}{4} + \cdots + \frac{(-1)^n}{n-1}x^n$

(다) $\sin x^2 \sim x^2 - \frac{x^6}{3!} + \cdots + \frac{(-1)^n}{(2n+1)!}x^{4n+2}$

(라) $\sin^2 x \sim x^2 - \frac{1}{3}x^4 + \frac{2}{45}x^6 + \cdots + \frac{(-1)^{n-1}2^{2n}}{2(2n)!}x^{2n}$

7.1.7. (가) $x - x^2 + \frac{5}{3!}x^3 - \frac{5}{3!}x^4 + \cdots$

(나) $1 + x - \frac{x^2}{2} - \frac{5}{6}x^3 + \cdots$

7.2.1. $x = 0.1$에서 사차 근사다항식을 계산하면
$1 - \frac{(0.1)^2}{2!} + \frac{(0.1)^4}{4!} = 0.995004166$이고 $R_4(0.1) \leq \frac{(0.1)^5}{5!} = 0.0000000833$이므로 0.995004까지 정확하다.

7.2.2. $R_7(1) \leq \frac{4}{8!} = \frac{4}{40320} \leq 0.0000995$이고 $\sum_{k=0}^{7}\frac{1}{k!} = \frac{685}{252} = 2.71825...$ 이므로 2.718까지 확신할 수 있다.

7.2.3. $\frac{\pi}{4}$와 근사식 n항까지의 합의 오차 $|R_{2n}| \leq \frac{1}{2n+1} \leq 10^{-4}$에서 $n = 5000$이다.

7.2.4. $\arctan\frac{1}{5} = \alpha$, $\arctan\frac{1}{239} = \beta$라 하면 $\tan 4\alpha = \frac{120}{119}$이므로 $\tan(4\alpha-\beta) = \frac{\tan 4\alpha - \tan\beta}{1+\tan 4\alpha\tan\beta} = 1$ 이 되어 $4\arctan\frac{1}{5} - \arctan\frac{1}{239} = \frac{\pi}{4}$가 성립한다.

7.2.6. $f(x) \sim p_3(x) = 1 + \frac{1}{2}x - \frac{1}{8}x^2 + \frac{1}{16}x^3$ 이고

$p_3(0.1) = 1.0488125 \quad R_3(0.1) \le M_3(0.1)\frac{(0.1)^4}{4!} \le 4 \times 10^{-6}$ 이므로 근사값은 1.0488125 이고 오차의 한계는 4×10^{-6} 이다.

7.2.7. 1.95

7.2.8. (가) $16 + 32(x-2) + 24(x-2)^2 + 8(x-2)^3 + (x-2)^4$

(나) $1 - (x-2) + (x-2)^2 - (x-2)^3 + \cdots = \sum_{n=0}^{\infty}(-1)^n(x-2)^n$

7.3.1. $R_2(0.1) \le \frac{(0.1)^3}{3!}e^{0.1} < (0.1)^3$ 이므로 이차근사값을 구하면 원하는 값을 얻을 수 있고 그 값은 $1 + 0.1 + \frac{(0.1)^2}{2} = 1.105$ 이다.

7.3.2. $-\frac{1}{\sqrt{3}} < x < \frac{1}{\sqrt{3}}$

7.3.3. (가) $\frac{x^{2n}}{(2n)!}$ (나) $\frac{x^{2n+1}}{(2n+1)!}$ (다) $\frac{(-1)^n x^{4n+2}}{(2n+1)!}$ (라) $(-1)^n x^{2n+2}$

7.3.4. (가) $x + x^2 + \frac{x^3}{3}$ (나) $x^2 - \frac{x^3}{2}$ (다) $1 - x^2$

(라) $\sin 1 + (\cos 1)x + \frac{\cos 1 - \sin 1}{2}x^2 - \frac{\sin 1}{2}x^3$

7.3.5. $\sin x = \cos(x - \frac{\pi}{2}) \sim \sum_{k=0}^{n} \frac{(-1)^k (x - \frac{\pi}{2})^{2k}}{(2k)!}$

$\cos x = -\sin(x - \frac{\pi}{2}) \sim \sum_{k=0}^{n} \frac{(-1)^{k+1}(x - \frac{\pi}{2})^{2k+1}}{(2k+1)!}$

7.3.6. (가) $81 + 108(x-3) + 54(x-3)^2 + 12(x-3)^3 + (x-3)^4$

(나) $\frac{1}{3}\{1 - \frac{(x-3)}{3} + \frac{(x-3)^2}{3^2} + \cdots + (-1)^n\frac{(x-3)^n}{3^n}\}$

7.3.7. $f'''(x) = (f')''(x) \neq 0$ 이면 f' 이 x 에서 극값을 가지므로 x 근방에서 $f' \ge 0$ 또는 $f' \le 0$ 이다. 즉 x 근방에서 f 는 증가하거나 감소하므로 f 는 x 에서 극소도 극대도 아니다. $f^{(n)}(x) \neq 0$ 을 만족하는 가장 작은 자연수 n 에 대해 $f(t)$ 는

$f(x) + \frac{f^{(n)}(x)}{n!}(t-x)^n\{1 + (t-x)g(x)\}$ 꼴이므로 x 근방에서 $f(t)$ 는 $f(x) + \frac{f^{(n)}(x)}{n!}(t-x)^n$ 과 유사하다.

7.3.8. (가) 1 (나) $-\frac{1}{2}$ (다) $\frac{1}{2}$ (라) 1

7.3.9. 첫 번째 등식에서 $|\ln 2 - \sum_{n=1}^{1000}\frac{(-1)^{n-1}}{n}| \le \frac{1}{1001} < \frac{1}{1000}$ 이고 $\sum_{n=1}^{1000}\frac{(-1)^{n-1}}{n} = 0.69264\ldots$ 이므로 1000 항까지의 합을 구하면 소수 둘째 자리까지 정확하게 계산할 수 있다. 두 번째 등식에서 $\ln 2$ 의 값을 소수 네째 자리까지 구하면 0.6931 이다.

7.3.10. (가)

$$\left|\sin x - \left(x - \frac{x^3}{3!} + \cdots + \frac{(-1)^{n-1}x^{2n-1}}{(2n-1)!}\right)\right| \le \frac{|x^{2n+1}|}{(2n+1)!}$$

로부터

$$\left|\frac{\sin x}{x} - \left(1 - \frac{x^2}{3!} + \cdots + \frac{(-1)^{n-1}x^{2n-2}}{(2n-1)!}\right)\right| \le \frac{x^{2n}}{(2n+1)!}$$

임을 알 수 있고 $n = 3$을 대입하면

$$\left|\frac{\sin x}{x} - \left(1 - \frac{x^2}{3!} + \frac{x^4}{5!}\right)\right| \le \frac{x^6}{7!}$$

을 얻는데 이로부터

$$\left|\int_0^1 \frac{\sin x}{x}\,dx - \int_0^1 (1 - \frac{x^2}{6} + \frac{x^4}{120})\,dx\right| \le \int_0^1 \frac{x^6}{7!}\,dx = \frac{1}{7 \times 7!} < 3 \times 10^{-5}$$

을 얻는다. 한편

$$\int_0^1 (1 - \frac{x^2}{6} + \frac{x^4}{120})\,dx = \frac{1703}{1800} = 0.94611\ldots$$

이므로 0.946까지는 확신할 수 있다.

(나) $t < 0$인 경우 $\left|e^t - (1 + t + \cdot + \frac{t^{n-1}}{(n-1)!})\right| \le \frac{|t^n|}{n!}$ 으로부터

$$\left|e^{-x^2} - (1 - x^2 + \cdot + \frac{(-x^2)^{n-1}}{(n-1)!})\right| \le \frac{x^{2n}}{n!}$$

을 얻고 $n = 2$를 대입하면 $|e^{-x^2} - (1 - x^2)| \le \frac{x^4}{2}$ 이 성립하므로

$$\left|\int_0^{0.1} e^{-x^2}\,dx - \int_0^{0.1} (1 - x^2)\,dx\right| \le \int_0^{0.1} \frac{x^4}{2}\,dx = 10^{-6}$$

을 얻는데 $\int_0^{0.1}(1 - x^2)\,dx = 0.1 - \frac{(0.1)^3}{3} \fallingdotseq 0.09966$ 이므로 오차한계를 고려해보면 소수 세째 자리까지의 정확한 값은 0.099 임을 알 수 있다.

7.3.11. $(1 + 0.01)^3 - 1 = 0.01(3 + 3 \times 0.01 + (0.01)^2) \fallingdotseq 0.03$

7.3.12. $1 - (1 - 0.01)^3 = 0.01(3 - 3 \times 0.01 + (0.01)^2) \fallingdotseq 0.03$

7.3.13. $(1 + \epsilon)^3 = 1 + \epsilon(3 + 3\epsilon + \epsilon^2) \fallingdotseq 1 + 3\epsilon$

7.3.14. 2%

제 8 장

8.1.1. (가) $\dfrac{23999}{9990}$ (나) $\dfrac{101}{198}$ (다) $\dfrac{1}{111}$

8.1.2. $8+4\sqrt{2}$

8.1.3. (가) 발산 (나) 수렴 (다) 수렴 (라) 발산 (마) 수렴 (바) 수렴

8.1.4. $0 < p \le 1$일 때 발산하고, $p > 1$일 때 수렴한다.

8.1.5. (가) 절대수렴 (나) 조건수렴 (다) 조건수렴 (라) 조건수렴

8.2.1. $-e < x < e$

8.2.3. (가) $(-2, 2)$ (나) $(-2, 2)$ (다) $(-1, 1]$ (라) $[-1, 1)$

8.2.4. $\ln\dfrac{3}{2} = \sum_{n=1}^{\infty} \dfrac{(-1)^{n-1}}{n \cdot 2^n}$

8.2.5. $y(x) = a_0 \cosh x + a_1 \sinh x$

8.3.1. $\dfrac{25}{99}$

8.3.2. $3,000 + 3,000 \times 1.05 + \cdots + 3,000(1.05)^{39} = 3,000\dfrac{(1.05)^{40}-1}{1.05-1} = 3,000 \times \dfrac{7.03-1}{0.05} =$ 361800(만원)

8.3.3. $72,000\{1-(\dfrac{9}{10})^n\}$

8.3.4. (가) $r < s < 1$인 s를 잡으면 충분히 큰 n에 대해 $a_n < s^n$이 성립하고 $\sum s^n$이 수렴하므로 비교판정법에 의해 $\sum a^n$이 수렴

(나) $r > t > 1$인 t를 잡으면 충분히 큰 n에 대해 $a_n > t^n > 1$로 일반항이 0으로 수렴하지 않으므로 급수는 발산

8.3.5. (가) $\dfrac{3k^2+4k+5}{k^3+1} > \dfrac{1}{k}$에 비교판정법을 적용하면 발산

(나) $\dfrac{1}{\ln(k+1)} \ge \dfrac{1}{k}$이므로 발산 (다) $\sin^2\left(\dfrac{\pi}{n}\right) \le \left(\dfrac{\pi}{n}\right)^2$이므로 수렴

(라) 수렴 (마) 수렴 (바) 수렴

8.3.6. (가) $\dfrac{3}{4}$ (나) $\dfrac{5}{32}$

8.3.7. (가) $(-\infty, \infty)$ (나) $[-1, 1)$ (다) $(-6, 6)$ (라) $(-1, 1)$

(마) $(-\infty, \infty)$ (바) $(-\infty, \infty)$ (사) $(-1, 1)$ (아) $(-\infty, \infty)$

8.3.9. $\lim_{t\to\infty}(e^{-t} + e^{-(t-1)} + \cdots + e^{-1}) = \dfrac{\frac{1}{e}}{1-\frac{1}{e}} = \dfrac{1}{e-1}$

8.3.10. $\dfrac{6}{11}$

8.3.11. $\displaystyle\sum_{n=0}^{\infty} n \cdot \left(\frac{1}{2}\right)^{n+1} = 1$

8.3.12. $f(x) = \sum_{n=0}^{\infty} \frac{1}{(n+1)!} x^n$ 이고 수렴반경은 $\lim_{n\to\infty} \frac{\frac{1}{(n+1)!}}{\frac{1}{(n+2)!}} = \infty$ 이다.

8.3.13. 과일 하나에 농약이 $a$mg 들어있다고 하면 3일 후에 절반이 되므로 하루에 $\frac{1}{\sqrt[3]{2}}$ 배가 된다. 조건에 의해 몸 속에 남는 농약의 양은 $a + a\left(\frac{1}{\sqrt[3]{2}}\right) + a\left(\frac{1}{\sqrt[3]{2}}\right)^2 + \cdots = \frac{a}{1 - \frac{1}{\sqrt[3]{2}}} \leq 10$을 만족해야 하고 따라서 $a \leq 10\left(1 - \frac{1}{\sqrt[3]{2}}\right) = 5(2 - 2^{\frac{2}{3}}) \fallingdotseq 2(\mathrm{mg})$ 이다.

8.3.14. 약 26.38만원, 10만원

찾아보기

찾아보기항목 뒤에 □가 있는 것은 네모 상자에 들어 있는 주요 정리나 공식의 이름이다.

【 ㅅ 】

【 ㅇ 】

【 ㅈ 】

저자소개

김성기(서울대학교)

고지흡(인디아나대학교)

김홍종(서울대학교)

계승혁(서울대학교)

하길찬(세종대학교)

교양을 위한 **대학수학 1** (제2판)

제2판3쇄 2023년 6월 5일

지은이 김성기 · 고지흡 · 김홍종 · 계승혁 · 하길찬
펴낸이 오판근
펴낸곳 (주) 교우
주　소 서울시 동대문구 약령시로 8 교우빌딩 2층 (주)교우
전　화 02-925-2861 / **팩　스** 02-925-2860, **편집부** 02-925-2825
홈페이지&북스토어 www.kyowoo.co.kr / **이메일** kyowoo@kyowoo.co.kr

등　록 1994년 3월 24일 제1994-000013호
ISBN 979-11-251-0135-2 (94410) / 979-11-251-0141-3 (세트)

Published by Kyowoo Co., Ltd. Printed in Korea

(주) 교우는 보다 혁신적이고 참신한 도서를 다양하게 기획하고 있습니다.
책으로 펴내고자 하는 아이디어나 원고는 메일로 보내주세요.
(주) 교우는 전과정을 책임지고 최선을 다하겠습니다.

값 28,000원

교우미디어는 (주) 교우의 Imprint 사입니다.
수학정원·과학정원은 (주) 교우의 새로운 브랜드명입니다.

잘못된 책은 구입하신 서점에서 교환해 드립니다.